国家出版基金项目
NATIONAL PUBLICATION FOUNDATION

"十二五""十三五"国家重点图书出版规划项目

风力发电工程技术丛书

风电场电气系统

马宏忠 杨文斌 刘峰 等 编著

中国水利水电出版社
www.waterpub.com.cn
·北京·

内 容 提 要

本书是《风力发电工程技术丛书》之一，主要讲述风电场电气系统方面内容。全书共11章，包括风电场电气系统概述、风电场电气主接线、风电场短路电流计算、风电场的导体、风电场主要电气设备与选择、风电场集电线路设计、风电场防雷与接地系统、风电场的控制与安全保护系统、海上风电场电气系统、风电场内集电线路及光缆线路施工技术以及风电场无功补偿等内容。

本书既可作为风力发电行业各类技术人员的培训教材，也可作为高等学校有关专业师生和相关工程技术人员的教学、参考用书。

图书在版编目（ＣＩＰ）数据

风电场电气系统 / 马宏忠等编著. -- 北京 ： 中国水利水电出版社，2017.3（2022.2重印）
（风力发电工程技术丛书）
ISBN 978-7-5170-4837-4

Ⅰ．①风… Ⅱ．①马… Ⅲ．①风力发电－电厂电气系统 Ⅳ．①TM62

中国版本图书馆CIP数据核字（2016）第257370号

书　　名	风力发电工程技术丛书 **风电场电气系统** FENGDIANCHANG DIANQI XITONG
作　　者	马宏忠　杨文斌　刘峰　等 编著
出版发行	中国水利水电出版社 （北京市海淀区玉渊潭南路1号D座　100038） 网址：www. waterpub. com. cn E - mail：sales@waterpub. com. cn 电话：（010）68367658（营销中心）
经　　售	北京科水图书销售中心（零售） 电话：（010）88383994、63202643、68545874 全国各地新华书店和相关出版物销售网点
排　　版	中国水利水电出版社微机排版中心
印　　刷	清淞永业（天津）印刷有限公司
规　　格	184mm×260mm　16开本　23印张　546千字
版　　次	2017年3月第1版　2022年2月第2次印刷
印　　数	3001—5000册
定　　价	**79.00元**

主要参编单位 （排名不分先后）

河海大学

中国长江三峡集团公司

中国水利水电出版社

水资源高效利用与工程安全国家工程研究中心

水电水利规划设计总院

水利部水利水电规划设计总院

中国能源建设集团有限公司

上海勘测设计研究院有限公司

中国电建集团华东勘测设计研究院有限公司

中国电建集团西北勘测设计研究院有限公司

中国电建集团中南勘测设计研究院有限公司

中国电建集团北京勘测设计研究院有限公司

中国电建集团昆明勘测设计研究院有限公司

中国电建集团成都勘测设计研究院有限公司

长江勘测规划设计研究院

中水珠江规划勘测设计有限公司

内蒙古电力勘测设计院

新疆金风科技股份有限公司

华锐风电科技股份有限公司

中国水利水电第七工程局有限公司

中国能源建设集团广东省电力设计研究院有限公司

中国能源建设集团安徽省电力设计院有限公司

华北电力大学

同济大学

华南理工大学

中国三峡新能源有限公司

华东海上风电省级高新技术企业研究开发中心

浙江运达风电股份有限公司

本书编委会

主　　编　马宏忠

副 主 编　杨文斌　刘　峰　陈涛涛

参编人员　（按姓氏笔画排序）

　　　　　田　新　孙长江　杨林刚　吴秋池　张　琳

　　　　　施朝晖　徐珊珊　黄春梅　崔杨柳　傅春翔

前　言

　　风能作为可再生能源中最具有经济开发价值的清洁能源，具有蕴量大、分布广、可再生、无污染等优点。世界主要国家均非常重视风电的开发利用，据报道，截至 2015 年年底，全球风电累计装机容量达 432GW。推进风资源的开发利用，建设风力发电工程符合我国能源发展战略的需要。我国政府高度重视并鼓励风电的开发利用，促进了我国风电事业连续、高速发展。2015 年我国风电新增装机容量 30.5GW，约占全球新增风电装机容量的 45%，截至 2015 年年底，累计风电装机容量达 145.1GW，约占全球累计风电装机容量的 31%。

　　风电场电气系统是风电技术的重要环节，随着风电的迅速发展，需要更多的掌握风电知识的技术人员，特别是广大从事风电相关研究、设计、安装及运行维护的人员需要掌握风电场电气系统方面的知识，因此，很多高校均陆续开设风电专业，社会上很多单位也开办各种风电知识普及和风电专业基础教育的培训班。应对这些专业教育和培训，虽然已有少量资料和文章介绍风电场电气系统的相关知识，但仍缺少完整、系统的风电场电气方面的专业书籍，特别是风电场集电系统、海上风电、风电线路施工等方面的教学用书。本书在风电场电气系统理论分析的基础上，结合我国多个风电场电气系统设计、安装和运行维护方面的经验，翔实地讲述风电场电气系统的相关知识，供从事风电场电气系统的技术人员学习。本书既可作为从事风力发电工作的各类技术人员学习、培训教材，也可作为高等院校有关专业的教学参考用书。

　　全书共分 11 章。第 1 章介绍风电场电气系统的基本概念；第 2 章分析风电场电气主接线，主要介绍风电场电气主接线基本形式、风电场升压变电站电气主接线以及典型的风电场电气主接线实例；第 3 章进行风电场短路电流计算分析；第 4 章分析导体的发热与选择方法；第 5 章详细介绍风电场主要电气设备及其选择，包括风力发电机、变压器、高压开关设备、电抗器和电容器、互感器、支柱绝缘子和穿墙套管、低压电气设备等；第 6 章讲述风电场集电线路设计，包括场内架空集电线路、场内电缆集电线路等，并进行集电线路经济成本与可靠性评估；第 7 章介绍风电场防雷与接地系统，包括风电机组、风电场升压站和风电场集电线路的防雷与接地等；第 8 章讲述风电场的控制与安全保护系统，包括风电场接入系统技术要求、风力发电的电气控制系统、风电场有功功率控制、风电场系统安全、风电机组的运行维护技术和 操作电源与中央信号系统等；第 9 章对海上风电场电气系统进行详细分析；第 10 章介绍风电场内集电线路及光缆线路施工技术；第 11 章介绍风电场无功补偿技术。

本书第 6 章、第 7 章和第 10 章由中国电建集团华东勘测设计研究院有限公司杨文斌编写，第 11 章由中国电建集团北京勘测设计研究院有限公司刘峰编写，其余各章由河海大学马宏忠以及江苏省电力检修公司陈涛涛编写。全书由河海大学马宏忠负责统稿。参加本书编写工作的还有河海大学的黄春梅、张琳、崔杨柳、吴秋池，中国电建集团华东勘测设计研究院有限公司的杨林刚、傅春翔、孙长江、施朝晖，中国电建集团北京勘测设计研究院有限公司的田新、徐珊珊等。

感谢中国水利水电出版社李莉、汤何美子的大力支持，感谢河海大学鞠平、陈星莺和郑源等教授及河海大学能源与电气学院相关老师的大力支持。

本书的研究工作得到国家自然科学基金 51177039、51577050 的资助，特此感谢。

本书编写过程中参考了大量的文献资料，对所引用的资料已尽可能列在书后的参考文献中，但其中难免有所遗漏，特别是有些资料经反复引用，已很难查到原始出处，在此特向被遗漏参考文献的作者表示歉意，并向所有文献作者表示衷心的感谢。

由于能力与精力有限，书中内容仍有局限与欠缺之处，有待不断充实与更新，衷心希望读者不吝赐教。

编者

2017 年 1 月

目　录

前言

第1章　风电场电气系统概述 ……………………………………… 1
1.1　风力发电概述 ……………………………………………… 1
1.2　电气系统和电力系统 ……………………………………… 3
1.3　风电场电气系统 …………………………………………… 6
1.4　风电场电压与频率 ………………………………………… 11

第2章　风电场电气主接线 ………………………………………… 12
2.1　电气主接线概述 …………………………………………… 12
2.2　电气主接线的基本形式 …………………………………… 13
2.3　风电场升压变电站电气主接线 …………………………… 17
2.4　风电场电气主接线典型方案 ……………………………… 19

第3章　风电场短路电流计算 ……………………………………… 31
3.1　短路的一般概念 …………………………………………… 31
3.2　短路计算的目的和方法 …………………………………… 32
3.3　风电场短路电流计算 ……………………………………… 34

第4章　风电场的导体 ……………………………………………… 43
4.1　风电场载流导体 …………………………………………… 43
4.2　载流导体的发热与电动力 ………………………………… 60
4.3　载流导体的选择 …………………………………………… 64

第5章　风电场主要电气设备与选择 ……………………………… 70
5.1　风力发电机 ………………………………………………… 70
5.2　变压器 ……………………………………………………… 83
5.3　高压开关类设备 …………………………………………… 102
5.4　电抗器和电容器 …………………………………………… 119
5.5　互感器 ……………………………………………………… 124

5.6　支柱绝缘子和穿墙套管 ··· 132

5.7　低压电气设备 ··· 133

5.8　电气设备选择的条件与依据 ··· 141

5.9　风电场电气设备的选择 ··· 146

第 6 章　风电场集电线路设计 ··· 160

6.1　集电系统概述 ··· 160

6.2　场内集电线路接线方式 ··· 160

6.3　场内架空集电线路设计 ··· 164

6.4　场内电缆集电线路设计 ··· 179

6.5　集电线路经济成本与可靠性评估 ··· 182

第 7 章　风电场防雷与接地系统 ··· 189

7.1　防雷与接地概述 ··· 189

7.2　风电机组的防雷与接地 ··· 198

7.3　风电场升压站的防雷与接地 ··· 213

7.4　风电场集电线路的防雷与接地 ··· 219

第 8 章　风电场的控制与安全保护系统 ······································· 223

8.1　风电场接入电力系统基本技术要求 ······································· 223

8.2　风力发电的基本运行电气控制系统 ······································· 230

8.3　风电场有功功率控制 ··· 234

8.4　风电场系统安全 ··· 242

8.5　风电场电气系统的运行与维护 ··· 246

8.6　操作电源与中央信号系统 ··· 261

第 9 章　海上风电场电气系统 ··· 266

9.1　概述 ··· 266

9.2　海上风电传输形式 ··· 268

9.3　集电系统 ··· 275

9.4　电气系统主要电气设备 ··· 281

9.5　电力传输与海底光电复合缆的选择 ······································· 284

9.6　升压变电站电气布置 ··· 289

第 10 章　风电场内集电线路及光缆线路施工技术 ······························· 296

10.1　概述 ··· 296

10.2　线路施工特点及工艺流程 ·· 297

10.3　架空线路的施工 ·· 299

10.4　地埋电缆及光缆的施工 ·· 316

第 11 章　风电场无功补偿 ··· 325

11.1　现状及电网要求 ·· 325

11.2　风电场无功补偿装置及补偿方式 ……………………………………… 326

11.3　静止式无功发生器 …………………………………………………… 331

11.4　无功补偿装置的控制与保护 …………………………………………… 337

附录 …………………………………………………………………………… 345

参考文献 ……………………………………………………………………… 352

第1章 风电场电气系统概述

1.1 风力发电概述

1. 风力发电的发展

风能作为一种蕴藏量巨大的可再生清洁能源，越来越受到世界各国的重视，全球的风能约为 $2.74\times10^9\text{MW}$，其中可利用的风能为 $2\times10^7\text{MW}$，比地球上可开发利用的水能总量还要多10倍。目前全世界每年燃烧煤所获得的能量只有风力在一年内所能提供能量的1/3。因此，国内外都很重视利用风力来发电，开发风能。

利用风能进行发电，早在20世纪初就已经开始了。20世纪30年代，丹麦、瑞典、苏联和美国应用航空工业的旋翼技术，成功地研制了一些小型风力发电装置。这种小型风力发电机广泛在多风的海岛和偏僻的乡村使用，其发电成本比小型内燃机的发电成本低得多。不过，当时的发电量较低，大多在5kW以下。

随着全球经济的发展，风能市场也迅速发展起来。自2004年以来，全球风力发电发展迅猛，图1-1所示为2004—2014年全球风电总装机容量情况，到2015年年底，全球总装机容量达432GW，仅2015年比2014年就增加了63.013GW。预计未来20～25年内，世界风能市场每年将递增25%。随着技术进步和环保事业的发展，风能发电在商业上将完全可以与燃煤发电竞争。

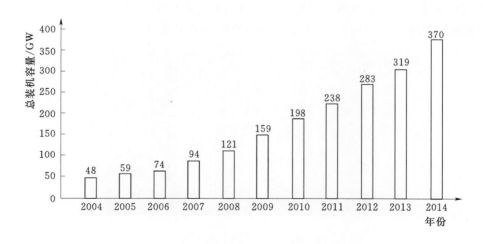

图1-1 2004—2014年风电总装机容量情况

中国风能协会2010—2015年中国风电装机情况分析见表1-1。2015年中国风电新增装机容量30.5GW，同比增长30.6%，累计装机容量145.1GW，同比新增26%。

表 1 - 1　2010—2015 年中国风电装机情况

年份	2010	2011	2012	2013	2014	2015
新增装机容量/GW	13	20	12.96	16.09	23.35	30.5
增速/%	43.2	53.8	−35.2	24.2	45.1	30.6

2. 风力发电与风电场

把风的动能转化成机械能，再把机械能转化为电能，这就是风力发电。风力发电的原理，是利用风力带动风车叶片旋转，再通过增速机将旋转的速度提升，驱动发电机发电。风力发电的能量转换过程如图 1 - 2 所示。依据目前的风电技术，大约 3m/s 的微风风速就可以开始发电。风力发电正在世界上形成一股热潮，因为其不需要使用燃料，也不会产生辐射或空气污染。

图 1 - 2　风力发电的能量转换过程

单台风电机组的发电能力有限，其单机容量与常规火电厂或水电站的百兆瓦级发电机相比小得多，大规模风力发电都是在风电场中实现的。

风电场是在一定的地域范围内，由同一单位经营管理的所有风电机组及配套的输变电设备、建筑设施、运行维护人员等共同组成的集合体。风电场是大规模利用风能的有效方式，目前，风电场的分布几乎遍布全球，风电场数目已成千上万，最大规模的风电场可达上百万千瓦级。选择风力资源良好的场地，根据地形条件和主风向，将多台风电机组按照一定的规则排成阵列，组成风力发电机群，并对电能进行收集和管理，统一送入电网，是建设风电场的基本思想。图 1 - 3 所示为典型的风电场实景图。

图 1 - 3　某海上风电场

3. 风力发电的特点

风电场运行与常规能源发电厂在很多方面具有共性，需要解决的主要是风力发电产生的特殊问题。风力发电与常规能源发电（例如火电、水电和核电）相比，基本区别有以下 4 点：

（1）由于风能的随机性和间歇性，风电场的有功输出也具有随机性，大小取决于风速的变化，而常规能源的有功输出和无功输出都可以准确地预测。

（2）风力发电有很强的地域性。不是任何地方都可以建风电场，而是必须建在风力资源丰富的地方，即风速大、持续时间长的地方。风力资源大小与地势、地貌有关，山口、海岛常是优选地址。如新疆达坂城年平均风速为 6.2m/s；内蒙古辉腾锡勒年平均风速为7.2m/s；河北张北年平均风速为 6.8m/s；广东南澳年平均风速为 8.5m/s；福建平潭年平均风速为 8.4m/s。其中，福建平潭县海坛岛年平均风速为 8.5m/s，年可发电风时数为3343h，为目前中国之最。

（3）相对于常规能源的发电机组，风电机组的单机容量较小，大量风电机组并列运行是风电场的重要特点。

（4）常规能源发电机组对电网调频和调压有着重要的作用，往往需要运行人员值守；目前，风电机组一般不参与系统调整，可以做到无人值守，系统运行参数超过一定范围时，风电机组自动停机。

风能的随机性和间歇性决定了风力发电机的输出特性也是波动和间歇的。当风电场的容量较小时，这些特性对电力系统的影响并不显著，但随着风电场容量在系统中所占比例的增加，风电场对系统的影响就会越来越显著。

1.2　电气系统和电力系统

1.2.1　电气系统

从学科角度来说，电气学科是以电能、电气设备和电气技术为手段来创造、维持与改善限定空间和环境的一门科学，涵盖电能的转换、利用和研究 3 个方面，包括基础理论、应用技术、设施设备等；从使用的角度来说，它是人们高度依赖的能量供给物，电气存在于人们日常生活的各个方面，用电也成了一种生活习惯。

电气系统在范围上有广义和狭义之分，广义的电气系统与传统意义上的电力系统相同，是由发电厂、变电站、输电线路、配电线路、电力用户等连成一体的系统，从功能上通常分为发电、输配电、用电三部分；狭义的电气系统可理解为电能并网之前的系统，不包含并网后的输电、用电等环节，重点在于场内发电、配电、并网等环节。由于本书针对的是风电场电气系统，所以重点讨论狭义上的电气系统。

1.2.2　电力系统

传统电力系统即广义的电气系统，如图 1-4 所示。

在电力系统中，通常将输送、交换和分配电能的设备称为电力网，它由变电站和各种不同电压等级的输电线路组成。电力网按电压等级的高低和其供电范围的大小可分为地方电力网、区域电力网及超高压远距离输电网 3 种类型。变电站是联系发电厂和用户的中间环节，由电力变压器和配电装置组成，起变压、交换和分配电能的作用。根据变电站在电力系统中地位不同，可分为枢纽变电所、中间变电所和终端变电所等。而配电站只用来接

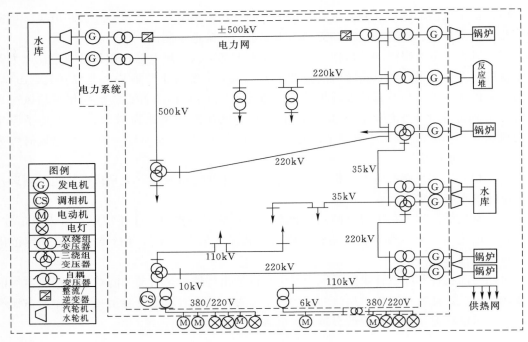

图 1-4 电力系统示意图

收和分配电能而不承担电压变化的任务,多建于工业企业内部。

1. 运行特点

与其他工业产品相比,电能的生产、输送、分配和消费有着极其明显的特殊性,主要有以下几个特点:

(1) 电能与国民经济各个部门的关系密切。由于电能与其他能量之间的转换十分方便,而且容易进行大量生产、远距离输送和控制,因此电能使用非常广泛,电能在国民经济和人民生活中起着极其重要的作用,其供应的中断或不足将影响国民经济的各个部门。

(2) 电能不能大量储存。由于电能不能大量储存,电能的生产、输送、分配和使用实际上是在同一时刻进行的。这就是说,发电设备在任何时刻生产的电能必须与该时刻用电设备所需的电能和输配电过程中电能损耗的总和相平衡。

(3) 快速性。由于电能的传播速度接近光速,所以它从一处传至另一处所需的时间极短;电力系统从一种运行方式转变到另一种运行方式的过渡过程非常快;电力系统中的事故从发生到引起严重后果所经历的时间常以秒甚至毫秒计;从发生故障到系统失去稳定性通常也只有几秒的时间;因事故而使系统全面瓦解的过程一般也只以分钟计。所以,为了使设备不致因暂态过程的发生而导致损坏,特别是为了防止电力系统失去稳定或发生崩溃,必须在系统中采用相应的快速保护装置和各种自动控制装置。

2. 基本要求

根据以上特点,对电力系统的运行有 5 点基本要求。

(1) 保证供电的安全可靠性。保证供电的安全可靠性是对电力系统运行的基本要求。为此,电力系统的各个部门应加强现代化管理,提高设备的运行和维护质量。应当指出,目前要绝对防止事故的发生是不可能的，而各种用户对供电可靠性的要求也不一样。因此，应根据电力用户的重要性不同区别对待，以便在事故情况下把给国民经济造成的损失限制到最小。通常可将电力用户分为以下类型：

1）一类用户。指由于中断供电会造成人身伤亡或在政治、经济上给国家造成重大损失的用户。一类用户要求有很高的供电可靠性。对一类用户通常应设置两路以上相互独立的电源供电，其中每一路电源的容量均应保证在此电源单独供电的情况下就能满足用户的用电要求，确保当任一路电源发生故障或检修时，都不会中断对用户的供电。

2）二类用户。指由于中断供电会在政治、经济上造成较大损失的用户。对二类用户应设专用供电线路，条件许可时也可采用双回路供电，并在电力供应出现不足时优先保证其电力供应。

3）三类用户。一般指短时停电不会造成严重后果的用户，如小城镇、小加工厂及农村用电等。当系统发生事故，出现供电不足的情况时，应当首先切除三类用户的用电负荷，以保证一类用户和二类用户的用电。

（2）保证电能的良好质量。频率、电压和波形是电能质量的 3 个基本指标。当系统的频率、电压和波形不符合电气设备的额定值要求时，往往会影响设备的正常工作，危及设备和人身安全，影响用户的产品质量等。因此，要求系统所提供电能的频率、电压及波形必须符合其额定值的规定。其中，波形质量用波形总畸变率来表示，正弦波的畸变率是指各次谐波有效值平方和的方根值占基波有效值的百分比。

我国规定电力系统的额定频率为 50Hz，大容量系统允许频率偏差为 ±0.2Hz，中小容量系统允许频率偏差为 ±0.5Hz。35kV 及以上的线路额定电压允许偏差为 ±5%；10kV 线路额定电压允许偏差为 ±7%，电压波形总畸变率不大于 4%；380V/220V 线路额定电压允许偏差为 ±7%，电压波形总畸变率不大于 5%。

电力系统频率允许偏差和用户供电电压及波形畸变率允许变动范围见表 1-2 和表 1-3。

表 1-2 电力系统频率允许偏差

运 行 情 况		允许频率偏差/Hz
正常	大容量系统	±0.2
	中小容量系统	±0.5
事故	300min 以内	±1
	15min 以内	±1.5
	不允许	-4

表 1-3 用户供电电压及波形畸变率允许变动范围

线路额定电压或用户类别	电压允许变化范围/%	允许波形畸变率/%
110kV		2
35kV、66kV	±5	3
10kV	±7	4
380V/220V	±7	5
低压照明	+5～-7	
农业用户	+5～-10	

（3）保证电力系统运行的稳定性。当电力系统的稳定性较差，或对事故处理不当时，局部事故的干扰有可能导致整个系统的全面瓦解（即大部分发电机和系统解列），而且需要长时间才能恢复，严重时会造成大面积、长时间停电。因此稳定问题是影响大型电力系统运行可靠性的一个重要因素。

（4）保证运行人员和电气设备工作的安全。保证运行人员和电气设备工作的安全是电力系统运行的基本原则。这一方面要求在设计时合理选择设备，使之在一定过电压和短路电流的作用下不致损坏；另一方面还应按规程要求及时地安排对电气设备进行预防性试验，及早发现隐患，及时进行维修。在运行和操作中要严格遵守有关的规章制度。

（5）保证电力系统运行的经济性。电能成本的降低不仅会使各用电部门的成本降低，更重要的是节省了能量资源，因此会带来巨大的经济效益和长远的社会效益。为了实现电力系统的经济运行，除了进行合理的规划设计外，还须对整个系统实施最佳经济调度，实现火电厂、水电厂及核电厂等负荷的合理分配，同时还要提高整个系统的管理技术水平。

1.3　风电场电气系统

风电场电气系统按其作用的不同可分为一次系统和二次系统。担负电能输送和分配任务的系统称为一次系统。一次系统中的所有电气设备称为一次设备。对一次系统进行监视、控制、测量和保护的系统称为二次系统。二次系统中的所有电气设备称为二次设备。

1.3.1　风电场一次系统

风电场电气一次系统的基本构成如图 1-5 所示。

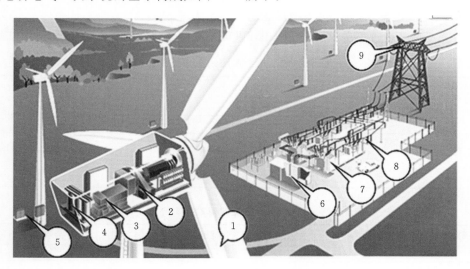

图 1-5　风电场电气一次系统的基本构成示意图

1—风机叶轮；2—传动装置；3—发电机；4—变流器；5—机组升压变压器；6—升压站中的配电装置；

7—升压站中的升压变压器；8—升压站中的高压配电装置；9—架空线路

一次系统指担负电能的输送和分配任务的系统。根据在电能生产中的整体功能，风电场电气一次系统可分为 4 个主要部分，即风电机组、集电系统、升压变电站及厂用电系统。

1.3.1.1　风电机组

一般所说的风电机组，除了风力机和发电机以外，还包括电力电子换流器（有时也称为变频器）和对应的机组升压变压器（箱式变电站、集电变压器）。目前，风电场的主流风力发电机本身输出电压为 690V，经过机组升压变压器将电压升高到 10kV 或 35kV。

按学科领域分，风电机组可分为机械结构和电气结构两部分。风电机组的机械结构是指机组在各种允许的状态下，始终不带电的零部件。相应地，风电机组中，在各种允许的状态下，有可能带电的零部件称为电气结构。

1. 机械结构

所有的机械件构成整个风电机组的机械结构。从外观结构上，可以将风电机组划分为以下部分：

（1）转子。转子又称为叶轮、风轮，包括 3 个叶片和轮毂，以及相应的附件。

（2）传动系统。传动系统包括主轴、齿轮箱、联轴器 3 个部分。主轴是指叶轮与发电机或者齿轮箱之间的连接部分，起支撑叶轮和传动风转矩的作用；风电机组中的齿轮箱是增速齿轮箱，起到增速作用；联轴器是连接传动轴和非传动轴的弹性部件。对于直驱型机组，其传动系统有较大区别。以金风 1.5MW 系列机组为例，传动系统比较特殊，没有齿轮箱、联轴器、主轴等部件，叶轮直接与发电机外转子（永磁体）相连接。

（3）发电机。发电机是风电机组最重要的设备之一，是机电一体化的产物。从机械角度看，发电机的安装、对中、减振等都很重要。

（4）液压系统。在风电机组中，液压系统是机组重要的执行系统，主要由动力元件——液压泵、执行元件——液压缸和液压马达、控制元件——各种控制阀、辅助元件——蓄能器和油箱等组成，其作用主要包括高速轴（或低速轴）机械刹车、液压变桨、叶尖扰流器控制、偏航阻尼控制等 4 个方面。

（5）偏航系统。偏航系统的机械部件主要包括偏航电机、偏航减速器、偏航驱动齿轮、偏航轴承、偏航卡钳。其中偏航卡钳分为机械式偏航卡钳和液压式偏航卡钳两种，偏航轴承分为滑动轴承和滚动轴承两种。

（6）支撑系统。机组的主要支撑件构成机组的支撑系统，主要包括机舱架（机架）、塔架与基础 3 个部分。

（7）电气柜体。电气柜体主要包含机组的电气控制部件。从机械角度来看，电气柜体的布置、固定也非常重要。

总之，主要机械件包括叶片、轮毂、变桨机构与变桨轴承、主轴与主轴承、齿轮箱、联轴器、机械刹车、偏航机构与偏航轴承、液压站结构、机组润滑装置、机舱架、机舱罩、塔架、基础等 14 个部分。

2. 电气结构

风电机组的电气件分散于机组的各个位置，主要包括：①塔底，即塔内的底部，一般设置有支撑架，称为塔底支架，用于放置各种电气柜和设备；②机舱，即塔桶顶部机舱罩包围的部分；③轮毂，即连接三个叶片和主轴的部件，电动变桨型机组的轮毂中包含用于变桨控制的各种电气件。

用于控制风电机组各处执行机构的接触器、断路器、熔断器、避雷器、继电器、电源模块以及各个地方的供配电设备一般都集中安装在电气柜内，风电机组的电气柜主要包括顶部控制柜、底部控制柜、变频柜、同步开关柜、各种配电柜、变桨内电气柜等，但是并非所有机组都含有以上全部柜体。

尽管各种机组的电控系统设计差别很大，但是根据功能的不同，可以将当前主流机型的整个电控系统划分为变桨系统、变速变频系统、主控系统、接地系统与防雷保护四个部分。

1.3.1.2　集电系统

风电场电气部分一般由若干台风力发电机、机组升压变压器、低压集电电缆、变电站、高压输电电缆等设备组成，通过变电站并入电网。上述的风力发电机、电缆、变电站共同组成了风电场集电系统，即将众多风电机组发出的电能按组收集并送入电网的电气系统。分组采用位置就近原则，每组包含的风电机组数目大体相同。每一组的多台机组输出（经过机组升压变压器升压后）一般采用架空线路或电缆线路直接并联，汇集为多条 10kV 或 35kV 架空线路输送到升压变电站。当然，采用地下电缆还是架空线，还要看风电场的具体情况。

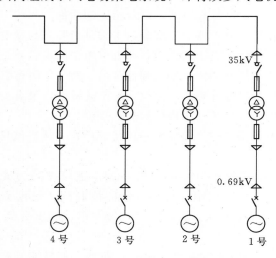

图1-6　集电系统的电气接线图

风电机组之间的拓扑连接方式以及风电机组串与升压变电站之间的拓扑连接方式均需要经过计算比较之后才能确定。计算时需要考虑的因素有单台风电机组的容量、风电机组的布置位置、不同截面电缆的特性（额定载流量、经济电流密度等）、电缆的造价和敷设价格、升压变电站方式和造价（集中布置还是多座分散式布置，或是多级升压模式），另外还需要考虑到风电场区域内有无不可敷设区域。图1-6所示为风电场典型集电系统的电气接线图。

1.3.1.3　升压变电站

升压变电站的主变压器将集电系统汇集的电能的电压再次升高，达到一定规模的风电场一般可将电压升高到 110kV 或 220kV 接入电力系统。对于规模更大的风电场，如百万千瓦级的特大型风电场，还可能需要进一步升高到 500kV 或更高。

1.3.1.4　厂用电系统

风电机组发出的电能并不是全部送入电网，有一部分在风电场内部消耗掉。风电场的厂用电包括维持风电机组正常运行及安排检修维护等生产用电和风电场变电站设备用电、运行维护人员在风电场内的生活用电等，也就是风电场场内用电部分。

厂用电系统的接线是否合理，对保证场用负荷的连续供电和发电厂安全经济运行至关重要。由于厂用电负荷多、分布广和操作频繁等原因，厂用电事故在电厂事故中占有很大的比例。此外，由于厂用电接线的过渡和设备的异动比主系统频繁，如果考虑不周、忽略大意，也常常会埋下事故的隐患。统计表明，不少全厂停电事故是由厂用电事故引起的。因此，必须高度重视厂用电系统的合理性及安全运行。

1.3.2 风电场一次设备

一次系统中涉及的设备称为一次设备。风电场内主要的一次设备如下：

（1）进行电能生产和变换的设备，如发电机、升压变压器、电动机等。

（2）接通、断开电路的开关类设备，如断路器、隔离开关、自动空气断路器、接触器、熔断器等。

（3）限制过电流或过电压的设备，如限流电抗器、避雷器等。

（4）用于变换高电压、大电流供测量保护装置使用的设备，如电流互感器、电压互感器等。

（5）载流导体及其绝缘设备，如母线、架空线、电力电缆、绝缘子、套管等。

（6）保证运行人员及设备安全的装置，如接地装置等。

1.3.3 风电场二次系统

对一次设备进行监测、控制、调节、保护以及为运行、维护人员提供运行工况或生产指挥信号所需的低压电气设备称为二次设备。

风电场的二次设备主要包括继电器、接触器、控制开关、小母线、成套保护设备等。

由二次设备相互连接，构成对一次设备监测、控制、调节和保护的电气回路称为二次回路或二次接线系统，简称二次系统。风电场二次系统，按功能可分为保护回路、控制回路、测量回路、信号回路、操作电源系统等；按设备类型可分为风电机组二次系统、箱式变电站二次系统、控制室二次系统、遥测和遥信系统及升压变电站的计算机监控系统。

1. 风电机组二次系统

风电场的监控系统分为现地单机控制、保护、测量和信号以及中控室对各台风电机组进行集中监控，也可在远处（业主营地或调度机构）对风电机组进行监视。

风电机组的控制器系统包括：①计算机单元，主要功能是控制风电机组；②电源单元，主要功能是使风电机组与电网同期。

（1）每台风电机组的现地控制系统是一个基于微处理器的控制单元，该控制单元可独立调整和控制机组运行。控制柜上运行人员可通过操作键盘对风力发电机进行现地监控和控制，如手动开机、停机，电动机启动，风电机组向顺时针方向或逆时针方向旋转。风电机组在运行过程中，控制器能持续监视其转速，控制制动系统使其安全运行，还可调节功率因数。

在风电机组塔架发电机机舱里有手动操作控制箱，在控制箱上配有开关和按钮，如自动操作/锁定的切换开关、偏航切换开关、叶片变桨控制按钮、风速计投入/切除转换开关、启动按钮，电动机启动按钮、制动器卡盘按钮和复位按钮等。

（2）为保证电力系统正常运行，确保供电质量，风电机组配置的保护装置包括温度保护、过负荷保护、电网故障保护、低电压保护、振动超限保护和传感器故障保护等。

（3）风电机组配备各种检测装置和变送器，能自动连续对各风电机组进行监视，在中控室计算机屏幕上可反映风力发电机实时状态，如当前日期和时间、叶轮转速、发电机转速、风速、环境温度、风电机组温度、当前功率、当前偏航、总电量等。

2. 箱式变电站二次系统

箱式变电站中的变压器的控制、保护、测量和信号按照 GB/T 50062—2008《电力装置的继电保护和自动装置设计规范》和 GB/T 14285—2006《继电保护和安全自动装置技术规程》的规定，变压器配置高压熔断器保护、避雷器保护和负荷开关，高压熔断器作为短路保护，避雷器用于防御过电压，负荷开关用于正常分合电路，不装设专用的继电保护装置。

3. 控制室二次系统

风电场控制室布置在 110kV 变电站内，与 110kV 变电站中控室在同一房间。在中控室内采用微机对风电场厂区中的风电机组进行集中监控和管理。中控室内的值班人员或运行人员可通过人机对话完成监视和控制任务。

4. 遥测和遥信系统

远程监控人员可通过人机对话完成远程监控任务。操作方法与在升压变电站控制室的值班人员的操作方法相同。

遥测、遥信、遥控、遥调称为变电站综合自动化中的"四遥"。

"测"指测量，电流、电压等模拟量数据的本地搜集及远程传输与监视。

"信"指信号，指发生在发电厂和变电站中的某一设备或系统状态的变化，如电压越线、断路器弹簧未储能，它是现场监控设备对于具体和某一设备的状态变化的判别，是逻辑判定后的结果，因此一般用二进制开关量表示。

"控"指控制，其控制对象为断路器、隔离开关等控制设备。

"调"指调整，调整不同于控制，控制最终实现了状态的变化，而调整是在某一状态范围的调整，如变压器分接头的调整。

遥测和遥信用于远程监控，由现场数据采集设备将搜集的数据送给监控单元，而遥控和遥调由监控单元下发控制和调整命令到远方具体的被控被调设备。

目前，遥视系统也开始在系统内得到应用，不同于"四遥"的电气变量的监控，它使用视频监控设备监视发电厂、变电站内的场景和设备的视频信息，因此可以用于安防、事故后设备之间观测、异常事件观测等情况。

5. 升压变电站的计算机监控系统

升压变电站是风电场电气系统的重要组成部分。按照"无人值班"（少人值守）原则进行设计，采用全计算机监控方式，通过计算机监控系统进行机组的启停及并网操作、主变断路器和线路断路器的操作、站用电切换、辅助设备控制等。

计算机监控系统主干网采用分层分布开放式结构的双星形以太网，通信规约采用标准的 TCP/IP，设置中央控制单元和现地控制单元，中央控制单元和现地控制单元通过冗余高速以太网连接，网络介质为光纤。中央控制单元设备置于变电站的中央控制室，现地控制单元按被控对象分布。

升压变电站计算机监控系统中央控制配置包括：两台工业级操作员工作站（各配置一台监视器）、一台工程师/培训工作站（配置一台监视器）、一个语音报警及报表管理打印工作站、两台互为热备用的以太网交换机、GPS时钟系统及外围设备等。其主要功能为数据采集与处理、控制操作、运行监控、事件处理、报警打印、自检功能等。

6. 升压变电站的继电保护

升压变电站主变压器、110kV线路、35kV线路及箱式变压器的继电保护参照 GB/T 50062—2008 选用微机型保护装置。

1.4 风电场电压与频率

1.4.1 风电场电压

1. 电压运行范围

当风电场并网点的电压偏差在其额定电压的－10%～＋10%时，风电场内的风电机组应能正常运行；当风电场并网点电压偏差超过±10%时，风电场的运行状态由风电场所选用风电机组的性能确定。

2. 电压控制要求

（1）风电场应配置无功电压控制系统。根据电网调度部门指令，风电场通过其无功电压控制系统自动调节整个风电场发出（或吸收）的无功功率，实现对并网点电压的控制，其调节速度和控制精度应能满足电网电压调节的要求。

（2）当公共电网电压处于正常范围内时，风电场应当能够控制风电场并网点电压在额定电压的97%～107%范围内。

（3）风电场变电站的主变压器应采用有载调压变压器，风电场具有通过调整变电站主要变压器分接头控制场内电压的能力。

1.4.2 风电场运行频率

风电场可以在表1－4所列电网频率下运行。

表1－4 风电场在不同电力系统频率范围内的运行规定

电力系统频率范围/Hz	要求
<48	根据风电场内风电机组允许运行的最低频率而定
48～49.5	频率低于49.5Hz时要求风电场具有至少运行30min的能力
49.5～50.2	连续运行
>50.2	频率高于50.2Hz时，要求风电场具有至少运行2min的能力，并执行电网调度部门下达的高频切机策略，不允许停机状态的风电机组并网

第2章 风电场电气主接线

2.1 电气主接线概述

电气主接线又称一次接线，是由各种开关电器、变压器、互感器、线路、电抗器、母线等按一定的要求与顺序连接而成的接收和分配电能的总电路。将电路中的各种电气设备按行业标准规定的图形符号和文字符号绘制而成的电气连接图称为电气主接线图。电气主接线图按其表现的形式可分为单线图和三线图，由于单线简单清楚，绘制和阅读都很方便，所以电气主接线图一般都采用单线图。

电气主接线图中主要电气设备的图形符号见表2-1。

表2-1 电气主接线图中主要电气设备的图形符号

序号	设备名称	GB/T 4728—2006		序号	设备名称	GB/T 4728—2006	
		形式1	IEC			形式1	IEC
1	有铁芯的单相双绕组变压器	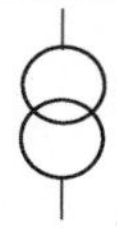	=	8	高压断路器		=
2	Ynd连接的有铁芯三相三绕组变压器	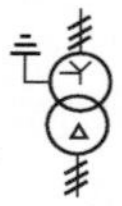	=	9	高压隔离开关		=
3	Ynyd连接的有铁芯三相三绕组变压器	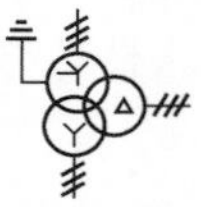	=	10	带接地刀闸的隔离开关		=
4	星形连接的有铁芯的三相自耦变压器		=	11	负荷开关		=
5	星形—三角形连接的具有有载分接开关的三相变压器	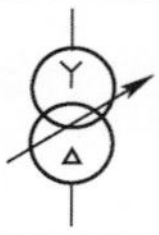	=	12	电抗器		=
6	接地消弧线圈		=	13	熔断器式隔离开关	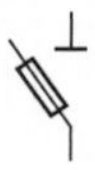	=
7	阀型避雷器		=	14	跌开式熔断器		=

注：表中"＝"符号表示新标准图形符号与IEC图形符号相同。

电气主接线的设计应满足以下基本要求：

（1）安全。保证在进行任何切换操作时的人身和设备的安全。

（2）可靠。应满足各级电力负荷对供电可靠性的要求。

（3）灵活。应能适应各种运行方式的操作和检修、维护需要。

（4）经济。在满足以上要求的前提下，主接线应力求简单，尽可能减少一次性投资和年运行费用。

2.2 电气主接线的基本形式

2.2.1 线路—变压器单元接线

当只有一回供电电源线路和一台变压器时，宜采用线路—变压器单元接线，其高压侧无母线，如图 2-1 所示。根据高压侧采用的开关不同，有以下三种典型方案。

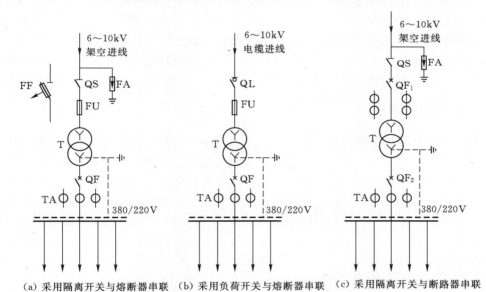

（a）采用隔离开关与熔断器串联 （b）采用负荷开关与熔断器串联 （c）采用隔离开关与断路器串联
或户外跌落式熔断器

图 2-1 线路—变压器单元接线

1. 高压侧采用隔离开关与熔断器串联或户外跌落式熔断器

如图 2-1（a）所示，这种接线最为简单经济，但供电可靠性差，操作也不方便。隔离开关用于停电或设备检修时隔离高压电源和通断空载变压器；高压熔断器用于变压器及其高、低压侧引出线的短路保护；低压断路器用于通断变压器低压侧的负荷电流和低压线路的短路保护。由于隔离开关和跌落式熔断器不能带负荷操作，故变电站停电时，必须先断开低压引出线的全部开关，再断开低压侧总开关，最后断开高压侧隔离开关。如果变电站要送电，则操作程序相反。

这种接线方式的主要缺点是：隔离开关作为操作电器使用，潜存误操作的可能性；同时，受隔离开关和跌落式熔断器切断空载变压器容量的限制，这种接线一般只适用于不经常操作、负荷不重要且变压器容量在 500kVA 及以下的变电站。

2. 高压侧采用负荷开关与熔断器串联

如图 2-1 (b) 所示，这种接线也相当简单清晰，同时也比较经济。由于负荷开关可以带负荷操作，又可起到隔离开关的作用，从而使变电站的停电和送电操作比图 2-1 (a) 所示主接线简便灵活得多，所以这种接线适用于变压器切换操作比较频繁且变压器容量在 1000kVA 及以下的变电站。但这种接线的供电可靠性仍然比较低。

3. 高压侧采用隔离开关与断路器串联

如图 2-1 (c) 所示，这种接线可靠性相对较高、操作方便，但投资较大。由于采用了断流能力较大的高压断路器，使变电站的停电和送电操作十分灵活方便，同时高压断路器都配有继电保护装置，当变电站发生短路故障时，继电保护装置动作，自动断开断路器，将故障切除。但由于只有一回电源线进线，供电可靠性仍然不高，所以这种接线方式适用于更大容量和操作频繁的变电站。

以上 3 种主接线的共同优点是接线简单、使用设备少、高压侧无母线、低压侧单母线不分段，但其缺点是当其中任一元件发生故障或检修，变电站都要停电，因此供电可靠性都不高。所以上述 3 种接线只适用于供电给三类负荷的车间变电站和小型工厂配电站。如果低压母线上有来自其他变电站的低压联络线，或变电站有两路电源进线，则供电可靠性相应提高，可供电给二类负荷的车间变电站。

2.2.2　单母线接线

只有一组母线的接线称为单母线接线，如图 2-2 所示。它的主要特点是电源和引出线都接在同一母线上，为便于每个回路的投入和切除，在每条引线上均装有断路器和隔离开关。断路器作为切断负荷电流或短路电流之用。隔离开关有两种：靠近母线侧的称为母线隔离开关，用来隔离母线电压、检修断路器；靠近线路的称为线路侧隔离开关，是用来防止在检修断路器时从用户侧反向送电，或防止雷电过电压沿线路侵入，保证维修人员安全。

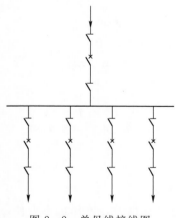

图 2-2　单母线接线图

单母线接线的优点是接线简单、使用设备少、操作方便、投资少、便于扩建。其缺点是当母线及母线隔离开关故障或检修时，必须断开全部电源，造成整个配电装置停电；当检修某一回路时，该回路要停电。因此，单母线接线供电可靠性和灵活性均较差，不能满足重要用户的供电要求，一般只适用于容量小和用户对供电可靠性要求不高的场所。

2.2.3　单母线分段接线

若把单母线分成两段，并在两段之间装设能够分段运行的开关电器，称为单母线分段接线，如图 2-3 所示。这样，当一组母线故障或检修时，另一组母线仍然继续工作，对重要用户可以从分别接于两段母线上的两条出线同时供电。

分段开关一般可选用断路器（两侧需装设隔离开关）或隔离开关，其运行方式有并列运行（分段开关在正常情况下是闭合的）和分段运行（分段开关在正常情况下是打开的）两种。

1. 用隔离开关分段的单母线接线

用隔离开关分段的单母线接线，运行的可靠性和灵活性都较差，适用于由双回路供电的、允许短时停电的二类负荷。

2. 用断路器分段的单母线接线

分段断路器除了具有分段隔离开关的作用外，该断路器还装有继电保护，除能切断负荷电流或故障电流外，还可自动分、合闸，因此运行的可靠性和灵活性都较大。但该接线仍不能克服出线断路器检修时的停电问题。

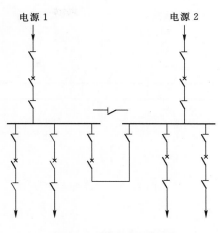

图 2-3 单母线分段接线

2.2.4 单母线带旁路母线接线

为解决单母线分段接线出线断路器检修时的停电问题，可采用单母线加旁路母线接线，如图 2-4 所示，图中母线 W_2 为旁路母线，QF_2 为旁路断路器，QS_3、QS_4、QS_7、QS_{10}、QS_{13} 为旁路隔离开关。正常运行时，旁路母线不带电，所有旁路隔离开关和旁路断路器均断开，以单母线方式运行。当检修某一出线断路器时，可用旁路断路器 QF_2 代替出线断路器工作，继续给用户供电。这种接线方式的优点是供电可靠性高，检修出线断路器时，不需停电。

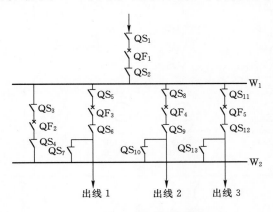

图 2-4 单母线带旁路母线接线

这种接线方式的缺点是需增加一组母线、专用的旁路断路器和旁路隔离开关等设备，使配电装置复杂，投资增大，且隔离开关用来操作，增加了误操作的可能性。一般在 110kV 及以上的高压配电装置中才设置旁路母线。

2.2.5 双母线接线

在双母线接线中，每一回路都通过一台断路器和两组隔离开关与两组母线相连，其中一组隔离开关闭合，另一组隔离开关打开，两组母线之间通过母线联络断路器（简称母联）连接起来，如图 2-5 所示。

1. 双母线接线的两种运行方式

（1）只有一组母线工作。双母线分为工作母线和备用母线，正常运行时母联打开（两

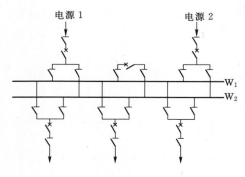

图 2-5 双母线接线

侧的隔离开关闭合），全部回路接在工作母线上，相当于单母线运行。当工作母线发生故障时，将引起全部用户的暂时停电，经过倒闸操作，将备用母线投入工作，很快恢复对全部用户的供电。

（2）两组母线同时工作，互为备用。正常运行时母联闭合，相当于单母线分段接线。当任一组母线发生故障时，只有接在该组母线上的用户停电，经过倒闸操作，将与该母线相连的所有回路切换到另一组母线上去，仍可继续正常工作。

2. 双母线接线的优点

（1）轮换检修母线而不致中断供电。

（2）检修任一回路的母线隔离开关时仅使该回路停电。

（3）工作母线发生故障时，经倒闸操作这一段停电时间后可迅速恢复供电。

（4）检修任一回路断路器时，可用母联断路器来代替，不至于使该回路的供电长期中断。

3. 双母线接线的缺点

（1）在倒闸操作中隔离开关作为操作电器使用，易误操作。

（2）工作母线发生故障时会引起整个配电装置短时停电。

（3）使用的隔离开关数目多，配电装置结构复杂，占地面积较大，投资较高。

2.2.6 桥形接线

当变电站具有两台变压器和两条线路时，在线路—变压器单元接线的基础上，在其中间跨接一连接"桥"，便构成桥形接线，如图 2-6 所示。

1. 内桥接线

内桥接线为桥断路器 QF_5 在线路断路器 QF_1、QF_2 之内，如图 2-6（a）所示。内桥适用于电源进线线路较长而变压器又不需要经常切换的场所。

2. 外桥接线

外桥接线为桥断路器在线路断路器之外，如图 2-6（b）所示。外桥适用于电源进线线路较短而变压器需要经常切换的场所。

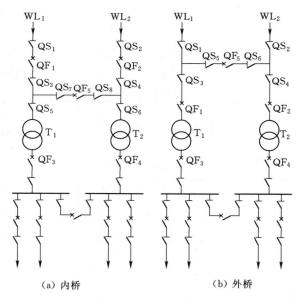

（a）内桥　　　　　（b）外桥

图 2-6 桥形接线

3. 桥形接线的优点

四个回路只有三个断路器，投资小，接线简单，供电的可靠性和灵活性较高，适用于向一、二类负荷供电。

2.3 风电场升压变电站电气主接线

2.3.1 升压变电站功能类型

风电场升压变电站按功能划分可分为 A、B、C 三类，如图 2-7～图 2-9 所示。其中升压变电站 A 为汇集单个风电场的升压变电站，升压变电站 B 为汇集多个风电场集中送出的升压变电站，升压变电站 C 为兼有风电汇集及风电升压功能的升压变电站。

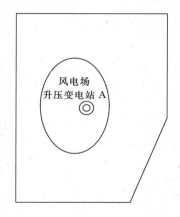
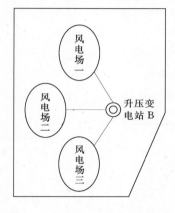
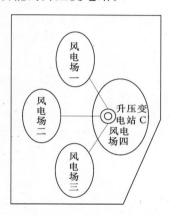

图 2-7　升压变电站 A 示意图　　图 2-8　升压变电站 B 示意图　　图 2-9　升压变电站 C 示意图

2.3.2 升压变电站电气主接线形式

风电场各类型升压变电站的电气主接线设计应满足可靠性、灵活性、经济性 3 项基本要素。升压变电站电气主接线方案应综合考虑升压变电站在风电场中的地位和作用、升压变电站近期和远期建设规模等因素。

风电场升压变电站电气主接线方案主要有变压器—线路单元接线和单母线接线两种形式。其中，变压器—线路单元接线简单，设备开关少，且不需高压配电装置，适用于升压变电站只有一台升压变电站和一回送出线路的情况；单母线接线简单清晰、操作方便、便于扩建，适用于两台及以上升压变压器和一回送出线路的情况。

1. **升压变电站 A**

升压变电站 A 宜采用变压器—线路单元接线、扩大单元接线、单母线接线几种类型，如图 2-10～图 2-12 所示。

2. **升压变电站 B**

升压变电站 B 宜采用单母线接线形式，如图 2-13 所示。

3. **升压变电站 C**

升压变电站 C 宜采用单母线接线形式，如图 2-14 所示。注意，110kV 升压变电站主变压器一般为双绕组变压器，220kV 升压变电站主变压器一般为双绕组变压器，根据工程需要也可选择三绕组变压器。

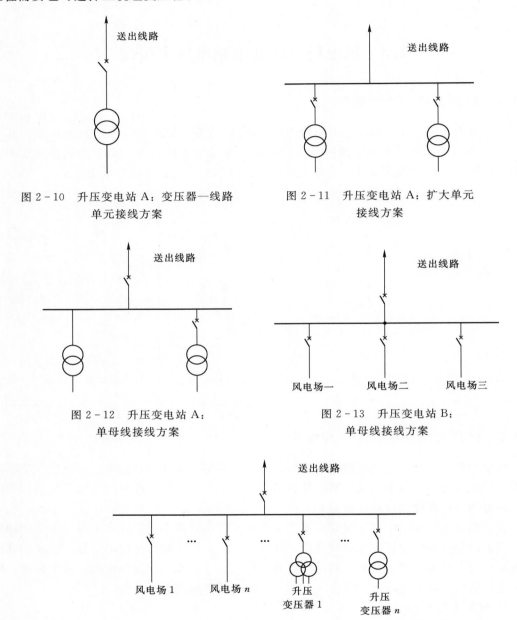

图 2-10　升压变电站 A：变压器—线路
单元接线方案

图 2-11　升压变电站 A：扩大单元
接线方案

图 2-12　升压变电站 A：
单母线接线方案

图 2-13　升压变电站 B：
单母线接线方案

图 2-14　升压变电站 C：单母线接线方案

2.3.3　升压变电站电气主接线要求

升压变电站的电气主接线应根据风电场的规划容量，线路、变压器连接元件总数，设备特点等条件确定。电气主接线应综合考虑供电可靠性、运行灵活性、操作检修方便、节省投资、便于过渡或扩建等要求。对于可靠性要求较高的 GIS 设备，宜采用简化接线。

（1）对于 66～330kV 电气主接线，变压器台数为 1 台的升压变电站采用线路—变压器组接线；变压器台数为 2～3 台时，根据系统要求采用扩大单元接线或单母线接线。

（2）对于 35kV 电气主接线，采用单母线或单母线分段接线。

35kV 侧接地方式为：①风电场 35kV 系统应采用经电阻或消弧线圈接地方式，不应采用不接地或经消弧柜接地方式；②经电阻接地的 35kV 系统应满足单相接地故障情况下，继电保护正确选择、快速切除的要求；同时应兼顾风电机组的运行电压适应性要求；③经消弧线圈接地系统应满足单相接地故障可靠选线，快速切除的要求；④兼顾瞬时故障消除和永久故障切除，可采用消弧线圈瞬时并联电阻的设计方案，并兼顾风电机组的运行电压适应性要求，实现综合效益最优；⑤风电场内其他电压等级集电系统接地方式参照执行。

2.3.4 升压变电站配电装置要求

（1）330kV 配电装置采用软母线普通中型配电装置。

（2）220kV 配电装置可采用户内 GIS 配电装置，户外支持式管母线普通中型配电装置。

（3）110kV 配电装置可采用户内 GIS 配电装置，户外支持式管母线普通中型配电装置。

（4）66kV 配电装置可采用户内 GIS 配电装置，户外支持式管母线普通中型配电装置。为减少大风引发的短路、接地故障引起的跳闸，设计时应加强对场内架空导线和接地线进行风偏校核。

（5）35kV 配电装置宜采用户内配电装置。

动态无功补偿装置根据系统要求采用不同的型式和容量。典型设计一般可按照每台 330kV 主变压器 30Mvar，每台 220kV 主变压器 30Mvar；每台 110kV、66kV 主变压器 15Mvar 预留动态无功补偿装置。实际工程应根据系统计算结果进行调整。

2.4 风电场电气主接线典型方案

2.4.1 风电机组—箱式变电站接线

3MW 及以下风电机组出口电压一般为 690V，经风电机组升压变压器升至 35kV，通过 35kV 集电线路汇集后，再接入风电场升压站的 35kV 侧母线。经过升压站升压后送系统。

风电机组—箱式变电站接线一般推荐一机一变的单元接线，其接线图如图 2-15 所示。电气一次系统主要电气设备的配置见表 2-2。

1. 系统接地方式

35kV 系统应采用经电阻接地或经消弧线圈接地方式；0.69kV 为直接接地系统。

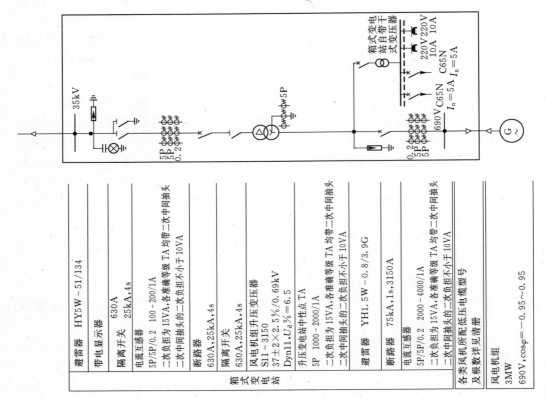

图2-15 风电机组—箱式变电站接线图

表 2－2　风电机组—箱式变电站电气一次系统主要电气设备的配置表

序号	风电机组容量/MW	升压变压器容量/kVA	箱式变电站高压侧设备配置	箱式变电站低压侧设备配置
1	0.85/1.5/2	900/1600/2150	负荷开关、熔断器、避雷器	应考虑风机厂家的技术要求，一般设置断路器或隔离开关或熔断器
2	3	3150	断路器、避雷器	应考虑风机厂家的技术要求，一般设置断路器或隔离开关或熔断器

2. 主要电气设备选择

（1）短路电流热稳定值选择。风电机组升压变压器 35kV 侧设备按 25～31.5kA 选取；风电机组升压变压器 0.69kV 侧设备按 50～75kA 选取。

（2）风电机组升压变压器的选型。主变压器型式为三相双绕组、无励磁调压、节能型变压器。为抵御沙尘、冰雪等恶劣天气对设备的影响，本典型设计采用箱式变压站型式。变压器参数为：阻抗电压取标准阻抗序列；额定容量 900kVA、1600kVA、2150kVA、3150kVA；额定电压 37±2×2.5%/0.69kV；短路阻抗电压 U_k% ＝6.5；联结组标号为 Dyn11。本典型设计给出的升压变压器容量为推荐值，可根据具体情况调整。由于风电机组升压变压器年利用小时数较低，空载运行时间长，经过经济技术比较，可选用非晶合金变压器，以降低损耗。

（3）35kV 设备的选择。35kV 采用负荷开关—熔断器组合或断路器，并配置避雷器。

（4）0.69kV 设备的选择。风电机组升压变压器低压侧（0.69kV）设备配置，应考虑风机厂家的技术要求。

（5）导体选择。低压电缆的选取，除满足载流量要求外，还需考虑与变频柜和箱式变电站的方便连接，应注意与风电机组和箱式变电站供货商的配合。

3. 接地

风电机组和箱式变电站采用共网的接地方式。阻值要求一般不大于 4Ω。当不满足接地阻值要求时，应考虑以下情况：

（1）线路为架空线方案。可考虑风电机组地网与线路终端杆塔地网相连，连接两地网之间的接地体长度不小于 15m。如此时仍不满足阻值要求，考虑将风电机组侧地网向外做射线的办法降阻。

（2）线路为全程电缆方案。可考虑将风电机组侧地网向外做射线的办法降阻。

当采用以上方法后，仍达不到要求时，可采用接地井等特殊降阻措施。当土壤对钢材无腐蚀或弱腐蚀时，可采用钢质接地材料。当土壤对钢材有中等或强腐蚀时，可采用铜质接地材料或其他防腐措施。

2.4.2　110kV 升压变电站一台主变的主接线方案

本节为一典型的 35～110kV 主变升压站接线方案。该方案采用 AIS 户外布置架空出线，35kV 采用户内铠装移开式金属封闭开关柜电缆出线，主变压器采用 1×50MVA 三相双绕组有载调压型式，配置相应容量的动态无功补偿装置。系统主接线图如图 2－16 所示。

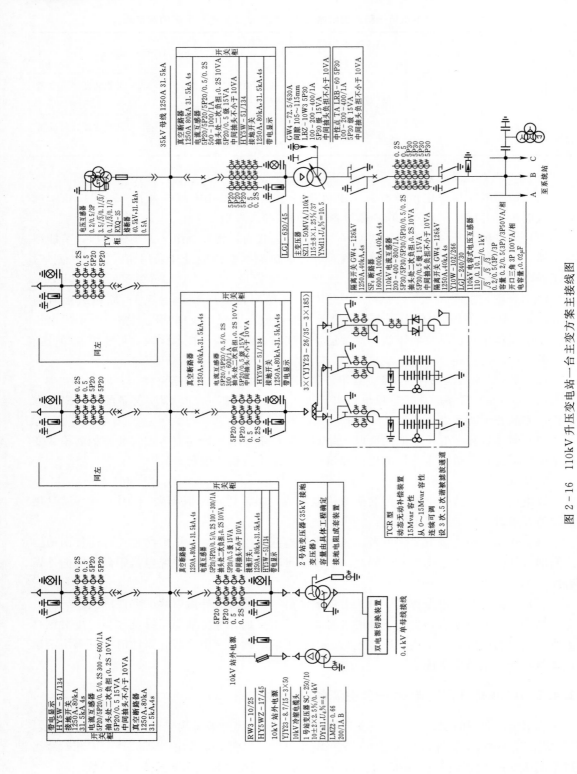

图 2-16 110kV 升压变电站一台主变方案主接线图

1. 技术条件

110kV升压变电站（AIS）典型设计方案见表2-3。110kV侧采用AIS户外布置架空出线，35kV侧采用户内铠装移动式金属封闭开关柜电缆出线，主变压器采用1×50MVA有载高压变压器。

表2-3 110kV升压变电站（AIS）典型设计方案一览表

序号	项目名称	方案
1	主变压器	本期1组50MVA
2	出线回路数及出线方向	110kV本期1回，远期1回，架空线出线；35kV本期3回，远期3回，电缆出线
3	电气主接线	110kV本期及远期均为变压器—线路单元接线；35kV本期及远期均采用单母线接线
4	动态无功补偿	15Mvar
5	短路电流	110kV、35kV分别为40kA、31.5kA
6	主要设备选型	三相双绕组有载调压变压器，110kV采用户外AIS，35kV采用户内铠装移开式金属封闭开关柜，采用35kV动态无功补偿成套装置，站内变压器采用干式变压器
7	配电装置	110kV采用户外AIS，架空进、出线；35kV采用户内铠装移开式金属封闭开关柜

2. 电气主接线

（1）升压变电站特点说明及主要技术参数。升压变电站特点说明及主要技术参数见表2-4。

表2-4 升压变电站特点说明及主要技术参数表

序号	模块名称	特点说明	主要技术参数
1	主变压器模块	变压器容量选取50MVA	110kV进线选用LGJ-240/30；35kV进线选用LGJ-630/45
2	110kV户外配电装置	变压器—线路单元接线；户外普通中型配电装置	110kV配电装置额定电流为1600A，短路水平为40kA
3	35kV户内配电装置	单母线接线；户内开关柜单列布置	35kV配电装置为单母线、出线3回，主进开关及相应设备选择根据变压器低压侧容量确定
4	无功补偿装置	选用动态无功补偿装置	15Mvar

（2）系统接地方式。110kV方案的接地系统可不接地运行；35kV为电阻接地系统。

3. 短路电流及主要电气设备选择

（1）短路电流取值。110kV电压等级为40kA；35kV电压等级为31.5kA。

（2）主变压器的选型。

1）主变压器型式为三相双绕组、有载调压、节能型变压器。

2）额定容量为50MVA。

3）额定电压为115±8×1.25%/37kV。

4）短路阻抗电压为$U_k\%=10.5$。

5）连接组标号为YNd11。

变压器额定电压具体参数实际计算后确定。

有些风电场采用 100MVA 的变压器，此时模块参数需进行相应的调整。

（3）110kV 设备的选择。110kV 采用户外 AIS，断路器操作机构为液压或弹簧机构。110kV 设备参数选择见表 2-5。

表 2-5　110kV 设备参数选择表

序号	设备名称	型式及主要参数	备注
1	断路器	主变压器—线路回路：110kV，1600A，40kA，4s	
	隔离开关	主变压器—线路回路：110kV，1250A，40kA，4s	
	电流互感器	主变压器—线路回路：110kV，200～400～800/1A 5P30/5P30/5P30/5P30/0.5/0.2S	TA
	电压互感器	110kV，$\frac{110}{\sqrt{3}}/\frac{0.1}{\sqrt{3}}/\frac{0.1}{\sqrt{3}}$/0.1kV，电容量 0.02$\mu$F	TV
2	氧化锌避雷器	Y10W-102/266kV	

（4）35kV 设备的选择。

1）35kV 开关柜。母线额定电流按 1600A 考虑；采用铠装移开式金属封闭开关柜，单列布置。本方案选用真空断路器。断路器操作机构选用弹簧机构。具体工程无功补偿回路可以根据无功补偿容量的调整选用 SF$_6$ 断路器。35kV 主要设备参数选择见表 2-6。

表 2-6　35kV 主要设备参数选择表

设备名称		型式及主要参数	备注
开关柜	断路器	主变压器回路：真空断路器 40.5kV，1250A，31.5kA	
		馈线回路：真空断路器 40.5kV，1250A，31.5kA	
	电流互感器	主变压器回路：40.5kV，500～1000/1A 5P20/5P20/0.5/0.2S 31.5kA，4s	
		出线回路：40.5kV，300～600/1A 5P20/5P20/0.5/0.2S 31.5kA，4s	
		电容器回路：40.5kV，500～1000/1A 5P20/5P20/0.5/0.2S 31.5kA，4s	
	电压互感器	40.5kV，$\frac{35}{\sqrt{3}}/\frac{0.1}{\sqrt{3}}/\frac{0.1}{\sqrt{3}}/\frac{0.1}{3}$kV 0.2/0.5(3P)/3P	

2）动态无功补偿装置容量为 15Mvar。实际工程根据系统计算确定。

（5）导体选择。

1）母线的载流量按最大穿越功率考虑，按发热条件校验。

2）各级电压设备引线按回路数通过的最大电流选择导体截面，按发热条件校验。

3）110kV、35kV 出线回路的导体截面按不小于送电线路的截面考虑。

110kV、35kV 主要导体参数选择见表 2-7。

表 2-7 110kV、35kV 主要导体参数选择表

电压 /kV	回路名称	工作电流 /A	选用母线		导体截面控制条件
			导体型号	载流量/A	
110	主变压器—线路引线	262	LGJ-240/30	662	由长期允许电流控制
35	主变压器引线	825	LGJ-630/45	946	由长期运行电流及经济电流密度控制

4. 电气设备布置及配电装置

(1) 电气设备布置。依据升压变电站各级电压的假设进出线方向，本方案电气设备的布置和选择要考虑到电气设备的可靠运行、方便检修维护、设备运输通道顺畅等因素。主要布置方案为：主变压器户外布置；110kV 配电装置采用户外 AIS 布置；35kV 采用户内高压开关柜布置；站用变压器等设备布置在配电楼内；接地电阻成套装置布置在户外。

(2) 配电装置。

1) 110kV 配电装置。110kV 配电装置采用户外 AIS（空气绝缘的敞开式开关设备），本方案中 110kV 采用变压器—线路单元接线，进、出线均采用架空方式。

2) 主变压器。主变压器布置在户外，110kV、35kV 两侧采用架空线接入。

3) 35kV 配电装置。开关柜布置在配电楼内，单列布置。

4) 35kV 动态无功补偿装置。35kV 动态无功补偿装置为户外装置，每台主变压器按 1 组 15Mvar 无功补偿装置预留位置。实际容量应以风电场接入系统设计确定的容量为准，进行相应调整。

5) 站用电及照明。站用电系统设置两台站用变压器，每台容量按全站计算负荷选择，电源一台引自 35kV 母线上，另一台由站外引入。站用电按功能区域配置检修电源，电源引自站用配电屏。照明电源系统根据运行需要和事故处理时照明的重要性确定。主要照明方式为：户外采用低位投光灯作为操作检修照明，沿道路设置草坪灯作为巡视照明；户内采用节能灯照明，并根据需要设置事故照明。

2.4.3 110kV 升压变电站两台主变的主接线方案

这是一个典型 35kV、110kV 两台主变升压变电站接线方案。本方案 110kV 侧采用 AIS 户外布置架空出线，35kV 采用户内铠装移开式金属封闭开关柜电缆出线，主变压器采用 2×50MVA 三相双绕组有载调压型式，配置相应容量的动态无功补偿装置。

升压站电气主接线如图 2-17 所示，35kV 出线为 6 条（其他与上述一主变方案相似，不再重复）。

2.4.4 220kV 升压变电站一台主变的主接线方案（GIS 布置）

这是一个典型的风电场 220kV 升压变电站主接线方案。该方案为 220kV 采用户内 GIS 布置架空出线，35kV 采用户内铠装移开式金属封闭开关柜电缆出线，主变压器采用 100MVA 三相双绕组有载调压型式，配置相应容量的动态无功补偿装置。

1. 技术条件

220kV 升压变电站（GIS）典型设计方案见表 2-8。

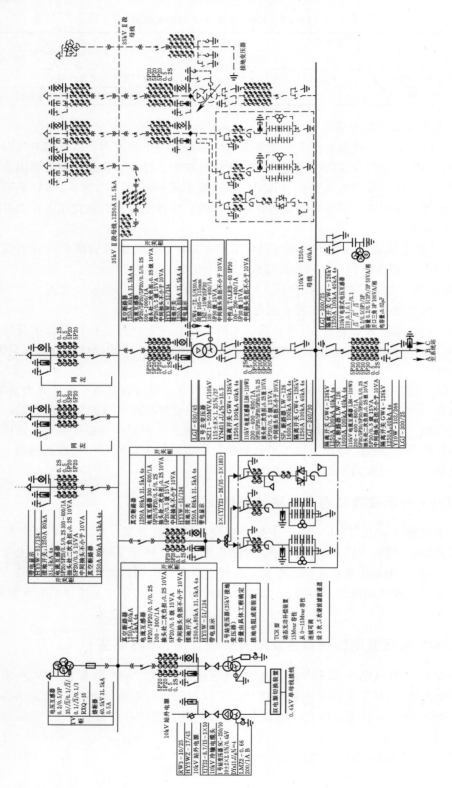

图 2 - 17 110kV 升压站两台主变的主接线方案

表 2-8 220kV 升压变电站 (GIS) 典型设计方案表

序号	项 目 名 称	方 案 内 容
1	主变压器	本期 1 台、远期 1 台 100MVA
2	出线回路数及出线方向	220kV 本期 1 回, 远期 1 回, 架空线、出线; 35kV 本期 3 回, 远期 6 回, 电缆出线
3	电气主接线	220kV 本期及远期均为变压器—线路单元接线; 35kV 本期及远期均采用单母线接线
4	动态无功补偿	30Mvar
5	短路电流	220kV、35kV 分别为 50kA、31.5kA
6	主要设备选型	三相双绕组有载调压变压器, 220kV 采用户内 GIS, 35kV 采用户内铠装移开式金属封闭开关柜, 采用 35kV 动态无功补偿成套装置, 站内变压器采用干式变压器
7	配电装置	220kV 采用户内 GIS, 架空进、出线; 35kV 采用户内铠装移开式金属封闭开关柜

2. 电气主接线

(1) 升压变电站特点说明及主要技术。风电场 220kV 升压变电站特点说明及主要技术参数见表 2-9。

表 2-9 220kV 升压变电站特点说明及主要技术参数表

序号	模 块 名 称	特 点 说 明	主 要 技 术 参 数
1	主变压器模块	变压器容量选取 100MVA	220kV 进线选用 LGJ-300/25; 35kV 进线选用 LMY-125×10
2	220kV 户内配电装置	变压器—线路单元接线; 户内 GIS	220kV GIS 额定电流为 2500A, 短路水平为 50kA。配电装置为户内布置
3	35kV 户内配电装置	单母线接线; 户内开关柜, 双列布置	35kV 配电装置为单母线、出线 6 回, 主进开关及相应设备选择根据变压器低压侧容量确定
4	无功补偿装置	选用动态无功补偿装置、SVG 型式	30Mvar

(2) 系统接地方式。220kV 方案为接地系统, 可不接地运行; 35kV 为电阻接地系统。系统主接线如图 2-18 所示。

3. 短路电流及主要电气设备选择

(1) 短路电流取值。220kV 电压等级为 50kA。35kV 电压等级为 31.5kA。

(2) 主变压器的选型。

1) 主变压器型式为三相有载调压节能型双绕组变压器。

2) 额定容量为 100MVA。

3) 额定电压为 $230 \pm 8 \times 1.25\% / 37kV$。

4) 短路阻抗电压为 $U_k\% = 13$。

5) 连接组标号为 YNd11。

6) 变压器额定电压具体参数实际计算后确定。

7) 高压侧中性点套管 TA 的参数为 LRB-100, 100~200~600/1A, 5P30。

8) 有些风电场采用 150MVA 的变压器, 此时模块参数需进行相应的调整。

(3) 220kV 设备的选择。220kV 采用户内 GIS, 断路器操作机构为液压或弹簧机构。经计算, 220kV 主要设备参数选择见表 2-10。

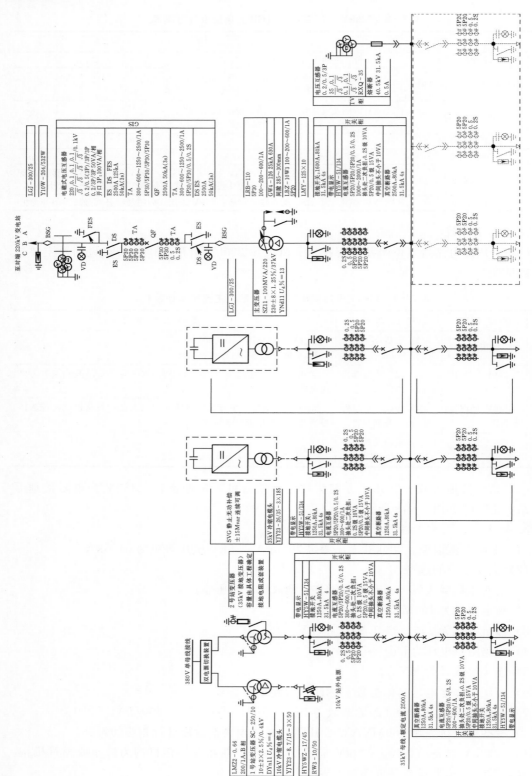

图 2 - 18　220kV 主变架空出线接线图（户内 GIS 布置）

表 2-10 220kV 主要设备参数选择表

序号	设备名称		型式及主要参数	备注
1	GIS	断路器	主变压器—线路回路：220kV，2500A，50kA，4s	
		隔离开关	主变压器—线路回路：220kV，2500A，50kA，4s	
		电流互感器	主变压器—线路回路：220kV，300～600～1250～12500/1A 5P30/5P30/5P30/0.2S，5P30/5P30/5P30/0.5	TA
		电压互感器	252kV，$\frac{220}{\sqrt{3}}/\frac{0.1}{\sqrt{3}}/\frac{0.1}{\sqrt{3}}/0.1$kV	TV
		主母线	220kV，2500A	
		分支母线	220kV，2500A	
2	氧化锌避雷器		Y10W-204/532kV	

（4）35kV 设备的选择。

1）35kV 开关柜。母线额定电流按 2500A 考虑；采用铠装移开式金属封闭开关柜，双列布置。该设计选用真空断路器，断路器操作机构选用弹簧机构，具体工程无功补偿回路可以根据无功补偿容量的调整选用 SF_6 断路器。35kV 主要设备参数选择见表 2-11。

表 2-11 35kV 主要设备参数选择表

设备名称		型式及主要参数	备注
开关柜	断路器	主变压器回路：真空断路器 40.5kV，2500A，31.5kA	
		馈线回路：真空断路器 40.5kV，1250A，31.5kA	
	电流互感器	主变压器回路：40.5kV，1000～2000/1A 5P20/5P20/0.5/0.2S，31.5kA/4S	
		出线回路：40.5kV，300～600/1A 5P20/5P20/0.5/0.2S，31.5kA，4S	
	电压互感器	电容器回路：40.5kV，300～600/1A 5P20/5P20/0.5/0.2S 31.5kA，4S	
		40.5kV，$\frac{35}{\sqrt{3}}/\frac{0.1}{\sqrt{3}}/\frac{0.1}{\sqrt{3}}/\frac{0.1}{3}$kV 0.2/0.5（3P）/3P	

2）动态无功补偿装置容量为 30Mvar。实际工程根据系统计算确定。

（5）导体选择。

1）母线的载流量按最大穿越功率考虑，按发热条件校验。

2）各级电压设备引线按回路通过的最大电流选择导体截面，按发热条件校验。

3）220kV 出线回路的导体截面按不小于送电线路的截面考虑。220kV、35kV 主要导体参数选择见表 2-12。

4. 电气设备布置及配电装置

（1）电气设备布置。电气设备的布置和选择要考虑到电气设备的可靠运行，方便检修维护、设备运输通道顺畅等因素。原则上所有的电气设备布置在 0m 以上，220kV 配电装置采用 GIS 形式，布置在户内；35kV 采用高压开关柜，户内双列布置；站用变压器布置在户内；接地电阻成套装置布置在户外。

表 2 - 12 220kV、35kV 主要导体选择表

电压 /kV	回路名称	工作电流 /A	选用母线		导体截面控制条件
			导体型号	载流量/A	
220	主变压器—线路进线引线	270	LGJ - 300/40	760	由长期允许电流控制
35	出线	272	>165mm²	452	由长期允许电流控制
	主变压器引线	1650	LMY - 125×10	2089	由长期允许电流控制

（2）配电装置。

1）220kV 配电装置。220kV 配电装置采用 GIS，本方案中 220kV 采用变压器—线路单元接线，进、出线均采用架空方式。

2）主变压器。主变压器布置在户外，220kV、35kV 两侧采用架空线接入。

3）35kV 配电装置。开关柜布置在配电室内，双列布置。

4）35kV 动态无功补偿装置。35kV 动态无功补偿装置为户外装置，每台主变压器按两组 15Mvar 无功补偿装置预留位置。实际容量应以风电场接入系统设计确定的容量为准，进行相应调整。SVG 布置尺寸视具体工程资料进行调整。

5）站用电及照明。站用电系统设置两台站用变压器，每台容量按全站计算负荷选择，电源一台引自 35kV 母线上，另一台由站外引入。

第3章 风电场短路电流计算

3.1 短路的一般概念

3.1.1 短路的原因、类型及后果

电力系统在运行中会发生各种故障，常见的故障有短路、断线或它们的组合。短路又称横向故障，断线又称纵向故障。而短路是电力系统中最为常见、危害最严重的故障。因此，故障计算的重点是短路，也常称为短路计算。短路是指电力系统正常运行情况以外的相与相或相与地（或中性线）之间的连接。

1. 短路发生的原因

引起短路的原因有主观和客观两方面。

（1）客观原因。由雷电引起的绝缘子表面闪络，大风引起的碰线，鸟类以及树枝等物掉落在导线上，暴风雪、冰雹以及地震等自然灾害都会引起短路；绝缘材料因时间太长而老化，操作过电压或雷击过电压、机械力损伤等，均可导致电气设备绝缘的损坏而引起短路。

（2）主观原因。由于设备制造上的缺陷、设计安装不合理、检修质量不高或运行维护不当也会引起短路；此外，还有运行人员的误操作，如带负荷拉隔离开关，检修后未拆除地线就合闸等。

2. 短路的类型

电力系统短路分为三相短路、两相短路、两相接地短路和单相接地短路4种形式，其中三相短路为对称短路，其他三种形式短路为不对称短路。三相短路发生的概率最小，但引起的后果最严重；单相接地短路发生的概率最高，在高压电网中，它占到所有短路次数的85％以上。图3-1所示为各种短路的示意图和表示符号，图中短路均指同一地点短路，实际上也可能是在不同地点发生短路，如两相分别在不同地点接地再短路。

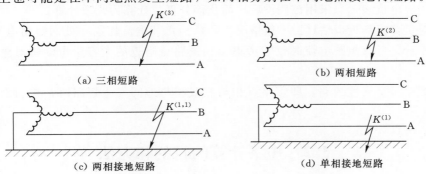

图3-1 各种短路的示意图和表示符号

3. 短路引起的后果

短路故障会给电力系统带来很严重的后果，具体有以下方面：

（1）电力系统短路时，由于阻抗减小以及突然短路的暂态过程，会产生很大的短路电流，可能超过额定电流很多倍，短路电流通过电气设备的导体时，使导体大量发热，若短路持续时间较长，设备可能过热以致损坏。

（2）短路电流的电动力效应也会损坏设备，缩短其使用寿命。

（3）短路时短路点的电压比正常运行时低，如果是三相短路，则短路点的电压为零。这必然导致整个电网电压大幅度下降，可能使部分用户的供电受到影响，接在电网中的用电设备不能正常工作。

（4）影响电力系统运行的稳定性。在由多个发电机组成的电力系统中发生短路时，由于电压大幅度下降，风力发电机输出的电磁功率急剧减少，如果由风力机供给的机械功率来不及调整，发电机就会加速，使系统瓦解而造成大面积停电。这是短路造成的最严重、最危险的后果（相对于火电厂或水电厂的大型发电机，由于单台风力发电机功率较小，其短路对电网的影响也较小）。

（5）对通信干扰。接地短路的零序电流将产生零序磁通，在邻近的平行线路（如通信线、电话线、铁路信号系统等）上产生感应电动势，对邻近平行架设的通信线路造成干扰，不仅降低通信质量，还会威胁设备和人身的安全。

3.1.2 短路电流计算的基本假设

短路过程是一种暂态过程。影响电力系统暂态过程的因素很多，若在实际计算中把所有因素都考虑进来，计算过程将十分复杂，也不必要。因此，在满足工程要求的前提下，为了简化计算，通常采取以下合理的假设，采用近似的方法对短路电流进行计算：

（1）短路过程中发电机之间不发生摇摆，系统中所有发电机的电势同相位。采用该假设后，计算出的短路电流值偏大。

（2）短路前电力系统是对称三相系统。

（3）不计磁路饱和。这样，使系统各元件参数恒定，电力网络可看作线性网络，能应用叠加原理。

（4）忽略高压架空输电的纯电阻和对地电容，忽略变压器的励磁支路和绕组电阻，每个元件都用纯电抗表示。采用该假设后，简化部分复数计算为代数计算。

（5）对负荷只作近似估计。一般情况下，认为负荷电流比同一处的短路电流小得多，可以忽略不计。计算短路电流时仅需考虑接在短路点附近的大容量电动机对短路电流的影响。

（6）短路是金属性短路，即短路点相与相或相与地间发生短路时，它们之间的阻抗是零。

3.2 短路计算的目的和方法

短路故障对电力系统正常运行的影响很大，所造成的后果也十分严重，因此在系统的设计、设备选择以及系统运行中，都应着眼于防止短路故障的发生，以及在短路故障发生后要尽量限制所影响的范围。

1. 计算目的

（1）选择电气设备。电气设备（如开关电器、母线、绝缘子、电缆等）必须具有充分的电动力稳定和热稳定性，而电气设备的电动力稳定和热稳定的校验是以短路电流计算结果为依据的。

（2）继电保护的配置和整定。系统中继电保护的配置以及保护装置的参数整定都必须在对电力系统各种短路故障进行计算和分析的基础上进行，而且不仅要计算短路点的短路电流，还要计算短路电流在网络各支路中的分布，并要进行多种运行方式的短路计算。

（3）电气主接线方案的比较和选择。在发电厂和变电站的主接线设计中，有的接线方案由于短路电流太大以致要选用贵重的电气设备，使该方案的投资太高而不合理，但如果适当改变接线或采取限制短路电流的措施就可能得到既可靠又经济的方案。因此，在比较和评价方案时，短路电流计算是必不可少的内容。

（4）确定电力线对邻近架设的通信线是否存在影响。在设计 110kV 及以上电压等级的架空输电线路时，要计算短路电流以确定电力线对邻近架设的通信线是否存在危险及干扰影响。

（5）其他目的。在电力工程中，计算短路电流的目的还有很多，不可能一一列举，如确定中性点的接地方式、验算接地装置的接触电压和跨步电压、计算软导线的短路摇摆、计算输电线路分裂导线间隔棒所承受的向心压力等都需要计算短路电流。

2. 计算方法

实际的电力系统十分复杂，突然短路的暂态过程更加复杂，要精确计算任意时刻的短路电流非常困难。然而实际工程中并不需要十分精确的计算结果，但却要求计算方法简捷、适用，计算结果只要能满足工程允许误差即可。因此，工程中适用的短路计算，是采用在一定假设条件下的近似计算法，这种近似计算法在电力工程中称为短路电流实用计算。

短路电流计算是电力系统基本计算之一，一般采用标幺值进行计算。对于已知电力系统结构和参数的网络，短路电流计算的主要步骤如下：

（1）制定等值网络并计算各元件在统一基准值下的标幺值。

（2）网络简化。对复杂网络消去电源点以外的中间节点，把复杂网络简化为两种形式之一：①一个等值电势和一个等值电抗的串联电路，如图 3-2（a）所示；②多个有源支路并联的多支星形电路，如图 3-2（b）所示。

（3）考虑接在短路点附近的大型电动机对短路电流的影响。

（4）计算指定时刻短路点发生某种短路时的短路电流（含冲击电流和短路全电流有效值）。

（5）计算网络各支路的短路电流和各母线的电压。

一般情况下三相短路是最严重的短路。因此，绝大多数情况是按三相短路电流来选择或校验电气设备。另外，三相短路是对称短路，它的分析和计算方法是不对称短路分析和计算的基础。

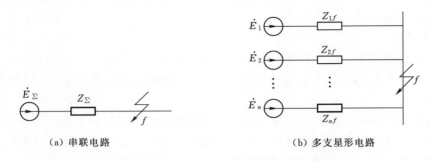

（a）串联电路　　　　　　　　　　　　　（b）多支星形电路

图 3-2　短路计算等值网络简化电路图

3.3　风电场短路电流计算

　　我国风能资源丰富的地区电网都较薄弱，负荷水平较低，风电并网对系统稳定的影响也较大。在风电场规划和运行时需要考虑电网条件，以保证风电场能够正常运行，同时不会对所接入的地区电网带来不可接受的负面影响。目前国内外电力系统关于短路电流的计算方法及软件都已经相当成熟，但大都不含风力发电机系统。随着风电注入功率的不断增加，准确计算风电场并网点发生短路故障时风电场所提供的短路电流，分析其对于电气设备的选型、导体的选择、继电保护的整定和校验的直接影响，关系到电力系统的安全与稳定。因此，将风电场作为独立系统进行短路电流的分析计算，并揭示其对风电场内系统配置的影响具有重要的现实意义。

　　风电场不仅风电机组模型复杂，而且在机组布置、运行方式、系统组成及配置等诸多方面与常规电厂差别较大，所以建立一套既能够满足工程精度又能反映风电场短路特性的短路电流计算方法有很好的工程应用价值。

　　影响短路电流变化规律的主要因素有：①发电机的特性；②发电机对短路点的电气距离。风电场短路电流计算国外都采用国际电工委员会标准 IEC 60909 中规定的方法，但是我国目前还没有相关的标准，大多采用西北电力设计院编制的《电力工程电气设计手册》（1989.1）所给出的方法，由于计算方法不尽相同，计算的结果自然也就不同。

3.3.1　风电场等值电路模型的建立

　　电气系统是由各种电气元件和导线连接而成，在短路过程中它们表现出来的电气特性各不相同，因此不可能精确求解出短路后任意时刻电气系统的短路电流值。在工程实际应用中，短路计算只能通过对整个电气系统中的组成元件进行合理的等值、简化，在不改变其主要电气特性的前提下，将复杂的电气网络简化成为可供计算的电路模型。

　　1. 箱式变电站和主变压器的等值电路模型

　　箱式变电站和主变压器在系统中的作用和运行方式与火电工程相同，因此在风电场等值电路模型中，认为变压器的磁路不饱和，铁芯的电抗值不随电流大小发生变化，同时忽略励磁电流的影响，将其等效为一个电抗。

2. 集电线路的等值电路模型

在风电场设计中主要有以下两种风电场集电线路等值电路模型的处理方式：

（1）从电力系统的角度考虑，将风电场等效为一个大的发电机组，在电力系统短路故障分析中，将风电场用 PQ 节点进行等值，认为风电场的功率因数与单台机组功率因数相同。但该方法忽略了风电场内部集电线路的影响，风电场的集电线路具有电压等级低、线路长度较长的特点，风电场的等值功率因数与单台机组存在较大差别。因此在风电场等值电路中，集电线路阻抗不能被忽略。随着风电场规模越来越大，如仍采用此种等效方式将带来较大的计算误差。

（2）有些潮流计算过程中，将风电场内所有风电机组（包括箱变）的高压侧汇集，经一条线路接到主变低压侧，而未考虑各个风力发电机之间的集电线路，这种等效方式与风电场的实际接线系统差别较大，因此这种等效方式也不可取。

由此可见，目前研究所选取的短路点大多是风电场升压站的主变高压侧，将风电场简化为一个或多个等值模型，而对于主变低压侧及风电场内各个风力发电机之间的短路计算少有研究。

若要求等值电路模型较为准确地描述风电场电气系统，一定要考虑集电线路因素。对现有工程的总结可以发现，对于风电场集电线路 $R > X/3$，即电阻对短路电流影响很大，此时，考虑用集电线路的阻抗 $Z = \sqrt{R^2 + X^2}$ 来代替电抗 X。

3. 单台风电机组的等值电路模型

作为风电场的基本组成单元，单台风电机组的运行特性及其控制模式与火电机组完全不同。所以，不能简单地按照火电项目的等值方式来处理风电机组。现有工程中使用的风电机组大多为双馈异步发电机组，即风力机的转速随风速变化，通过其他控制方式得到恒频电能。其概念模型通常为"变速风力机＋变速发电机（双馈异步发电机）"。由于此类风电机组转速可随风速做相应的调整，使其运行始终处于最佳状态，机组效率提高的同时，有功功率、无功功率均可调，对电网起到稳压、稳频的作用，提高发电质量。由于此类风电机组具有单机容量较大、效率较高的特点而被广泛选用。

3.3.2　基本思想

现在还没有一个明确的、被普遍认可的风电机组等值模型。主要有以下基本思想：

（1）将风电机组作为负荷考虑，即不提供短路电流。但实际上风电机组在风电场电气网络中是电源，而不是负荷，因此在短路瞬间认为风电机组不向短路点提供短路电流并不合适。

（2）将风力发电机作为同步发电机处理。目前在风电场设计中大多采用此方法。但实际上大部分风力发电机是异步发电机，提供的短路电流及继电保护整定计算与同步发电机是否相同，有待进一步研究分析。有的资料在简单短路故障分析时，将异步感应发电机用一个"变压器等值"，即 T 形等值电路来表示。但采用这种等值方式产生的电路模型较复杂，不利于计算。所以，在风电机组的短路电流计算中，核心问题是如何对风电机组异步发电机建立有效、实用的短路计算等值模型。

综上所述，就双馈感应异步发电机而言，基本思路是：由于双馈发电机运行的稳定性，箱式变压器高压侧到升压站母线的集电线路及主变压器高、低压侧短路时，把发电机组作为同步发电机处理，风力发电机出口到箱式变压器低压侧的线路短路时，直接相连的风力发电机不提供短路电流。

3.3.3　具体分析

1. 双馈式异步发电机短路电流分析

并网双馈风电机组是当前应用较为广泛的一种风电机组类型。双馈感应发电机的定子侧直接接入电网，转子侧通过双 PWM 变频器接入电网。当机端发生三相对地短路故障时，发电机内部引起一系列暂态电磁变化，其中最重要的变化就是定子、转子磁链变化。

故障前发电机处于稳态运行，此时定子、转子磁链在空间保持相对静止。机端故障发生时，定子电压将突然减小为 0，根据磁链守恒原理，尽管发电机定子电压在故障时发生突变，但在故障瞬间定子磁链仍将保持恒定不变。在忽略定子电阻的前提下，发电机的定子磁链随时间的变化率近似等于定子电压。由于机端故障后定子电压突然下降，因此定子绕组中将出现不随时间变化的磁链直流分量。该磁链分量在空间保持静止且幅值不变（在忽略定子电阻的条件下），若进一步考虑定子电阻的作用，定子磁链直流分量将逐渐衰减，其衰减的速度取决于发电机的参数。

对于转子磁链在故障过程中的变化规律，在忽略转子电阻的前提下，转子磁链的变化率近似等于转子电压的变化率。由于故障前后转子励磁电压维持不变，因此，故障过程中转子磁链相对于转子绕组的运动将保持基本不变，此时转子绕组中将出现不随时间变化的磁链直流分量。该磁链分量在空间相对于转子保持静止，即相对于定子以转子角频率旋转，且幅值不变，若进一步考虑转子电阻的作用，在转子轴系下，发电机转子磁链暂态直流分量将逐渐衰减，其衰减的速度取决于发电机的参数。

图 3-3 所示为短路故障瞬间定子、转子的磁链，其中 α、β 分别是短路故障瞬间定子 A 相电压与 q 轴的夹角以及转子 a 相电压与 q 轴的夹角，由短路前发生的瞬间状态决定。

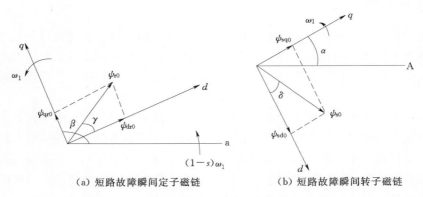

（a）短路故障瞬间定子磁链　　　　（b）短路故障瞬间转子磁链

图 3-3　短路瞬间磁链方程

双馈感应发电机与普通异步机最大的不同就是其转子回路通过发电机滑环可以外接外

部电压源，并且通过控制转子外接电压的值便可以控制双馈感应发电机发出的有功与无功功率。同步旋转坐标系下双馈感应电机的磁链方程为

$$\psi_{sd} = L_s i_{sd} + L_m i_{rd} \tag{3-1}$$

$$\psi_{sq} = L_s i_{sq} + L_m i_{rq} \tag{3-2}$$

$$\psi_{rd} = L_r i_{rd} + L_m i_{sd} \tag{3-3}$$

$$\psi_{rq} = L_r i_{rq} + L_m i_{sq} \tag{3-4}$$

定子、转子绕组在 d、q 绕组的电压方程为

$$u_{sd} = -r_s i_{sd} + D\psi_{sd} - \omega\psi_{sq} \tag{3-5}$$

$$u_{sq} = -r_s i_{sq} + D\psi_{sq} - \omega\psi_{sd} \tag{3-6}$$

$$u_{rd} = r_r i_{rd} + D\psi_{rd} - s\omega\psi_{rq} \tag{3-7}$$

$$u_{rq} = r_r i_{rq} + D\psi_{rq} + s\omega\psi_{rd} \tag{3-8}$$

式中　ψ_{sd}、ψ_{sq}、ψ_{rd}、ψ_{rq}——定子、转子磁链的 d、q 轴电压分量；

$\quad\quad$ u_{sd}、u_{sq}、u_{rd}、u_{rq}——定子、转子电压的 d、q 轴电压分量；

$\quad\quad$ i_{sd}、i_{sq}、i_{rd}、i_{rq}——定子、转子电流的 d、q 轴电流分量；

$\quad\quad$ ω——发电机的同步转速；

$\quad\quad$ s——转差率，$s\omega = \omega - \omega_r$ 表示旋转坐标系相对于转子的旋转角速度；

$\quad\quad$ D——微分算子；

$\quad\quad$ L_m——定子、转子互感；

$\quad\quad$ L_s、L_r——定子、转子电感。

为了推导电网故障下双馈风电机组定子、转子磁链电流的表达式，由式（3-1）~式（3-4）可得到利用定子、转子磁链表示的定子、转子电流表达式为

$$i_s = \frac{1}{L_s'}\psi_s - \frac{L_m}{L_r L_r'}\psi_r \tag{3-9}$$

$$i_r = \frac{1}{L_r'}\psi_r - \frac{L_m}{L_r L_r'}\psi_s \tag{3-10}$$

其中　　　　　　　　$L_s' = L_{ls} - \dfrac{L_{lr} L_m}{L_{lr} + L_m}, \quad L_r' = L_{lr} - \dfrac{L_{ls} L_m}{L_{ls} + L_m}$

式中　L_{ls}、L_{lr}——定子、转子漏电感。

忽略暂态过程中发电机转速的变化，可以进一步得到短路故障后定子短路电流的近似表达式为

$$i_s = -\frac{u_s}{j\omega_s L_s'} e^{-t/T_s'} - \frac{1}{L_s'}\frac{u_s}{j\omega_s} e^{-t/T_s'} e^{-j\omega_r t} \tag{3-11}$$

$$i_r = \frac{L_r}{L_m L_r'} e^{-t/T_s'} - \frac{L_m}{L_r' L_s}\frac{u_s}{j\omega_s} e^{-t/T_s'} e^{-j\omega_r t} \tag{3-12}$$

图 3-4 与图 3-5 分别描述了同步发电机和双馈式异步发电机的短路电流变化曲线，可以看出双馈式异步发电机由于短路初期变流器仍处于工作状态，此时的短路电流特性与同步机类似，但是同步发电机最大短路电流略大于双馈式异步发电机，并且同步发电机短路电流衰减较慢。在实际工程应用中电气设备的容量选择主要是依靠短路电流周期分量的有效值，而不需要考虑短路电流的衰减特性，因此在具体的短路电流计算中可以把双馈式异步发电机作同步发电机处理。

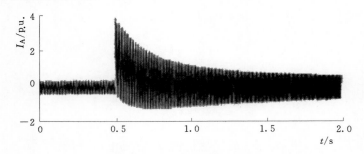

图 3-4 同步发电机短路电流

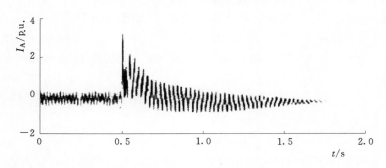

图 3-5 双馈式异步发电机短路电流

2. 短路电流计算

过去在含风电场的电力系统短路故障分析中，由于风电场容量较小，缺乏风电场的详细模型，风电场不是被等效为一个负的负荷，就是等效为等容量的同步发电机，忽略了风电场内部集电线路的影响。但是随着风电场规模迅速扩大，并网容量增加，并且在机组布置、运行方式等诸多方面也与火电厂差别较大，风电场等值功率因数与单台机存在较大差别，所以风电场集电线路阻抗是不能忽略的。

下面介绍基于短路容量法的并网风电场短路电流分析方法。

电力网络某点三相短路电流 I_{sc} 为

$$I_{sc} = \frac{S_{sc}}{\sqrt{3}U} \tag{3-13}$$

式中　S_{sc}——短路容量，MVA；

　　　U——额定电压，kV；

　　　I_{sc}——短路电流，kV。

由式（3-13）可见，确定短路容量是计算短路电流的关键。电力系统中无论是电网、发电机、电动机这些主动释放能量的设备，还是像变压器、电缆等转换或被动吸收能量的设备，都可以通过各自等效的短路容量来描述。而确定短路容量应考虑电网所有相关设备的影响，不仅有电源系统，也包括变压器、线路等设备。

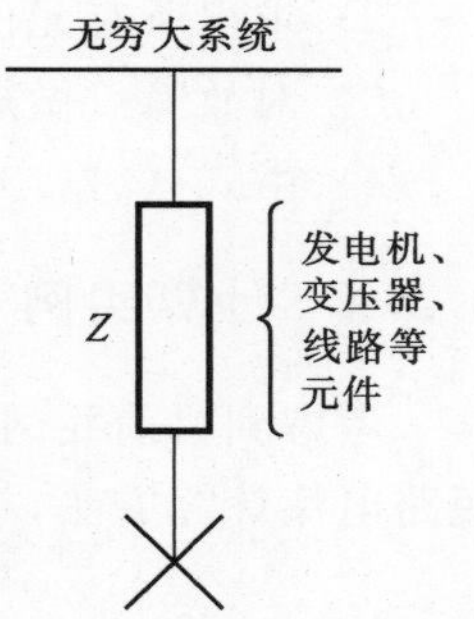

无穷大系统

发电机、变压器、线路等元件

图 3-6　计算个别元件短路容量示意图

任一元件（发电机、变压器、线路等）的短路容量可以视作将其连接于无穷大系统后短接所求得的短路容量 S_{sc}，如图 3-6 所示。

（1）风力发电机短路容量。

$$S_{sc.G} = \frac{S}{x''_d} \times 10^{-3} = \frac{\sqrt{3}U_N I_N}{x''_d} \times 10^{-3} \qquad (3-14)$$

式中　S——风力发电机等效容量，kVA；

　　　x''_d——风力发电机的直轴次暂态电抗；

　　　U_N——风力发电机平均额定电压，kV；

　　　I_N——风力发电机额定电流，A；

　　$S_{sc.G}$——风力发电机短路容量。

（2）变压器短路容量。

$$S_{sc.T} = \frac{S_N}{U_k\%} \times 10^{-3} \qquad (3-15)$$

式中　$U_k\%$——短路阻抗百分数；

　　　S_N——变压器额定容量，kA；

　　$S_{sc.T}$——变压器短路容量，kVA。

（3）架空线、电缆短路容量。

$$S_{sc.L} = \frac{U_N^2}{Z_L} \times 10^{-3} \qquad (3-16)$$

式中　U_N——短路处额定电压，kV；

　　　Z_L——线路阻抗的模值，Ω；

　　$S_{sc.L}$——架空线、电缆短路容量。

（4）计算短路电流的步骤。将上述公式化简后即可得到故障点的短路容量，由此可得短路容量法计算短路电流的步骤为：

1）绘制系统单线图，并标示故障点。

2）求出所有元件的短路容量。

3）对故障点做短路容量的串并联计算，求出该点的短路容量 S_{sc}。

4）由式（3-13）求得该点的短路电流。

3.3.4　计算实例

考虑到目前我国工程一般采用西北电力设计院编制的《电力工程电气设计手册》中的短路电流计算方法，基于这种计算方法下面给出两个工程实例。

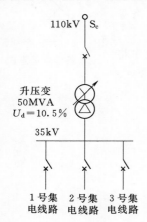

图 3-7　50MW 风电场短路电流计算主接线

《电力工程电气设计手册》中的短路电流计算方法也称为实用法，主要分为以下几个步骤：①设定计算条件；②电路元件参数计算，包括基准值计算和各元件参数标幺值计算；③网络变换；④三相短路电流周期分量计算，包括无限大电源供给的短路电流和有限电源供给的短路电流；⑤三相短路电流非周期分量计算；⑥冲击电流和全电流的计算。

1. 案例一

50MW 风电场短路电流计算主接线如图 3-7 所示，风电机组考虑采用 1500kW 双馈异步发电机和 1500kW 永磁直驱同步发电机两个方案，数量 33 台，集电线路分为三组，每组 11 台风电机组。各设备具体参数如下：

风电机组：采用 1500kW 双馈异步发电机，风电机组堵转电流为 7～9 倍额定电流，取 7 倍。

采用 1500kW 永磁直驱同步发电机，受变流器的限制，短路电流为 1.5～2 倍额定电流，取 1.5 倍。

箱变：36.75±2×2.5%/0.69kV，1600kVA，

$U_d\% = 6.5\%$，$I_0\% = 0.85\%$；

主变压器：110±8×1.25%/36.75kV，50MVA，

$U_d\% = 10.5\%$，$I_0\% = 0.3\%$；

35kV 集电线路：集电线路的阻抗相对于风电机组和箱变的阻抗较小，可以忽略不计；

110kV 系统：按 40kA 的断路器遮断水平进行计算；

35kV 系统：35kV 为短路点，计算短路电流。

（1）风电机组采用 1500kW 双馈异步发电机。风电机组采用 1500kW 双馈异步发电机时的等效电路图如图 3-8（a）所示。

d_1 点短路，基准电流：

$$I_j = \frac{100}{\sqrt{3} \times 37} = 1.5604\text{A}$$

110kV 单独作用时短路电流 7.012A，风力发电机单独作用时的短路电流为 3.790A。

计算结果见表 3－1。

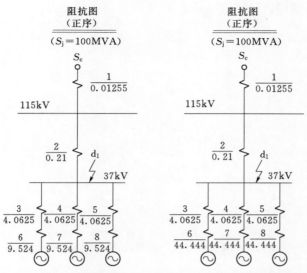

（a）采用 1500kW 双馈异步发电机　（b）采用 1500kW 永磁直驱同步发电机

图 3－8　风电场短路电流计算等效电路

表 3－1　　　　风电场短路电流计算采用 1500kW 双馈异步发电机时的短路电流

类　　别	短　路　电　流	冲　击　电　流
110kV 系统/kA	7.012	17.881
风电机组/kA	3.790	9.665
总计/kA	10.802	27.546

（2）风电机组采用 1500kW 永磁直驱同步发电机。风电机组采用 1500kW 永磁直驱同步发电机时的等效电路图如图 3－8（b）所示，计算结果见表 3－2。

表 3－2　　　　风电场短路电流计算采用 1500kW 永磁直驱同步发电机时的短路电流

类　　别	短　路　电　流	冲　击　电　流
110kV 系统/kA	7.012	17.881
风电机组/kA	1.062	2.708
总计/kA	8.074	20.589

2．案例二

图 3－9 为 100MW 风电场短路电流计算接线方案之一，风电机组考虑采用 1500kW 双馈异步发电机和 1500kW 永磁直驱同步发电机两个方案，数量 66 台，集电线路分为六组，每组 11 台风电机组。

主变压器：$220\pm8\times1.25\%/36.75kV$，100MVA，$U_d\%=14.5\%$，$I_0\%=0.8\%$；

220kV 系统：按 50kA 的断路器遮断水平进行计算；

35kV 系统：35kV 为短路点，计算短路电流；

其他设备参数同案例一。

计算过程与案例一相同，计算结果见表 3-3。

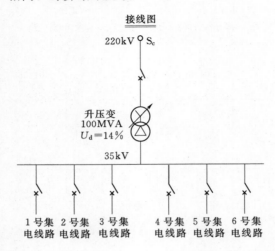

图 3-9 100MW 风电场短路电流计算接线方案之一

表 3-3　　　　　　　　　风电场短路电流计算的短路电流

类　　别	双馈异步发电机	永磁直驱同步发电机
220kV 系统/kA	10.760	10.760
风电机组/kA	7.580	2.123
总计/kA	18.340	12.883

第4章 风电场的导体

4.1 风电场载流导体

风电场电气系统中的各个电气设备都由载流导体相互连接，组建成电路。其中，位于发电厂和变电站内的母线用于汇集和分配电能，连接导体和跳线用于连接电气设备，而输电线路则将发电厂、变电站和用户连接成完整的电力系统。

导体通常由铜、铝、铝合金或钢材料制成，多数载流导体一般使用铝或铝合金材料。导体除满足工作电流、机械强度和电晕要求外，导体形状还应满足下列要求：电流分布均匀；机械强度高；散热良好（与导体放置方式和形状有关）；有利于提高电晕起始电压；安装、检修简单，连接方便。

导体可以分为硬导体和软导体两大类。在电流较大的场合，软导体载流量不足时可以采用硬导体。硬导体根据其截面形状可分为管形、槽形、矩形。常见的软导体为钢芯铝绞线，由钢芯承受主要机械负荷，铝作为主要载流部分。软导线应根据环境条件（环境温度、日照、风速、污秽、海拔）和回路负荷电流、电晕、无线电干扰等条件，确定其截面和结构型式。

风电场和变电站中的常见导体有母线、连接导体、跳线和输电线路，输电线路又可分为架空线和电缆线路。

4.1.1 架空线路

架空线路主要指架空明线，架设在地面之上，是用绝缘子将输电导线固定在直立于地面的杆塔上以传输电能的输电线路。架空线路的架设及维修比较方便，成本较低，但容易受到气象和环境（如大风、雷击、污秽、冰雪等）的影响而引起故障，同时整个输电走廊占用土地面积较多，易对周边环境造成一定的电磁干扰。

架空线路的主要部件有导线和避雷线（架空地线）、杆塔、绝缘子、金具、杆塔基础、拉线和接地装置等，如图4-1所示。

1. 输电线路术语

（1）挡距。架空线路相邻杆塔之间水平距离称为线路的挡距。通常用字母 l 表示，如

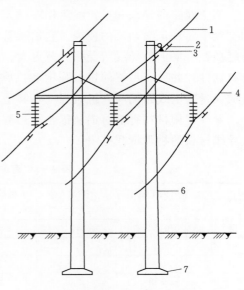

图4-1 架空线的组成元件
1—避雷线；2—防振锤；3—线夹；4—导线；
5—绝缘子；6—杆塔；7—基础

43

图 4-2 所示。

（2）弧垂。在挡距中导线离地最低点和悬挂点之间垂直距离称为导线的弧垂。用字母 f 表示。

（3）限距。导线到地面的最小距离称为限距，用字母 h 表示。

导线弧垂的大小取决于导线允许的拉力与挡距，并与气象（温度、覆冰等）、地理（高山等）条件有关。对于 6～10kV 配电线路，挡距一般在 100m 以下；对于 110～220kV 输电线路，采用钢筋混凝土时挡距一般为 150～400m，用铁塔时一般为 250～400m。

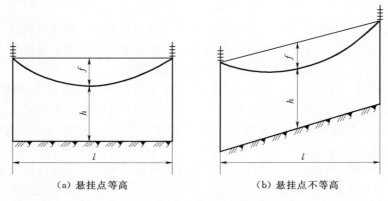

（a）悬挂点等高　　　　　　　　　　（b）悬挂点不等高

图 4-2　挡距、弧垂、限距示意图

2. 导线与避雷线

导线是用来传导电流、输送电能的元件。导线在运行中经常受各种自然条件的考验，必须具有导电性能好、机械强度高、质量轻、价格低、耐腐蚀性强等特性。

架空线路的导线和避雷线工作在露天，不仅受到风压、覆冰和温度变化的影响，且受到空气中各种化学杂质的侵蚀。它们所需承受的张力（即拉力）很大，特别是那些架在大跨越挡距杆塔上的导线所受张力就更大。因此导线除应具有良好的导电性能外，还应柔软且有韧性，并具有足够的机械强度和抗腐蚀性能。2008 年年初，我国南方地区罕见雪灾造成大量输电线路倒塔，机械强度不够是其主要原因。

导线常用材料有铜、铝及铝合金和钢等。避雷线一般用钢线，也有用铝包钢线的。有关导线材料的物理特征见表 4-1。

表 4-1　有关导线材料的物理特性

材料	20℃时的电阻率 /$(10^{-6}\Omega \cdot m)$	密度 /$(g \cdot cm^{-3})$	抗拉强度 /$(N \cdot mm^{-2})$	抗化学腐蚀能力及其他
铜	0.0182	89	390	表面易形成氧化膜，抗腐蚀能力强
铝	0.029	2.7	160	表面氧化膜可防继续氧化，但易受酸碱盐的腐蚀
钢	0.103	7.85	1200	在空气中易锈蚀，必须镀锌防腐蚀
合金	0.0339	2.7	300	抗化学腐蚀性能好，受振动时易损坏

由表 4-1 可见，铜的导电性能最好，但价格高，架空线很少使用；铝的导电性能仅次于铜，且比重小，但机械强度差；钢的导电性最差，但机械强度很高。

导线除低压配电线路使用绝缘线外，一般都使用裸线，其结构主要有：①单股线；②单金属多股线；③复合金属多股绞线（包括钢芯铝绞线、扩径钢芯铝绞线、空心导线、钢铝混绞线、钢芯铝包钢绞线、铝包钢绞线、分裂导线）。如图4-3所示。

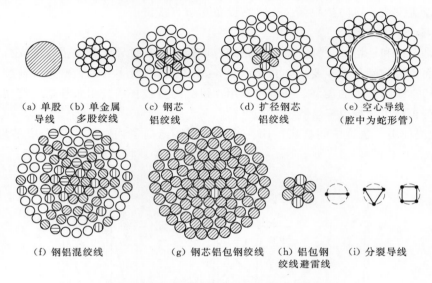

(a) 单股　(b) 单金属　　(c) 钢芯　　　(d) 扩径钢芯　　　(e) 空心导线
导线　　多股绞线　　铝绞线　　　　铝绞线　　　　　（腔中为蛇形管）

(f) 钢铝混绞线　　　(g) 钢芯铝包钢绞线　　(h) 铝包钢　　(i) 分裂导线
绞线避雷线

图4-3　架空线路各种导线和避雷线断面

因为高压架空线路上不允许采用单股导线，所以实际上架空线路上均采用多股绞线。多股绞线的优点是比同样截面单股线的机械强度高、柔韧性好、可靠性高。同时，它的集肤效应较弱，截面金属利用率高。

若架空线路的输送功率大，导线截面大，对导线的机械强度要求高，而多股单金属铝绞线的机械强度仍不能满足要求时，则把铝和钢两种材料结合起来制成钢芯铝绞线，这样不仅有很好的机械强度，并且有较高的电导率，其所承受的机械荷载则由钢芯和铝线共同负担。既发挥了两种材料的各自优点，又补偿了它们各自的缺点，因此，钢芯铝绞线被广泛地应用在35kV及以上的线路中。

钢芯铝绞线按照铝钢截面比的不同又分为普通型钢芯铝绞线（LGJ）、轻型钢芯铝绞线（LGJQ）和加强型钢芯铝绞线（LGJJ）。普通型和轻型钢芯铝绞线用于一般地区，加强型钢芯铝绞线用于重冰区或大跨越地段。

此外，对于电压为220kV及以上的架空线路，为了减小电晕以降低损耗和对无线电的干扰，并减小电抗以提高线路的输送能力，应采用分裂导线或扩径空心导线。分裂导线每相分裂的根数一般为2~4根，并以一定的几何形状并联排列而成。每相中的每一根导线称为次导线，两根次导线间的距离称为次线间距离，在一个挡距中，一般每隔30~80m装一个间隔棒，两相邻间隔间的水平距离为次挡距。

避雷线装设在导线上方，且直接接地，作为防雷保护之用，以减少雷击导线的机会，提高线路的耐雷水平，降低雷击跳闸率，保证线路安全送电。避雷线一般也采用钢芯铝绞线，且不与杆塔绝缘而是直接架设在杆塔顶部，并通过杆塔或接地引下线与接地装置连接。

根据运行经验，110kV及以上的输电线路，应沿全线架设避雷线；经过山区的

220kV 输电线路，应沿全线架设双避雷线；330kV 及以上的输电线路，应沿全线架设双避雷线；60kV 线路，当负荷重要，且经过地区雷电活动频繁，年均雷电日在 30 日以上，宜沿全线装设避雷线；35kV 线路一般不沿全线架设避雷线，仅在变电站线 1～2km 的进出线上架设避雷线，以防护导线及变电站设备免遭直接雷击。

3. 杆塔

杆塔是电杆和铁塔的总称。架空线路的杆塔是用来支撑导线和避雷线的支持结构，使导线对地面、地物满足限距要求，并能承受导线、避雷线及本身的荷载及外荷载。

（1）架空线路杆塔的类型。杆塔按其用途可分为直线杆塔、耐张杆塔、终端杆塔、转角杆塔、跨越杆塔和换位杆塔等。

1）直线杆塔。也称中间杆塔，用在线路的直线走向段内，其主要作用是悬挂导线，如图 4-4（a）与图 4-4（b）所示。直线杆塔的数量约占杆塔总数的 80％。

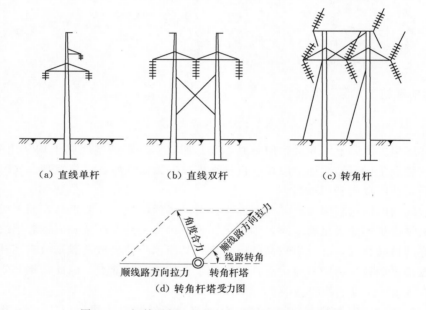

（a）直线单杆　　　　（b）直线双杆　　　　（c）转角杆

（d）转角杆塔受力图

图 4-4　钢筋混凝土杆塔杆型及转角杆塔的受力图

2）耐张杆塔。也称承力杆塔。用于线路的首、末端以及线路的分段处。在线路较长时，一般每隔 3～5km 设置一基耐张杆塔，用来承受正常及故障（如断线）情况下导线和避雷线顺线路方向的水平张力，限制故障范围，将线路故障限制在一个耐张段（两耐张杆塔之间的距离）内，如图 4-5 所示，且可起到便于施工和检修的作用。

3）终端杆塔。用于线路首、末端，即线路上最靠近变电站或发电厂的进线或出线的第一基杆塔。终端杆塔是一种承受单侧张力的耐张杆塔。

4）转角杆塔。位于线路转角处的杆塔，如图 4-4（c）所示。线路的转角是指线路转向内角的补角。转角杆塔要承受（线路方向的）侧向拉力，受力图如图 4-4（d）所示。

5）跨越杆塔。位于线路跨越河流、山谷、铁路、公路、居民区等地方的杆塔，其高度较一般杆塔高。

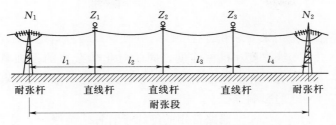

图 4-5 线路的一个耐张段

6）换位杆塔。为保持线路三相对称运行，将三相导线在空间进行换位所使用的特种杆塔。架空线路的三相导线在杆塔上无论如何布置均不能保证其三相的线间距离和对地距离都相等。为避免由三相架空线路参数不等而引起的三相电流不对称，给发电机和线路附近的通信带来不良影响，规定凡线路长度超过 100km 时，导线必须换位。

（2）架空线路杆塔的材料。杆塔按使用的材料可分为木杆、钢筋混凝土杆和铁塔三种。其中，钢筋混凝土杆使用年限长（一般寿命不少于 30 年），维护工作量小，节约钢材，投资少。缺点是比较重，施工和运输不方便。由于钢筋混凝土杆有比较突出的优点，因此在我国普遍使用。铁塔是用角钢焊接或螺栓连接的钢架。其优点是机械强度大，使用年限长，运输和施工方便，但钢材消耗量大，造价高，施工工艺较复杂，维护工作量大。因此，铁塔多用于交通不便和地形复杂的山区，或一般地区的特大荷载的终端、耐张、大转角、大跨越等特种杆塔。

（3）架空线路杆塔的回路数。杆塔从输电回路数可分为单回路、双回路、多回路等型式。图 4-6（a）所示为单回路型式铁塔；图 4-6（b）所示为多回路型式铁塔。

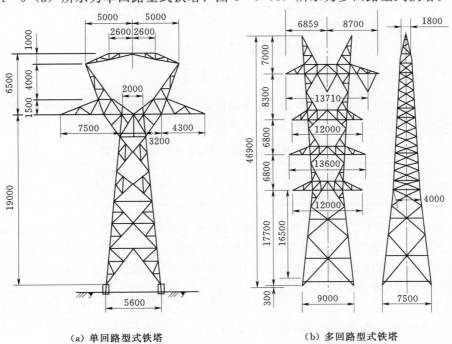

（a）单回路型式铁塔　　　　　　　　（b）多回路型式铁塔

图 4-6 输电线路铁塔示意图（单位：mm）

47

4. 绝缘子

绝缘子又称瓷瓶，是用来支承和悬挂导线，并使导线与杆塔绝缘。它应具有足够的绝

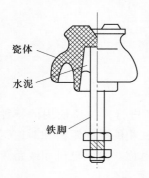

缘强度和机械强度，同时对化学杂质的侵蚀具有足够的抗御能力，并能适应周围大气条件的变化，如温度和湿度变化对它本身的影响等。

架空线路常用的绝缘子有针式绝缘子、悬式绝缘子、瓷横担绝缘子等。

（1）针式绝缘子。针式绝缘子外形如图 4-7 所示，这种绝缘子用于电压不超过 35kV 以及导线拉力不大的线路上，主要用于直线杆塔和小转角杆塔。针式绝缘子制造简易、廉价，但耐雷水平不高。

图 4-7 针式绝缘子

（2）悬式绝缘子。悬式绝缘子外形如图 4-8（a）所示，它具有制造简单、安装方便、机械强度大等优点。这种绝缘子广泛用于电压为 35kV 以上的线路，通常组装成绝缘子串使用，并可随着电压的高低和污秽的严重程度增加或减少片数，使用灵活，如图 4-8（b）所示。

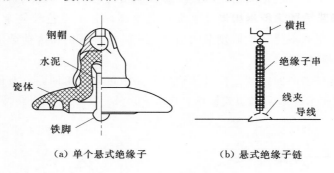

（a）单个悬式绝缘子　　　　（b）悬式绝缘子链

图 4-8 悬式绝缘子

表 4-2 中列出了与不同系统标称电压相应的悬垂串绝缘子的片数。耐张串中绝缘子的片数一般比同级电压线路悬垂串多 1～2 片。

表 4-2 直线杆塔上悬挂绝缘子串中绝缘子数量

系统标称电压/kV	35	63	110	220	330	500
每串绝缘子片数	3	5	7	13	17～19	25～28

（3）瓷横担绝缘子。瓷横担绝缘子是同时起到横担和绝缘子作用的一种新型绝缘子结构，其外形如图 4-9 所示。这种绝缘子的绝缘强度高、运行安全、维护简单，且能在断线时转动，可避免因断线而扩大事故。我国目前在 110kV 及以下的线路上已广泛采用瓷横担绝缘子，在 220kV 线路上也开始部分采用。

5. 金具

架空线路使用的所有金属部件统称为金具。金具种类繁多，其中使用广泛的主要是线夹、连接金

图 4-9 瓷横担式绝缘子

具、接续金具、保护金具和拉线金具等。

（1）线夹。线夹是用来将导线、避雷线固定在绝缘子上的金具。图4-10所示为在直线型杆塔悬垂串上使用的悬垂线夹。在耐张型杆塔的耐张串上则要使用耐张线夹。

（2）连接金具。连接金具主要用来将绝缘子组装成绝缘子串，并将绝缘子串连接、悬挂在杆塔和横担上。

（3）接续金具。接续金具主要用于连接导线或避雷线的两个终端，连接直接杆塔的跳线及补修损伤断股的导线或避雷线。接续金具分为液压接续金具和钳压接续金具等类型。铝线用铝质钳压接续管连接，连接后用管钳压成波状，如图4-11（a）所示；钢线用钢质液压接续管和小型水压机压接，钢芯铝线的铝股和钢芯要分开压接，如图4-11（b）所示。近年来，大型号导线多采用爆压接续技术进行连接，压接好的接头形状如图4-11（c）所示。

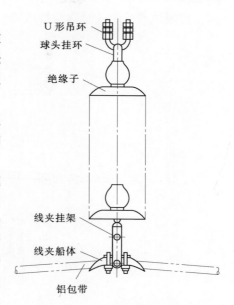

图4-10 悬垂串与悬垂线夹

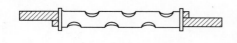

（a）用钳压接续管连接的接头

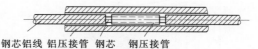

（b）用液压接续管连接的钢芯

（c）用爆压接续的导线接头

图4-11 接续金具

（4）保护金具。保护金具分为机械和电气两大类。机械类保护金具是为防止导线、避雷线因受振动而造成断股。电气类保护金具是为防止绝缘子因电压分布不均匀而过早损坏。线路上常使用的保护金具有防振锤、阻尼线、护线条、间隔棒、均压环、屏蔽环等，如图4-12、图4-13所示。其中防振锤和阻尼线用来吸收或消耗架空线的振动能量，以防止导线振动时在悬挂点处发生反复拗折，造成导线断股甚至断线的事故。护线条是用来加强架空线的耐振强度，以降低架空线的使用应力。

（5）拉线金具。拉线金具主要用于固定拉线杆塔，包括从杆塔顶端引至地面拉线之间的所有零件。线路常用的拉线金具有楔形线夹、UT形线夹、拉线用U形环、钢线卡子等。拉线金具的连接方法如图4-14所示。

6. 接地装置

架空地线在导线的上方，它将通过每基杆塔的接地线或接地体与大地相连，当雷击地线时可迅速地将雷电流向大地中扩散，因此，输电线路的接地装置主要作用是泄导雷电流，降低杆塔顶电位，保护线路绝缘不致击穿闪络。它与地线密切配合，对导线起到屏蔽作用。接地体和接地线总称为接地装置。

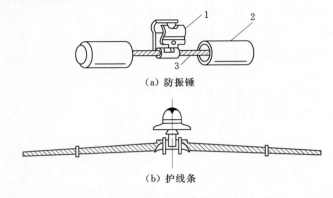

（a）防振锤

（b）护线条

图 4-12 防振锤和阻尼线
1—夹板；2—铸铁锤头；3—钢绞线

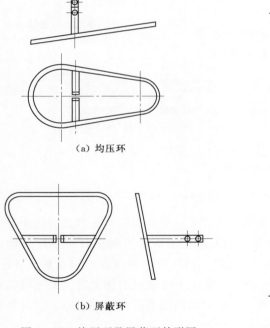

（a）均压环

（b）屏蔽环

图 4-13 均压环及屏蔽环外形图

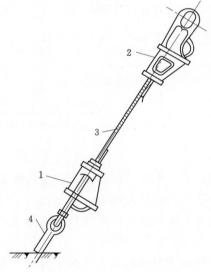

图 4-14 拉线金具的连接方法
1—可调式 UT 形线夹；2—楔形线夹；
3—镀锌钢绞线；4—拉线棒

4.1.2 电缆线路

电缆线路的优点是占用土地面积少，受外力破坏的概率低，因而供电可靠，对人身较安全，且可使城市环境美观。因此，近年来获得广泛的应用，特别是在大城市中目前电缆使用几乎呈指数关系增长。

1. 电缆结构

电力电缆的结构主要包括导体、绝缘层和保护包皮三部分。

(1) 电缆导体通常用多股铜绞线或铝绞线，以增加电缆的柔软性，使之在一定程度内弯曲不变形。根据电缆中导体数目的不同，分为单芯电缆、三芯电缆和四芯电缆等。单芯电缆的导体截面总是圆形，三芯或四芯电缆导体截面除圆形外，更多采用扇形，如图 4-15 (a) 所示。

(2) 电缆的绝缘层用来使导体与导体间以及导体与包皮之间保持绝缘。通常电缆的绝缘层包括芯绝缘与带绝缘两部分。芯绝缘层指包裹导体芯体的绝缘，带绝缘层指包裹全部导体的绝缘。绝缘层所用的材料有油浸纸、橡胶、聚乙烯、交联聚乙烯等，电力电缆多用油浸纸绝缘。

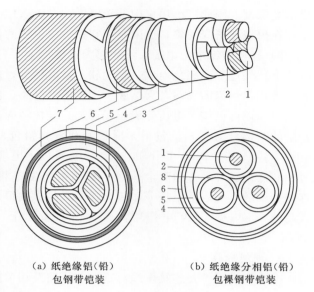

(a) 纸绝缘铝 (铅)　　(b) 纸绝缘分相铝 (铅)
包钢带铠装　　　　　包裸钢带铠装

图 4-15　常用电缆的构造示意图
1—导体；2—相绝缘；3—带绝缘；4—铝 (铅) 包；
5—麻衬；6—钢带铠装；7—麻被；8—填麻

(3) 电缆的保护层用来保护绝缘物及芯线使之不受外力的损坏。电缆的保护层可分为内保护层和外保护层两种。内保护层用来提高电缆绝缘的抗压能力，并可防水、防潮、防止绝缘油外渗。外保护层用来防止电缆在运输、敷设和检修过程中受机械损伤。

2. 电缆的类型

(1) 按电压等级分。

1) 低压电缆。适用于固定敷设在交流 50Hz，额定电压 3kV 及以下的输配电线路上作输送电能用。

2) 中低压电缆 (一般指 35kV 及以下)。包括聚氯乙烯绝缘电缆、聚乙烯绝缘电缆、交联聚乙烯绝缘电缆等。

3) 高压电缆 (一般为 110kV 及以上)。包括聚乙烯电缆和交联聚乙烯绝缘电缆等。

4) 超高压电缆 (275~800kV)。

5) 特高压电缆 (1000kV 及以上)。

风电场以中低压电缆为主。此外，还可通过电流分为交流电缆和直流电缆。

(2) 按绝缘材料分。

1) 油浸纸绝缘电力电缆。是以油浸纸作绝缘的电力电缆。其应用历史最长、安全可靠、使用寿命长、价格低廉。主要缺点是敷设受落差限制。自从开发出不滴流浸纸绝缘后，解决了落差限制问题，使油浸纸绝缘电缆得以继续广泛应用。

2) 塑料绝缘电力电缆。绝缘层为挤压塑料的电力电缆。常用的塑料有聚氯乙烯、聚乙烯、交联聚乙烯。塑料电缆结构简单，制造加工方便，重量轻，敷设安装方便，不受敷设落差限制。因此广泛用作中低压电缆，并有取代黏性浸渍油纸电缆的趋势。其最大缺点是存在树枝化击穿现象，这限制了它在更高电压的使用。

3）橡皮绝缘电力电缆。绝缘层为橡胶加上各种配合剂，经过充分混炼后挤包在导电线芯上，经过加温硫化而成。它柔软、富有弹性，适合于移动频繁、敷设弯曲半径小的场合。常用作绝缘的胶料有天然胶—丁苯胶混合物、乙丙胶、丁基胶等。

电缆还可以按照电压等级、线芯数、导体截面积等进行分类。除此之外，还可按内保护层的结构分为三相统包型、屏蔽型和分相铅包型。图 4-15（a）所示为三相统包型，这种电缆只用于 10kV 以下的电缆。10kV 以上电缆常采用屏蔽型和分相铅包型，屏蔽型每相芯线绝缘外面都包有金属带，分相铅包型各相分别有铅包，如图 4-15（b）所示。这种型式的电缆内部电场分布较为均匀，绝缘能得到充分利用，因此通常都用在电压等级较高的 20kV 及 35kV 电缆中，而 110kV 及以上电压等级则采用充油式或充气式电力电缆。

3. 电缆附件

电力电缆附件是连接电缆与输配电线路及相关配电装置的产品，一般指电缆线路中各种电缆的中间连接及终端连接，它与电缆一起构成电力输送网络；对充油电线还应包括一整套供油系统。当两盘电缆相互连接，以及电缆与电机、变压器或架空线连接时，必须剥去外皮和绝缘层，通过连接头或终端盒实现密封连接。电缆附件主要是依据电缆结构的特性，既能恢复电缆的性能，又保证电缆长度的延长及终端的连接。

按其用途一般分为终端连接及中间连接，终端连接又分为户内终端和户外终端，一般情况户外终端是指露天电缆接头，户内终端是指室内连接电缆与电气设备的接头；中间连接分为直通式和绝缘式两种。

4. 电缆导体的电阻

导体直流电阻是影响电缆载流量的首要因素，直流电阻越大，导体产生的电压降、电能损耗就越大，所以是电缆的重要性能指标。影响导体直流电阻的因素包括材料的体积电阻率、导体的实际截面、环境温度、加工过程的拉丝退火过程、绞合成缆节距和导体表面有无污染氧化及镀层等。控制导体直流电阻就必须在每一个环节进行控制，并加强绞合过程的质量检验，以保证导体直流电阻不大于国家标准规定值。导体直流电阻的控制一般应留有 1‰～2‰ 的裕量。

4.1.3 架空线路模型

对电力系统进行定量分析及计算时，必须知道其各元件的等值电路和电气参数。输电线路的电气参数包括电阻、电导（与电晕、泄漏电流及电缆的介质损耗有关）、电感和电容（由交变磁场和交变电场引起）。线路的电感以电抗的形式表示，电容以电纳的形式表示。

输电线路是均匀分布参数的电路，即它的电阻、电导、电抗、电纳都是沿线均匀分布的。每千米（单位长度）的电阻、电抗、电导、电纳分别以 r_1，x_1，g_1，b_1 表示。

4.1.3.1 架空线路的电阻

导线单位长度的直流电阻为

$$r_1 = \frac{\rho}{S} \tag{4-1}$$

式中　r_1——导线单位长度电阻，Ω/km；

　　　ρ——导线材料的电阻率，$\Omega \cdot \text{mm}^2/\text{km}$；

　　　S——导线截面积，mm^2。

在应用式（4-1）来计算架空线路的电阻时，必须注意以下几点：

（1）集肤效应和邻近效应的影响。由于交流电路内存在集肤效应和邻近效应的影响（当导线通以交流电流时，由于电流在导线内部产生磁场，当该磁场发生变化时，导线截面内各点电流密度就不相同，产生集肤效应），故交流电阻值要比直流电阻值大，但要精确计算其影响却比较复杂。一般可近似认为在工频交流下，这些效应使电阻值增加 0.2% $\sim 1\%$。

（2）多股绞线的影响。架空线路的导线大部分采用多股绞线，由于绞扭使导线的实际长度增加 $2\% \sim 3\%$，故可以认为它们的电阻率比同样长度的单股导线的电阻率增大 $2\% \sim 3\%$。

（3）实际截面要比额定截面小。计算线路的电气参数时，都是根据导线的额定截面（标称截面）来进行的，但大多数情况下，导线的实际截面要比额定截面小。例如，LGJ -120 型钢芯铝线，其额定截面为 120mm^2，而实际截面为 115mm^2。因而在实际计算时必须把导线的电阻率适当地增大，归算到与它的额定截面相适应。

为简化计算，在电力系统实际计算中，这些因素可统一用增大电阻率的方法来等效计入，即在用式（4-1）计算电阻时将铝的电阻率增大为 $31.5\Omega \cdot \text{mm}^2/\text{km}$，铜的电阻率增大为 $18.8\Omega \cdot \text{mm}^2/\text{km}$。导线的实际电阻也可直接在相关手册上查得。

不论从有关手册查得还是按式（4-1）计算所得电阻值，均是指周围空气温度为 20℃时的值，如果线路实际运行温度不是 20℃，则需进行修正，即

$$r_t = r_{20}[1 + \alpha(t - 20)] \tag{4-2}$$

式中　r_t——温度 t 时导线电阻；

　　　r_{20}——温度 20℃时导线电阻；

　　　α——电阻温度系数，℃$^{-1}$，铝线约为 0.0036℃$^{-1}$，铜线为 0.00382℃$^{-1}$。

4.1.3.2　架空线路的电抗

输电线路的电抗是由导线中通过交流电时在其内部和外部产生的交变磁场引起的。导线内部的交变磁场只与导线的自感有关，导线外部的交变磁场，不仅与自感有关，还与周围其他导线与其相互作用的互感有关。导线的电抗可根据这一交变磁场中与该导线相交链的那部分磁链求出。

1. 两线输电线的电感

图 4-16 所示为往返两线输电线路，它相当于单相线路的情况。假定线路长度远大于导线半径以及两导线间的距离。把与导线相交链的磁通分为两部分：一部分是导线内部的磁链，它所产生的电感称为内感；另一部分是导线外部的磁链，它所产生的电感称为外感。按电磁场理论的分析推导，根据安培环路定律可得出单根导线的单位长度电感为

$$L_1 = L_{in} + L_{out} = \frac{\mu_0}{2\pi}\left(\frac{1}{4} + \ln\frac{D}{r}\right) \tag{4-3}$$

式中　L_{in}——单位长度导线的内部电感（简称内感），H/m；

　　　L_{out}——单位长度导线的外部电感（简称外感），H/m；

　　　μ_0——真空磁导率，$\mu_0 = 2\pi \times 10^{-7}$；

　　　r——导线的半径，m；

　　　D——两导线的几何轴线距离，m。

如将 μ_0 的值代入式（4-3）并适当化简后可得

$$L_1 = \left(0.5 + 2\ln\frac{D}{r}\right) \times 10^{-7} \tag{4-4}$$

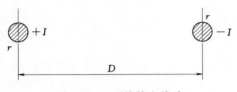

内感　　　　　$L_{\text{in}} = 0.5 \times 10^{-7}\,(\text{H/m})$

外感　　　　　$L_{\text{out}} = 2\ln\frac{D}{r} \times 10^{-7}\,(\text{H/m})$

图 4-16　两线输电线路

2．一般的三相架空线路的电抗

设导线的半径为 r，三相导线间的距离为 D_{ab}、D_{bc}、D_{ca}，如图 4-17（a）所示，则可写出和 a 相单位长度导线相交链的磁链 $\dot{\psi}_{\text{a}}$ 为

$$
\begin{aligned}
\dot{\psi}_{\text{a}} &= \int_r^{D \to \infty} \frac{\mu_0 \dot{I}_{\text{a}}}{2\pi r}\,\mathrm{d}r + \int_{D_{\text{ab}}}^{D \to \infty} \frac{\mu_0 \dot{I}_{\text{b}}}{2\pi r}\,\mathrm{d}r + \int_{D_{\text{ca}}}^{D \to \infty} \frac{\mu_0 \dot{I}_{\text{c}}}{2\pi r}\,\mathrm{d}r \\
&= \frac{\mu_0}{2\pi}\left[\dot{I}_{\text{a}}\ln\frac{D}{r} + \dot{I}_{\text{b}}\ln\frac{D}{D_{\text{ab}}} + \dot{I}_{\text{c}}\ln\frac{D}{D_{\text{ca}}}\right]_{D \to \infty}
\end{aligned} \tag{4-5}
$$

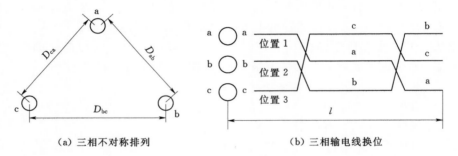

（a）三相不对称排列　　　　　　　（b）三相输电线换位

图 4-17　三相导线布线

同理可得和 b 相单位长度导线相交链的磁链 $\dot{\psi}_{\text{b}}$ 以及和 c 相单位长度磁链相交链的磁链 $\dot{\psi}_{\text{c}}$ 为

$$\dot{\psi}_{\text{b}} = \frac{\mu_0}{2\pi}\left[\dot{I}_{\text{a}}\ln\frac{D}{D_{\text{ab}}} + \dot{I}_{\text{b}}\ln\frac{D}{r} + \dot{I}_{\text{c}}\ln\frac{D}{D_{\text{bc}}}\right]_{D \to \infty}$$

$$\dot{\psi}_{\text{c}} = \frac{\mu_0}{2\pi}\left[\dot{I}_{\text{a}}\ln\frac{D}{D_{\text{ca}}} + \dot{I}_{\text{b}}\ln\frac{D}{D_{\text{bc}}} + \dot{I}_{\text{c}}\ln\frac{D}{r}\right]_{D \to \infty}$$

当三相导线的布置在几何上不对称时（例如不等边三角形布置、水平布置等），则各相的电感值就不会相等。因而，当流过相同的电流时，各相的压降也不相等，从而造成三相电压的不平衡。为了克服这个缺点，三相输电线路应当进行换位。所谓换位就是轮流改换三相导线在杆塔上的位置，见图 4-17（b）。当线路进行完全换位时，在一次整换位循

环内，各相导线将轮流地占据 a、b、c 相的几何位置，因而在这个长度范围内各相的电感（电抗）值就变得一样了。此外，换位对改善电力线路对通信线路的干扰十分必要。当布置位置不对称的三相导线与通信线路邻近或平行时，与通信线路所交链的各相磁链之和并不为零，从而可能在通信线路上感应出危险的干扰电压，不仅影响正常通信，甚至可能危及设备和人身的安全。当三相导线经完全换位后，则与通信线路所交链的各相磁链之和将接近于零，从而消除了干扰影响。

目前，电压在 110kV 以上、线路长度在 100km 以上的输电线路，一般均需要进行完全换位，只有当线路不长、电压不高时才可以不进行换位。

当线路完全换位时，导线在各个位置的长度为总长度的 1/3。此时与 a 相导线相交链的磁链将由处于位置 1 时的磁链 $\dot{\psi}_{a1}$，处于位置 2 时的磁链 $\dot{\psi}_{a2}$ 和处于位置 3 时的磁链 $\dot{\psi}_{a3}$ 组成，即

$$\left.\begin{aligned}
\dot{\psi}_{a1} &= \frac{1}{3}\frac{\mu_0}{2\pi}\left(\dot{I}_a\ln\frac{D}{r} + \dot{I}_b\ln\frac{D}{D_{ab}} + \dot{I}_c\ln\frac{D}{D_{ac}}\right)_{D\to\infty} \\
\dot{\psi}_{a2} &= \frac{1}{3}\frac{\mu_0}{2\pi}\left(\dot{I}_c\ln\frac{D}{D_{ab}} + \dot{I}_a\ln\frac{D}{r} + \dot{I}_b\ln\frac{D}{D_{bc}}\right)_{D\to\infty} \\
\dot{\psi}_{a3} &= \frac{1}{3}\frac{\mu_0}{2\pi}\left(\dot{I}_b\ln\frac{D}{D_{ac}} + \dot{I}_c\ln\frac{D}{D_{bc}} + \dot{I}_a\ln\frac{D}{r}\right)_{D\to\infty}
\end{aligned}\right\} \tag{4-6}$$

而和 a 相导线相交链的总磁链 $\dot{\psi}_a$ 为

$$\begin{aligned}
\dot{\psi}_a &= \frac{1}{3}\frac{\mu_0}{2\pi}\left[\dot{I}_a\ln\frac{D^3}{r^3} + \dot{I}_b\ln\frac{D^3}{D_{ab}D_{bc}D_{ac}} + \dot{I}_c\ln\frac{D^3}{D_{ac}D_{ab}D_{bc}}\right]_{D\to\infty} \\
&= \frac{\mu_0}{2\pi}\left[\dot{I}_a\ln\frac{D}{r} + (\dot{I}_b + \dot{I}_c)\ln\frac{D}{D_{eq}}\right]_{D\to\infty}
\end{aligned} \tag{4-7}$$

式中　D_{eq}——三相导线间的几何均距；$D_{eq} = \sqrt[3]{D_{ab}D_{bc}D_{ac}}$。

由于 $\dot{I}_a + \dot{I}_c + \dot{I}_c = 0$，即 $\dot{I}_b + \dot{I}_c = -\dot{I}_a$，则式（4-7）可改写为

$$\dot{\psi}_a = \frac{\mu_0}{2\pi}\dot{I}_a\ln\frac{D_{eq}}{r} \tag{4-8}$$

据此可得经完全换位的三相线路，每相导线单位长度的电感为

$$L = \frac{\dot{\psi}_a}{\dot{I}_a} = \frac{\mu_0}{2\pi}\ln\frac{D_{eq}}{r} \tag{4-9}$$

每相导线单位长度的电抗为

$$x_1 = \omega L = \omega\frac{\mu_0}{2\pi}\ln\frac{D_{eq}}{r} \tag{4-10}$$

当三相导线为水平排列时［图 4-18（a）］，即 $D_{ab} = D_{bc} = D$，$D_{ac} = 2D$，则式（4-7）中，$D_{eq} = \sqrt[3]{DD\times 2D} = 1.26D$；当三相导线为等边三角形排列时［图 4-18（b）］，即 $D_{ab} = D_{bc} = D_{ac} = D$，则 $D_{eq} = D$。

若进一步计入导线的内感，则有

$$x_1 = \omega\frac{\mu_0}{2\pi}\left(\ln\frac{D_{eq}}{r} + \frac{1}{4}\mu_r\right) \tag{4-11}$$

式中 μ_r——导线材料的相对导磁系数，对于铜、铝等有色金属材料，$\mu_r=1$。

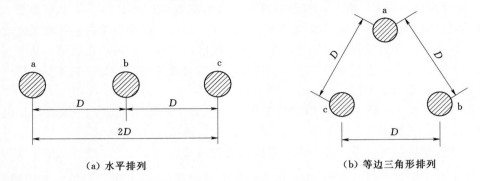

（a）水平排列　　　　　　　　　　　　　（b）等边三角形排列

图 4-18　三相导线的两种常见排列方式

将 $\mu_0=4\pi\times10^{-7}\mathrm{H/m}$，$\omega=2\pi f=314\mathrm{rad/s}$，$\mu_r=1$ 代入式（4-11），并将以 e 为底的自然对数变换为以 10 为底的常用对数，可得

$$x_1=2\pi f\left(4.6\lg\frac{D_{\mathrm{eq}}}{r}+0.5\mu_r\right)\times10^{-4}$$

$$=0.1445\lg\frac{D_{\mathrm{eq}}}{r}+0.0157 \qquad (4-12)$$

【例 4-1】　有一长度为 100km、110kV 的输电线路，导线型号为 LGJ-185，导线水平排列，相距为 4m，求线路单位长度电抗。

解：线路单位长度电阻为

$$r_1=\frac{\rho}{S}=\frac{31.5}{185}=0.17\ (\Omega/\mathrm{km})$$

由相关手册查得导线 LGJ-185 的直径为 19mm，导线水平排列时的几何均距为

$$D_{\mathrm{eq}}=\sqrt[3]{D_{\mathrm{ab}}D_{\mathrm{bc}}D_{\mathrm{ca}}}=1.26\times4000=5040\ (\mathrm{mm})$$

线路单位长度电抗为

$$x_1=0.1445\lg\frac{D_{\mathrm{eq}}}{r}+0.0157=0.1445\lg\frac{5040}{9.5}+0.0157=0.409\ (\Omega/\mathrm{km})$$

3. 双回路架空线路的电抗

当同一杆塔上布置双回三相线路时，尽管每回线路的电抗要受另一回线路的互感磁场的影响，但理论分析与实践表明，当三相对称时，这种互感影响可以略去不计（两个回路离开较远时），双回路每相电抗为

$$x_1=0.1445\lg\frac{D_{\mathrm{eq}}}{r} \qquad (4-13)$$

即与单回路的情况相同。同样，计入内感时双回路电抗同式（4-12）。在三相对称运行时，架空地线对 x_1 值的影响也可以不考虑。

4. 分裂导线的三相输电线电抗

如前所述，对于超高压输电线路，为了降低导线表面电场强度以达到减低电晕损耗和抑制电晕干扰的目的，目前广泛采用了分裂导线。由于电流分布的改变所引起的周围电磁场的变化，使得分裂导线的电抗计算式将不同于一般的导线。可以设想，如将每相导线分

裂为若干根子导体，并将它们均匀布置在半径为 r_{eq}（等值半径）的圆周上时（图 4-19），则决定每相导线电抗的将不再是每根子导体的半径 r，而是圆的半径 r_{eq}，这样就等效地增大了导线半径。

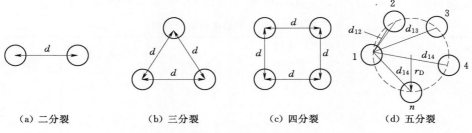

（a）二分裂 （b）三分裂 （c）四分裂 （d）五分裂

图 4-19 分裂导线形式

输电线路使用分裂导线时，每相线路单位长度的电抗仍可利用式（4-12）计算，但式中的 r 要用分裂导线的等值半径 r_{eq} 替代，其值为

$$r_{eq} = \sqrt[n]{r \prod_{k=2}^{n} d_{1k}} \qquad (4-14)$$

式中 n——每相导线的分裂根数；

r——分裂导线的每一根子导线的半径；

d_{1k}——分裂导线一相中第 1 根与第 k 根子导线之间的距离，$k=2$, 3, …, n；

$\prod$——表示连乘运算的符号。

一般分裂导线的各子导线之间均为等距的，则

$$r_{eq} = \sqrt[n]{r q^{n-1}}$$

严格来说，式（4-14）中的 d 与子导线间距离不完全相同，即 d 等于实际子导线间距离乘分裂系数 α。不同布置方式下的分裂系数见表 4-3。

表 4-3 不同布置方式下的分裂系数 α 值

分裂根数与布置方式	二分裂	三分裂（正三角形）	三分裂（水平）	四分裂（正四边形）	五分裂（正五边形）	六分裂（正六边形）
α	1	1	1.26	1.12	1.27	1.4

经过完全换位后的分裂导线线路的每相单位长度的电抗为

$$x_1 = 0.1445 \lg \frac{D_{eq}}{r_{eq}} + \frac{0.0157}{n} \qquad (4-15)$$

可见，导线分裂根数越多，电抗下降越多，但当导线分裂根数大于 4 时，电抗的减少就不再那么明显，如图 4-20 所示。分裂间距的增大也可使电抗减少，但间距过大又不利于防止导线产生电晕。因此，分裂导线的根数一般不超过 4 根，其子导线间的距离一般取 $400 \sim 500$mm。

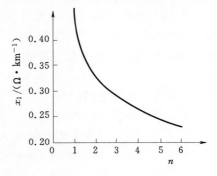

图 4-20 分裂导线的电抗值与分裂根数的关系

导线的几何均距和导线的半径虽然也会影响 x_1 大小。但由于 x_1 与几何均距 D_{eq} 以及导线半径之间为对数关系，它们的变化对线路单位长度的电抗 x_1 没有明显影响，故在工程实际的范围内，单根导线的 x_1 一般为 $0.4\Omega/\mathrm{km}$ 左右；与 2 根、3 根和 4 根分裂导线相应的 x_1 则分别为 $0.33\Omega/\mathrm{km}$、$0.3\Omega/\mathrm{km}$ 和 $0.28\Omega/\mathrm{km}$ 左右。具体见表 4-4。

表 4-4 分裂导线电抗的近似值

电压/kV	分裂根数	电抗/($\Omega \cdot \mathrm{km}^{-1}$)	电压/kV	分裂根数	电抗/($\Omega \cdot \mathrm{km}^{-1}$)
220~330	2	0.3~0.33		4	0.29
500	3	0.3	750		
	4	0.29		6	0.28

5. 三相输电线路的负序电抗

三相输电线路的负序电抗是三相输电线中流过三相负序电流时的电抗，其每相电抗值与正序电流流过时完全一样，即

$$x_2 = x_1$$

【例 4-2】 某 500kV 三相架空输电线路采用三分裂导线，已知每根子导体的半径 $r=13.6\mathrm{mm}$；子导体间距 $d=400\mathrm{mm}$；子导体间按正三角形布置，三相导线为水平布置并经完全换位，相间距离 $D=12\mathrm{m}$，试求该线路每千米的电抗值。

解： 已知 $D=12\mathrm{m}$，导线为水平排列，故 $D_{eq}=1.26D=15.12\mathrm{m}$。

又查表 4-3 知，正三角形布置的三分裂导线的 $\alpha=1$，故 $d_{eq}=d=0.4\mathrm{m}$。代入式（4-14）中可得

$$r_{eq} = \sqrt[n]{rd^{(n-1)}} = \sqrt[3]{13.6 \times 10^{-3} \times 0.4^{(3-1)}} = 0.1295 \ (\mathrm{m})$$

将以上各值代入式（4-15），即可求得该线路每千米的电抗值为

$$x_1 = 0.1445\lg\frac{D_{eq}}{r_{eq}} + \frac{0.0157}{n}$$

$$= 0.1445\lg\frac{15.12}{0.1295} + \frac{0.015}{3}$$

$$= 0.2989 + 0.0052 = 0.3041 \ (\Omega/\mathrm{km})$$

4.1.3.3 输电线路的电纳

输电线路的电纳与导线周围电场有关，当导线中通有交流电流时，其周围就存在电场，电场中任一点电位与导线上电荷密度成正比，而电位与电荷密度的比例系数的倒数就是电容，此为已学过的电容的概念。电纳与电容的关系为

$$B = \omega C = 2\pi f C \qquad (4-16)$$

式中　B——导线电纳，S；

　　　C——导线电容，F；

　　　f——通过导线电流的频率（或作用在该导线上的交流电压频率），Hz。

如果三相完全对称排列（或经完全换位），每相每千米的等效电容为

$$C = \frac{2\pi\varepsilon}{\ln\dfrac{D_{eq}}{r}} = \frac{0.0241 \times 10^{-6}}{\ln\dfrac{D_{eq}}{r}} \qquad (4-17)$$

$$D_{eq} = \sqrt[3]{D_{ab}D_{bc}D_{ca}}$$

式中　D_{eq}——导线间几何均距。

当频率为 50Hz 时，三相输电线每相电纳为

$$b_1 = \omega C = 314 \times \frac{0.0241 \times 10^{-9}}{\ln \dfrac{D_{eq}}{r}} = \frac{7.58 \times 10^{-6}}{\ln \dfrac{D_{eq}}{r}} \tag{4-18}$$

由式（4-18）可见，电纳与 $\dfrac{D_{eq}}{r}$ 有关。

如果是分裂导线，则可类似地导出电容为

$$C_a = \frac{0.0241 \times 10^{-6}}{\ln \dfrac{D_{eq}}{r_{eq}}} \tag{4-19}$$

式中　r_{eq}——分裂导线等值半径。

由式（4-19）可知，分裂导线的电容增大了。

4.1.3.4 输电线路的电导

线路的电导是反映由于导线上施加电压后的电晕现象和绝缘子中所产生泄漏电流的参数。因为一般情况下线路的绝缘良好，所以沿绝缘子串的泄漏电流通常很小，可以忽略不计，故线路电导主要与电晕损耗有关。电晕是在强电场作用下导线周围空气被电离的现象。它的产生不仅与导线本身有关，而且与导线周围的空气条件有关，当导线表面的电场强度超过了某一临界值（称为电晕起始电压或电晕临界电压），导致了部分空气的电离。在这个过程中，导线表面的某些部分可以看到蓝色的光环，并能听到"刺刺"的放电声和闻到臭氧味。

空气电离将消耗有功功率，该功率与施加线路上电压有关，而与线路上通过的电流大小无关，可用导线对地电导来表征。线路电导表示为

$$g_1 = \frac{\Delta P_g}{U^2} \times 10^{-3} \tag{4-20}$$

式中　g_1——输电线每相导线单位长度的电导，S/km；

　　ΔP_g——实测的三相输电线单位长度电晕损耗的总功率，kW/km；

　　U——输电线路的线电压，kV。

发生电晕的电压称电晕起始电压，简称临界电压 U_{cr}。影响电晕临界电压因素较多，难以准确计算，而且其数值相对较小。一般使用经验公式计算，即

$$U_{cr} = 84 m_1 m_2 \delta r \lg \frac{D_{eq}}{r} \tag{4-21}$$

$$\delta = \frac{3.92 + b}{273 + t}$$

式中　m_1——导线表面光滑系数，光滑表面单导线 $m_1 = 1$，对久经使用的单导线 $m_1 = 0.98 \sim 0.93$，对绞线 $m_1 = 0.87 \sim 0.83$；

　　m_2——气象系数，干燥或晴朗天气 $m_2 = 1$，在有雾、雨、霜、暴风雨时 $m_2 < 1$，在最恶劣的情况下 $m_2 = 0.8$；

　　δ——空气相对密度；

b——大气压力，cm·Hg；

t——空气温度，℃；

D_{eq}——导线几何平均距离，cm；

r——导线半径，mm。

在 50Hz 和电压 U 作用下，三相输电线每千米的电晕损耗可由实验求得，也可近似为

$$\Delta P_g = \frac{0.18}{\delta}\sqrt{\frac{r}{D_{eq}}}(U-U_{cr})^2 \qquad (4-22)$$

在晴朗的天气，正常运行时几乎不产生电晕，即 $g_1=0$。

4.2　载流导体的发热与电动力

电气设备在运行中有两种工作状态，即正常工作状态和短路时工作状态。

电气设备在工作中将产生各种损耗，如：①铜损，即电流在导体电阻中的损耗；②铁损，即在导体周围的金属构件中产生的磁滞损耗和涡流损耗；③介损，即绝缘材料在电场作用下产生的损耗。这些损耗都转换为热能，使电气设备的温度升高，进而受到各种影响，如机械强度下降、接触电阻增加、绝缘性能下降等。

当电气设备通过短路电流时，短路电流所产生的巨大电动力对电气设备具有很大的危害性。如载流部分可能因为电动力而振动，或者因电动力所产生的应力大于其材料允许应力而变形，甚至使绝缘部件（如绝缘子）或载流部件损坏；电气设备的电磁绕组，受到巨大的电动力作用，可能使绕组变形或损坏；巨大的电动力可能使开关电器的触头瞬间解除接触压力，导致设备故障。

4.2.1　载流导体的发热与温升

1. 导体的发热和散热

（1）发热。导体的发热主要来自导体电阻损耗的热量和太阳日照的热量。当电流流过导体时，由于有电阻存在将造成能量损耗，同时由于涡流损耗和磁滞损耗，在导体附近的磁场中也将有一部分能量损耗，这些能量损耗将转换为热能，使导体的温度升高。

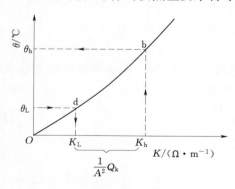

图 4-21　利用曲线法计算温度图示

（2）散热。散热的过程实质是热量的传递过程，其形式一般有导热、对流和辐射三种。

2. 长期发热与短时发热

导体发热分两种，一种是长期发热，另一种是短时发热。

（1）导体长期发热。导体正常运行时，电流不超过额定电流，发热量不是很大，可以持续运行而不超过导体的最高允许温度，因此称导体正常运行时的发热过程为长期发热。利用图 4-21 计算导体最高温度为

$$K_h = K_L + \frac{Q_k}{A^2} \qquad (4-23)$$

式中 K_h——最高温度的对应系数；

K_L——初始温度的对应系数；

Q_k——热效应，计算热效应有等值时间法和实用计算法两种方法。

短路发生后，导体中流过的电流急剧增加，热量积累也非常迅速（按照电流的平方产生），但是短路不允许持续很长时间，继电保护会尽可能快地将其切除，因此这一过程称为短时发热。一般采用短路电流热效应来计算短路后的导体发热热积累。短路电流热效应计算公式为

$$Q_k = \int_0^{t_k} I_{kt}^2 \, dt \qquad (4-24)$$

式中 I_{kt}——短路电流；

t_k——短路时间。

（2）导体短时发热。由于短路时的发热过程很短，发出的热量向外界散热很少，几乎全部用来升高导体自身的温度，即认为是一个绝热过程。同时，由于导体温度的变化范围很大，电阻和比热容也随温度而变，故不能作为常数对待。

图 4-22 所示为导体在短路前后温度的变化曲线。在时间 t_1 以前，导体处于正常工作状态，其温度稳定在工作温度 θ_0。在时间 t_1 时刻发生短路，导体温度急剧升高，θ_z 是短路后导体的最高温度。在 t_2 时刻短路被切除，导体温度逐渐下降，最后接近于周围介质温度 θ_j。

3. 提高导体载流量的措施

在工程实践中，为了保证配电装置的安全和提高经济效益，应采取措施提高导体的载流量。常用的措施如下：

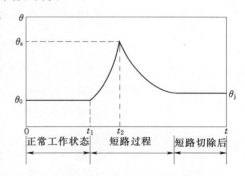

图 4-22 短路前后导体温度的变化

（1）减小导体的电阻。因为导体的载流量与导体的电阻成反比，故减小导体的电阻可以有效提高导体载流量。减小导体电阻的方法有：①采用电阻率 ρ 较小的材料作导体，如铜、铝、铝合金等；②减小导体的接触电阻 R_j；③增大导体的截面积 S，但随着截面积的增加，往往集肤系数 K_f 也跟着增加，所以单条导体的截面积不宜做得过大，如矩形截面铝导体，单条导体的最大截面积不超过 $1250mm^2$。

（2）增大有效散热面积。导体的载流量与有效散热表面积 F 成正比，所以导体宜采用周边最大的截面形式，如矩形截面、槽形截面等，并采用有利于增大散热面积的方式布置，如矩形导体竖放。

（3）提高换热系数。提高换热系数的方法主要有：①加强冷却，如改善通风条件或采取强制通风，采用专用的冷却介质，如 SF_6 气体、冷却水等；②室内裸导体表面涂漆。利用漆的辐射系数大的特点，提高换热系数，以加强散热，提高导体载流量。表面涂漆还便于识别相序。

4.2.2　载流导体的电动力

1. 两平行导体间电动力的计算

当两个平行导体通过电流时，由于磁场相互作用而产生电动力，电动力的方向与所通过的电流的方向有关，见图 4-23，当电流的方向相反时，导体间产生斥力；而当电流方向相同时，则产生吸力。

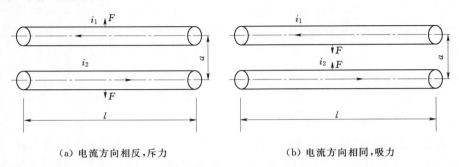

（a）电流方向相反，斥力　　　　　　　　（b）电流方向相同，吸力

图 4-23　两根平行载流体间的作用力

根据比奥—沙瓦定律，导体间的电动力为

$$F = 2K_x i_1 i_2 \frac{l}{a} \times 10^{-7} \tag{4-25}$$

式中　i_1、i_2——分别通过两平行导体的电流，A；

$\qquad l$——该段导体的长度，m；

$\qquad a$——两根导体轴线间的距离，m；

$\qquad K_x$——形状系数；

$\qquad F$——导体间的电动力，N。

形状系数表示实际形状导体所受的电动力与细长导体（把电流看作是集中在轴线上）电动力之比。实际上，由于相间距离相对于导体的尺寸要大得多，所以相间母线的 $K_x =$ 1，但当一相采用多条母线并联时，条间距离很小，条与条之间的电动力计算时要计及 K_x 的影响，其取值可查阅有关技术手册。

2. 三相短路时的电动力计算

发生三相短路时，每相导体所承受的电动力等于该相导体与其他两相之间电动力的矢量和。三相导体布置在同一平面时，由于各相导体所通过的电流不同，故边缘相与中间相所承受的电动力也不同。

图 4-24 所示为对称三相短路时的电动力示意图。作用在中间相（B 相）的电动力为

$$F_B = F_{BA} - F_{BC} = 2 \times 10^{-7} \frac{l}{a} (i_B i_A - i_B i_C) \tag{4-26}$$

作用在外边相（A 相或 C 相）的电动力为

$$F_A = F_{AB} + F_{AC} = 2 \times 10^{-7} \frac{l}{a} (i_A i_B + 0.5 i_A i_C) \tag{4-27}$$

将三相对称的短路电流代入式（4-26）和式（4-27），并进行整理化简，然后做出

各自的波形图，如图 4 - 25 所示。从图 4 - 25 可见，最大冲击力发生在短路后 0.1s，而且以中间相受力最大。

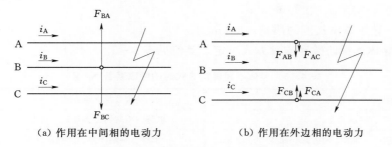

（a）作用在中间相的电动力　　　　（b）作用在外边相的电动力

图 4 - 24　对称三相短路时的电动力

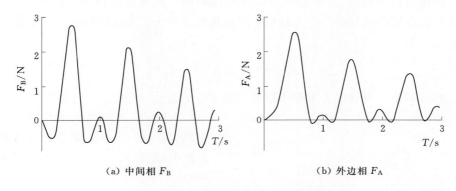

（a）中间相 F_B　　　　　　　　（b）外边相 F_A

图 4 - 25　三相短路时的电动力波形

用三相冲击短路电流 i_{ch} 表示的中间相的最大电动力为

$$F_{Bmax} = 1.73 \times 10^{-7} \frac{l}{a} i_{ch}^2 \qquad (4-28)$$

式中　i_{ch}——三相冲击短路电流，kA；

$\quad\quad F_{Bmax}$——中间相的最大电动力，N。

根据电力系统短路故障分析的知识，$\dfrac{I''^{(2)}}{I''^{(3)}} = \dfrac{\sqrt{3}}{2}$，故两相短路时的冲击电流为 $i_{ch}^{(2)} = \dfrac{\sqrt{3}}{2} i_{ch}^{(3)}$。发生两相短路时，最大电动力为

$$F_{max}^{(2)} = 2 \times 10^{-7} \frac{l}{a} \left[i_{ch}^{(2)} \right]^2 = 1.5 \times 10^{-7} \frac{l}{a} \left[i_{ch}^{(3)} \right]^2 \qquad (4-29)$$

可见，两相短路时的最大电动力小于同一地点三相短路时的最大电动力，所以，要用三相短路时的最大电动力校验电气设备的动稳定。

3. 考虑母线共振影响时对电动力的修正

如果把导体看成是多垮的连续梁，则母线的一阶固有振动频率为

$$f_1 = \frac{N_f}{L^2} \sqrt{\frac{EI}{m}} \qquad (4-30)$$

式中　N_f——频率系数；

L——跨距，m；

E——导体材料的弹性模量，Pa；

I——导体断面二次矩，m^4；

m——导体单位长度的质量，kg/m。

N_f 根据导体连续跨数和支撑方式决定，其值见表 4 – 5。

表 4 – 5　导体不同固定方式时的频率系数 N_f 值

跨数及支承方式	N_f	跨数及支承方式	N_f
单跨、两端简支	1.57	单跨、两端固定多等跨、简支	3.56
单跨、一端固定、一端简支两等跨、简支	2.45	单跨、一端固定、一端活动	0.56

当一阶固有振动频率 f_1 在 $30\sim160\,\mathrm{Hz}$ 范围内时，因其接近电动力的频率（或倍频）而产生共振，导致母线材料的应力增加，此时用动态应力系数 β 进行修正，故考虑共振影响后的电动力为

$$F_{\max}=1.73\times10^{-7}\frac{l}{a}i_{\mathrm{ch}}^2\beta \tag{4-31}$$

在工程计算中，可查电力工程手册获得动态应力系数 β，如图 4 – 26 所示。

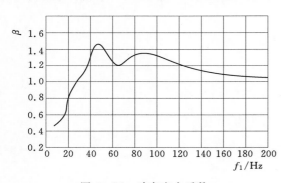

图 4 – 26　动态应力系数

由图 4 – 26 可见，固有频率在中间范围内变化时，$\beta>1$，动态应力较大；当固有频率较低时，$\beta<1$；固有频率较高时，$\beta\approx1$。

对屋外配电装置中的铝管导体，取 $\beta=0.58$。

为了避免导体发生危险的共振，对于重要的导体，应使其固有频率在下述范围以外：

（1）单条导体及一组中的各条导体：$35\sim135\,\mathrm{Hz}$。

（2）多条导体及有引下线的单条导体：$35\sim155\,\mathrm{Hz}$。

（3）槽形和管形导体：$30\sim160\,\mathrm{Hz}$。

如果固有频率在上述范围以外，可取 $\beta=1$。若在上述范围内，则电动力用式（4 – 28）计算。

4.3　载流导体的选择

导体的选择主要是选择其截面，以保证导体在正常运行时可以通过一定的电流而发热不会超过其限值，在发生故障时可以满足热稳定要求，对于硬导体还需要校验其动稳定和共振情况。

导体截面选择的基本条件有发热条件、电压损失条件、机械强度条件、经济电流密度

条件、电晕条件等。本节重点按发热条件、允许电压损失条件、经济电流密度条件来分析、选择导线截面。

各种形状的硬导体通常都安装在支柱绝缘子上，短路冲击电流产生的电动力将使导体发生弯曲，因此，硬导体的动稳定校验应按弯曲情况进行应力计算。软导体不必进行动稳定校验。

当选用非定型封闭母线时，应进行导体和外壳发热、应力及绝缘子抗弯的计算，并进行共振校验。

4.3.1 导体的一般选择

1. 导体的材料

导体的材料主要采用铝和铜。铜的电阻率低，机械强度高，耐腐蚀性比铝强，但储量少，价格高。铝的电阻率比铜高，机械强度低，耐腐蚀性比铜差，但储量高，价格低。一般优先采用铝导体，在工作电流大、地方窄的场所和其他不合适用铝导线的地方采用铜导体。

2. 导体选型

硬导体截面常用的有矩形、槽形和管形。矩形单条截面最大不超过 $1250mm^2$，以减小集肤效应，大电流使用时可将 $2\sim4$ 条矩形导体并列使用，矩形导体一般只用于 35kV 及以下、电流在 4000A 及以下的配电装置中；槽形导体机械强度好，载流量大，集肤效应系数较小，一般用于 $4000\sim8000A$ 的配电装置中；管形导体集肤效应系数较小、机械强度高，用于 8000A 以上的大电流母线或要求电晕放电电压高的 110kV 及以上的配电装置中。

软导线常用的有钢芯铝绞线、组合导线、分裂导线和扩径导线，后者多用于 330kV 及以上输配电装置。

3. 导体的布置方式

矩形导体的散热和机械强度与导体布置方式有关。三相系统平行布置时，若矩形导体的长边垂直布置（竖直），则散热较好、载流量大，但机械强度较低；若矩形导体的长边呈水平布置（平放），与前者相反。因此，导体的布置方式应根据载流量的大小、短路电流水平和配电装置的具体情况而定。

4.3.2 导体截面的选择与校验

导体截面可按长期发热允许电流或经济电流密度选择。对年负荷利用小时数大（通常指 $T_{max}>5000h$）、传输容量大、长度在 20m 以上的导体，如发电机、变压器的连接导体其截面一般按经济电流密度选择。而配电装置的汇流母线通常在正常运行方式下，传输容量不大，故可按长期工作电流选择。

1. 按长期允许工作电流选择

汇流母线及长度在 20m 以下的导体等，一般按长期发热允许电流选择其截面，则

$$I_{max} \leqslant KI_{al} \qquad (4-32)$$

式中　I_{max}——导体的最大持续工作电流；

I_{a1}——对应于所选导体的长期发热允许最高温度 θ_{a1} 和额定环境温度 θ_0 的长期允许电流;

K——实际环境温度为 θ 时的综合修正系数,不计日照等影响时 $K = \sqrt{\dfrac{\theta_{a1} - \theta}{\theta_{a1} - \theta_0}}$。

2. 按经济电流密度选择

按经济电流密度选择导体截面可使年计算费用最低。不同种类的导体和不同的最大负荷利用小时数 $T_{\max}$ 将有一个年计算费用最低的电流密度,称为经济电流密度 J。导体的经济截面 S_J 为

$$S_J = \frac{I_{\max}}{J}(\text{mm}^2) \tag{4-33}$$

式中　$I_{\max}$——导体的最大持续工作电流,A;

　　　J——经济电流密度,A/mm^2;

　　　S_J——导体的经济截面,mm^2。

按经济电流密度选择的导体截面应尽量接近式(4-33)计算的经济截面积,当无合适规格的导体时,允许选用小于但接近经济截面的导体。按经济电流密度选择的导体截面还需要按式(4-32)进行长期发热条件校验,此时计算 $I_{\max}$ 需考虑过负荷和事故时转移过来的负荷。由于汇流母线各段工作电流大小不相同,且差别较大,故汇流母线不按经济电流密度选择截面。

3. 电晕电压校验

导体的电晕放电会产生电能损耗、噪声、无线电干扰和金属腐蚀等不良影响。为了防止发生全面电晕,要求 110kV 及以上裸导体的电晕临界电压 U_{cr} 应大于其最高工作电压 $U_{\max}$,即 $U_{cr} > U_{\max}$。

不进行电晕电压校验的最小导体型号及外径可从相关资料中获得。

4. 热稳定校验

在校验导体热稳定时,若计及集肤效应系数 K_f 的影响,短路时负荷短时间快速变化,温度 θ 由 θ_w 升高到 θ_k 发热的计算公式可得到短路热稳定决定的导体最小截面 $S_{\min}$ 为

$$S_{\min} = \frac{1}{\sqrt{A_h - A_w}}\sqrt{Q_k K_f} = \frac{1}{C}\sqrt{Q_k K_f}(\text{mm}^2) \tag{4-34}$$

其中
$$C = \sqrt{A_h - A_w}$$

$$\left. \begin{aligned} A_k &= \frac{\rho_m C_0}{\rho_0}\left[\frac{\alpha_t - \beta}{\alpha_t^2}\ln(1 + \alpha_t \theta_k) + \frac{\beta}{\alpha_t}\theta_k\right] \\ A_w &= \frac{\rho_m C_0}{\rho_0}\left[\frac{\alpha_t - \beta}{\alpha_t^2}\ln(1 + \alpha_t \theta_w) + \frac{\beta}{\alpha_t}\theta_w\right] \end{aligned} \right\}$$

式中　C——热稳定系数;

　　　Q_k——短路电流热效应,A^2·s;

　　　ρ_m——导体材料密度,kg/m^3;

　　　ρ_0——0℃时导体的电阻率,Ω·m;

　　　α_t——导体电阻的温度系数,1/℃;

C_0——0℃时导体比热容，J/(kg·℃)；

β——导体的比热容温度系数，1/℃。

5. 硬导体的动稳定校验

固定在支柱绝缘子上的硬导体，在短路电流产生的电动力作用下会发生弯曲，承受很大的应力，可能使导体变形或折断。为了保证硬导体的动稳定，必须进行应力计算与校验。硬导体的动稳定校验条件为最大计算应力 σ_{max} 不大于导体的最大允许应力 σ_{al}，即

$$\sigma_{max} \leqslant \sigma_{al} \qquad (4-35)$$

硬导体的最大允许应力为：硬铝 $70 \times 10^6 \, Pa$，硬铜 $140 \times 10^6 \, Pa$。

由于相间距离较大，无论什么形状的导体和组合，计算单位长度导体所受相间电动力 f_{ph} 时，可不考虑形状的影响，其值为

$$f_{ph} = 1.73 \times 10^{-7} \frac{1}{a} i_{sh}^2 \beta \qquad (4-36)$$

式中 i_{sh}——三相短路冲击电流，A；

   a——相间距离，m；

   β——动态应力系数；

   f_{ph}——单位长度导体所受相间电动力，N/m。

（1）每相为单条矩形导体母线的应力计算与校验。单条矩形导体最大相间计算应力 σ_{ph} 为

$$\sigma_{ph} = \frac{M}{W} = \frac{f_{ph} L^2}{10W} \qquad (4-37)$$

式中 σ_{ph}——单条矩形导体最大相间计算应力，N/m²；

   M——最大弯矩，N·m；

   L——支柱绝缘子跨距，m；

   W——导体的截面系数，m³，即导体对垂直于电动力作用方向轴的抗弯矩，与导体尺寸和布置方式有关。

满足动稳定的条件为

$$\sigma_{max} = \sigma_h \leqslant \sigma_{al} \qquad (4-38)$$

不满足动稳定要求时，可以适当减小支柱绝缘子跨距 L，重新计算应力 σ_{ph}。为了避免重复计算，常用绝缘子间最大允许跨距 L_{max} 校验动稳定。令式（4-38）中的 $\sigma_{max} = \sigma_{ph} = \sigma_{al}$，得

$$L_{max} = \sqrt{\frac{10\sigma_{al} W}{f_{ph}}} \qquad (4-39)$$

只要支柱绝缘子跨距 $L \leqslant L_{max}$，即可满足动稳定要求。为了避免导体因自重而过分弯曲，所选支柱绝缘子跨距 L 不得超过 1.5～2m。

（2）每相为多条矩形导体母线的应力计算与校验。同相母线由多条矩形导体组成时，母线中最大机械应力由相间应力 σ_{ph} 和同相条间应力 σ_b 叠加而成，则母线满足动稳定的条件为

$$\sigma_{ph} + \sigma_b \leqslant \sigma_{al} \qquad (4-40)$$

67

多条矩形导体的相间计算应力 σ_{ph} 与每相单条导体时的相同，按式（4-37）计算。条间应力 σ_b 为

$$\sigma_b = \frac{M_b}{W} = \frac{f_b L_b^2}{12W} = \frac{f_b L_b^2}{2b^2 h} \qquad (4-41)$$

其中

$$M_b = \frac{f_b L_b^2}{12}$$

$$W = \frac{b^2 h}{6}$$

式中　M_b——边条导体所受弯矩，N·m；

　　　　W——导体的截面系数，m^3，即导体对垂直于电动力作用方向轴的抗弯矩，与导体尺寸和布置方式有关。

4.3.3　电缆的选择与校验

电缆的基本结构包括导电芯、绝缘层、铅包（或铝包）和保护层几个部分。按其缆芯材料分为铜芯和铝芯两大类。按其采用的绝缘介质分油浸纸绝缘、塑料绝缘等。

电缆制造成本高，投资大，但是具有运行可靠、不易受外界影响、不需架设电杆、不占地面、不碍观瞻等优点。

1. 按结构类型选择电缆（即选择电缆的型号）

根据电缆的用途、电缆敷设的方法和场所，选择电缆的芯数、芯线的材料、绝缘的种类、保护层的结构以及电缆的其他特征，最后确定电缆的型号。常用的电力电缆有油浸纸绝缘电缆、塑料绝缘电缆和橡胶电缆等。

2. 按额定电压选择

电缆的额定电压 U_N 可按其不低于敷设地点电网额定电压 U_{Ns} 的条件选择，即

$$U_N \geqslant U_{Ns} \qquad (4-42)$$

3. 电缆截面的选择

一般根据最大长期工作电流选择，但是对有些回路，如发电机、变压器回路，其年最大负荷利用小时数超过 5000h，且长度超过 20m 时，应按经济电流密度来选择。

（1）按最大长期工作电流选择。电缆长期发热的允许电流 I_{al}，应不小于所在回路的最大长期工作电流 I_{max}，即

$$K I_{al} \geqslant I_{max} \qquad (4-43)$$

式中　I_{al}——相对于电缆允许温度和标准环境条件下导体长期允许电流；

　　　　K——综合修正系数。

（2）按经济电流密度选择。按经济电流密度选择电缆截面的方法与按经济电流密度选择母线截面的方法相同，即

$$S_{ec} = \frac{I_{max}}{J_{ec}} \qquad (4-44)$$

按经济电流密度选出的电缆，还必须按最大长期工作电流校验。

按经济电流密度选出的电缆，还应决定经济合理的电缆根数，截面 $S \leqslant 150mm^2$ 时，其经济根数为一根。当截面大于 $150mm^2$ 时，其经济根数可按 $S/150$ 决定。例如计算出

S_{ec} 为 200mm²，选择两根截面为 120mm² 的电缆为宜。

为了不损伤电缆的绝缘和保护层，电缆弯曲的曲率半径不应小于一定值（例如，三芯纸绝缘电缆的曲率半径不应小于电缆外径的 15 倍）。为此，一般避免采用芯线截面大于 185mm² 的电缆。

4. 热稳定校验

电缆截面热稳定的校验方法与母线热稳定校验方法相同。满足热稳定要求的最小截面为

$$S_{min} = \frac{I_\infty}{C} \sqrt{t_{dz}}$$ （4 - 45）

式中　t_{dz}——短路切除时间，s；

　　　I_∞——短路电流周期分量的有效值，kA；

　　　C——与电缆材料及允许发热有关的系数。

验算电缆热稳定的短路点按下列情况确定：

（1）单根无中间接头电缆，选电缆末端短路；长度小于 200m 的电缆，可选电缆首端短路。

（2）有中间接头的电缆，短路点选择在第一个中间接头处。

（3）无中间接头的并列连接电缆，短路点选在并列点后。

5. 电压损失校验

正常运行时，电缆的电压损失应不大于额定电压的 5%，即

$$\Delta U\% = \frac{\sqrt{3} I_{max} \rho L}{U_N S} \times 100\% \leqslant 5\%$$ （4 - 46）

式中　S——电缆截面，mm²；

　　　ρ——电缆导体的电阻率，Ω·mm²/m，铝芯 $\rho = 0.035$Ω·mm²/m(50℃)，铜芯 $\rho = 0.0206$Ω·mm²/m(50℃)。

第5章　风电场主要电气设备与选择

风电场一次系统主要由一次设备构成，其中最重要的是具有电能生产和转换作用的发电机、变压器，它们和载流导体相连，再配合其他一次设备，如各类开关、补偿设备、互感器等，共同实现风电场电力系统的基本功能。

5.1　风　力　发　电　机

风电机组的风轮在风力的作用下旋转，它把风的动能转变为风轮轴的机械能，发电机在风轮轴的带动下旋转发电。因此，发电机承担着把风力机的动能转变为电能的重要工作，是风电机组最核心的设备。

5.1.1　风电机组与风力发电机

5.1.1.1　风电机组

风电机组的类型较多，分类方式有多种，主要是从不同角度进行分析。图 5-1 表示风电机组的配置关系，可以比较清楚地说明风电机组的分类。

1. 按照风轮形式分类

（1）垂直轴风电机组。垂直轴风电机组按形成转矩的机理分为升力型和阻力型两类。

升力型风电机组的气动力效率远大于阻力型风电机组，因此当前大型并网型垂直轴风电机组全部为升力型。阻力型风电机组的风轮转矩是由叶片凹凸面阻力不同形成的，其典型代表是风杯，对大型风电机组不适用。

升力型风电机组的风轮转矩由叶片的升力提供，是垂直轴风电机组的主流，其中打蛋器形风轮应用最多，当这种风轮叶片的主导载荷是离心力时，叶片只有轴向力而没有弯矩，叶片结构最轻。

与水平轴风电机组相比，垂直轴风电机组除在风向改变时无需对风外，其优越性并不明显，因而目前使用量很小。

（2）水平轴风电机组。水平轴风电机组的风轮轴线基本与地面平行，安置在垂直地面的塔架上，是当前使用最广泛的机型。

水平轴风电机组还可分为上风向及下风向两种机型。上风向风电机组其风轮面对风向，安置在塔架前方，需要主动调向机构以保证风轮能随时对准风向。下风向风电机组其风轮背对风向，安置在塔架后方。当前大型并网风电机组几乎都是水平轴上风向型。

2. 按照速度与频率的关系分类

（1）恒速恒频风电机组。当风力发电机与电网并联运行时，要求风力发电机的频率与电网频率保持一致，即恒频。恒速恒频指在风力发电过程中，保持发电机的转速不变，从

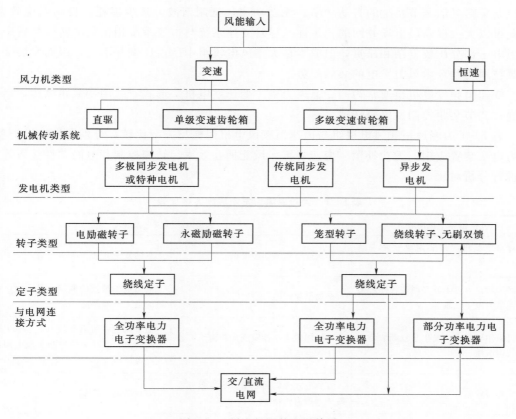

图 5-1　风电机组的配置关系

而得到恒定的频率。

恒频恒速发电机组通常采用异步发电机和同步发电机作为并网运行的发电机,采用定桨距失速或主动失速调节实现功率控制。

当采用同步发电机作为并网运行的发电机时,由于风速随机变化,作用在转子上的转矩很不稳定,使得并网时其调速性能很难达到期望的精度,常采用自动准同步并网和自同步并网方式,前者由于风速的不确定性,并网比较困难,后者并网操作较简单,并网在短时间内可完成,但要克服合闸时有冲击电流的缺点。

当采用异步发电机作为并网运行的发电机时,由于靠转差率调整负荷,所以控制装置简单,并网后不会产生振荡和失步,运行稳定。其缺点是直接并网时产生的过大冲击电流会造成电压大幅度下降,对系统安全运行构成威胁。异步发电机本身不发出无功功率,需要无功补偿,正常运行时需要相应采取有效措施才能保障风电机组安全运行。

(2)变速恒频风电机组。变速恒频是指在风力发电过程中发电机的转速可随风速变化,通过其他控制方式得到恒定的频率。

变速恒频发电是 20 世纪 70 年代中后期逐渐发展起来的一种新型风力发电技术,通过调节发电机转子电流的大小、频率和相位或变桨距控制实现转速的调节,可在很宽的风速范围内保持近乎恒定的最佳叶尖速比,进而实现风能最大转换效率;同时又可以采用一定的控制策略灵活调节系统的有功功率、无功功率，抵制谐波，减少损耗，提高系统效率，因此可以大大提高风电场并网的稳定性。尽管变速系统与恒速系统相比风电转换装置中的电力电子部分比较复杂和昂贵，但成本在大型风电机组中所占比例并不大，因而发展变速恒频技术将是今后风力发电的必然趋势。

变速恒频发电机组通常为"变速风力机＋变速发电机"形式，采用变桨距结构，启动时通过调节桨距控制发电机转速。

表 5-1 为变速恒频风电机组与恒速恒频风电机组典型方案比较，分别在发电机类型、电力电子装置应用、无功补偿、变速装置、风能捕获效率、转速控制和电网柔性接入等方面进行分析对比。

表 5-1　大功率风力发电典型方案比较

恒速恒频型风电系统	变速恒频型风电系统	
异步发电机（多采用鼠笼转子结构）	永磁或电励磁同步电机	双馈异步电机
除采用电力电子软并网装置外，无其他电力电子装置	全功率变流器	电力电子装置的额定容量为发电机组的最大滑差容量
可采用外部无功发生装置调节公共接入点电压	通过网侧变流器实现无功输出，公共接入点电压可控	通过网侧变流器及发电机定子实现无功输出，通过无功控制实现电网接入点电压可控
无需齿轮箱	直驱方式无需齿轮箱，半直驱方式需要低速齿轮箱	需要高速齿轮箱
无法实现最大功率捕获	可实现最大功率捕获	可实现最大功率捕获
需要被动失速控制或主动失速控制	通过变桨伺服机构控制转速	通过变桨伺服机构控制转速
并网和脱网过程均存在电气和机械冲击	柔性并网/脱网	柔性并网/脱网

3. 按照有无齿轮箱分类

（1）有齿轮箱的双馈异步风电机组。双馈异步风电机组由定子绕组直连三相电网的绕线型异步发电机、增速齿轮箱和安装在转子绕组上的双向背靠背 IGBT 变流器等组成，如图 5-2 所示。传动系统采用增速齿轮箱，提高了电机的转速，进而减小了发电机的体积。

双馈异步风电机组的变流器由转子侧变流器和电网侧变流器两部分组成，彼此独立控制。变流器的主要原理是转子侧变流器通过控制转子电流分量控制有功功率和无功功率，而电网侧变流器控制直流母线电压并确保变流器运行在零无功功率状态下。

功率是馈入转子还是从转子提取取决于传动链的运行条件，在超同步状态，功率从转子通过变流器馈入电网；在欠同步状态，功率反方向传送。这两种情况（超同步和欠同步）下，定子都向电网馈电。

（2）无齿轮箱的直驱式风电机组。直驱式变速变桨恒频技术采用了风轮与发电机直接耦合的传动方式，发电机多采用多极同步电机，通过全功率变频装置并网，如图 5-3 所示。直驱技术的最大特点是可靠性和效率都有了进一步的提高。

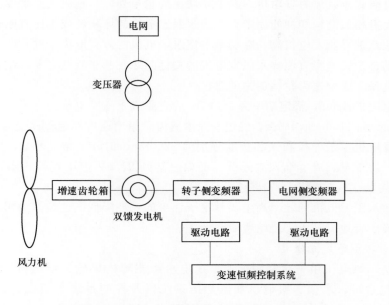

图 5-2 双馈式变速恒频风电机组结构框图

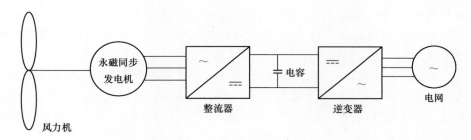

图 5-3 直驱式风电机组框图

直驱式风电机组首先将风能转化为频率、幅值均变化的三相交流电，经过整流之后变为直流，然后通过逆变器变换为恒幅恒频的三相交流电并入电网。通过中间电力电子变流器环节对系统有功功率和无功功率进行控制，实现最大功率跟踪，最大效率利用风能。

与双馈式风电机组相比，直驱式风电机组的优点在于：①传动系统部件减少，提高了风电机组的可靠性和利用率；②变速恒频技术的采用提高了风电机组的效率；③机械传动部件的减少降低了风电机组的噪声、提高了整机效率；④可靠性的提高降低了风电机组的运行维护成本；⑤部件数量的减少使整机的生产周期大大缩短；⑥利用现代电力电子技术可以实现对电网有功功率和无功功率的灵活控制；⑦发电机与电网之间采用全功率变流器，使发电机与电网之间的相互影响减少，电网故障时对发电机的损害较小。其缺点在于：①功率变换器与发电机组和电网全功率连接，其造价昂贵，控制复杂；②用于直接驱动发电的发电机工作在低转速、高转矩状态，电机设计困难、极数多、体积大、造价高、运输困难。

（3）半直驱式永磁风力发电机。除了有增速齿轮箱外，半直驱式永磁发电机和直驱式永磁发电机具有相似结构和性能。半直驱式永磁发电机的体积和成本比直驱式永磁发电机小，可靠性比双馈异步发电机高。在功率一定时，电机的体积取决于额定转速，如何选择增速齿轮箱的传送比是半直驱式永磁发电机的关键问题。基于制造容易、结构简单、成本低的要求，选择一级增速齿轮箱更为适合。

额定转速为 20r/min，额定功率为 1.5MW 的直驱式永磁发电机的定子外径和铁芯长度分别为 3800mm 和 1100mm，那么，经过一级增速齿轮箱增速后额定转速变为 255r/min 的半直驱式永磁发电机定子外径和铁芯长度分别为 2200mm 和 445mm。可见，半直驱式永磁发电机的体积、重量、成本都大大降低，而效率达到 97.8%，比直驱式永磁发电机的效率 95.4%还高。

半直驱式永磁发电机的效率高主要是定子绕组的铜耗降低，这是因为相对于直驱式永磁发电机，转子转速提高了，绕组匝数降低了。

4. 按照功率调节方式分类

（1）定桨距风电机组。定桨距失速型风电机组主要由风轮、增速机构、制动机构、发电机、偏航系统、塔架、机舱、加温加压系统以及控制系统等组成。定桨距风电机组的主要结构特点是叶片与轮毂的连接是固定的，即当风速变化时，叶片节距角不能随之变化。这一特点使得当风速高于风轮的设计点风速（额定风速）时，叶片必须能够自动地将功率限制在额定值附近，叶片的这一特性称为自动失速性能。运行中的风电机组在突甩负载的情况下，叶片自身必须具备制动能力，使风电机组能够在大风情况下安全停机。

（2）变桨距风电机组。变桨距风轮运行是通过改变桨距角使叶片剖面的攻角发生变化来迎合风速变化，从而在低风速时能够更充分地利用风能，具有较好的气动输出性能，而在高风速时，又可通过改变攻角的变化来降低叶片的气动性能，使高风速区风轮功率降低，达到调速限功的目的。

5.1.1.2　风力发电机

虽然很多文献把风电机组讲成风力发电机，其实它们是有根本区别的。风力发电机是风电机组的一部分，是将风力机送入的机械能转变成电能的设备，是风力发电系统的关键设备。并网型风电机组主要使用的发电机类型有异步发电机、同步发电机、双馈异步发电机、永磁发电机。

应用于风力发电的发电机种类较多，常用的有以下几种：

（1）笼型异步发电机。多用于定桨距（或主动失速）、恒速风电机组，加全功率变流器可用于变速风电机组。

（2）双馈异步发电机。多用于变桨距、部分变速的风电机组。

（3）电励磁同步发电机。多用于恒速风电机组，加全功率变流器可用于变速风电机组。

（4）永磁同步发电机。永磁同步发电机加全功率变流器，多用于变桨距、变速的直驱风电机组。

（5）直流发电机。现在较少使用。

5.1.2 双馈异步发电机

1. 结构特点

双馈异步发电机又称交流励磁双馈发电机，是变速恒频风电机组的核心部件，也是风电机组国产化的关键部件之一。该发电机主要由电机本体和冷却系统两大部分组成。电机本体由定子、转子和轴承系统组成；冷却系统分为水冷、空空冷和空水冷三种结构。双馈异步发电机实际是异步感应发电机的一种改进，它由绕线转子异步发电机和在转子电路上所带交流励磁器组成。其定子结构与异步电机相同，转子结构带有滑环和电刷，与绕线式异步电机和同步电机不同，转子侧可以加入交流励磁，既可输入电能也可输出电能，既有异步电机的某些特点又有同步电机的某些特点。其定子和转子（经过变流器）同时和电网连接，在超同步运行时，定子、转子可以同时发电，因此称为"双馈"。双馈发电机的性能特点是可以在较大范围内变速运行，而定子侧输出电流的频率恒定。

双馈异步发电机定子通过断路器与电网连接，绕线转子通过四象限变频器与电网相连，变频器对转子交流励磁进行调节，保证定子侧同电网恒频恒压输出。通过在双馈异步发电机与电网间加入变流器，发电机转速就可以与电网频率解耦，并允许风轮速度有变化，也能控制发电机气隙转矩。变转速风轮的转速随风速变化，可以使风轮保持在最佳效率状态下运行，获取更多的能量，并减小因阵风引起的载荷。

风电机组使用双馈异步发电机的运行方式为变速恒频，变速是为了适应风速的不确定性，恒频是为了满足并网的需要。必须要通过变流装置与电网频率保持同步才能并网，但可以补偿电网中的功率因数。采用变流器的双馈发电机组将有更宽的调速范围，比全功率变流器更为经济，这是双馈系统得到广泛应用的原因。

2. 转速

同步发电机在稳态运行时，其输出电压的频率 f 与发电机的极对数 p 及发电机转子的转速 n 有严格固定的关系，即

$$f = \frac{pn}{60} \tag{5-1}$$

可见，在发电机转子转速不能恒定时，同步发电机也就不可能发出恒频电能。

绕线转子异步电机的转子上嵌装有三相对称绕组，在该三相对称绕组中通入三相对称交流电，则将在电机气隙内产生旋转磁场，此旋转磁场的转速与所通入的交流电的频率及电机的极对数有关，即

$$n_2 = \frac{60 f_2}{p} \tag{5-2}$$

式中　n_2——转子通入频率为 f_2 的电流所产生的旋转磁场相对于转子的旋转速度，r/min；

　　　f_2——转子电流频率，Hz。

从式（5-2）可知，改变频率 f_2，即可改变 n_2。因此，只要调节转子电流的频率 f_2，就可以使电网频率 f_1 不变，即

$$n \pm n_2 = n_1 = 常数 \tag{5-3}$$

式中 n_1——对应于电网频率 f_1 时异步发电机的同步转速，r/min。

异步电机定、转子电流频率的关系为

$$f_2 = sf_1 \tag{5-4}$$

式中 s——转差率。

式（5-4）表明，在异步电机转子以变化的转速转动时，只要在转子的三相对称绕组中通入滑差频率（即 sf_1）的电流，则在异步电机的定子绕组中就能产生 50Hz 的恒频电动势。即异步电机定子绕组感应电势的频率将始终维持 f_1 不变。

双馈型异步发电机通常为 4 极或 6 极，适用于较高转速，工作转速为 1500r/min、1000r/min，风轮经多级增速齿轮箱提速后驱动双馈交流发电机。

3. 三种运行状态

根据转子转速变化，双馈风力发电机可有以下运行状态：

（1）亚同步运行状态。在这种状态下 $n < n_1$，由滑差频率为 f_2 的电流产生的旋转磁场转速 n_2 与转子的转速方向相同，因此有 $n + n_2 = n_1$。

（2）超同步运行状态。这种状态下 $n > n_1$，改变通入转子绕组的频率为 f_2 的电流相序，则其所产生的旋转磁场的转向与转子的转向相反，因此有 $n - n_2 = n_1$。为了实现 n_2 转向反向，在由亚同步运行转向超同步运行时，双馈风力发电系统必须能自动改变其相序；反之亦然。

（3）同步运行状态。这种状态下 $n = n_1$，滑差频率 $f_2 = 0$，这表明此时通入转子绕组的电流的频率为 0，即为直流电流，因此与普通同步发电机一样。

4. 工作原理

双馈风电机组基本组成如图 5-4 所示。

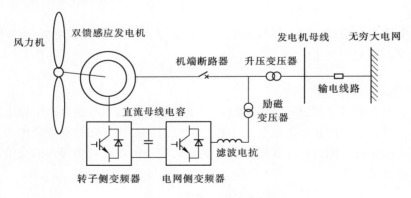

图 5-4 双馈风电机组基本组成

双馈式发电机的定子接入电网时，通过脉宽调制（PWM）、交—直—交（AC-DC-AC）变流器向发电机的转子绕组提供低频励磁电流。为了获得较好的输出电压和电流波形，输出频率一般不超过输入频率的 1/3，其容量一般不超过发电机额定功率的 30%，通常只需配置一台 1/4 功率的变频器。

通过机组控制系统对逆变电路中功率器件的控制，可以改变双馈式发电机转子励磁电流的幅值、频率及相位。通过改变励磁频率可调节转速。这样在负荷突然变化时，迅速改变发电机的转速，充分利用转子的动能释放和吸收负荷，对电网的扰动远比常规发电机要小。通过调节转子励磁电流的幅值和相位，可达到调节有功功率和无功功率的目的。当转子电流的相位改变时，由转子电流产生的转子磁场在气隙空间的位置就产生了位移，改变了双馈异步发电机电动势与电网电压相量的相对位置，也就改变了发电机的功率角。当发电机吸收电功功率时，往往功率角变大，使发电机的稳定性下降。而双馈式发电机却可以通过调节电流的相位减小机组的功率角，使机组运行的稳定性提高，从而可更多地吸收无功功率，克服由于夜间负荷下降造成电网电压过高的问题。

风电机组最佳工况时的转速应由其气动曲线及电网的功率指令综合得出。也就是说，风电机组的转速随风速及负荷的变化应及时做出相应的调整，依靠转子动能的变化吸收或释放功率，减少对电网的扰动。这样既提高了机组的效率，又对电网起到稳频、稳压的作用。

一般异步发电机正常运行时的转速高于同步转速，其输出功率的大小与转子转差率的大小有关。适当增大发电机的额定转差率可以减小输出功率的波动幅度，但是增大转差率会增加发电机的损耗，降低发电机的效率。同时，发电机的转速还受发电机温度的影响，应综合考虑以上多方面因素，制定合适的转差率。由于双馈式发电机的转子通过变频器进行交流励磁，通过对变频器的控制可以很方便地对发电机转差率进行调节，调节转差率在±10%范围内变化，就可以使双馈式发电机的转速在额定转速±30%范围内变化，从而使风轮的转速范围扩大，即双馈式发电机组可以在较大风速范围内实现变速运行。

5. 双馈风力发电方案的优缺点

（1）优点。在风力发电中采用交流励磁双馈风力发电方案，可以获得以下优越的性能：

1）调节励磁电流的频率可以在不同的转速下实现恒频发电，满足用电负载和并网的要求，即变速恒频运行。这样可以从能量最大利用等角度调节转速，提高发电机组的经济效益。

2）调节励磁电流的有功分量和无功分量，可以独立调节发电机的有功功率和无功功率。这样不但可以调节电网的功率因数，补偿电网的无功需求，还可以提高电力系统的静态和动态性能。

3）由于采用了交流励磁，发电机和电力系统构成了"柔性连接"，即可以根据电网电压、电流和发电机的转速来调节励磁电流，精确地调节发电机输出电压，使其能满足要求。

4）由于控制方案是在转子电路中实现的，而流过转子电路的功率是由交流励磁发电机的转速运行范围所决定的转差功率，它仅仅是额定功率的一小部分，这样就大大降低了变频器的容量，减少了变频器的成本。

5）可维护性好。双馈式风电机组一般采用叶片＋轮毂＋齿轮箱＋联轴器＋发电机的传动结构，这种结构各主要部件相对独立，可以分别进行维护和维修。现场维修容易，时间响应及时。

（2）缺点。双馈风力发电方案有以下缺点：

1）齿轮箱问题。双馈风电机组中，为了让风轮的转速和发电机的转速相匹配，必须在风轮和发电机之间用齿轮箱来连接，这就增加了机组的总成本；而齿轮箱噪声大、故障率较高、需要定期维护，并且增加了机械损耗。

　　2）电刷问题。一方面电刷和滑环间也存在机械磨损；另一方面，电刷的存在降低了机组的可靠性。

　　关于双馈风力发电机的更详细内容请参考本丛书的《风力发电机及其控制》分册。

5.1.3　电励磁同步发电机

　　电励磁同步发电机就是一般讲的同步发电机，即在转子绕组中通入直流电励磁，为区别后面介绍的永磁同步发电机，这里强调电励磁。

　　1. 工作原理

　　电励磁同步发电机是根据电磁感应原理制造的。交流同步发电机通常包括两部分：一部分线圈绕在定子槽内，其线圈输出感应电动势和感应电流，所以又称为电枢绕组；另一部分线圈绕在转子上。一根轴穿过转子中心，轴两端由机座轴承构成支撑。转子与定子内壁之间保持均匀而小的间隙，保持灵活转动。工作时，转子线圈通以直流电，形成直流恒定磁场，在风轮的带动下转子快速旋转，恒定磁场也随之旋转，定子线圈被磁场磁力线切割，产生感应电动势，发电机发电。由于定子磁场是由转子磁场引起的，且它们之间总保持一先一后并且等速的同步关系，转速 n 和交流电网的频率 f 有严格比例关系，所以称为同步发电机，其工作转速为

$$n_1 = \frac{60f}{p} \qquad (5-5)$$

式中　p——电机的极对数。

　　同步发电机在额定转速下，其输出电力的电压和频率也达到额定值；变转速运行时，频率、电压也随之变化。现代同步发电机的电枢绕组装在定子上，而励磁绕组则装在转子上。通常使转子励磁的直流电是由与转子装在同一轴上的直流发电机供给的，或者采用由交流电力网经硅整流器馈给的励磁回路提供。自励磁式的同步发电机供转子励磁用的直流电是利用接到发电机定子绕组的硅整流器来得到的，在转子刚启动的片刻，旋转转子微弱的剩磁在定子绕组中感应出少许交流电动势，而硅整流器就会发出直流电来加强转子磁场，发电机电压因而升高。为了达到在额定负荷范围内稳住发电机输出电压的目的，实现在同步发电机额定负荷范围内稳定输出电压，必须通过调控转子磁场来调节同步发电机的输出电压，改善其带负载能力。

　　2. 并网

　　当同步发电机并网运行时，它的电动势瞬时值在任何瞬间都应该和电网对应电压的瞬时值在数值上相等而方向相反。根据这一要求，同步发电机并网条件为：被接入发电机的电动势应该和电网电压具有相同的有效值，频率等于电网频率，相序与电网相序严格相同。

　　要完成并网接入的条件，被接入发电机需要预先整步，整步方式为：先使发电机大致

达到同步转速，然后调整发电机的励磁，使得在发电机线端上电压表所指示的数值等于电网电压；此时发电机的相序应该和电网的相序相一致，然后对发电机的频率尤其是电动势的相位做更精确的调整，直至完全达到并网条件。

3. 优缺点

同步发电机在机械结构和电气性能上都具有许多优点：所需励磁功率小，仅约为额定功率的 1%，因而同步发电机的效率很高；通过调节它的励磁，不但可以调节电压，还可调节无功功率，从而在并网运行时无需电网提供无功功率；可采用整流—逆变的方法实现变速运行。

同步发电机的缺点也很明显：它需要严格的调速及并网时调整相序、频率与电网同步的装置；直接并网时，阵风引起的风力机转矩波动无阻尼输入给发电机，强烈的转矩冲击产生失步力矩，将使发电机与电网解列；此外，与异步发电机相比价格较高。

5.1.4 永磁直驱同步发电机

1. 永磁直驱型同步发电机的基本原理

随着风电机组单机容量的增大，双馈式风电系统中齿轮箱的高速传动部件故障问题日益突出，于是没有齿轮箱而将主轴与低速多极同步发电机直接连接的直驱式布局应运而生。

永磁直驱同步发电机就是在机组传动系统中取消齿轮箱和传动轴，机组风轮系统直接驱动机组的低速多磁极永磁同步发电机，采用变桨距变速恒频运行方式，使用一台全功率变流器将频率变化的风电转换成工频电能送入电网。

图 5-5 所示为典型的永磁直驱变速恒频风力发电系统，包括永磁同步发电机（PMSG）和全功率背靠背双 PWM 变流器。PMSG 通过全功率变流器直接与电网连接，通常极对数较多、低转速、大转矩、径向尺寸较大、轴向尺寸较小，呈圆环状。由于省去了齿轮箱，从而简化了传动链，提高了系统效率，降低了机械噪声，减小了维修量，提高了机组的寿命和运行可靠性。理论上永磁体在高温时存在失磁的风险，但是近年来随着永磁材料性能的不断提高以及价格的下降，PMSG＋全功率变流器已经成为一种很有吸引力和应用前景的方案。

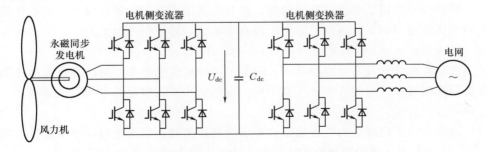

图 5-5　永磁直驱型变速恒频风力发电系统

电力电子变流器作为风力发电与电网的接口，作用非常重要，既要对风力发电机进行控制，又要向电网输送优质电能，还要实现低电压穿越等功能。

从图 5-5 中可以看到，典型的永磁直驱变速恒频风电系统中，采用背靠背双 PWM 变流器，包括电机侧变流器与电网侧变流器，能量可以双向流动。对 PMSG 直驱系统，电机侧 PWM 变流器通过调节定子侧的 dq 轴电流，实现转速调节及电机励磁与转矩的解耦控制，使发电机运行在变速恒频状态，额定风速以下具有最大风能捕获功能。电网侧 PWM 变流器通过调节网侧的 dq 轴电流，保持直流侧电压稳定，实现有功和无功的解耦控制，控制流向电网的无功功率，通常运行在单位功率因数状态，还要提高注入电网的电能质量。

对直驱式风电系统，变流器拓扑的选择较多。图 5-6 所示为不控整流＋Boost 变换器＋逆变拓扑结构，通过 Boost 变换器实现输入侧功率因数校正（Power Factor Correction，PFC），提高发电机的运行效率，保持直流侧电压的稳定，对 PMSG 的电磁转矩和转速进行控制，实现变速恒频运行，在额定风速以下具有最大风能捕获功能。

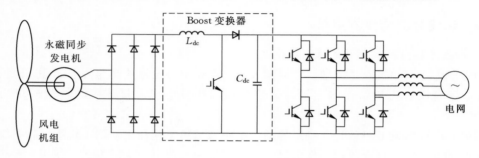

图 5-6　不控整流＋Boost 变换器＋逆变拓扑

2. 永磁直驱同步发电机的特点

（1）优点。永磁直驱同步发电机使传动系统部件的数量减少，没有传动磨损和漏油所造成的机械故障，减少了齿轮传动装置需要的润滑、清洗等定期维护工作，降低了风电机组的运行维护成本，也使整机的生产周期大大缩短。永磁直驱式发电机取消了传动轴，使机组水平轴方向的长度大大缩短，而且增加了机组稳定性，同时也降低了机械损耗，提高了风电机组的可利用率和使用寿命，降低了风电机组的噪声。

永磁直驱同步发电机与电励磁同步发电机和双馈式交流发电机相比，不用外接励磁电源，没有集电环和电刷，不仅简化了结构，而且提高了可靠性和机组效率。永磁直驱式同步发电机的外表面面积大，易散热；由于没有电励磁，转子损耗近似为零，可采用自然通风冷却，结构简单可靠。

采用永磁发电技术及变速恒频技术，提高了风电机组的效率，可以进行无功补偿。全功率变流器能在极端恶劣的环境下可靠工作。发电机功率因数高，其值接近或等于 1，提高了电网的运行质量。

（2）缺点。对永磁材料的性能稳定性要求较高；多磁极使发电机外径和重量大幅度增加；另外，IGBT 变流器的容量较大，一般要选发电机额定功率的 120% 以上。

（3）存在的问题。理论上，直驱式风力发电机具有维护成本低、耗材少等经济可靠的优点，但在实际制造过程中，现阶段发电机本身的制造成本和控制难度都比较大，直驱式风电机组的售价高于双馈式风电机组，短期内两种技术路线并存的局面难以改变。

另外，永磁直驱同步发电系统还存在下列问题有待解决：

1）由于直驱型风电机组没有齿轮箱，低速风轮直接与发电机相连接，各种有害冲击载荷也全部由发电机系统承受，对发电机要求很高。

2）退磁问题：永磁同步发电机仍存在退磁隐患，尚无明确更换方案。

3）体积（直径）庞大：为了提高发电效率，发电机的极数非常大，通常在100极左右，发电机的结构变得非常复杂，发电机尺寸大、重量大，运输、安装比较困难。

关于永磁直驱同步发电机的更详细内容请参考本丛书的《风力发电机及其控制》分册。

5.1.5　笼形异步发电机

1. 传统笼形异步发电机

外加机械力使接在三相电网中的异步电动机以高于定子旋转磁场的转速（同步转速）旋转，这时转子中的电势和电流方向与电动机相反，其结果是旋转磁场和转子电流间的相互作用力也改变方向而反抗旋转，电动机功率为负，即转而向外输出电能。此时转差率 $s = (n_0 - n)/n_0$ 为负，异步发电机的功率随该负转差率绝对值的增大而提高。

异步发电机向电网输送有功电流，但也从电网吸收滞后的无功电流（磁化电流），因此需要感性电源提供无功电流，而与它并联工作的同步发电机可以作为这样的电源。所以异步发电机不能单独工作，它所需无功电流也可以由与异步发电机并联的电容器供给。在此情况下，异步发电机的启动是依靠本身的剩磁而得到自激励的。异步发电机吸收无功电流的这一特点使其在并网工作时电网的功率因数恶化。

异步发电机的优点是：结构简单、价格便宜，维护少；允许其转速在一定限度内变化，可吸收瞬态阵风能量，功率波动小；并网容易，不需要同步设备和整步操作。

2. 双速异步发电机

由于大容量发电机在小功率运行时的效率很低，使得小风速下运行的风力发电机很不经济。为此，用于定桨距风力发电机的双速异步发电机一般将定子绕组数设计为4极或6极，其同步转速分别为1500r/min、1000r/min；6极绕组的额定功率设计为4极绕组额定功率的1/5～1/4。在风力较强的高风速段，发电机绕组接成4极运行，在风力较弱时，发电机绕组换接成6极运行，这样可以更好地利用风能，也保证了发电机在不同工况下都具有高效率。

5.1.6　无刷双馈风力发电机

目前最适用风力变速恒频发电的是交流励磁双馈发电机，当风速变化引起转速变化时，通过控制转子电流的频率可实现变速恒频控制，且所需双向变频器容量较小。但该电机具有电刷、滑环的转子结构使得系统的可靠性降低，特别在大型风电系统经常维修很不方便。为了克服传统风力发电机的上述缺点，近年来出现了一种无刷双馈变速恒频风电机组。其所用的电机为新型无刷双馈风力发电机，这种电机的结构和运行机理与常规电机有较大的不同。

无刷双馈发电机的定子上有两套极对数不同的绕组，分别为功率绕组和控制绕组。其中功率绕组直接接电网或负载；控制绕组可以通过变频器（一般为双向流通变频器）接电网侧。无刷双馈电机（以下简称 BDFM）作为发电机运行时原理类似交流励磁发电机，一般功率绕组（极对数多者）用于发电，控制绕组（极对数少者）用于交流励磁。当原动机的转速发生变化时，调节控制绕组侧励磁电流的频率可方便实现变速恒频发电，通过改变励磁电流的幅值和相位还可以实现有功和无功功率的调节。BDFM 的这种特性变传统同步发电机系统恒速运行的刚性连接为柔性连接，可以很大程度上提高发电机组的可靠性。特别是在低转速风力和水力发电系统中，发电机的变速运行可以使发电机组运行在最优工况，最大程度利用风能和水能，提高整个发电机组的效率。

无刷双馈发电机的体积和成本比直驱式永磁发电机要小，而可靠性比双馈异步发电机要高。与双馈异步电机相比，无刷双馈发电机的体积大，原因如下：

（1）无刷双馈发电机的极数多为 8 极以上，其运行转速较低。

（2）无刷双馈发电机不需要电刷和滑环，但是，无刷双馈发电机的定子上有两套极数不同的绕组，需要定子槽的空间大。

5.1.7　主要类型风力发电机对比

以上分析了主要类型风电机组和风力发电机的特点，特别是对无刷双馈和永磁直驱风力发电机进行了分析，表 5-2 为不同类型发电机主要设计参数（以 1.5MW 为例），可以看到在相同容量情况下各种类型发电机的基本情况，双馈式发电机体积最小。表 5-3 为不同发电机的性能对比。

表 5-2　1.5MW 不同发电机的设计参数

发电机类型	永磁直驱同步发电机	半直驱永磁发电机	双馈感应发电机	无刷双馈发电机
定子外径/mm	3800	2200	880	990
铁芯长度/mm	1100	445	910	1200
额定转速/(r·min^{-1})	20	255	1800	900
效率/%	95.4	97.8	96.9	95.1
极数	120	18	4	6/2
定子槽数	378	144	60	90

表 5-3　1.5MW 不同发电机的性能对比

变速恒频控制方案	交—直—交方案	交流励磁方案	无刷双馈方案	永磁方案	磁场调制方案
所采用的发电机	笼形异步发电机	交流励磁发电机	无刷双馈发电机	永磁发电机	磁场调制发电机
转子型式	笼型	绕线式	笼型/磁阻/级联式	永磁式	特殊设计
有无电刷、滑环	无	有	无	无	无
变频器位置	定子侧	转子侧	转子侧	定子侧	定子侧
变频器容量	系统全部容量	部分	部分	全部	全部
变频器能量流向	单向	双向	双向	单向	单向

续表

变速恒频控制方案	交—直—交方案	交流励磁方案	无刷双馈方案	永磁方案	磁场调制方案
可否调整功率因数	可	可	可	可	可、效率高、谐波少
可否直接驱动	可	可	可	可	不可
转速运行范围	窄	较宽	较宽	宽	较窄

需要指出的是，表5-3中的效率仅指发电机的效率，如果考虑增速箱的功率损耗，半直驱永磁发电机、无刷双馈发电机、双馈异步发电机的效率将更低，尤其是双馈异步发电机。直驱永磁发电机的效率不受影响，因为它不需要增速箱。

从上述对比分析可知：永磁直驱同步发电机无电刷，不需要增速机构，又没有励磁损耗，因此具有运行可靠，效率高等良好性能，变速恒频技术是通过 AC/AD/AC 在定子侧实现的，成本高、体积大，变频器价格昂贵；高速双馈异步发电机变速恒频技术是在转子侧实现的，所需要变频器容量小、系统成本低，但高速双馈异步发电机有电刷，可靠性差；半直驱永磁发电机具有低速直驱永磁发电机良好性能，又具有高速双馈异步发电机低成本特点，由于采用一级增速机构，可靠性比直驱永磁发电机差；无刷双馈发电机具有高速双馈异步发电机低成本特点，可靠性又比高速双馈异步发电机高。

直驱式风力发电机和双馈式风力发电机是当前及今后相当长时间内的主流机型，直驱式风力发电机和双馈式风力发电机的特性比较见表5-4。

表5-4 直驱式风力发电机和双馈式风力发电机的特性比较

机型和特性	双馈式风电机组	永磁直驱风电机组
系统维护成本	较高（齿轮箱故障多）	低
系统价格	中	高
系统效率	较高	高
电控系统体积	中	较大
变流器容量	全功率的1/3	全功率变流
变流系统稳定性	中	高
电机滑环	半年换碳刷，两年换滑环	无电刷、滑环
电机重量	轻	重
电机种类	励磁	永磁，设计时要考虑永磁体退磁问题

总之，目前风力发电机以双馈式异步发电机和永磁直驱式同步发电机为主流，两者各有千秋。就目前国内的情况来看，双馈式变桨变速型风机的装机容量最大，直驱式变桨变速型风机省去齿轮箱，具有电机运行速度范围宽、效率高等突出优点，随着技术逐步成熟，近年来发展很快。

5.2 变 压 器

变压器是利用电磁感应原理改变交流电压的装置，主要构件是初级绕组、次级绕组和铁芯（磁芯）。变压器的主要功能是电压变换、电流变换、阻抗变换、隔离、稳压（磁饱和变压器）等。在电力系统中，变压器的主要功能是进行电压变换。风电场的电力变压器主要是升压变压器。

5.2.1　变压器的工作结构、分类和工作原理

5.2.1.1　结构

变压器的基本结构分为三个部分：铁芯——变压器的磁路；绕组——变压器的电路；油箱及其附件等。

1. 铁芯

铁芯既是变压器的磁路，又是套装绕组的骨架。铁芯总是闭合的，是用磁导率较高且相互绝缘的硅钢片制成，以减少涡流和磁滞损耗。铁芯按其构造型式可分为芯式和壳式两种，芯式结构的铁芯柱被绕组所包围，见图 5-7（a）；壳式结构则是铁芯包围绕组的顶面、底面和侧面，见图 5-7（b）。芯式结构的铁芯绝缘和绕组装配比较容易，所以电力变压器常常采用这种结构。壳式变压器的机械强度较好，常用于低电压、大电流的变压器和小容量电力变压器。

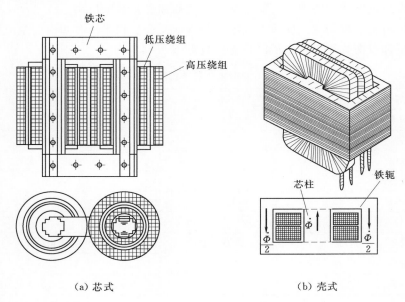

（a）芯式　　　　　　　　　　　（b）壳式

图 5-7　铁芯部件实物图

为了使绕组在电磁力的作用下受力均匀且有良好的机械性能，一般把绕组做成圆筒形。为了充分利用绕组内的圆柱形空间，铁芯柱一般做成阶梯截面。阶梯的级数越多，截面越接近于圆形，空间利用率越高。但为简化工艺，阶梯最多为 10 级左右，级数随着变压器容量的增大而增加。在大容量变压器中，为了改善铁芯的冷却条件，常在铁芯中开设油道，以利散热。

2. 绕组

绕组是变压器的电路部分，由绝缘导线绕制而成。高低压绕组通常套装在同一铁芯柱

上。高压绕组的匝数多、导线细；低压绕组的匝数少、导线粗。为了绝缘方便，低压绕组靠近铁芯，高压绕组套装在低压绕组外面。

3. 油箱及其附件

（1）变压器油。变压器的铁芯与绕组（总称为器身）均放在充以变压器油的油箱中。变压器油的作用是：①提高绕组的绝缘强度（变压器油的绝缘性能比空气好）；②通过油受热后的对流作用，可以将绕组及铁芯的热量带到油箱壁，再由油箱壁散发到空气中去。对变压器油的要求是介电强度和着火点要高，黏度要小，水分和杂质含量尽可能少。应对运行中的变压器的油定期做全面的色谱分析与油质化验。

（2）油箱。电力变压器的油箱一般为椭圆形。变压器油受热后膨胀，因此油箱不能密封，但是为了减小油与空气的接触面积，从而减少氧化，在油箱盖上横装一圆筒形储油柜（图5-8中2），用管道与变压器油箱接通。当油热胀或冷缩时，只有一部分油挤入或挤出储油柜，这样储油柜中只有这一小部分油与空气接触。

在油箱与储油柜之间还装有气体继电器（图5-8中3）。当变压器内部发生故障产生气体或油箱漏油使油面下降时，它可以发出报警信号或自动切断变压器电源。

在油箱顶盖上装有安全气道（图5-8中4），安全气道下面与油箱相通，上部出口处盖以玻璃或酚醛纸板。当发生严重故障，变压器内部产生大量气体时，压力迅

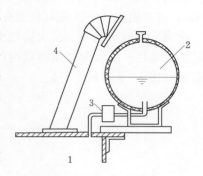

图5-8 储油柜
1—主油箱；2—储油柜；3—气体继电器；4—安全气道

速升高，可以冲破安全气道上的玻璃或酚醛纸板，喷出气体，消除压力，以免油箱受到强大压力而爆裂。最新生产的变压器已采用压力释放阀代替安全气道。当变压器内部发生故障，压力升高时，压力释放阀动作并接通触点报警。

随着变压器容量的增大，对散热的要求也将不断提高，油箱形式也要与之相适应。容量很小的变压器可用平滑油箱；容量较大时采用管形油箱；容量很大时则用散热器油箱。

（3）绝缘套管。变压器的引出线从油箱内穿过油箱盖时必须经过绝缘套管，以使带电的引线和接地的油箱绝缘。

5.2.1.2 分类

（1）变压器按用途分主要有电力变压器、调压变压器、仪用互感器、矿用变压器、试验用变压器及特殊变压器（如整流变压器、电焊变压器、脉冲变压器等）。有时也简单地分为电力变压器与专用变压器（特种变压器）两大类。

（2）变压器按相数分为单相变压器、三相变压器。

（3）变压器按电压升降分为降压变压器、升压变压器。风电场中使用的电力变压器多为升压变压器。

（4）变压器按绕组数分为双绕组变压器、三绕组变压器、自耦变压器。

（5）变压器按铁芯结构分为芯式变压器和壳式变压器。

（6）变压器按冷却方式和冷却介质分为空气冷却的干式变压器、用油冷却的油浸式电力变压器和充特种气体的充气式变压器（如充 SF_6 的中小容量变压器）。

（7）变压器按容量分，一般称 800 ～ 63000kVA 的变压器为大型变压器，称 90000kVA 及以上的变压器为特大型变压器。中小型变压器的分类一般按照习惯，没有准确的分类。

5.2.1.3　工作原理

变压器是一种静止电器，它通过线圈间的电磁感应，将一种电压等级的交流电能转换成同频率的另一种电压等级的交流电能。变压器的原边绕组（一次绕组）与交流电源接通后，经绕组内流过交变电流产生磁动势，在这个磁动势作用下，铁芯中便有交变磁通，即一次绕组从电源吸取电能转变为磁能，在铁芯中同时交（环）链原、副边绕组（二次绕组），由于电磁感应作用，分别在一次、二次绕组产生频率相同的感应电动势。如果此时二次绕组接通负载，在二次绕组感应电动势作用下，便有电流流过负载，铁芯中的磁能又转换为电能。这就是变压器利用电磁感应原理将电源的电能传递到负载中的工作原理，示意图如图 5-9 所示。

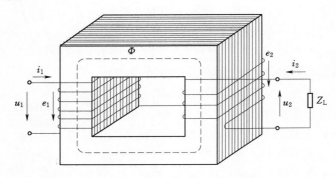

图 5-9　变压器的工作原理示意图

把两个绕组中电压较高的绕组称为高压绕组，电压较低的绕组称为低压绕组。变压器利用高、低压绕组中磁的联系（互感作用）能把一种电压、电流的交流电能转变为相同频率的另一种电压、电流的电能。输出电压比输入电压高的变压器（即二次绕组匝数比一次绕组匝数多的变压器）称为升压变压器，反之，输出电压比输入电压低的变压器（即二次绕组匝数比一次绕组匝数少的变压器）称为降压变压器。

变压器的用途十分广泛，种类很多。容量小的只有几伏安，大的可达数十万千伏安；电压等级可从数伏至数十万伏。

5.2.1.4　变压器的额定值

额定值是制造厂对变压器在指定工作条件下运行时所规定的一些量值。额定值通常标注在变压器的铭牌上。

1. 额定容量 S_N

额定容量是指额定运行时的视在功率。以 VA、kVA 或 MVA 表示。由于变压器的效率很高，通常一、二次侧的额定容量设计成相等。

2. 额定电压 U_{1N} 和 U_{2N}

正常运行时规定加在一次侧的端电压称为变压器一次侧的额定电压 U_{1N}。指变压器一次侧加额定电压时二次侧的空载电压称为二次侧的额定电压 U_{2N}。额定电压以 V 或 kV 表示。对三相变压器，额定电压是指线电压。

3. 额定电流 I_{1N} 和 I_{2N}

根据额定容量和额定电压计算出的线电流称为额定电流，即

对单相变压器
$$I_{1N} = \frac{S_N}{U_{1N}}; I_{2N} = \frac{S_N}{U_{2N}}$$

对三相变压器
$$I_{1N} = \frac{S_N}{\sqrt{3}U_{1N}}; I_{2N} = \frac{S_N}{\sqrt{3}U_{2N}}$$

4. 额定频率 f_N

除额定值外，变压器的相数、绕组连接方式及联结组别、短路电压、运行方式和冷却方式等均标注在铭牌上。额定状态是电机的理想工作状态，具有优良的性能，可长期工作。

5.2.2 变压器的运行

5.2.2.1 空载运行

1. 物理情况

单相变压器的空载运行（图5-10）是指在变压器的一次侧外加正弦额定电压，二次侧开路（$i_2 = 0$）时的运行状态（除特殊说明，本书变压器外加电源频率均为50Hz）。

设变压器原、副边绕组的匝数分别为 N_1、N_2。当变压器二次侧开路，一次侧外加正弦额定电压 u_1 时，一次侧就有电流 i_0 流过，i_0 称为空载电流。i_0 产生磁动势 F_0（$F_0 = i_0 N_1$），F_0 称为空载磁动势，由空载磁动势 F_0 产生磁通 Φ，所以 i_0 也称为激磁电流，用 i_m 表示，即 $i_0 = i_m$。相应地空载磁动势 F_0 也称激磁磁势 F_m。

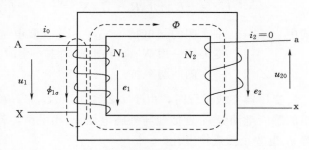

图 5-10 变压器空载运行

空载时一次侧的磁通可分为两部分：一部分磁通同时匝链一次、二次绕组，称为主磁通或互磁通 Φ，该交变磁通在一次、二次绕组中分别感应电动势 e_1、e_2，主磁通主要经铁芯闭合，因而它受铁芯饱和影响；另一部分只和一次绕组匝链的磁通，这部分磁通称为一次绕组的漏磁通 $\Phi_{1\sigma}$，它的交变只在一次绕组中感应电动势 $e_{1\sigma}$（称一次绕组漏电动势），这部分磁通主要通过空气或变压器油闭合，遇到的磁阻大，故数值很小，只有主磁通的千分之几，不饱和。

主磁通在一次、二次侧感应的电动势为

$$e_1 = -N_1 \frac{\mathrm{d}\Phi}{\mathrm{d}t} \tag{5-6}$$

$$e_2 = -N_2 \frac{\mathrm{d}\Phi}{\mathrm{d}t} \tag{5-7}$$

一次侧的漏磁通 $\Phi_{1\sigma}$ 在一次绕组中产生的感应电动势 $e_{1\sigma}$ 为

$$e_{1\sigma} = -N_1 \frac{\mathrm{d}\Phi_{1\sigma}}{\mathrm{d}t} \text{ 或 } e_{1\sigma} = -L_{1\sigma} \frac{\mathrm{d}i_0}{\mathrm{d}t} \tag{5-8}$$

$L_{1\sigma}$ 是一个常数，它不随电流（或磁通）的变化而变化。可将一次侧漏磁通 $\Phi_{1\sigma}$ 在一次绕组中产生的作用视为串联一个电感为 $L_{1\sigma}$ 的空心线圈，$L_{1\sigma}$ 称为一次绕组的漏电感。

变压器绕组由铜（铝）线绕成，本身具有电阻 R_1。

变压器空载运行时的电磁关系可表示为

$$u_1 \to i_0 \to \begin{cases} F_0 = N_1 i_0 \to \begin{cases} \Phi \to \begin{cases} e_1 \\ e_2 \to u_2 \end{cases} \\ \Phi_{1\sigma} \to e_{1\sigma} \end{cases} \\ i_0 R_1 \end{cases}$$

2. 基本方程

根据各量的正方向，由基尔霍夫第二定律可列出变压器空载运行时一次、二次回路的电压方程。一次侧的电动势平衡方程为

$$u_1 = -e_1 - e_{1\sigma} + R_1 i_0 = -e_1 + L_{1\sigma} \frac{\mathrm{d}i_0}{\mathrm{d}t} + R_1 i_0 \tag{5-9}$$

如果式（5-9）中各量均随时间按正弦规律变化，则式（5-9）中各量可用复数表示，即

$$\dot{U}_1 = -\dot{E}_1 + \dot{I}_0 R_1 + \mathrm{j}\dot{I}_0 X_1 = -\dot{E}_1 + \dot{I}_0(R_1 + \mathrm{j}X_1) = -\dot{E}_1 + \dot{I}_0 Z_1 \tag{5-10}$$

式中　X_1——一次侧的漏电抗，$X_1 = \omega L_{1\sigma}$（漏电抗可用 X_1 表示，也有教材用 $X_{1\sigma}$ 表示，本书统一用 X_1），在电源频率一定时 X_1 是常量；

Z_1——一次侧的漏阻抗。

变压器空载运行时，由于 $I_0 Z_1 \leqslant 0.5\% U_{1N}$，故可忽略不计，即 $\dot{U}_1 \approx -\dot{E}_1$，即一次绕组的感应电动势 e_1 近似地与外施电压 u_1 相平衡，若外施电压按正弦规律变化，感应电动势 e_1 也按正弦规律变化。

空载时变压器二次侧电流为零，没有阻抗压降，所以变压器二次侧电压平衡方程为

$$\dot{U}_{2N} = \dot{E}_2 \tag{5-11}$$

3. 等效电路及相量图

（1）空载运行时的等效电路。在分析变压器运行性能时，力求有一个既能反映其内部电磁过程，又便于工程计算的电路替代实际的变压器，这种电路称为等效电路。

因变压器铁芯中有铁耗存在，因而将变压器铁芯线圈用激磁电阻 R_m 和激磁电抗 X_m 的串联电路来替代，即

$$Z_m = R_m + \mathrm{j}X_m \tag{5-12}$$

式中　Z_m——激磁阻抗。

变压器励磁支路电压降可写成激磁阻抗压降形式，即

$$-\dot{E}_1 = \dot{I}_m Z_m = \dot{I}_m(R_m + \mathrm{j}X_m) \tag{5-13}$$

因为空载时 $\dot{I}_m = \dot{I}_0$，根据式（5-10），式（5-13）可得

$$\dot{U}_1 = -\dot{E}_1 + \dot{I}_0 R_1 + j\dot{I}_0 X_1 = \dot{I}_0 (R_m + jX_m) + \dot{I}_0 (R_1 + jX_1) \qquad (5-14)$$

由此可画出变压器空载运行的等效电路，如图 5-11 所示。由于一次侧电阻 R_1 远小于激磁电阻 R_m，所以从等效电路图 5-11 可见，空载电流 i_0 在激磁电阻 R_m 上产生损耗等效地反映了铁耗，即

$$p_{Fe} = I_0^2 R_m \qquad (5-15)$$

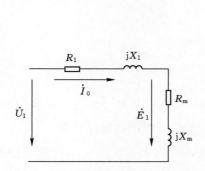
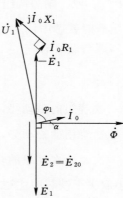

图 5-11　变压器空载运行时的等效电路　　图 5-12　变压器空载运行时的相量图

（2）空载运行的相量图。变压器的相量图表示变压器的电压、电流、磁通、电动势等参量之间的相位关系。它是分析变压器的一个重要工具，变压器空载运行时的相量图如图 5-12 所示。

作相量图时，以主磁通 $\dot{\Phi}$ 为参考量，$\dot{E}_1$、$\dot{E}_2$ 在相位上均滞后主磁通 $\dot{\Phi}$ 90°，由于铁耗存在，主磁通 $\dot{\Phi}$ 滞后空载电流 $\dot{I}_0$ 一个相位角 α。外施电压 $\dot{U}_1$ 的大小和相位由空载运行的基本方程式 $\dot{U}_1 = -\dot{E}_1 + \dot{I}_0 R_1 + j\dot{I}_0 X_1$ 确定。

5.2.2.2　负载运行

变压器原边绕组接入交流电源，副边绕组接上负载 Z_L 时的运行方式称为变压器的负载运行，如图 5-13 所示。

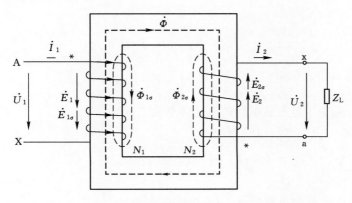

图 5-13　变压器的负载运行

1. 物理情况

图 5-13 中，在变压器一次侧上外加正弦额定电压 $\dot{U}_1 = \dot{U}_{1N}$ 后，二次侧就有感应电动势 $\dot{E}_2$，这时在二次侧接上负载阻抗 Z_L，就会有电流 $\dot{I}_2$ 流过，并产生磁动势 $\dot{F}_2$。

（1）磁动势平衡关系。变压器接负载后，副边绕组有电流流通，原绕组中的电流不再是 $\dot{I}_0$，现设为 $\dot{I}_1$。原、副边绕组中的电流均产生磁动势，分别为 $\dot{F}_1$ 和 $\dot{F}_2$。根据磁路安培定律可知，负载时铁芯中的主磁通由这两个磁动势 $\dot{F}_1$ 和 $\dot{F}_2$ 共同产生。根据图 5-13 所示方向，变压器负载时有

$$\dot{F}_1 + \dot{F}_2 = \dot{F}_m \tag{5-16}$$

式中　$\dot{F}_1$——一次绕组的磁动势，$\dot{F}_1 = \dot{I}_1 N_1$；

　　　$\dot{F}_2$——二次绕组的磁动势，$\dot{F}_2 = \dot{I}_2 N_2$；

　　　$\dot{F}_m$——一次、二次绕组的合成磁动势，即负载时的励磁磁动势。

$\dot{F}_m$ 的大小取决于铁芯中主磁通 $\dot{\Phi}$ 的数值，$\dot{\Phi}$ 的大小取决于一次绕组的感应电动势 $\dot{E}_1$ 的大小。变压器负载运行时一次回路的电压方程为

$$\dot{U}_1 = -\dot{E}_1 + \dot{I}_1 Z_1 \tag{5-17}$$

式中　$\dot{U}_1$——电源电压，大小基本不变；

　　　Z_1——一次绕组的漏抗。

Z_1 很小，因此 $\dot{I}_{1N} Z_1 \ll U_1$，$\dot{U}_1 \approx -\dot{E}_1$。

根据式（5-16）可知，空载与负载时主磁通基本不变，所以，负载时的励磁磁动势 $\dot{F}_m$ 与空载时的励磁磁动势 $\dot{F}_0$ 基本相等，仍可用同一个符号 $\dot{F}_0$。而一次绕组空载时的磁动势为

$$\dot{F}_0 = \dot{I}_0 N_1 \tag{5-18}$$

所以，有

$$\dot{I}_1 N_1 + \dot{I}_2 N_2 = \dot{I}_0 N_1$$

或　　　　　　　　　　$$\dot{I}_1 N_1 = \dot{I}_0 N_1 + (-\dot{I}_2 N_2) \tag{5-19}$$

式（5-19）是变压器负载运行的磁动势平衡方程。

（2）电流关系。由式（5-19）有

$$\dot{I}_1 = \dot{I}_0 + \left(-\dot{I}_2 \frac{N_2}{N_1}\right) = \dot{I}_0 + \dot{I}_{1L} \tag{5-20}$$

式中　$\dot{I}_{1L}$——一次电流的负载分量，$\dot{I}_{1L} = -\dot{I}_2 \dfrac{N_2}{N_1} = -\dfrac{\dot{I}_2}{k}$；

　　　k——变比。

式（5-20）是变压器负载运行的电流平衡方程，它表明，变压器负载运行时，一次电流 $\dot{I}_1$ 包含两个分量：一个是励磁电流 $\dot{I}_0$，用于产生主磁通；另一是负载电流分量 $\dot{I}_{1L}$，产生负载磁动势，用于抵消副边绕组电流产生的磁动势 $\dot{I}_2 N_2$ 对主磁通的影响。

从功率平衡角度看，二次绕组有电流，意味着有功率输出，一次绕组应相应增大电流，增加输入功率，才能达到功率平衡。

2. 电磁关系与基本方程

一次、二次绕组的磁动势 $\dot{F}_1$ 和 $\dot{F}_2$ 形成合成磁动势 $\dot{F}_m$，$\dot{F}_m$ 产生与一次、二次绕组交链的主磁通 $\dot{\Phi}$，同时，$\dot{F}_1$ 和 $\dot{F}_2$ 又分别在各自的绕组中产生只和自己绕组交链的漏磁通 $\dot{\Phi}_{1\sigma}$ 和 $\dot{\Phi}_{2\sigma}$，并产生相应的漏电动势 $\dot{E}_{1\sigma}$ 和 $\dot{E}_{2\sigma}$，同样有

$$\left. \begin{array}{l} \dot{E}_{1\sigma} = -jX_1\dot{I}_1 \\ \dot{E}_{2\sigma} = -jX_2\dot{I}_2 \end{array} \right\} \tag{5-21}$$

式中 X_1、X_2——变压器一次绕组和二次绕组的漏电抗。

计及一次、二次绕组的电阻 R_1 和 R_2 的影响，变压器负载运行时各物理量间的关系可归纳为

$$\dot{U}_1 \rightarrow \dot{I}_1 \rightarrow \dot{F}_1 = \dot{I}_1 N_1 \left. \begin{array}{l} \\ \dot{I}_2 \rightarrow \dot{F}_2 = \dot{I}_2 N_2 \end{array} \right\} \rightarrow \dot{F}_m = \dot{I}_0 N_1 \rightarrow \dot{\Phi} \rightarrow \left\{ \begin{array}{l} \dot{E}_1 \\ \\ \dot{E}_2 \rightarrow \dot{U}_2 \end{array} \right.$$

（其中含：$\dot{I}_1 R_1$，$\dot{\Phi}_{1\sigma} \rightarrow \dot{E}_{1\sigma} = -j\dot{I}_1 X_1$，$\dot{\Phi}_{2\sigma} \rightarrow \dot{E}_{2\sigma} = -j\dot{I}_2 X_2$，$\dot{I}_2 R_2$）

应用基尔霍夫定律，可写出变压器原、副边绕组的电动势平衡方程式为

$$\dot{U}_1 = -\dot{E}_1 + R_1\dot{I}_1 + jX_1\dot{I}_1 = -\dot{E}_1 + \dot{I}_1 Z_1 \tag{5-22}$$

$$\dot{U}_2 = \dot{E}_2 - jX_2\dot{I}_2 - R_2\dot{I}_2 = \dot{E}_2 - Z_2\dot{I}_2 \tag{5-23}$$

以及

$$\dot{E}_1 = k\dot{E}_2 \tag{5-24}$$

$$\dot{I}_1 = \dot{I}_0 + \left(-\frac{\dot{I}_2}{k} \right) \tag{5-25}$$

$$-\dot{E}_1 = \dot{I}_m Z_m \tag{5-26}$$

$$\dot{U}_2 = \dot{I}_2 Z_L$$

式中　Z_2——二次侧的漏阻抗，$Z_2 = R_2 + jX_2$，是常数。

式（5-22）～式（5-26）为变压器负载运行的基本方程式。

3. 等效电路及相量图

折算后，变压器的基本方程式为

$$\dot{U}_1 = -\dot{E}_1 + \dot{I}_1 Z_1$$
$$\dot{U}_2' = \dot{E}_2' - \dot{I}_2' Z_2'$$
$$\dot{I}_1 + \dot{I}_2' = \dot{I}_0 \qquad\qquad (5-27)$$
$$\dot{E}_1 = \dot{E}_2' = -\dot{I}_m Z_m$$
$$\dot{U}_2' = \dot{I}_2' Z_L'$$

根据式（5-27），可求出变压器负载运行时的等效电路，如图 5-14 所示。因为该电路的三条支路 Z_1，Z_2' 和 Z_m 如同英文大写字母 T，故称为 T 形等效电路。

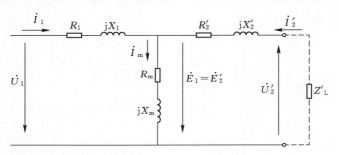

图 5-14　变压器的 T 形等效电路（图中 Z_L' 是负载部分）

在变压器 T 形等效电路中，可以看出励磁电路的电流是由原副边绕组电流合成，由基尔霍夫第一定律可以得出折合后的变压器负载运行基本方程为

$$\dot{I}_1 + \dot{I}_2' = \dot{I}_1 + \frac{\dot{I}_2}{k} = \dot{I}_0 \qquad\qquad (5-28)$$

分析结果表明励磁电路中的电流即为变压器的空载电流 $\dot{I}_0$。

根据式（5-28），可以画出变压器负载运行时的相量图。需强调指出，相量图的作法必须与方程式的写法一致，而方程式的写法又必须与所规定的正方向一致。变压器的相量图包括三个部分：①次级电压相量图；②电流相量图或磁动势平衡相量图；③初级电压相量图。

变压器负载运行时的相量图的画法为：首先选定一个参考相量，虽然相量图的参考方向可以任取，但对于变压器负载运行，因为 $\dot{U}_2'$、$\dot{I}_2'$、$\cos\varphi_2$ 可用仪表测量得到，所以取输出电压为参考方向画图比较方便；选定参考方向后按照下面步骤进行，最终得到变压器负载运行的相量图如图 5-15 所示。

$$\dot{U}'_2 \xrightarrow{\text{负载}\to\varphi_2} \dot{I}'_2 \to \dot{I}'_2 R'_2 \to \text{j}\dot{I}'_2 X'_2 \xrightarrow{\dot{E}'_2=\dot{U}'_2+\dot{I}_2 Z'_2} \dot{E}'_2 \xrightarrow{\dot{E}_1=\dot{E}'_2} \dot{E}_1 \xrightarrow{90°}$$

$$\dot{\Phi} \xrightarrow{\alpha_{\text{Fe}}} \dot{I}_\text{m} \xrightarrow[\dot{I}_1=\dot{I}_\text{m}+(-\dot{I}'_2)]{\downarrow} \dot{I}_1 \to \dot{I}_1 R_1 \to \text{j}\dot{I}_1 X_1 \xrightarrow{-\dot{E}_1} \dot{U}_1 \to \varphi_1$$

其中 $\dot{\Phi}$ 超前 $\dot{E}_1$ 90°，$\dot{I}_\text{m}$ 超前 $\dot{\Phi}\alpha_{\text{Fe}}$，$\varphi_1$ 为 $\dot{U}_1$ 与 $\dot{I}_1$ 之间的夹角。

5.2.3 风电场中的变压器

1. 基本概念

大型风电场中常采用二级或三级升压的结构。在风电机组出口装设满足其容量输送的变压器，将 690V 电压提升至 10kV 或 35kV；在汇集后送至风电场中心位置的升压站，经过升压站中的升压变压器变换为 110V 或 220kV 送至电力系统。如果风电场装机容量更大，达到几百万千瓦的规模，可能还要进一步升压到 500kV 或更高，送入电力主干网。图 5-16 给出了风电机组出口处的集电变压器的现场图。

风电机组出口的变压器一般归属于风电机组，需要将电能汇集后送给升压站，也称为集电变压器。升压站中的升压变压器，其功能是将风电场的电能送给电力系统，因此也称为主变压器。为满足风电场和升压站自身用电需求，还设置有场用变压器或站用变压器。图 5-17 给出了风电场升压变压器现场实物图。图 5-18 给出了某组合式风电变压器的铭牌参数。

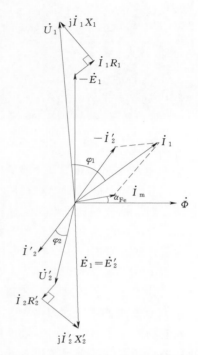

图 5-15　变压器负载运行时的相量图

图 5-16　风电机组出口处的集电变压器

图 5-17　风电场升压变压器

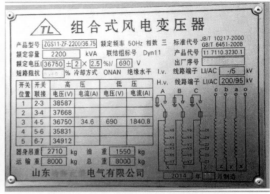

图 5-18　组合式风电变压器铭牌

2. 风电场专用变压器基本要求

（1）考虑到风电场机组年利用小时数较低，同时风电场最大出力的概率较小，宜根据风电场规划规模合理选择升压变压器额定容量。

（2）升压变电站升压变压器台数应根据风电场规划容量、分期容量、建设规划等情况综合确定；66kV 和 110kV 升压变压器一般选用 50MVA、100MVA；220kV 升压变压器一般选用 100MVA、150MVA；330kV 升压变压器一般选用 240MVA。

（3）升压变压器可采用有载调压变压器。

3. 风电场变压器运行操作规定

风电场中变压器电压、容量不同，运行操作要求也不完全相同，以常用的 50MVA，110kV 的三相双绕组有载调压自然油循环风冷（ONAF）变压器为例介绍风电场变压器运行、操作规定。

（1）在投运变压器之前，运行人员应仔细检查，确认变压器及其保护装置在良好状态，具备带电运行条件。并注意外部有无异物，临时接地线是否已拆除，分接开关位置是否正确，各管路阀门开闭是否正确。

（2）新装、大修、事故检修或换油后的变压器，在施加电压前静止时间不应少于 24h。

（3）新变压器由高压侧进行 5 次空载全电压冲击合闸（大修后进行 3 次），无异常情况。第一次受电后持续时间不应少于 10min。励磁涌流不应引起保护装置误动。

（4）投运或停运变压器的操作，中性点必须先接地。投入后再根据电网需要由调度决定中性点是否断开（一般每个站必须有一台主变中性点接地）。

（5）在变压器投运前，应将本体轻瓦斯及油位低压板投入，本体重瓦斯保护装置投跳闸，有载分接开关的重瓦斯保护应投跳闸。当变压器在运行中滤油、补油或更换净油器的吸附剂时，应将其重瓦斯改接信号，此时其他保护装置仍投跳闸。

（6）对变压器的投运或充电操作程序是：先在有保护装置的高压侧断路器进行合闸操作，然后再合上低压侧断路器；停运时应先停低压侧断路器，后停高压侧断路器。

（7）正常情况下，分接开关一般使用远方电气控制。当检修、调试、远方电气控制回路故障和必要时，可使用就地电气控制或手动操作。

（8）在变压器过载 1.2 倍以上时，禁止分接开关变换操作。

（9）在进行有载分接开关的操作时，应逐级调压，同时监视分接位置及电压、电流的变化，不允许出现回零、突跳、无变化等情况。分接位置指示器的指示等应有相应的变动。

（10）在进行有载分接开关的操作时，允许在 85％变压器额定电流情况下进行分接开关变换操作，其调压操作应轮流逐级或同步进行，每进行一次分接变换后，都要检查电压和电流的变化情况，防止误操作和过负荷。

（11）每次分接变换操作都应将操作时间、分接位置、电压变化情况及累计动作次数记录在有载分接开关分接变化记录簿上，每次投停、试验、维修、缺陷与故障处理，都应做好记录。

（12）变压器在运行中补油或更换净油器的吸附剂时，应将其重瓦斯改接信号，补油后经过 2h，如无异常再将重瓦斯保护由信号改投跳闸。

（13）变压器在操作过程中，如发现异常情况、故障信号时，应立即停止操作，待查明原因，核实处理后，方可继续进行。

（14）补油后的变压器要检查气体继电器并及时放出气体继电器内的气体。

（15）气体继电器放气的操作方法为：旋下试验阀上的螺丝盖帽；打开试验阀，放掉气体继电器中的空气；当绝缘液体开始溢出时关闭试验阀；拧紧试验阀上的螺丝盖帽。

（16）运行的压力释放阀动作后，应将释放阀的机械电气信号手动复位。

（17）禁止从变压器的底部阀补油，防止变压器底部的沉淀物冲入线圈内，影响变压器的绝缘和散热。

5.2.4　风电场集电升压设备

风电场集电升压设备是一种将风力发电机发出的电能由低电压升高至 10kV 或 35kV 后汇集到集电线路上，再经相关配套输电线路接入电网的设备，它是在传统组合式变压器和预装式变电站基础上根据风电领域特点发展起来的产品，近几年在国内各风电场得到了广泛应用。

5.2.4.1　风电场集电升压基本形式及其发展

（1）传统风电场集电升压形式。国内早期风电场多采用架空线、户外跌落式熔断器和 10kV 箱（油）变的组合方式，该方式虽然结构简单、造价低，但相对容易发生熔断管误跌落和熔体管易烧坏等故障，环境适应性和可靠性也较差，并且存在影响风电场景观等问题。

（2）风电场集电升压设备的现状。随着组合式变压器（以下简称美变）和预装式变电站（以下简称欧变）在我国的迅速发展和在城市电网中的大规模应用，这两类产品也被逐步引进到风电场，并快速替代了上述传统的集电升压方式，使风电场发送电可靠性得到提高。由于美变升压设备具有成本低、体积小和环境适应性强等优点，相比欧变升压设备，其目前在风电场的应用更为广泛。另外，由于风电领域有其自身的特点，如运行环境比较恶劣、风电机组年均负载率较低，对集电升压设备提出了耐候性强、可靠性高和空载损耗低等要求，使过去应用于城市电网的常规美变和欧变并不能完全相适应。此外，为减小线路损耗和降低风电场设备投资，许多风电场纷纷采用 35kV 升压设备，对通常电压等级只有 10kV 的美变和欧变提出了新的要求。因此，为适应我国风电市场高速发展的需要，一些厂家推出了更符合风电场特点和需要的风电场集电升压设备。

（3）风电场集电升压设备的发展趋势。

1）为降低线损及节约设备投资，大多采用 35kV 电压等级，并且随着风机制造技术的进步，单机容量不断增大，目前国内主流风电机组装机容量已提升至 1.5MW，一些风资源良好且具备运输安装条件的风电场已开始采用 2～3MW 的风电机组，国外近年则有容量达到 5MW 甚至更大容量的风电机组投入运营，因此风电场集电升压设备的容量也呈增大趋势。

2）关注产品的节能环保。一些风电场业主已在考虑采用空载性能突出的非晶合金铁芯升压设备。

3）产品可靠性要求更高，耐候性、环境适应能力更强，安装操作更简单，维护量更少。

4）将继续以美变形式为主，欧变形式为辅。但在一些环境条件特殊的风电场，如水库附近，由于必须考虑对水源的保护等因素，采用配置干变的欧变是重点考虑的形式。

5）近海风电是今后风电发展的新领域，应在抗盐雾、抗湿热、抗霉菌、抗台风、抗震及可靠性等方面适应新领域的要求。

5.2.4.2　风电场对集电升压设备的要求

（1）环境适应能力强。风电场多建设在自然环境条件比较恶劣的滩涂、海岛、戈壁、草原和高地等处，风沙、雨雪、严寒、强紫外线、重盐雾、高湿度和霉菌等对产品提出了严峻挑战。变压器运行在野外，因此就要考虑设备的耐候性问题。在沿海地区的设备就应考虑防盐雾、霉菌、湿热；在东北、西北地区就要考虑低温严寒、风沙等的影响。

（2）结构简单、可靠性高。集电升压设备虽然价值上不能与风电机组相提并论，但却扮演着非常重要的角色，其一旦出现故障停运，将导致风机无法正常发电。因此，可靠的性能将最大限度地保证正常发电及风电场的经济效益。针对风电领域的特点及对产品可靠性高的要求，必须采用合理的电气和结构设计，使产品满足安全、可靠、安装操作简便及少维护等要求。

另外，还应该考虑风电专用变压器过载时间少。由于变压器容量一般都比风力发电机容量大，而由于风机采用微机技术，实现了风机自诊断功能，安全保护措施非常完善，在风机过载时会自动采取限速措施或停止运行，基本上不会造成变压器过载运行。因此变压器的寿命比普通配电变压器应长。

（3）较低的空载损耗。风力发电具有很强的季节性，由于风的不确定性，功率输出不稳定（通常风机切入风速约为 3m/s，切出风速约为 25m/s，在切入、切出风速范围之外，风机处于不发电状态）。由于风电机组的年平均负载较低，将导致升压设备的负载率较低，变压器空载时间长，变压器的年负载率平均只有 30% 左右。因此，要求变压器的空载损耗应尽量低，同时适当提高负载损耗值，这样既有利于降低运行成本，也有利于降低升压设备初始投资。

（4）绝缘水平高。由于风速变化、风机投切等将引起电网电压闪变和波动，还有大气过电压的影响，都给集电升压设备的绝缘带来了很大考验。

（5）配置避雷器。组合式变压器高压侧必须配置避雷器，以便与风机的过电压保护装置组成过电压吸收回路。在变压器的绝缘设计上应充分考虑避雷器残压对变压器的影响。

另外，风电用组合式变压器的箱体基本上按照标准组合式变压器的结构型式制造，除需具有足够的机械强度，外形力求美观等外，还应具有抗暴晒、不易导热、抗风化腐蚀及抗机械冲击等特点。箱体需采用片式散热器，外加防护罩的结构。此外，外壳油漆需喷涂均匀，防护等级高、抗暴晒、抗腐蚀、抗风沙，并有牢固的附着力；组合式变压器内部电气设备的装设位置也应易于观察、操作及安全地更换；高压配电装置小室应保证可靠安全，以防误操作。

图 5-19　箱式变电站

5.2.4.3　箱式变电站

箱式变电站（简称箱变），又称预装式变电所或预装式变电站。是一种高压开关设备、配电变压器和低压配电装置按一定接线方案排成一体的工厂预制户内、户外紧凑式配电设备，即将变压器降压、低压配电等功能有机地组合在一起，安装在一个防潮、防锈、防尘、防鼠、防火、防盗、隔热、全封闭、可移动的钢结构箱，如图 5-19 所示，特别适用于城网建设与改造，是继土建变电站之后崛起的一种崭新的变电站。

典型的风电场箱式变电站电气系统如图 5-20 所示。

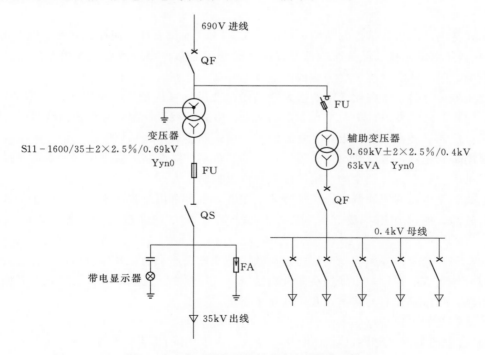

图 5-20　典型的风电场箱式变电站电气系统

（1）欧式箱变。

1）箱体结构。欧式变电站的箱体是由底座、外壳、顶盖三部分构成。底座一般用槽钢、角钢、扁钢、钢板等组焊或用螺栓连接固定成形；为满足通风、散热和进出线的需要，还应在相应的位置开出条形孔和大小适度的圆形孔。箱体外壳、顶盖槽钢、角钢、钢板、铝合金板、彩钢板、水泥板等进行折弯、组焊或用螺钉、铰链或相关的专用附件连接成形。不管哪种材料的箱变壳体，按标准要求必须具备防晒、防雨、防尘、防锈、防小动物（如蛇）等进入的"五防"功能。

2）高压配电装置结构。欧式箱变高压配电装置以 SF_6 气体为灭弧介质的 SF_6 系列负荷开关较多，其成本高于 FN-10 系列高压负荷开关。这类开关结构有带熔断器开关、不带熔断器开关、接地开关等，但一般都装有带电显示器；操作机构一般为手动，也有电动操作的。带熔断器的，当回路出现短路故障能自切断开关，保护电路及变压器、开关等设备。

还有以真空为灭弧介质的真空开关，这类开关可以单独使用，也可与熔断器配用，还可与 SF_6 系列负荷开关串接使用，不过这样将使成本增大，如用户无特别要求不需这样使用。

高压配电装置中，如用户有高压计量要求的，还必须设置高压计量柜。

我国各地供电部门对高压或低压计量问题没有统一的要求。西北地区供电规程规定：变压器容量大于 160kVA 时，必须采用高压计量；高压计量柜开关必须由供电部门控制。北京、天津等华北地区供电部门则认为箱式变电站计量应以低压侧为好，可以提高供电可靠性，减少高压计量带来的不稳定因素，对变压器本身的损耗可折算成电费，由用户承担。

箱式变电站高压计量柜的结构一般由 TA、TV，计量表计，遥控、遥测装置等构成。

3）变压器室结构。欧式箱变都设有独立的变压器室，变压器室主要由变压器、自动控温系统、照明及安全防护栏等构成。

变压器运行时，将在箱变中产生大量热量向变压器室内散发，所以变压器室的散热、通风问题是欧式箱变设计中应重点考虑的问题。欧式箱变设计中，除变压器容量较小的箱变采用自然通风外，一般都设计了测温保护，用强制排风措施加以解决。该系统主要用测量装置测量变压器室温或油温，然后通过手动和自动控制电路，对排风扇是否需要投入按变压器可靠、安全运行温度的设定范围进行设置控制。

欧式箱变中，变压器既可选用油浸式变压器，也可选用干式变压器，但由于干式变压器价格较高，所以在用户没有特别要求的情况下，应首选油浸式变压器，以降低制造成本。

（2）美式箱变。我国的箱变最初是从欧式箱变发展而来的，其体积往往比较庞大。随着我国对外经济的开放，市场经济的大力发展，大约在 20 世纪 90 年代，美式箱开始进入我国市场，并以其独有的特点在我国获得了迅速的发展。

美式箱变的主要特点如下：

1）过载能力强，允许过载 2 倍 2h，过载 1.6 倍 7h 而不影响箱变寿命。

2）采用肘式插接头，十分方便高压进线电缆的连接，并可在紧急情况下作为负荷开关使用，即可带电拔插。

3）采用双熔断器保护，插入式熔断器为双敏熔丝（温度、电流）保护箱变二次侧发生的短路故障。后备限流保护熔断器（ELSP）保护箱变内部发生的故障，用于保护高压侧。

4）高压负荷开关保护用熔断器等全部元件都与变压器铁芯、绕组放在同一油箱内。

5）美式箱变外壳的防腐和防护。美式箱变的箱体采用防腐设计和特殊喷漆处理，可适用于各种恶劣环境，如多暴风雨和高污染地区。关于防护问题，美式箱变的变压器油箱和散热片部分裸露在外边，其目的是改善散热条件。但是，由于其直接暴露在阳光下，在阳光的热辐射下，有可能影响温升。此外，裸露在外的部分很容易受到外力的碰撞、敲击而遭到损坏。一旦损坏，变压器油就会大量流失，后果不堪设想，所以一些国内厂家在散热片部位包上一层钢板，以增加防护能力。

6）美式箱变的高压负荷开关。美式箱变的负荷开关是放入到变压器油箱内。油浸式三相联动开关可分为二位置（终端式）、四位置（环网式）两种，由于此负荷开关是放在变压器油箱中，其关合位置只能根据外部操作面板的指示来判断，而且其操作要通过专用的绝缘操作杆来进行，所以操作比较复杂。从这一点来看，其操作很不方便。此外，由于看不见负荷开关的开断触头（即明显断开点），所以在开断后，给人们一种不放心的感觉。此外，其负荷开关一旦发生故障，更换、维修都十分困难。负荷开关一般采用真空断路器。

7）美式箱变的维护。美式箱变安装使用后，基本上无须维护，但国内所生产的产品由于多种原因，箱变的维护工作却是不可缺少的。由于外壳的表面处理技术问题，应加强检查其锈蚀情况。美式箱变在油箱中填充的油一般为FR3绝缘油，其燃点可达312℃，并且具有优良的电热特性、绝缘强度高、润滑性好、熄弧能力强、无毒、可以进行生物分解，因此最大限度地减少了对环境和健康的危害，且不像传统矿物油那样会形成沉淀物。美式箱变无油温保护，只有一个温度计来显示油温，当油温太高时，依靠插入式熔断器来进行保护，还有一个压力释放阀，用来释放油箱内太大的压力。因此，应该经常检查在这两种情况下熔断器是否正常运行，及外壳是否发生渗漏油现象。由于美式箱变的油箱裸露在外部，因此应经常进行巡视，以防止在外力碰撞下受到损害而发生渗漏油。

（3）国产箱变。国产箱变同美式箱变相比增加了接地开关、避雷器，接地开关与主开关之间有机械联锁，这样可以保证在进行箱变维护时人身的绝对安全。国产箱变每相用一个熔断器代替了美式箱变的两个熔断器作为保护，其最大特点是当任一相熔断器熔断之后，都会保证负荷开关跳闸而切断电源，而且只有更换熔断器后，主开关才可合闸，这一点是美式箱变所不具备的。

国产箱变一般采用各单元相互独立的结构，分别设有变压器室、高压开关室、低压开关柜，通过导线连成一个完整的供电系统。

1）变压器室。变压器室一般放在后部。为了满足用户维修、更换和增容的需要，变压器可以很容易地从箱体内拉出来或从上部吊出来。由于变压器放在外壳内，可以防止阳光直接照射变压器而产生的温升，并防止外力碰撞、冲击及发生触摸感电事故，但对变压器的散热提出了较高的要求。

2）高压开关室。高压开关室内安装有独立封闭的高压开关柜，柜内一般安装有产气式、压气式或真空式负荷开关—熔断器组合电器，其上安装的高压熔断器可以保证任一相熔断器熔断都可以使其主开关分闸，以避免缺相运行。此外还装有接地开关，其与主开关相互连锁，即只有分开主开关后，才可合上接地开关，而合上接地开关后，主开关不能关合，以此来保证维护时的安全。在柜内还装有高压避雷器，整个开关的操作十分方便，只需使用专用配套手柄，就可实现全部开关的关合分断。同时还可以通过透明窗口观察到主开关的分合状态。

3）低压开关柜。低压开关柜内一般都装有总开关和各配电分支开关，低压避雷器，电压和总电流、分支电流的仪表显示，同时，为了更好地保护变压器运行安全，往往采取对变压器上层油温进行监视的措施。当油温达到危险温度时，可以自动停止低压侧工作（断开低压侧负荷），其动作值可以根据要求自行设定。

外壳及防护。国产箱变的各开关柜分别制成独立柜体，安装在外壳内，可以方便地更换和维护，同时也提高了防护能力和安全性。其钢板外壳均采用特殊工艺进行防腐处理，使其防护能力可以达到 20 年以上。同时，上盖采用双层结构以减少阳光的热辐射，其外观可以按照用户要求配上各种与使用环境相协调的颜色，以达到与自然环境相适应的效果。

国产卧式箱变更准确地讲，应称为欧美一体化箱变更为贴切。卧式箱变的外观形同欧式箱变，但体积却大大小于欧式箱变，略大于美式箱变。这是因为卧式箱变的变压器、负荷开关及低压出线方式基本与美式箱变相同，但它有独立的变压器室。由于高、低压出线均在侧壁，所以变压器室不需考虑防护栏等设施。因卧式箱变体积小、紧凑的结构特点，一些设计者对其顶盖设计也大大简化（不加隔热层等），仅保留了自然通风散热冷却运行方式，使置于箱变体内的变压器的散热水平大大降低。因此其散热问题值得探讨。

5.2.4.4　防护措施

（1）表面防护。由于风电场通常建设在自然环境条件比较恶劣的地区，为提高箱体耐候性能，首先要考虑针对不同环境条件采取合理的喷涂工艺，使产品外表涂层防护持久有效。

1）对于北方风沙严重的风电场，沙粒击打给设备表面涂层带来很大威胁，因此要求涂层不仅有良好防锈功能，而且具有较强硬度及足够厚度。可采用的方案有：在设备外表面喷涂一层环氧树脂漆，干膜厚度不小于 $300\mu m$，烘干后再喷涂一层聚氨酯面漆，干膜厚度不小于 $40\sim60\mu m$。

2）对于南方沿海或近海风电场，主要考虑重盐雾、雨水（含有酸性腐蚀成分）、湿热及霉菌等因素影响，必须从油漆品种、涂层厚度和喷涂工艺等方面采取相应措施，可采用环氧富锌底漆＋中间环氧厚浆漆＋聚氨酯面漆的喷涂方案，涂层总厚度不小于 $280\mu m$。同时片式散热器采用热浸锌＋表面淋漆工艺，最大程度保证片式散热器持久防锈。

3）此外，采用非金属材料或不锈钢等材料的升压设备具有较好的环境适应能力。

（2）密封措施。为确保升压设备内部元器件安全，必须在产品密封结构上采取有效措施，使产品具有较高防护等级。方法是设置橡胶条压边的双重密封门结构，尤其对于风沙和雨雪大的北方风电场，升压设备防护等级可提高到 IP54，不设通风窗；对于南方地区风电场，风沙问题不严重，且环境温度较北方高，最好设通风窗。在提高产品防护等级的同时，必须指出要兼顾高防护等级与低压单元（产热较大）的散热问题，为降低发热量，可适当加大低压母排截面。此外，较经济的碳钢—水重力热管也值得做进一步应用研究。

（3）散热片防护。部分北方风电场设在牧区，为减少外界人为或牛、羊等动物破坏，最好在升压设备散热片上加设防护网进行防护。

5.2.4.5 故障电流保护

由于风电机组本身各项保护措施非常完备，升压设备主要考虑对自身的保护。对于升压设备，必须考虑高压与低压保护元件的合理匹配，特别是当高压采用全范围熔断器时，可能出现低压侧小故障电流情况下高压全范围熔断器先动作，带来运行维护成本增高的问题。对于高压设置后备熔断器的保护方式，由于后备熔断器的保护范围在额定最小开断电流 I_3（通常为熔断器额定电流的 5 倍）至额定最大开断电流 I_1 之间，对于 I_3 以内故障电流的保护，应通过低压保护元件来实现，这就更需要做出合理匹配，否则可能在小故障电流下由于后备熔断器不能有效开断而导致非常不利的后果。此外需要强调不同厂家同一电流等级的熔断器可能对应有不同的时间-电流特性曲线，熔断器的选用应以时间—电流特性曲线为依据，不能简单根据额定电流进行选用，同时要实现高压熔断器与低压保护元件的合理配合，应做好动作曲线的匹配分析，这一点往往被不少厂家设计人员忽视。

35kV 欧变升压设备目前在高压开关选用上存在较大限制，多数厂家采用真空负荷开关—熔断器组合电器，至于目前个别厂家为控制成本在欧变升压设备中采用户外跌落式熔断器的做法，可靠性和安全性存在较大问题，不应提倡。

5.2.4.6 绝缘设计和过电压保护

由于风电场较特殊的环境条件及风速变化、风机投切等原因，加上大气过电压及产生的电网电压闪变和波动，给升压设备的绝缘水平带来了很大挑战。因此，产品的绝缘结构要求合理，且应有充分的绝缘裕量，其中包括配套的各类元器件。目前个别品牌的低压框架断路器由于绝缘水平不足，在一些风电场出现了绝缘击穿乃至烧毁的事故。

由于存在过电压及电压闪变和波动，设计时还应考虑采取必要的过电压保护措施。通常在高压侧装设避雷器或其他过电压保护器件，低压侧过电压保护以往不太受重视，但从投运设备实际运行情况看，增设低压避雷器是必要的。运行经验和试验研究表明，对于绝缘良好的变压器，仅在高压侧装设避雷器，仍有发生由于正逆变换过电压造成的雷害事故。这是因为高压避雷器对于正变换或逆变换过电压是无能为力的，加装低压避雷器可将正逆变换过电压限制在一定范围之内。

关于低压避雷器的参数选取，相关国家标准或行业标准只涉及额定电压 0.28～0.5kV 范围的参数，对于低压额定电压通常为 0.69kV 的风电升压设备，在避雷器的选用上需做出恰当考虑。由于升压设备低压侧为中性点直接接地系统，避雷器持续运行电压应基于相电压来考虑，这一点与中性点不直接接地或非有效接地系统的高压侧避雷器选取不尽相同，考虑到一定裕量。低压避雷器持续运行电压可按 $U_c = \dfrac{690}{\sqrt{3}} \times 1.15 \approx 460$（V），额定电压按 $U_r = (1.2 \sim 1.3) U_c$ 选取。

此外可选用三相组合式避雷器（俗称过电压保护器或过电压吸收器），其适用于

35kV 及以下电压等级中性点非有效接地系统中，除可以限制大气过电压外，还可以限制常规避雷器所不能限制的操作过电压，特别是保护相间及对地过电压，使系统的保护更加完善。低压侧则可选用浪涌保护器（SPD），其不仅具有抑制过电压的功能，还具有分走浪涌的功能。但是，采用后面介绍的过电压保护器件，对应造价也将明显增加。

5.3　高压开关类设备

5.3.1　开关电器的灭弧原理

开关电器是电力系统中的重要设备之一。在运行中，任一电路的投入和切除都要使用开关电器。而在开关电器切断电路时，当动、静触头间的电压高于 $10\sim20V$、电流大于 $80\sim100mA$ 时，就会在触头间产生电弧。尽管此时电路连接已被开断，但电流可继续通过电弧流动，这在短路时就使短路电流危害的时间延长，会对电力系统中的设备造成更大的损坏。同时，电弧的高温可能会烧坏开关触头，烧坏电气设备和导线电缆，还可能引起弧光短路，甚至引起火灾和爆炸事故。因此，研究电弧的产生和熄灭过程，对电气设备的设计制造和运行维护都有非常重要的意义。

1. 电弧的产生

电弧的产生和维持是触头间中性质点（分子和原子）被游离的结果。游离就是中性质点转化为带电质点。产生电弧的游离方式主要有以下 4 种。

（1）高电场发射。在开关触头分开的最初瞬间，由于触头间距离很小，电场强度很大。在高电场的作用下，阴极表面的电子就会被强拉出去，进入触头间隙成为自由电子。这是在弧隙间最初产生电子的原因。

（2）热电发射。触头是由金属材料做成的，在常温下，金属内部就存在有大量运动着的自由电子。当开关触头分断电流时，弧隙间的高温使触头阴极表面受热出现强烈的炽热点，不断地向外发射自由电子，在电场力的作用下，向阳极做加速运动。

（3）碰撞游离。当触头间隙存在足够大的电场强度时，其中的自由电子以相当大的动能向阳极运动，途中与中性质点碰撞，当电子的动能大于中性质点的游离能时，便产生碰撞游离，原中性质点被游离成正离子和自由电子。新产生的自由电子和原来的自由电子一起向阳极做加速运动，继续产生碰撞游离，结果使触头间介质中的离子数越来越多，形成"雪崩"现象。当离子浓度足够大时，介质击穿而形成电弧。

（4）热游离。由于电弧的温度很高，在高温下电弧中的中性质点会产生剧烈运动，它们之间相互碰撞，又会游离出正离子和自由电子，从而进一步加强了电弧中的游离。触头越分开，电弧越大，热游离越显著。

综上所述，开关电器触头间的电弧是由于阴极在强电场作用下发射自由电子，而该电子在触头外加电压作用下发生碰撞游离所形成的。在电弧高温作用下，阴极表面产生热发射，并在介质中发生热游离，使电弧得以维持和发展。这就是电弧产生的主要过程。

2. 电弧的熄灭

在电弧中发生中性质点游离过程的同时还存在着相反的过程，这就是使带电质点减少的去游离过程。如果去游离过程大于游离过程，电弧将越来越小，直至最后熄灭。因此，要想熄灭电弧，必须使触头间电弧中的去游离率大于游离率，即使离子消失的速度大于离子产生的速度。

3. 交流电弧的基本特性

（1）伏安特性。交流电弧电流每半个周期要过零值一次，电流过零时，电弧自然暂时熄灭，电流反向时电弧重燃，其伏安特性如图5-21所示。图中 U_A 为燃弧电压，U_B 为熄弧电压，熄弧电压低于燃弧电压。电弧自然过零瞬间，弧隙输入能量为零，电弧温度急剧下降，去游离速度大于游离速度，是熄灭交流电弧的有利时机。但电弧过零后是否重新燃烧，取决于弧隙中去游离和游离的速度。

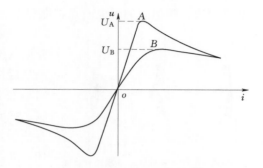

图5-21 交流电弧的伏安特性

对熄弧能力较强的断路器，会出现电流自然过零前开断的现象。这是由于在电弧电流过零前一段时间随着电流的减小，电源输入弧隙的能量减小，弧隙温度下降，因此弧隙的游离程度下降，弧隙电阻变大，电弧在电流自然过零前被强制截断。电流过零后，弧隙电压将由原来的熄弧电压经电磁振荡过程逐渐恢复到电源电压，这一过程称为弧隙电压的暂态恢复过程，它主要取决于电路参数。与此同时，弧隙也将由导电状态恢复到介质状态，这一过程称为介质强度的恢复过程，它主要取决于弧隙的冷却条件。如果暂态恢复电压高于弧隙介质强度，将发生弧隙击穿，电弧将会重燃，电路开断失败，称为电击穿；如果暂态恢复电压低于弧隙介质强度，电弧就不会重燃，电路开断成功。

对熄弧能力较差的断路器，由于弧隙温度极高，热惯性很大，通常不会出现电流自然过零前开断的现象。在电流自然过零时，弧隙温度仍然很高，还存在热游离，致使弧隙仍具有一定电导，在弧隙电压作用下，弧隙中仍有残余电流流过，这样电源仍可向弧柱输入能量。因此在电流过零瞬间，一方面弧隙被周围介质冷却，散失大量能量，去游离增强；另一方面电源通过剩余电流继续向弧柱输入能量，加强热游离。如果输入能量大于散失能量，则弧隙游离过程将会胜过去游离过程，电弧就会重燃，称为热击穿；反之，如果散失能量大于输入能量，弧隙温度将继续下降，去游离过程将会胜过游离过程，弧隙将由导电状态向绝缘状态转变，电弧将会熄灭。

由此可见，交流电弧熄灭的关键在于造成强烈的去游离条件，使热游离不能维持，便不会发生热击穿；另一方面使弧隙介质强度始终高于暂态恢复电压，便不会发生电击穿，这样电弧电流自然过零后便不会重燃，使断路器开断成功。

（2）近阴极效应。电弧的另一个重要特性是在阴极附近很小的区域内有较大的介质强度。在交流电弧过零的瞬间，阴极附近在 $0.1\sim1\mu s$ 的时间内，立即出现 $150\sim250V$ 的介质强度。当触头两端外加交流电压小于 $150V$ 时，电弧将会熄灭。

4. 熄灭交流电弧的基本方法

弧隙间的电弧能否重燃，取决于电流过零时，介质强度恢复和弧隙电压恢复两者的竞争结果。加强弧隙的去游离或降低弧隙电压的恢复速度，就可以促使电弧熄灭。现代开关电器中广泛采用的灭弧方法有以下几种：

(1) 用液体或气体吹弧。采用液体或气体吹弧既能加强对流散热、强烈冷却弧隙，又可部分取代原弧隙中已游离气体或高温气体。吹弧越强烈，对流散热能力越强，弧隙温度降低得越快，弧隙间的带电质点扩散和复合越迅速，介质强度恢复速度就越快。

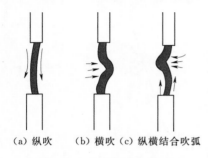

(a) 纵吹 (b) 横吹 (c) 纵横结合吹弧

图 5-22 开关电器吹弧方式

在断路器中，吹弧的方法分为横吹和纵吹。吹弧介质（气体或油流）沿电弧方向吹拂，使电弧冷却变细最后熄灭称为纵吹；吹弧介质（气流或油流）的方向与触头运动方向垂直，把电弧拉长最后熄灭称为横吹。横吹能增大电弧的表面积，所以冷却效果更好。有的断路器将纵吹和横吹两种方式结合使用，效果更佳，如图 5-22 所示。

油断路器用变压器油作为灭弧介质。电弧在油中燃烧，弧柱周围的油遇热而分解出大量气体，在这些气体中氢气占 70%～80%。氢气的导热性很好，因此有很好的灭弧特性。这些气体受到周围油和灭弧室的限制，具有很大的压力，在灭弧室的纵、横沟道内形成油气的强烈流动，从而实现了对电弧的纵吹与横吹。

油断路器是利用电弧本身能量使油产生大量气体而实现吹弧的，称为自能式灭弧，其灭弧能力的强弱与电弧电流的大小有关。电流越大，灭弧能力越强，燃弧时间越短；反之，电弧电流很小时，产生的气体少、压力低，灭弧能力变弱。由于弧隙恢复电压并不随电弧电流减少而降低，因此，油断路器在断开小电流回路时其燃弧时间要加长，不得不依赖拉长电弧的方法来熄灭电弧。为了克服油断路器这一弱点，在一些油断路器中采用了辅助的机械压油装置，称为带有机械压油装置的油断路器。

空气断路器和 SF_6 断路器采用外能式灭弧方式。它们都是将气体压缩，在开断电路时以较高压力的压缩气体强烈吹弧，灭弧的能力很强且与电弧电流的大小无关。

(2) 采用多断口熄弧。高压断路器为了加速电弧熄灭，常将每相制成具有两个或多个串联的断口，使电弧被分割成若干段，如图 5-23 所示。这样，在相同的行程下，多断口的电弧比单断口拉得更长，并且电弧被拉长的速度更快，有利于弧隙介质强度的迅速恢复。此外，由于电源电压加在几个断口上，每个断口上施加的电压降低，即降低弧隙的恢复电压，也有助于熄弧。

对于 110kV 以上电压等级的断路器，一般可由相同型号的灭弧室（内有两个断口）串联组成，

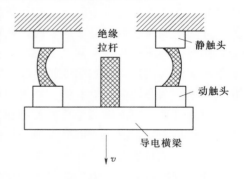

图 5-23 双断口结构

称为积木式或组合式结构的断路器。例如：用两个具有双断口的 110kV 的断路器串联，同时对地绝缘再增加一级，构成 4 个断口的 220kV 的断路器，这种情况在少油断路器中尤为常见 [为使各断口处的电压分配尽可能均匀，一般在灭弧室外侧（即断口处）并联一个足够大的电容]。

（3）利用真空灭弧。设法降低触头间气体的压力（气压降到 0.0133Pa 以下），使灭弧室内气体十分稀薄，单位体积内的分子数目极少，则碰撞游离的数量大为减少。同时，弧隙对周围真空空间而言具有很高的离子浓度差，带电质点极易从弧隙中向外扩散，所以真空空间具有较高介质强度的恢复速度。一般在电流第一次过零时，电弧即可被熄灭而不再重燃，故利用真空灭弧的真空断路器又称为半周波断路器。在有电感的电路中，电弧的急剧熄灭会产生截流过电压，这是需要注意的。

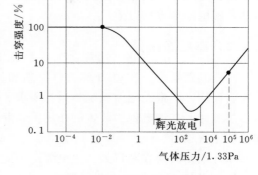

图 5-24 击穿电压与气体压力的关系

图 5-24 所示为击穿电压与气体压力的关系。

（4）利用特殊介质灭弧。SF_6 气体是一种人工合成气体。因为它具有良好的绝缘性能和灭弧性能，所以自被发现后，便迅速应用在电力工业中。SF_6 气体具有以下特性：

1）SF_6 气体为无色、无味、无毒、不燃烧亦不助燃的化合物。

2）具有强负电性。SF_6 的体积大，且易俘获电子形成低活性的负离子，运动速度要慢得多，使得去游离的概率增加。

3）SF_6 分子量较大，其密度是空气的 5.1 倍，同体积、同压力下 SF_6 气体比空气重得多。

4）SF_6 气体的击穿电压高，在 1 个大气压下其击穿电压是空气击穿电压的 3 倍。

5）热传导性能好且易复合。SF_6 在电弧作用下分解成低氟化合物，在电弧电流过零时，低氟化合物则急速复合成 SF_6，故弧隙介质强度恢复过程极快，其灭弧能力相当于同等条件下空气灭弧能力的 100 倍。

6）可在小的气罐内储存，供气方便。

7）没有火灾和爆炸危险，且电器触头在 SF_6 中不易被电弧烧损。

SF_6 气体本身无毒，但经电弧作用后形成的低氟化合物对人体有害。另外，SF_6 气体吸潮后绝缘性能下降，需定期测定其含水量。

（5）快速拉长电弧。快速拉长电弧可使电弧的长度和表面积增大，有利于冷却电弧和带电质点的扩散，去游离作用增强，加快了介质强度的恢复。断路器中常采用的强力分闸弹簧就是为了提高触头的分离速度以快速拉长电弧。在低压开关中，这更是主要的灭弧手段。

（6）采用特殊金属材料作为灭弧触头。采用熔点高、导热系数大、耐高温的金属材料作成灭弧触头，可减少游离过程中的金属蒸气，抑制游离作用。

（7）采用并联电阻。在大容量高压断路器中，也常采用弧隙并联电阻来促进灭弧，并联电阻的作用为：①断路器触头两端并联小电阻可抑制电弧燃烧及自然熄弧后恢复电压的变化，有利于电弧的熄灭；②多断口断路器触头上并联高电阻可使断口之间电压分布均匀，充分发挥各断口作用。

（8）其他措施。基于交流电弧熄灭的基本原理，还可以在开关电器灭弧过程中采用固体介质狭缝灭弧，把长弧分成串联短弧以及加快断路器触头分离速度等多种措施，结合具体的开断电路特点加以应用。

5.3.2　高压断路器

高压断路器是一次电力系统中控制和保护电路的关键设备。它在电网中的作用有：①控制作用，即根据电力系统的运行要求，接通或断开工作电路；②保护作用，当系统中发生故障时，在继电保护装置的作用下，断路器自动断开故障部分，以保证系统中无故障部分的正常运行。

断开电路时会在断口处产生电弧。因此，灭弧能力是断路器的核心性能。

1. 对高压断路器的要求

（1）工作可靠。断路器应能在规定的运行条件下长期可靠地工作，并能正确地执行分、合闸的命令，顺利完成接通或断开电路的任务。

（2）足够的开断能力。断路器断开短路电流时，触头间会产生能量很大的电弧。因此，断路器必须具有足够强的灭弧能力才能安全、可靠地断开电路，并且还要有足够的热稳定性。

（3）尽可能短的切断时间。在电路发生短路故障时，短路电流对电气设备和电力系统会造成很大危害，所以断路器应具有尽可能短的切断时间，以减少危害，并有利于电力系统的稳定。

（4）具有自动重合闸性能。由于输电线路的短路故障大多数是临时性的，所以采用自动重合闸可以提高电力系统的稳定性和供电可靠性。即在发生短路故障时，继电保护动作使断路器分闸，切除故障电流，经无电流间隔时间后自动重合闸，恢复供电。如果故障仍然存在，断路器则立即跳闸，再次切除故障电流。这就要求断路器具有在短时间内接连切除故障电流的能力。

（5）足够的机械强度和良好的稳定性能。正常运行时，断路器应能承受自身重量、风载和各种操作力的作用。系统发生短路故障时，应能承受电动力的作用，以保证具有足够的动稳定性。断路器还应能适应各种工作环境条件的影响，以保证在各种恶劣的气象条件下都能正常工作。

（6）结构简单、价格低廉。在满足安全、可靠要求的同时，还应考虑经济上的合理性。这就要求断路器结构简单、体积小、重量轻、价格合理。

2. 高压断路器的技术参数

（1）额定电压 U_N。这是保证断路器正常长期工作的线电压（标称电压），单位为 kV。按我国现行国标及有关暂行规定，我国断路器的额定电压有 10kV、20kV、35kV、60kV、110kV、220kV、330kV、500kV。

（2）额定电流 I_N。断路器的额定电流是指在规定的环境温度下，允许长期通过的最大工作电流，单位为 A。我国断路器额定电流等级为 200A、400A、600A、1250A、1600A、2000A、3150A、4000A、5000A、6300A、8000A、10000A、12500A、16000A 及 20000A 等。

（3）额定开断电流 I_{Nbr}。断路器在额定电压下能可靠地开断的最大电流（即触头刚分闸时通过断路器的电流的有效值），单位为 kA。它与断路器的工作电压有关，当运行电压低于额定电压时，开断电流允许大于额定开断电流，但不可大于其极限开断电流。额定开断电流是标志断路器开断（灭弧）能力的主要参数，以短路电流周期分量有效值表示。

（4）热稳定电流 I_{th}，又称短时耐受电流。它是指在某一规定的短时间 t 内断路器能耐受的短路电流热效应所对应的电流值（以有效值表示），以 kA 为单位。其大小也将影响到断路器触头和导电部分的结构和尺寸。产品手册上常列出高压断路器的 1s、2s、4s 等热稳定电流。

（5）动稳定电流 I_{es}，又称极限通过电流、峰值耐受电流。它是断路器在关合位置时能允许通过而不致影响其正常运行的短路电流最大瞬时值，以 kA 为单位。它是反映断路器机械强度的一项指标，即表征断路器承受短路时产生的电动力的冲击能力，以短路电流的第一个半波峰值来表示。

（6）额定短路关合电流 I_{Nd}。额定短路关合电流是指断路器在额定电压下用相应操动机构所能闭合的最大短路电流，以 kA 为单位。其数值大小等于动稳定电流，取决于操动机构及导电回路的形式和触头。

（7）开断时间 t_{br}。开断时间（也称全开断时间）是指断路器的操动机构接到分闸指令起到三相电弧完全熄灭为止的一段时间，包括断路器的分闸时间和熄弧时间两部分。

1）分闸时间是指断路器接到分闸命令起到首先分离相的触头分开为止的一段时间。它主要取决于断路器及其所配操动机构的机械特性。

2）熄弧时间是指从首先分离相的触头刚分离起到三相电弧完全熄灭为止的一段时间。

全开断时间是表征断路器开断过程快慢的主要参数。t_{br} 越小，越有利于减小短路电流对电气设备的危害，缩小故障范围，保持电力系统的稳定。

（8）合闸时间 t_d。处于分闸位置的断路器从操动机构接到合闸信号瞬间起到断路器三相触头全接通为止所经历的时间为合闸时间。合闸时间决定于断路器的操动机构及中间传动机构。一般合闸时间大于分闸时间。

3. 高压断路器的型号

高压断路器的型号如图 5-25 所示。

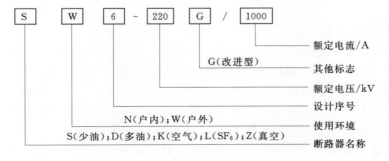

图 5-25　断路器的型号

4. SF₆ 断路器

按照灭弧介质的灭弧方式，高压断路器一般可分为油断路器、压缩空气断路器、SF₆ 断路器、真空断路器等。其中 SF₆ 断路器是以 SF₆ 为灭弧介质的断路器，具有明显的优点，是当前应用最广泛的断路器之一。

(1) SF₆ 气体的特性。SF₆ 为无色、无味、无毒、非燃烧性的非金属化合物。SF₆ 具有很高的绝缘性能和灭弧性能。当气体压力为 3kPa 时，SF₆ 的绝缘能力超过空气的 2 倍；当压力为 300kPa 时，其绝缘能力和变压器油相当。SF₆ 在电弧作用下接受电能而分解成低氟化合物，但电弧电流过零时，低氟化合物则急速再结合成 SF₆，故弧隙介质强度恢复过程极快。SF₆ 的灭弧能力相当于同等条件空气的 100 倍。

由于 SF₆ 的电气性能好，其断口电压较高。在电压等级相同、开断电流和其他性能相近的情况下，SF₆ 断路器串联断口数较少。如 500kV 电压等级的空气和少油断路器为 6～8 个断口，而 SF₆ 断路器只有 3～4 个断口；对于 750kV 电压等级的空气断路器最少为 8 个断口，而 SF₆ 断路器仅为 6 个断口。串联断口数少，可使制造、安装、调试和运行经济方便。

(2) SF₆ 断路器的特点。与其他绝缘介质相比，SF₆ 使用安全可靠、无火灾，一般不会发生爆炸事故，冷却特性好，适用的温度和压力范围大，因此 SF₆ 断路器具有灭弧速度快，开断能力强、体积小、维护方便等优点。

但是，SF₆ 断路器对加工精度和装配工艺要求较高，密封性能要好，因此造价较高。由于 SF₆ 在电弧作用下分解出的气体都是有害的，所以必须注意气体的纯度和采取正确的处理方法，以保证使用 SF₆ 的安全性。

在电力系统中，SF₆ 断路器已得到越来越广泛的应用，尤其在全封闭组合电器中多采用该型断路器。

(3) SF₆ 断路器的结构类型。SF₆ 断路器结构按照对地绝缘方式的不同分以下类型：

1) 落地罐式。这种断路器的总体结构与多油断路器相似。它把触头和灭弧室装在充有 SF₆ 气体并接地的金属罐中，触头与罐壁间的绝缘采用环氧支持绝缘子，引出线靠绝缘瓷套管引出。这种结构便于安装电流互感器，抗振性能好，但系列性较差价格较高。

2) 瓷柱式。瓷柱式断路器的灭弧室可布置成 T 形或 Y 形，220kV SF₆ 断路器随着开断电流增大，制成单断口断路器可以布置成单柱式。灭弧室位于高电位，靠支柱绝缘瓷套对地绝缘。

5. 其他类型断路器

(1) 油断路器。油断路器采用油作为灭弧介质，又分为多油断路器和少油断路器。在多油断路器中，主要部件均浸在油箱内的绝缘油中，油除了作为灭弧介质外，还作为触头开断后的弧隙绝缘以及带电部分与接地的油箱之间的绝缘介质。少油断路器中的油只作为灭弧介质和触头开断后弧隙绝缘介质，带电部分对地的绝缘主要采用瓷介质，因此少油式断路器中的油量很少，体积也相应较小，可以节省大量的油和钢材。由于油量少，油箱结构坚固，能防爆、防火，使用较安全，配电装置的结构可以较简单。目前，我国生产的高压油断路器主要是少油断路器。

按装设地点的不同，少油断路器分为户外和户内两种。户内式主要用于 6～35kV 配电装置，户外式则用于 35kV 以上的配电装置。图 5-26 所示为户内式少油断路器的几种结构，它们的三相灭弧室分别装在 3 个由环氧树脂玻璃布卷成的圆筒内。图 5-27 所示为户外式少油断路器，呈 Y 形构成一个单元。根据电压要求，可用几个单元串联起来，即积木式机构。

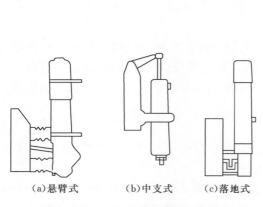

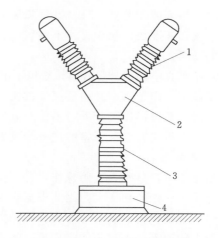

图 5-26　户内少油断路器结构示意图
(a)悬臂式　(b)中支式　(c)落地式

图 5-27　户外少油断路器
1—灭弧室；2—机构箱；3—支持瓷套；4—底座

（2）压缩空气断路器。压缩空气断路器利用压缩空气作为灭弧、绝缘和传动介质。为了保证有足够压力的空气，在断路器下装有储气筒，与压缩空气装置连接。空气的压力通常为 800～2000kPa，压力越高，灭弧性能越好，绝缘性能也越好。与油断路器比较，空气断路器开断能力强，开断时间短，而且在自动重合闸中可以不降低开断能力，不易爆炸和着火。缺点是：结构较复杂，需要装设较复杂的压缩空气装置，价格较高；同时，空气断路器虽然灭弧能力较强，但在电弧电流过零后 20～30μs 内，起始介质强度较低，上升进度也较慢，对于切除近距故障会造成开断困难，所以多在断口弧隙间采取并联电阻的措施，抑制系统恢复电压，相对提高介质恢复速度，以满足开断近距故障的要求；此外，压缩空气断路器在开断小电感电流（即切断空载变压器、励磁电流、并联电抗器及空载高压电动机等电路）时，容易产生截流现象，因而导致过电压，在断路器的断口并联电阻可防止产生过电压。

近年来，由于 SF_6 断路器的发展很快，新建的电厂和变电站已很少选用压缩空气断路器。

（3）真空断路器。真空断路器利用真空的高介质强度来熄灭电弧和绝缘。所谓真空是相对而言的，这里指的是气体压力在 133.322×10^{-4} Pa 以下的空间。在这样稀薄的气体中，即使电子从阴极飞向阳极时，也很少有机会与气体分子相碰撞而引起游离，因此碰撞游离不是真空间隙击穿产生电弧的主要因素。真空中电弧是在触头电极蒸发出的金属蒸气中形成的，而电极表面有微小的突起部分时，将会引起电场能量集中，使这部分发热而产生金属蒸气。因此，电弧特性主要取决于触头材料的性质及其表面状况。

目前，使用最多的触头材料是以良导电金属为主体的合金材料，如铜铋合金、铜铋铈合金等。

真空断路器的特点有：①在 133.322×10^{-2}Pa 的高真空中，1mm 的间隙能承受 45kV 工频电压，而在空气中只有 $3\sim4$kV，所以触头开距可取得很短，真空灭弧室能做得小巧，所需的操作功小，动作快；②燃弧时间短，且与开断电流大小无关，一般只有半周波，故有半周波断路器之称；③熄弧后触头间隙恢复速度快，对开断近区故障性能较好；④由于灭弧速度快，触头材料不易氧化、寿命长；⑤体积小、检修维护方便，适于有频繁操作的场所。

近年来真空断路器已在 35kV 以下的配电装置中得到广泛的应用，而在高压和超高压输电系统中，由于真空断路器灭弧过快（半波），使系统因截流而出现危险的操作过高压，同时一般主系统操作不频繁，不能充分发挥真空断路器寿命长、适于频繁操作的优点，其竞争力还有待于真空灭弧室的进一步发展。

6. 断路器的操作机构

断路器进行分闸、合闸操作，并保持在合闸状态是由操作机构来实现的。由于操作机构在合闸时所做的功最大，因此根据合闸能源的种类，操作机构可分为以下类型：

（1）手动机构。靠人力作为合闸动力，这种机构的结构简单，但合闸时间随操作人员的体力不同而不同，且不能实现重合闸功能。这种机构只适用于小容量的断路器。

（2）电磁机构。用电磁铁将电能变为机械能作为合闸动力，用来远距离控制断路器。这种机构简单、运行可靠，缺点是需要很大的直流电流（几十到几百安），必须备有足够容量的直流电源。

（3）气动机构。利用压缩空气储能和传递能量。其优点是功率大、动作迅速、合闸没有强烈冲击，但结构较复杂，需要空气压缩设备，所以，只应用于空气断路器上。

（4）液压机构。利用高压压缩气体 N_2 作为能源，液压油作为传递能量的媒介，注入带有活塞的工作缸中，推动活塞做功，使断路器进行合闸或分闸操作。

（5）弹簧机构。利用弹簧储存的能量进行合闸，此种机构成套性强，不需要配备附加设备，但结构较复杂，加工工艺要求较高。

5.3.3　隔离开关

隔离开关又称刀开关，是一种没有灭弧装置的开关设备。它一般只用来关合和开断有电压无负荷的线路，而不能用以开断负荷电流和短路电流，需要与断路器配合使用，由断路器来完成带负荷线路的关合、开断任务。

1. 隔离开关的用途

（1）隔离电源。将需要检修的线路或电气设备与带电的电网隔离，形成安全的电气设备检修断口，建立可靠的绝缘回路，以保证检修人员及设备的安全。

（2）倒闸操作。在双母线的电路中，可利用隔离开关将设备或线路从一组母线切换到另一组母线，实现运行方式的改变。

（3）接通和断开小电流电路。隔离开关可以直接操作小电流电路，例如：接通和断开电压互感器和避雷器电路；接通和断开电压为 10kV、长 5km 以内的空载配电线路；接通和断开电压为 35kV、容量为 1000kVA 及以下和电压为 110kV、容量为 3200kVA 及以下的空载变压器；接通和断开电压为 35kV，长度在 10km 以内的空载输电线路。

2. 隔离开关应满足的要求

为了确保检修工作的安全以及倒合闸操作的简单易行，隔离开关在结构上应满足以下要求：

（1）隔离开关应具有明显的断开点，以便于确定被检修的设备或线路是否与电网断开。

（2）隔离开关断开点之间应有可靠的绝缘，以保证在恶劣的气候条件下也能可靠工作，并在过电压及相间闪络的情况下，不致从断开点击穿而危及人身安全。

（3）隔离开关应具有足够的热稳定性和动稳定性，尤其不能因电动力的作用而自动断开，否则将引起严重事故。

（4）结构要简单，动作要可靠。

（5）带有接地闸刀的隔离开关必须有连锁机构，以保证先断开隔离开关，然后再合上接地闸刀；先断开接地闸刀，然后再合上隔离开关的操作顺序。

（6）隔离开关要装有和断路器之间的连锁机构，以保证正确的操作顺序，杜绝隔离开关带负荷操作事故的发生。

3. 隔离开关的主要技术参数

（1）额定电压。指隔离开关长期运行时所能承受的工作电压。

（2）最高工作电压。指隔离开关能承受的超过额定电压的最高电压。

（3）额定电流。指隔离开关可以长期通过的工作电流。

（4）热稳定电流。指隔离开关在规定的时间内允许通过的最大电流。它表明了隔离开关承受短路电流热稳定的能力。

（5）极限通过电流峰值。指隔离开关所能承受的最大瞬时冲击短路电流。

隔离开关没有灭弧装置，故没有开断电流数据。

4. 隔离开关分类

隔离开关种类很多，按不同的分类方法分类如下：

（1）按装设地点的不同，可分为户内式和户外式两种。

（2）按绝缘支柱数目，可分为单柱式、双柱式和三柱式三种。

（3）按动触头运动方式，可分为水平旋转式、垂直旋转式、摆动式和插入式等。

（4）按有无接地闸刀，可分为无接地闸刀、一侧有接地闸刀、两侧有接地闸刀三种。

（5）按操动机构的不同，可分为手动式、电动式、气动式和液压式等。电动式用来从控制室操作隔离开关，这种操作机构比手动式的复杂，一般用于需要距离操作的重型户内三极隔离开关以及 110kV 及以上屋外隔离开关。气动式操作机构可用于任何隔离开关的远距离操作，且结构简单、工作可靠、动作迅速，但需要压缩空气装置。

（6）按极数，可分为单极、双极、三极三种。

（7）按安装方式，分为平装式和套管式等。

5. 隔离开关的型号、规格

隔离开关的型号、规格一般由文字符号和数字组合方式表示，如图 5-28 所示。其中，第一单元为产品字母代号，隔离开关用 G 表示。

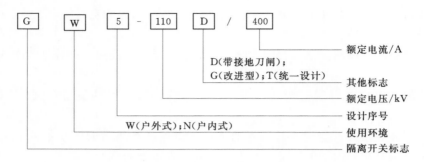

图 5-28　隔离开关的型号

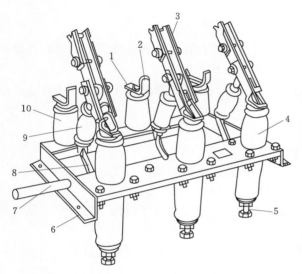

图 5-29　GN8-10/600 型户内隔离开关

1—上接线端子；2—静触头；3—闸刀；4—套管绝缘子；
5—下接线端子；6—框架；7—转轴；8—拐臂；
9—升降传动绝缘子；10—支柱绝缘子

6. 户内隔离开关

户内隔离开关有三极式和单极式两种，一般为刀闸隔离开关，图 5-29 为 GN8-10/600 型户内隔离开关。传动绝缘子一端与闸刀相连，另一端与装在公共转轴上的拐臂铰接。操作机构驱动拐臂转动时，顶起传动绝缘子，从而使闸刀与固定触头分离。

7. 户外隔离开关

户外隔离开关有单柱式、双柱式和三柱式三种。由于其工作条件比户内隔离开关差，受到外界气象变化的影响，因而其绝缘强度和机械强度要求较高。

图 5-30（a）为 GW5-110D 户外隔离开关一极（相）外形图。有两个实心支柱绝缘子，成 V 形布置，底座上有两个轴承座，瓷柱可在轴承上旋转

90°，两个轴承座之间用伞齿轮啮合，操作时两瓷柱同步反向旋转，以达到分、合的目的。

图 5-30（b）为 GW4-110D 型隔离开关外形图，为双柱旋转式结构。它的主闸刀固定在绝缘瓷柱顶部的活动出线座上，分合闸操作时，操动机构的交叉连杆带动两个支柱绝缘子向相反方向转动 90°，从而完成操作。

接地闸刀和工作闸刀通过操作把手互相闭锁，使两者不能同时合闸，以免发生带电接地故障。

8. 注意事项

隔离开关没有灭弧装置，所以不能开断负荷电流和短路电流，否则将造成严重误操作，会在触头间形成电弧，这不仅会损坏隔离开关，而且能引起相间短路。因此，隔离开关一般只有在电路已被断路器断开的情况下才能接通或断开。

运行经验表明，隔离开关可以接通或切断电流较小的电路，此时它的触头上不会产生强大的电弧，如断合电压互感器、避雷器、励磁电流不超过 2A 的空载变压器和电容电流

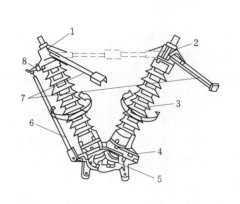

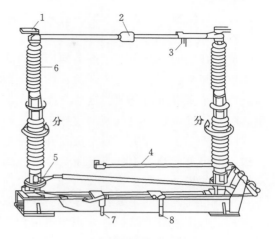

（a）GW5－110D 型

1—出线座；2—导电带；3—绝缘子；
4—轴承座；5—伞齿轮；6—接地
闸刀；7—主闸刀；8—接地
静触头

（b）GW4－110D 型

1—接线端；2—主触头；3—接地闸刀触头；
4—接地闸刀；5—轴承座；6—棒形绝缘
支柱；7—主闸刀传动轴；8—接地闸
刀传动轴

图 5－30　110kV 隔离开关外形图

不超过 5A 的空载线路。利用隔离开关切断小电流的可能性，在某些情况下可以避免装设昂贵的断路器。

有的 35kV 以上的户外式隔离开关附设接地刀闸，当主刀闸断开后，接地刀闸便自动闭合接地。这样可以省略倒闸操作时必须挂接地线，检修完毕恢复送电时必须拆除接地线这一步序，安全性和可靠性均有所提高。

9. 断路器和隔离开关的操作顺序

断路器和隔离开关的操作顺序为：接通电路时，先合上断路器两侧的隔离开关，再合断路器；切断电路时，先断开断路器，再拉开两侧的隔离开关。严禁在未断开断路器的情况下，拉合隔离开关。为了防止误操作，除严格按照操作规程实行操作票制度外，还应在隔离开关和相应的断路器之间加装电磁闭锁、机械闭锁或电脑钥匙等闭锁装置。

5.3.4 高压负荷开关

1. 高压负荷开关的用途和特点

高压负荷开关是一种结构比较简单，具有一定开断和关合能力的开关电器。它具有灭弧装置和一定的分合闸速度，能开断正常的负荷电流和过负荷电流，也能关合一定的短路电流，但不能开断短路电流。因此，高压负荷开关可用于控制供电线路的负荷电流，也可以用来控制空载线路、空载变压器及电容器等。高压负荷开关在分闸时有明显的断口，可起到隔离开关的作用，与高压熔断器串联使用，前者作为操作电器投切电路的正常负荷电流，而后者作为保护电器开断电路的短路电流及过负荷电流。在功率不大或可靠性要求不高的配电回路中可用于代替断路器，以便简化配电装置，降低设备费用。

据国外有关资料介绍，断路器与负荷开关的使用率之比为 1：5～1：6，以负荷开关来取代常规断路器保护的方案具有断路器不可取代的优点。

2. 典型的高压负荷开关

负荷开关的种类很多，按结构可分为油负荷开关、真空负荷开关、SF₆ 负荷开关、产气式负荷开关、压气型负荷开关；按操作方式分为手动操作和电动操作负荷开关。目前较为流行的是真空负荷开关，这些产品集中使用于配电网中，如环网开关柜中，负荷开关配用熔断器等设备随着我国城网改造工作的推进越来越受到重视。

（1）真空负荷开关。真空负荷开关完全采用了真空开关管的灭弧优点以及相应的操作机构，由于负荷开关不具备开断短路电流的能力，故它在结构上较简单，适用于电流小、动作频繁的场合，常见真空负荷开关有户内型及户外柱上型两种。

真空负荷开关的主要特点是无明显电弧，不会发生火灾及爆炸事故，可靠性好，使用寿命长，基本不需要维护，体积小重量轻，可用于各种成套配电装置，尤其是城网中的箱式变电站、环网等更多设施中，有很多优点。

（2）SF₆ 负荷开关。SF₆ 负荷开关适用于 10kV 户外安装，它可用于关合负荷电流及关合额定短路电流，常用于城网中的环网供电系统，作为分段开关或分支线的配电开关。

SF₆ 开关根据旋弧式原理进行灭弧，灭弧效果较好。同时由于 SF₆ 气体无老化现象及其燃弧时间短，触头烧损轻，检修周期一般可达 10 年，在运行中又无爆炸、燃烧的可能，所以 SF₆ 负荷开关是城网建设中推荐采用的一种开关设备。

5.3.5　高压熔断器

熔断器是一种最简单、最早采用的保护电器。它是人为地在电路中装设的薄弱环节。当电路中通过短路电流或长期过负荷电流时，利用熔体本身产生的热量将自己熔断，从而切断电路，达到保护电气设备和载流导体的目的。熔断器不能用在正常时切断或接通电路，必须与其他开关电器配合使用。

由于价格低廉、简单实用，特别是随着熔断器制造技术的不断提高，熔断器的开断能力、保护特性等都有所提高，所以，熔断器不仅在低压电路中得到了广泛应用，而且在 35kV 及以下的小容量高压电路，特别是供电可靠性要求不是很高的配电线路中也得到了广泛应用。

熔断器按电压等级可分为高压熔断器和低压熔断器，本节只介绍高压熔断器。

1. 高压熔断器的基本结构与工作原理

（1）基本结构。熔断器主要由金属熔件（熔体）、支持熔件的触头、灭弧装置和绝缘底座等部分组成。其中决定其工作特性的主要是熔体和灭弧装置。

熔断器必须采取措施熄灭熔体熔断时产生的电弧，否则，会引起事故的扩大。熔断器的灭弧措施可分为两类：一类是在熔断器内装有特殊的灭弧介质，如产气纤维管、石英砂等，它利用了吹弧、冷却等灭弧原理；另一类是采用特殊形状的熔体，如焊有小锡（铅）球的熔体、变截面的熔体、网孔状的熔体等。

（2）工作原理。熔断器串联在电路中使用，安装在被保护设备或线路的电源侧。当电路中发生过负荷或短路时，熔体被过负荷或短路电流加热，并在被保护设备的温度未达到破坏其绝缘之前熔断，使电路断开，设备得到保护。

熔断器的工作全过程由以下阶段组成：

1) 正常工作阶段，熔体通过的电流小于其额定电流，熔断器长期可靠地运行不应发生误熔断现象。

2) 过负荷或短路时，熔体升温并导致熔化、气化而开断。

3) 熔体熔断气化时发生电弧，又使熔体加速熔化和气化，并将电弧拉长；这时高温的金属蒸气向四周喷溅并发出爆炸声。熔体熔断产生电弧的同时，也开始了灭弧过程。直到电弧被熄灭，电路才真正被断开。

2. 高压熔断器的保护特性

熔体熔化时间的长短取决于熔体熔点的高低和所通过电流的大小。熔体材料的熔点越高，熔体熔化就越慢，熔断时间就越长。熔体熔断电流和熔断时间之间呈现反时限特性，即电流越大，熔断时间就越短，其关系曲线称为熔断器的保护特性，也称安秒特性，如图5-31所示。

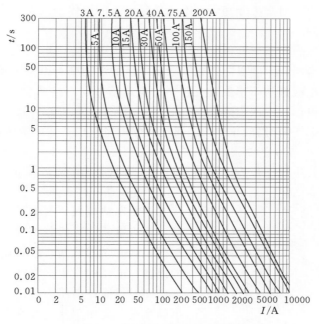

图 5-31 6~35kV熔断器安秒特性曲线

熔体截面不同，其安秒特性也不同。图5-32中，熔体1的截面较熔体2的小，曲线1和曲线2分别为熔体1和2的安秒特性。通过熔体的电流越大，熔断时间越短。例如熔体1，其额定电流为I_N，最小熔断电流为I_{min}，$I_N < I_{min}$，通过I_{min}时的熔断时间为无穷大。由于熔体2的截面大，其额定电流也大。当通过同一电流I_1时，熔体1截面小，先熔断，熔断时间为t_1，而熔体2的熔断时间为t_2。因此，可以按照熔体的安秒特性实现有选择地切断故障电流。

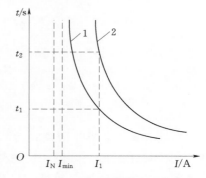

图 5-32 熔断器的安秒
特性曲线示意图

3. 高压熔断器的主要技术参数

（1）熔断器的额定电压。它既是绝缘所允许的电压等级，又是熔断器允许的灭弧电压等级。对于限流式熔断器，不允许降低电压等级使用，以免出现大的过电压。

（2）熔断器的额定电流。是指在一般环境温度（不超过 40℃）下，熔断器壳体的载流部分和接触部分长期允许通过的最大工作电流。

（3）熔体的额定电流。熔体允许长期通过而不致发生熔断的最大电流有效值。该电流可以小于或等于熔断器的额定电流，但不能超过。

（4）熔断器的开断电流。熔断器所能正常开断的最大电流。若被开断的电流大于此电流时，有可能导致熔断器损坏，或由于电弧不能熄灭引起相间短路。

熔断器的额定电流与熔体的额定电流是不同的两个值。熔断器的额定电流是指载流部分和接触部分设计时所根据的电流。而熔体的额定电流是指熔体本身所允许通连的最大电流。在同一熔断器内，通常可分别装入不同额定电流的熔体。最大的熔体额定电流可与熔断器的额定电流相同。

对于一般的高压熔断器，其额定电压必须大于或等于电网的额定电压。而对于充填石英砂有限流作用的熔断器，则只能用在其额定电压的电网中，因为这种熔断器能在电流达到最大值之前就将电流截断而产生过电压。过电压倍数与电路的参数、熔体的长度有关，一般在等于其额定电压的电网中为 2.0～2.5 倍，但如在低于其额定电压的电网中，因熔体较长，则可高达 3.4～4 倍的相电压，对电网中的电气设备造成威胁。

4. 典型的高压熔断器介绍

目前在电力系统中使用最为广泛的是跌落式熔断器和限流式熔断器。

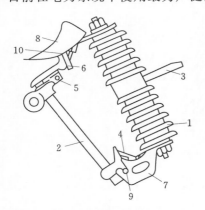

图 5-33　常见跌落式熔断器结构图
1—绝缘支座；2—开口熔断管；3—安装固定板；
4—下触头；5、9—轴；6—压板；7—金属支架；
8—鸭嘴罩；10—弹簧铜片

（1）跌落式熔断器。图 5-33 所示为常见跌落式熔断器结构图。由图可见，熔断器由绝缘支座、开口熔断管两部分组成，利用固体产气材料灭弧。当熔断器熔断，熔管内产生电弧后，熔管的内壁在电弧的作用下将产生大量气体使管内压力增高。气体在高压力作用下高速向外喷出，产生强烈去游离作用使电弧在过零时熄灭。它和所有自能式灭弧装置一样存在着开断小电流能力较弱的缺陷，往往采用分段排气方式加以解决，即把熔管的上端用一个金属膜封闭，在开断小电流时由下端单向排气以保持足够的吹弧压力；在开断大电流时用熔断管内较高压力将上端薄膜冲破形成两端排气，以避免熔断管因压力过高而爆裂。

（2）限流式熔断器。限流式熔断器的熔体可用镀银的细铜丝制成，铜丝上焊有锡球以降低铜的熔化温度。熔体长度由熔断器的额定电压及灭弧要求决定，额定电压越高则熔体越长。为缩短熔体长度，可将其绕成螺旋形。为避免过细熔体的损伤，可把熔体绕在瓷芯上，整个熔件放在充满石英砂的瓷管中。充入熔管的石英砂形成大量细小的固体介质狭缝狭沟，对电弧起分割、冷却和表面吸附（带电粒子）作用，同时缝隙内骤增的气体压力也对电弧起强烈的去游离作用，所以电弧能被迅速熄灭。图 5-34 所示为限流熔断器熔体管结构。

当流经熔体的短路电流很大时，熔体的温度可在电流上升到最大值前达到其熔点，此时被石英砂包围的熔体立即在全长范围内熔化、蒸发，在狭小的空间中形成很高的压力，迫使金属蒸气向四周喷溅并深入到石英砂中，使短路电流在达到最大值前被截断，从而引起了过电压。这一过电压作用在熔体熔断后形成的间隙上，使间隙立即击穿形成电弧，电弧燃烧被限制在很小区域中进行，直径很小，再加上石英砂对电弧所起的冷却、去游离作用，使电弧电阻大大增加，限制了短路电流的上升，体现出限流熔断器的限流作用。

这类熔断器适用于户内装置，全部过程均在密闭管子中进行，熄灭时无巨大气流冲出管外，运行人员可通过设置在熔管内的动作指示器来判别熔断器的动作情况。图 5-35 所示为 RN₁ 型熔断器的外形图。由于过电压现象的出现，这类熔断器只用于与自身额定电压相等的电网中。

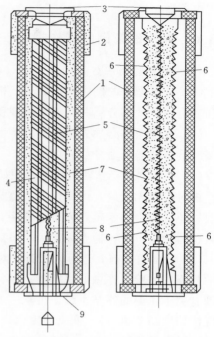

（a）额定电流≤7.5A （b）额定电流＞7.5A

图 5-34 限流熔断器熔体管的结构
1—熔管；2—端盖；3—顶盖；4—陶瓷芯；
5—熔体；6—小锡球；7—石英砂；
8—指示熔体；9—弹簧

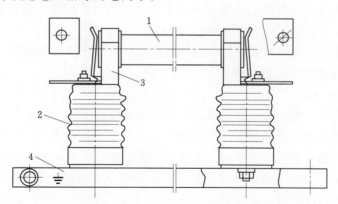

图 5-35 RN₁ 型熔断器的外形图
1—熔管；2—支柱绝缘子；3—接触座；4—底架

和其他保护电器比较，熔断器价格低、体积小、结构简单，因此在功率较小和对保护性能要求不高的地方，可以替代昂贵的断路器和自动开关。熔断器在低压回路中用得最多，也常和负荷开关共同用在小功率高压电路中，电压互感器回路中则普遍用熔断器作为保护电器。

5.3.6　电气设备倒闸操作规定

1. 倒闸操作的一般规定

（1）变电设备的倒闸操作必须严格遵守 GB 26860—2011《电力安全工作规程　发电厂和变电站电气部分》和其他有关规程规定。

（2）倒闸操作必须先根据有关调度员的操作指令填写倒闸操作票，并经审核合格后，由调度员下达操作命令后方可进行。

（3）执行倒闸操作时（包括单项操作）均应先在五防工作站上模拟出正确的倒闸操作票。核对检查无误后，由操作人、监护人分别在倒闸操作票上签名。较为复杂或重要的操作票，还必须由技术负责人审查签字，并进行现场双重监护。再在操作员工作站上输入操作人、监护人口令，检查无误后，最后进行实际操作。

（4）设备送电前，运行人员必须对设备进行验收检查，同时督促有关工作负责人对设备的检修、试验工作做好完整的记录，并对设备能否运行下明确的结论，由运行值班人员办理有关工作票的终结手续，拆除一切与检修有关的安全措施（调度下令的有关安全措施均应按调度指令执行），恢复固定遮栏及常设标示牌，对设备各连接回路进行检查，使设备具备送电条件。

（5）操作票在得到调度员的正式操作指令后，才能进行操作。操作中若发生疑问时，应立即停止操作，待弄清问题后，再进行操作。

（6）通常由技术水平较高、经验比较丰富的值班员担任监护，另一人担任操作。发电厂、变电站、调度所及用户，每个值班人员及电工的监护权、操作权在岗位责任制中明确规定，通过考试合格后由公司以书面命令正式公布，并取得合格证。

（7）倒闸操作中发生断路器或隔离开关拒动或不能自保持时，必须首先查明操作条件是否具备，操作是否正确。不得随意解除闭锁。

（8）停送电操作后要对开关进行详细检查，如断路器合闸后应检查储能开关储能，防止失电后开关未储能导致无法合闸等。

2. 倒闸操作的原则

（1）设备停电时，先操作一次设备，后停用继电保护、自动装置等二次设备。送电操作时，先投入继电保护、自动装置等二次设备，后操作一次设备。

（2）解网操作前，应先检查解网点的有功、无功潮流，确保解网后系统各部分电压在规定范围以内，通过任一设备的功率不超过动稳极限及继电保护装置的要求限值等。

（3）电压互感器停电时，应先断开二次小开关，后拉开一次侧隔离开关，送电时则相反。

（4）在任何情况下均可不等待值班调度的指令，而由值班人员自行执行后汇报值班调度的操作有：①对人员生命有直接威胁的设备停电；②将已损坏的设备隔离；③运行中的设备有受损伤的威胁时，根据现场事故处理规程的规定加以隔离；④当母线电压消失时，将连接到该母线上的开关拉开；⑤当站用电失电时，恢复其电源。

3. 倒闸操作规程

（1）变压器的操作规定。

1）凡有中性点接地的变压器，变压器的投入或停用均应先合上各侧中性点接地刀闸，变压器在充电前也应合上中性点接地刀闸。

2）变压器停送电操作顺序：停电时先停负荷侧，后停电源侧；送电时与停电顺序相反。

3）新投入或大修后的变压器有可能改变相位，并网前要进行相位校核。

（2）35kV 线路停、送电的操作规定。

1）35kV 线路停电操作时应先将此回路所有风机停运，如果有检修工作，根据工作票的要求，断开线路侧断路器并将手车拉出，合上 35kV 线路侧接地刀闸，线路送电操作与此相反。

2）合上 35kV 线路侧接地刀闸（包括挂接地线）的操作时，必须先验明线路三相确无电压。

3）在新建、扩建、改建或大修后的线路并网前应核对相位，并网带负荷后应校对保护极性。

（3）断路器的操作规定。

1）断路器合闸带电后，必须检查三相电流基本平衡。断路器合闸后应检查储能开关已储能。

2）断路器检修时必须断开断路器及两侧隔离开关，在断路器两侧挂地线。

（4）隔离开关的操作规定。

1）隔离开关可以作用于拉合电压互感器和避雷器（天气晴朗时）的操作。

2）隔离开关可以作用于拉合变压器中性点的接地刀闸。

（5）接地线（接地刀闸）的操作规定。

1）接地线（接地刀闸）的操作命令应由值班运行人员执行。其方式有倒闸操作票、调度电话命令。

2）接地线（接地刀闸）的操作应填入"操作记录簿"，并把它作为交接班的重要内容，按值交接。

3）接地线（接地刀闸）的操作应与交接班日志"五防系统"及现场实际位置对应一致。

4）线路停电，按调度命令在线路侧装设的接地安全措施，未经调度许可无论何种原因均不得拆除。

5.4 电抗器和电容器

5.4.1 电抗器

电抗器也称电感器，一个导体通电时就会在其所占据的一定空间范围产生磁场，所以所有能载流的电导体都有一般意义上的感性。然而通电长直导体的电感较小，所产生的磁

119

场不强，因此实际的电抗器是导线绕成螺线管型式，称为空芯电抗器；有时为了让这只螺线管具有更大的电感，便在螺线管中插入铁芯，称为铁芯电抗器。

1. 电抗器的作用

电抗器是重要的电力设备，在电力系统中起补偿杂散容性电流、限制合闸涌流、限制短路电流、滤波、平波、启动、防雷、阻波等作用。根据电抗器的结构型式可分为空芯电抗器、铁芯电抗器与半芯电抗器。

电力系统中所采取的电抗器，常见的有串联电抗器和并联电抗器。

（1）串联电抗器。串联电抗器主要用来限制短路电流，也有在滤波器中与电容器串联或并联用来限制电网中的高次谐波。

电网中所采用的电抗器实质上是一个无导磁材料的空心线圈。它可以根据需要布置为垂直、水平和品字形 3 种装配形式。在电力系统发生短路时，会产生数值很大的短路电流。如果不加以限制，要保持电气设备的动态稳定和热稳定是非常困难的。因此，为了满足某些断路器遮断容量的要求，常在出线断路器处串联电抗器，增大短路阻抗，限制短路电流。由于采用了电抗器，在发生短路时，电抗器上的电压降较大，所以也起到了维持母线电压水平的作用，使母线上的电压波动较小，保证了非故障线路上的用户电气设备运行的稳定性。

（2）并联电抗器。并联电抗器用来吸收电网中的容性无功，如 500kV 电网中的高压电抗器，500kV 变电站中的低压电抗器，都是用来吸收线路充电电容无功的；220kV、110kV、35kV、10kV 电网中的电抗器是用来吸收电缆线路的充电容性无功的，可以通过调整并联电抗器的数量来调整运行电压。

超高压并联电抗器有改善电力系统无功功率有关运行状况的多种功能，主要包括：①轻空载或轻负荷线路上的电容效应，以降低工频暂态过电压；②改善长输电线路上的电压分布；③使轻负荷时线路中的无功功率尽可能就地平衡，防止无功功率不合理流动，同时也减轻了线路上的功率损失；④在大机组与系统并列时，降低高压母线上工频稳态电压，便于发电机同期并列；⑤防止发电机带长线路可能出现的自励磁谐振现象；⑥当采用电抗器中性点经小电抗接地装置时，还可用小电抗补偿线路相间及相地电容，以加速潜供电流自动熄灭，便于采用单相快速重合闸。

2. 电抗器的分类

电抗器是依靠线圈的感抗阻碍电流变化的电器。按用途分为：①限流电抗器，串联于电力电路中，以限制短路电流的数值；②并联电抗器，一般接在超高压输电线的末端和地之间，起无功补偿作用；③通信电抗器，又称阻波器，串联在兼作通信线路用的输电线路中，用以阻挡载波信号，使之进入接收设备；④消弧电抗器，又称消弧线圈，接于三相变压器的中性点与地之间，用以在三相电网的一相接地时供给电感性电流，以补偿流过接地点的电容性电流，使电弧不易起燃，从而消除由于电弧多次重燃引起的过电压；⑤滤波电抗器，用于整流电路中减少整流电流上纹波的幅值，也可与电容器构成对某种频率能发生共振的电路，以消除电力电路某次谐波的电压或电流；⑥电炉电抗器，与电炉变压器串联，限制其短路电流；⑦启动电抗器，与电动机串联，限制其启动电流。

补偿杂散容性电流的电抗器主要有并联电抗器与消弧线圈。并联电抗器的作用是限制电力系统的工频电压升高现象，工频电压升高的原因在于空载长线的电容效应、不对称对地短路故障与突然甩负荷。消弧线圈通常应用在配电系统，它的作用是使单相对地短路电流不能持续燃烧，导致电弧熄灭。消弧线圈通常具有调谐功能，可根据电力系统的杂散电容与脱谐度改变其电感值。

滤波电抗器与电容器配合使用，构成 LC 谐振支路。针对特定次数的谐波达到谐振，滤除电力系统中的有害次谐波。

平波电抗器应用在直流系统中，起限制直流电流的脉动幅值作用。在设计平波电抗器时须注意线圈中的电流是按电阻分布的，设计时最好采用微分方程组计算。若按交流阻抗设计可能造成线圈出现过热现象，且阻抗值未必准确。

启动电抗器用于交流电动机启动时刻，限制电动机的启动电流，保护电动机正常运行。

防雷线圈通常用于变电站进出线上，减低侵入雷电波的陡度与幅值。

阻波器与防雷线圈的应用场合相仿，线圈内装有避雷器与调协装置。用于阻碍电力线路中特定的通信载波，便于将通信载波提取出来，是实现电力载波的重要设备。

以下介绍两种典型电抗器。

（1）户外干式空芯电抗器。户外干式空芯电抗器是利用环氧绕包技术将绕组完全密封，导线相互粘接大大增加了绕组的机械强度，如图 5-36 所示。同时利用新的耐火材料喷涂于包封的表面，使得产品能够满足在户外的苛刻条件下运行。包封间由撑条形成气道，包封间与包封内绕组多采用并联连接以便满足容量与散热的要求。为了满足各个并联支路电流合理分配的需要，采用分数匝来减少支路间的环流问题。为了能够形成分数匝，采用星形架作为绕组的出线连接

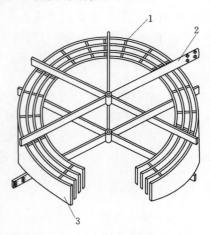

图 5-36　户外干式空芯电抗器
1—引拔条；2—接线臂；3—包封绝缘

端。绕组的上下星架通过拉纱方式固定，固化后整个产品成为一个整体。这种结构的电抗器与传统方式的电抗器相比较具有可以直接用于户外、电感为线性、噪声小、防爆、使用维护方便等特点，因而对于某些场合此产品有可能正逐步取代其他形式的电抗器。

由于受到绕组结构的限制，户外空芯干式电抗器通常不适合电感较大（＞700mH）或电感较小（＜0.08mH）但电流较大的场合，否则就会造成体积过于庞大或者支路电流极不平衡。在这两种极端条件下，需要适当改变线圈的绕线形式。此外，空芯电抗器通常占地面积最大、对外漏磁最严重，这是这类电抗器的主要缺点。

（2）干式铁芯电抗器。干式铁芯电抗器主要由铁芯和线圈组成。铁芯可分为铁芯柱与铁轭两部分，铁芯柱通常由铁饼与气隙组成。线圈与铁芯柱套装，并由端部垫块固定。铁芯柱则由螺杆与上下铁轭夹件固定成整体。对于三相电抗器常采用三芯柱结构，但对于三相不平衡运行条件下，需采用多芯柱结构，否则容易造成铁芯磁饱和问题。干式铁芯电抗器的线圈通常采用浇注、绕包与浸漆方式。由于铁磁介质的导磁率极高，而且其磁化曲线

是非线性的，故用在铁芯电抗器中的铁芯必须带气隙。带气隙的铁芯，其磁阻主要取决于气隙的尺寸。由于气隙的磁化特性基本上是线性的，所以铁芯电抗器的电感值取决于自身线圈匝数以及线圈和铁芯气隙的尺寸。由于干式铁芯电抗器是将磁能主要存储于铁芯气隙当中，铁芯相当于对磁路短路，相当于只有气隙总长度的空心线圈。因此铁芯电抗器线圈的匝数较少，从而其体积较小。体积小，必然散热面积小，因此铁芯电抗器的损耗较小。此外，由于铁芯的存在，铁芯电抗器的空间漏磁较小。

铁芯电抗器磁场通过铁芯与气隙构成回路，其电感值是否呈线性取决于铁芯的磁场工作状态。当铁芯出现磁饱和，则气隙内磁场将出现非线性变化，造成电感非线性。这是铁芯类电抗器明显存在的不足之处。另外，铁芯的磁滞伸缩引起的噪声问题，以及重量重、组装复杂、不能直接户外使用均是这类电抗器的缺点。

由于电力系统中大量使用电力电子器件，直流用电，变频用电等，产生了大量的谐波，用以补偿的电容器频繁损坏，有的甚至无法投入补偿电容器。当谐波较小时，可以用谐波抑制器；但系统中的谐波较高时，就要用串联电抗器放大谐波电流。电抗率为 4.5%～7% 滤波电抗器，用于抑制电网中 5 次及以上谐波；电抗率为 12%～13% 滤波电抗器，用于抑制电网中 3 次及以上谐波。电抗器装于柜内，应加装通风设备散热。电抗器能在额定电压的 1.35 倍下长期运行，常用电抗器的电抗率有 4.5%、5%、6%、7%、12%、13% 等；电抗器的温升为铁芯 85K，线圈 95K；绝缘水平为 3kV/min，无击穿与闪络；电抗器在 1.8 倍额定电流下的电抗值，其下降值不大于 5%；电抗器有三相、单相之分；三相电抗器任两相电抗值之差不大于 ±3%；电抗器可用于 400V 或 600V 系统；电抗器噪声等级不大于 50dB；电抗器耐温等级 H 级以上。

5.4.2　电容器

1. 并联电容器

并联电容器是一种无功补偿设备，也称移相电容器。在风电场中主要安装在风力发电机出口或风电场母线，用于补偿风电场的无功功率，以提高功率因数，改善电压质量，降低线路损耗。

单相并联电容器主要由芯子、外壳和出线结构等部分组成，用金属箔（作为极板）与绝缘纸或塑料薄膜叠起来一起卷绕，由若干元件、绝缘件和紧固件经过压装而构成电容芯子，并浸渍绝缘油。电容极板的引线经串、并联后引至出线瓷套管下端的出线连接片。电容器的金属外壳内充以绝缘介质油。

常用的并联电容器按其结构不同，可分为箱式、集合式、半封闭式和干式等多个品种。

（1）箱式并联电容器。该电容器外形和中小型变压器相似，内部为去掉铁壳的单台电容器芯子，按设计要求若干个串并联、预留散热油道、抽空脱气后注满合格的油而成。这种产品单台容量较大（500kvar 及以上），内部出现损坏元件后，一旦炭黑析出并扩散，则基本无法修理。

（2）集合式并联电容器。这款电容器按其结构分为半密封和全密封两大类。储油柜加干燥过滤器的，入口处无论有无油封，属于前者；无储油柜而在箱体内部用其他方式来补偿油位冷热变化的，属于后者。目前研发的一种电动调容产品，运行实践证明不太可靠，它的活动触点在油里面，很容易出现接触不良，可能产生局部过热，而且在两个端子间转接瞬间会产生相位问题，可能引发麻烦，因此可采用断电后用开关手动调容的方法。

这种电容器优点突出，缺点也突出。其主要优点是安装方便、维护工作量小、节省占地面积。缺点主要是给用户带来不便，它的维护工作量虽小，但对它的观察很不直观，不能放松对其容量变化的关注；特别是在有谐波的场所，对其容量的变化必须时刻注意。随着运行时间的推移，内熔丝可能会逐步动作，从而引发三相电容量失衡，这一故障很难在现场修复，返厂修理又费时间，影响电容器的投运率。近年来并联补偿装置实际运行的统计数据表明，集合式电容器的年损坏率大约是单台铁壳式电容器的 4 倍，有些地区还要高一些；加上现场无法维修等因素，近年来这类产品的市场份额呈现出明显的下降趋势。

（3）半封闭式并联电容器。半封闭式并联电容器是将单台电容器套管对套管卧放在特制的钢架上，然后封闭其导电部分（地电位部分不封闭）而成的组装体。可多层布放、向高空发展以节省占地面积。这种产品对电容器单元的浸渍工艺要求较高，最好要装外熔丝，否则难以保证运行安全。

（4）干式并联电容器。干式并联电容器是将低压金属化膜技术移植过来，若干个元件串、并联后制成高压电容器，因而仍具有自愈特性，而且符合产品无油化的发展方向。无油电容器不会像人们期待的那样不燃烧，电容器内部的聚丙烯基膜在条件具备时仍会着火。另外，自愈式电容器并不能确保每次局部击穿后一般都能可靠自愈，不自愈（即自愈失效）的概率是存在的。产品设计时必须要有切实的防火措施和特殊的保护措施才能确保安全运行。

2. 电容器放电装置

当设备内部有储存电荷量大的电容器时，即使切断电源，电容器及其线路仍需要较长时间的放电，人员接触仍有触电的危险。电容器放电装置的作用就是泄放设备切断电源后电容器内尚存的电荷。如果电容器及其线路的电压不能在切断电源后 2s 内放电降到 30V 以下，则必须设置放电装置。

放电装置的放电特性应满足下列要求：手动投切的电容器组的放电装置，应能使电容器组三相及中性点的剩余电压在 5min 内自额定电压（峰值）降至 50V 以下；自动投切的电容器组的放电装置，应能使电容器组三相及中性点的剩余电压在 5s 内自电容器组额定电压（峰值）降至 10％电容器组额定电压及以下。

采用电压互感器或配电变压器的一次绕组作高压电容器的放电线圈，一般能满足上述要求，并且通常采用单相三角形接线或开口三角形接线的电压互感器作为放电线圈，与电容器组直接连接。

3. 耦合电容器

耦合电容器是用来在电力网络中传递信号的电容器。主要用于工频高压及超高压交流输电线路中，以实现载波、通信、测量、控制、保护及抽取电能等目的。它使得强电和弱电两个系统通过电容器耦合并隔离，提供高频信号通路，阻止工频电流进入弱电系统，保证人身安全。带有电压抽取装置的耦合电容器除以上作用外，还可抽取工频电压供保护及重合闸使用，起到电压互感器的作用。

耦合电容器通常结合滤波器、阻波器一起使用。结合设备接在耦合电容器的低电压端和连接电力线载波机的高频电缆之间；或者在桥路情况下，直接或经过附加设备接往另一台结合设备。结合设备经耦合电容器与电力线的一相或多相导线耦合。相地耦合、相相耦合是最普遍的耦合方式。这种方式具有以下特点：

（1）既能使高压强电与高频设备进一步隔离，并抑制其他频率信号的干扰，又能使高频通路的输入阻抗与高频电缆的输入阻抗相匹配，以利于高频信号的传输。

（2）通过结合滤波器、阻波器还能使经过耦合电容器泄漏的高压工频电流可靠接地，保障高频设备的安全。

5.5　互　感　器

互感器包括电流互感器（TA）和电压互感器（TV），是风电场、升压变电站内一次系统和二次系统间的联络元件。互感器主要具有以下用途：

（1）将测量仪表、保护电器与高压电路隔离，以保证二次设备和工作人员的安全。

（2）将一次回路的高电压和大电流转换成二次回路的低电压和小电流，使测量仪表和保护装置标准化、小型化。电压互感器二次侧额定电压为 100V；电流互感器二次侧额定电流为 5A 或 1A，以便于选用监测设备。

（3）使测量仪表、继电器等二次设备的使用范围扩大。

5.5.1　电流互感器

1. 电流互感器的工作原理

目前风电场广泛采用的是电磁式电流互感器，它的工作原理与变压器相似。其特点是：一次绕组串联在被测电路中，且匝数很少，故一次绕组中的电流完全取决于被测电路中负荷电流，而与二次电流大小无关，二次绕组所接仪表与继电器的阻抗很小，所以正常情况下，电流互感器近于短路状态下运行。

电流互感器一次、二次额定电流之比称为电流互感器的额定电流，即

$$k_i = I_{N1} / I_{N2} \qquad (5-29)$$

k_i 还可近似地表示为电流互感器一次、二次绕组的匝数比，即

$$k_i = \frac{N_2}{N_1} \qquad (5-30)$$

式中　　N_1、N_2——一次、二次绕组匝数。

2. 电流互感器的误差

电流互感器的简化等效电路和相量图如图 5-37 所示。根据磁势平衡原理可知

$$\dot{I}_1 N_1 + \dot{I}_2 N_2 = \dot{I}_0 N_1 \qquad (5-31)$$

若以磁通 $\dot{\phi}$ 为基准，则 $-\dot{E}'_2$ 应比 $\dot{\phi}$ 超前 90°，$\dot{I}_0$ 比 $\dot{\phi}$ 超前 φ 角（励磁损耗角）。由于二次绕组和二次负荷阻抗一般均呈感性，所以 $-\dot{I}'_2$ 比 $-\dot{E}'_2$ 滞后 α 角。因此，根据式（5-31）可绘出 $\dot{I}_1$ 的相量。由相量图可知，电流互感器归算到一次侧的二次电流 $\dot{I}'_2$ 与一

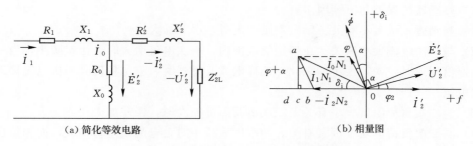

图 5-37 电流互感器的简化等效电路和相量图

次电流 $\dot{I}_1$ 不仅在数值上不相等，而且相位也不相同，即出现电流误差（又称比值差）和相位误差（又称角差）。

电流互感器的电差（电流误差）f_i 是二次电流乘以额定电流比 k_i 与实际一次电流数值的差占一次电流的百分数，即

$$f_i = \frac{k_i I_2 - I_1}{I_1} \times 100\% \qquad (5-32)$$

电流互感器的角差（相位差）δ_i 是二次电流旋转 180°（即 $-\dot{I}_2'$）与 $\dot{I}_1$ 的相角差，并规定若 $-\dot{I}_2'$ 超前于 $\dot{I}_1$，δ_i 为正值，反之为负值。

由于相位差 δ_i 很小，因此可以认为比差就是励磁电流 $\dot{I}_0$ 横向分量的百分数，角差就是 $\dot{I}_1$ 纵分量的角度数，即

$$f_i = \frac{I_0 \sin(\alpha + \varphi)}{I_1} \times 100\% \qquad (5-33)$$

$$\delta_i \approx \sin\delta_i = \frac{I_0 \cos(\alpha + \varphi)}{I_1} \times 57.3° \qquad (5-34)$$

式中　δ_i——相位差（角差）。

由于电流互感器在传变过程中磁化特性的非线性特性，使励磁电流和二次电流出现了高次谐波分量，这时使用相量图来表示误差已不合理，因而新的国家标准提出了一项新指标——复合误差，它主要用于保护用电流互感器。

复合误差是指在稳态情况下，电流互感器二次电流瞬时值乘以额定电流比后与一次电流瞬时值之差的有效值占一次电流有效值的百分数，即

$$\varepsilon = \frac{100\%}{I_1} \sqrt{\frac{1}{T} \int_0^T (k_i i_2 - i_1)^2 \, dt} \qquad (5-35)$$

式中　I_1——一次电流有效值；

　　　i_1——一次电流瞬时值；

　　　i_2——二次电流瞬时值；

　　　T——1 个周波的时间。

电流互感器根据误差的不同可分成多个准确级别，它是按最大允许误差表示的。测量用电流互感器准确级别和误差限值见表 5-5；保护用电流互感器的准确级别和误差限值见表 5-6。

电流互感器的误差与下列因素有关：

（1）与励磁安匝大小有关。励磁安匝加大时，误差加大。

（2）与一次电流大小有关。在额定值范围内，一次电流增大时，误差减小，当一次电流在额定值附近时，误差最小。因此，选择电流互感器时，应尽量使其一次电流接近于回路额定电流。

（3）与二次负荷阻抗大小有关。二次负荷阻抗加大时，误差加大。

（4）与二次负荷的功率因素有关。功率因素减小时，电流误差将加大，而相位误差相对减小。

表 5 - 5　测量用电流互感器的准确级别和误差限值

准确度级别	一次电流额定电流的百分数/%	误差限值		二次负荷变化范围
		电流误差/%	相位差/(')	
0.2	±10	±0.5	±20	
	±20	±0.35	±15	
	±(100～120)	±0.2	±10	
0.5	±10	±1	±60	
	±20	±0.75	±45	$(0.25 \sim 1)S_{N2}$
	±(100～120)	±0.5	±30	
1	±10	±2	±120	
	±20	±1.5	±90	
	±(100～120)	±1	±60	
3	±(50～120)	±3	无规定	$(0.5 \sim 1)S_{N2}$

表 5 - 6　保护用电流互感器的准确级别和误差限值

准确度级别	电流误差/%	相位差/(')	复合误差（在额定准确限值一次电流下）/%
	在额定一次电流下		
5P	1	±60	5
10P	3	—	10

3. 电流互感器的类型

电流互感器的类型很多，具体如下：

（1）按一次电压分，有高压和低压电流互感器。

（2）按一次线圈匝数分，有单匝式和多匝式电流互感器。

（3）按安装地点分，有户内式和户外式电流互感器。

（4）按用途分，有测量和保护用两类电流互感器。

（5）按准确度等级分，测量用互感器有 0.2、0.5、1、3、5 等级（特殊用途的电流互感器 0.2S、0.5S 级，对应的 0.2 级和 0.5 级有更高的测量精度，主要用于负荷变化大的场合），保护用电流互感器精度有 5P、10P 等级（P 代表保护）。

（6）按绝缘介质分，有油浸式和干式电流互感器。

（7）按安装型式分，有穿墙式、母线式、套管式、支持式等电流互感器。

目前，应用最广泛的是环氧树脂浇注绝缘的干式电流互感器。

4. 电流互感器的接线方式

电流互感器的二次侧接测量仪表、继电器及各种自动装置的电流线圈。图 5-38 所示为电流互感器常用接线方式。图 5-38（a）为单相接线，用于对称三相负荷时，测量一相电流；图 5-38（b）为星形接线，可测量三相电流，监视每相负荷不对称情况；图 5-38（c）为不完全星形接线，又称 V 形接线，用于 35kV 以下中性点接地系统中只在 A、C 相装电流互感器，B 相不装的情况。在三相负荷平衡或不平衡系统中，当只取 A、C 两相电流时，例如：三相二元件功率表或电能表，可用不完全星形接线，流过二次回路公共导线的电流为 A、C 两相电流的相量和，即 $-\dot{I}_b$，如图 5-38（d）所示。

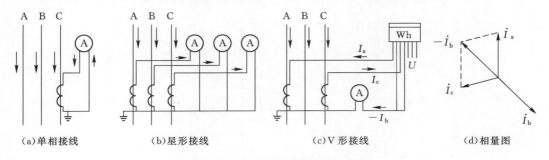

（a）单相接线　　　（b）星形接线　　　（c）V 形接线　　　（d）相量图

图 5-38　电流互感器的接线方式

5. 电流互感器的使用注意事项

（1）电流互感器二次回路不准开路。电流互感器正常运行时近于短路工作状态，由于二次回路的去磁作用，铁芯的激磁磁势很小。若二次回路开路，由磁势平衡方程式可知，激磁磁势将骤增，铁芯饱和，磁通波形发生畸变，由正弦波变为平顶波。由于二次绕组感应电势与磁通的变化率成正比，故在磁通过零时，二次侧感应出很高的尖顶波电动势，其峰值可达数千伏甚至上万伏（与电流互感器的变化及开路时一次电流值有关）。这样危及工作人员安全及设备的绝缘；同时，由于铁芯中磁通的骤增，使铁芯损耗增大发热，可能导致互感器损坏；此外，在铁芯中产生的剩磁还会使电流互感器的误差增大。

为防止电流互感器二次回路开路，当互感器在运行中需拆除连接的仪表时，必须先短接其二次绕组。

（2）电流互感器连接时，一定要注意极性规定。电流互感器的连接极性如图 5-39 所示，L_1、L_2 分别为一次绕组的首端和末端；K_1、K_2 分别为二次绕组的首端和末端，电流互感器一、二次绕组的首端（或末端）互为同名端或同极性端，用"*""·"或"+"端表示。其含义是互感器的两个绕组在磁通的作用下感应出电动势，在某一瞬间，两个同名的端子（如 L_1 和 K_1）将同时达到最高电位，或同时达到最低电位，此两端具有相同的极性。

当同时从两个绕组中的同极性端子注入电流时，它们在铁芯中产生的磁通方向相同；而当从一次绕组 L_1 端注入电流时，二次绕组感应的电流从 K_2 流向 K_1。这样从同名端（如 L_1、K_1）观察时，电流方向相反，称为减极性。也就是说，当一次绕组中电流 I_1 的

正方向自 L_1 流向 L_2 端，则二次绕组中电流 I_2 的正方向在绕组内部将自 K_2 流向 K_1，而在外电路（仪表、继电器）中是自 K_1 点流出，由 K_2 点流回。

采用减极性标号法后，经电流互感器接入的仪表内流过的电流的方向将与把仪表直接接入一次电路中时方向相同，如图 5-40 所示。减极性标号方法较为直观，被广泛采用。

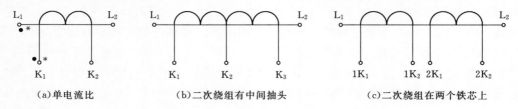

(a)单电流比　　　　(b)二次绕组有中间抽头　　　　(c)二次绕组在两个铁芯上

图 5-39　电流互感器的连接极性

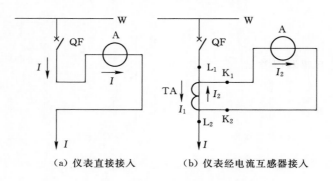

（a）仪表直接接入　　　　（b）仪表经电流互感器接入

图 5-40　电流互感器减极性标号法

如果一次、二次绕组绕向相反，端点标志不变；或者端点标志相反，绕法不变，则一次绕组从 L_1 流入电流时，二次绕组感应的电流从 K_1 流向 K_2，即一次、二次绕组中电流正方向相同。这种从同名端观察时电流流向相同称为加极性。

在我国电流互感器的极性端是按减极性原则确定的。仪用互感器的极性在安装接线和使用时尤为重要，否则会影响正确测量，甚至可能使仪表烧坏引起事故。

（3）电流互感器的二次绕组及其外壳均应可靠接地。为防止一次绕组击穿时高电压传到二次侧，损坏设备或危及人身安全，电流互感器的二次绕组及外壳均应可靠接地。

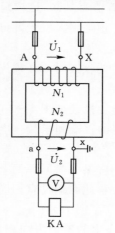

图 5-41　电压互感器
的原理接线图

5.5.2　电压互感器

1. 电压互感器的工作原理

电压互感器是用来把高电压变为低电压的变压器，其一次绕组匝数很多，并联在系统的一次电路中，而二次绕组匝数很少，与电压表、继电器的电压线圈等并联。由于这些电压线圈的阻抗较大，所以电压互感器工作时二次绕组接近于空载状态。图 5-41 所示为电压互感器的原理接线图。

2. 电压互感器的误差

（1）误差类型。电压互感器的误差可分为电压误差 f_u 和角度误差 δ_u。

电压误差 f_u 为二次电压乘以额定互感比 $U_2 k_u$ 与一次电压的实际值 U_1 之差对 U_1 的百分比，即

$$f_u = \frac{U_2 k_u - U_1}{U_1} \times 100\% \qquad (5-36)$$

额定互感比 k_u 为电压互感器一次、二次绕组额定电压之比；一次侧额定电压就是电网的额定电压；二次侧额定电压统一规定为 100V。

角度误差 δ_u 为旋转 180° 的二次电压相量与一次电压相量之间的夹角，并规定 $-\dot{U}_2$ 超前 $\dot{U}_1$ 的相位差为正，反之为负。

电压误差对测量仪表的指示和继电器的输入值有直接影响，而角误差只是给功率型测量仪表和继电器带来误差。

（2）影响电压互感器误差的主要因素。

1）与电压互感器的励磁电流有关。励磁电流增大会使相位和漏抗增大，将使相位角误差和变比误差增大。

2）与电压互感器的二次负载有关。二次负载增加会使变比误差和相位角误差增大。

3）与电压互感器绕组的电阻和漏抗有关。线圈电阻和漏抗增大，将使相位角误差和变比误差增大。

4）与二次负荷的功率因素有关。功率因素减小时，角度误差将明显增大。

为了保证测量仪表、继电保护和自动装置的准确性，应把电压互感器的误差限制在一定的范围之内，通常以准确级表示。电压互感器的准确级是指在规定的一次电压和二次负荷变化范围内，负荷功率因数为额定值时，电压误差的最大值。我国电压互感器准确级和误差限值标准如表 5-7 所示。

表 5-7　电压互感器的准确度等级和误差限值

准确度级别	误差限值		一次电压变化范围	二次负荷变化范围
	电流误差/%	相位差/(′)		
0.2	±0.2	±10		
0.5	±0.5	±20		
1	±1	±40	$(0.8\sim1.2)U_{N1}$	
3	±3	不规定		$(0.25\sim1)S_{N2}$
3P	±3	±120	$(0.05\sim1)U_{N1}$	
6P	±6	±240		

3. 电压互感器的类型

（1）电压互感器按相数分，有单相和三相两大类。

（2）按用途分，有测量用和保护用两大类。

（3）按准确度等级分，有 0.2、0.5、1、3、3P、6P 等级。

（4）按安装地点分，有户内式和户外式。

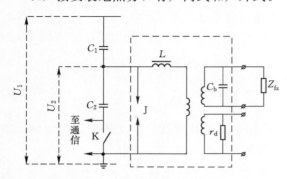

图 5－42　电容分压式电压互感器原理图

C_1、C_2—分压电容；K—闸刀开关；J—放电间隙；
L—补偿电抗器；r_d—阻尼电阻；C_b—补偿电容

（5）按绝缘介质分，有油浸式和干式等。

（6）电压互感器按工作原理可分为电磁式和电容分压式两种。电磁式电压互感器的结构原理与变压器相同，但容量较小，类似一台小容量变压器。其工作特点是：一次绕组并接在电路中，其匝数很多，阻抗很大，因而它的接入对被测电路没有影响；二次绕组所接测量仪表和继电器的电压线圈阻抗很大，因而电压互感器在近于空载状态下运行。

目前，应用最广泛的是环氧树脂浇注绝缘的干式电压互感器。

4. 电容分压式电压互感器

电容分压式电压互感器简称电容式电压互感器，它实际上是一个电容分压器，其原理图如图 5－42 所示。若忽略流经小型电磁式电压互感器一次绕组的电流，则电压 U_1 经电容 C_1、C_2 分压后得到的电压 U_2 为

$$U_2 = \frac{C_1}{C_1 + C_2} U_1 \tag{5－37}$$

但这仅是理想状况，当电磁式电压互感器一次绕组有电流时 U_2 会比上述值小，故在该回路中又加了补偿电抗器，尽量减小误差。阻尼电阻 r_d 是防止铁磁谐振引起过电压。放电间隙是防止过电压对一次绕组及补偿电抗器绝缘的威胁。闸刀开关闭合或打开仅仅影响通信设备的工作状态（K 合上通信不能工作），不影响互感器本身的运行。

电容式电压互感器结构简单、重量轻、体积小、占地少、成本低，且电压越高效果越显著；此外，分压电容还可兼作载波通信的耦合电容。电容式电压互感器的缺点是输出容量越小误差越大，暂态特性不如电磁式电压互感器。

5. 电压互感器的极性和接线方式

电压互感器的极性也采用减极性原则确定。通常，单相电压互感器一次绕组的出线端子标为 A 和 X，二次绕组的出线端子标为 a 和 x，其中 A 和 a 为同名端，X 和 x 为同名端。如果一次电压的方向由 A 指向 X，则二次电压的方向由 a 指向 x。

电压互感器的接线方式很多，常见的有以下几种：

图 5－43（a）所示为一台单相电压互感器的接线。该接线仅用于小接地电流系统（35kV 及以下），只能测得线电压。

图 5－43（b）所示也是一台单相电压互感器的接线。该接线只能用于大接地电流系统（110kV 及以上），只能测量相电压。

图 5－43（c）是由两台单相电压互感器组成的 V—V 形接线（二次侧 b 相接地），可用来测量线电压，但不能测量相电压，广泛用于 35kV 及以下的电网中。

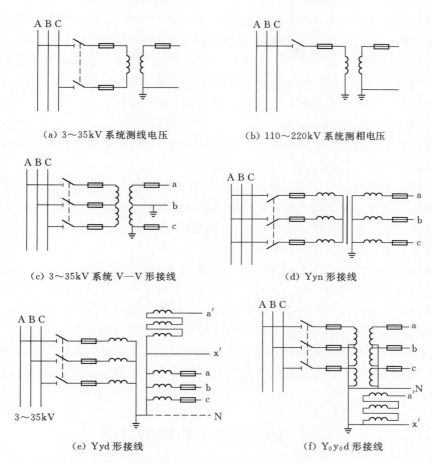

(a) 3～35kV 系统测线电压　　　　　(b) 110～220kV 系统测相电压

(c) 3～35kV 系统 V—V 形接线　　　　(d) Yyn 形接线

(e) Yyd 形接线　　　　　　　　(f) Y_0y_0d 形接线

图 5-43　电压互感器的接线方式

图 5-43（d）所示为一台三相三柱式电压互感器接成 Yyn 形接线，只能用来测量线电压，不能用来测量相对地电压，因为它的一次侧绕组中性点不能引出，故不能用来监视电网对地绝缘。

图 5-43（e）所示为一台三相五柱式电压互感器接成的 Yyd 形接线。其一次侧绕组、基本二次侧绕组接成星形，且中性点均接地。既可测量线电压，又可测量相电压。附加二次绕组每相的额定电压按 $100/\sqrt{3}$ V 设计，接成开口三角形，也要求一点接地。正常工作时，开口三角形绕组两端电压为零，如果系统中发生一相完全接地，开口三角形绕组两端出现 100V 电压，供给绝缘监视继电器，使之发出一个故障信号（但不跳开断路器）。这种接线在 3～35kV 电网中得到广泛应用。（因辅助铁芯柱的磁阻小，零序励磁电流也小，因而当系统发生单相接地时，不会出现烧毁电压互感器的情况。）

图 5-43（f）所示为由三台单相三绕组电压互感器构成的 Y_0y_0d 接线，这种接线既可用于小接地电流系统，又可用于大接地电流系统。但应注意二者附加二次绕组的额定电压不同。用在小接地电流系统中额定电压应为 $100/\sqrt{3}$ V；而在大接地电流系统中则为 100V（一次系统中一相完全接地时，两种情况下开口三角形绕组两端的电压均为 100V）。

3～35kV 电压互感器高压侧一般经隔离开关和高压熔断器接入高压电网，低压侧也应装低压熔断器。110kV 及以上的电压互感器可直接经由隔离开关接入电网，不装高压熔断器（低压则仍要装）。380V 的电压互感器可经熔断器直接入电网而不用隔离开关。

　　无论是电流互感器还是电压互感器，都要求二次侧有一点可靠接地，以防止互感器绝缘损坏，高电压会窜入二次回路，危及二次设备和人身的安全。

　　6. 电压互感器的使用注意事项

　　（1）电压互感器在投入运行前要按照规程规定的项目进行试验检查。如测极性、连接组别、摇绝缘、核相序等。

　　（2）电压互感器的接线应保证其正确性，一次绕组和被测电路并联，二次绕组应和所接的测量仪表、继电保护装置或自动装置的电压线圈并联，同时要注意极性的正确性。

　　（3）接在电压互感器二次侧负荷的容量应合适，不应超过其额定容量，否则会使互感器的误差增大，难以达到测量的正确性。

　　（4）电压互感器二次侧不允许短路。由于电压互感器内阻抗很小，若二次回路短路时，会出现很大的电流，将损坏二次设备甚至危及人身安全。电压互感器可以在二次侧装设熔断器以保护其自身不因二次侧短路而损坏。在可能的情况下，一次侧也应装设熔断器以保护高压电网不因互感器高压绕组或引线故障危及一次系统的安全。

　　（5）为了确保人在接触测量仪表和继电器时的安全，电压互感器二次绕组必须有一点接地。因为接地后，当一次和二次绕组间的绝缘损坏时，可以防止仪表和继电器出现高电压危及人身安全。

5.6　支柱绝缘子和穿墙套管

　　绝缘子俗称为绝缘瓷瓶，它广泛应用在发电厂和变电站的配电装置、变压器、各种电器以及输电线之中，用来支持和固定裸载流导体，并使裸导体与地绝缘，或者用于使装置和电气设备中处在不同电位的载流导体间相互绝缘。因此，要求绝缘子必须具有足够的电气绝缘强度、机械强度、耐热性和防潮性等。

　　绝缘子按安装地点可分为户内（屋内）式和户外（屋外）式两种；按结构用途可分为支柱绝缘子和套管绝缘子。

5.6.1　支柱绝缘子

　　支柱绝缘子又分为户内式和户外式两种。户内式支柱绝缘子广泛应用在 3～110kV 各种电压等级的电网中。

　　1. 户内式支柱绝缘子

　　户内式支柱绝缘子可分为外胶装式、内胶装式及联合胶装式等三种。

　　2. 户外式支柱绝缘子

　　户外支柱绝缘子有针式和实心棒式两种。它主要由绝缘瓷体、铸铁帽和具有法兰盘的装脚组成。

5.6.2 套管绝缘子

套管绝缘子简称为套管。套管绝缘子按其安装地点可分户内式和户外式两种。

1. 户内式套管绝缘子

户内式套管绝缘子根据其载流导体的特征可分为 3 种型式，即采用矩形截面的载流体、采用圆形截面的载流导体和母线型。前两种套管载流导体与其绝缘部分制作成一个整体，使用时由载流导体两端与母线直接相连。而母线型套管本身不带载流导体，安装使用时，将原载流母线装于该套管的矩形窗口内。

2. 户外式套管绝缘子

户外式套管绝缘子用于配电装置中的户内载流导体与户外载流导体之间的连接处，如线路引出端或户外式电器由接地外壳内部向外引出的载流导体部分。因此，户外式套管绝缘子两端的绝缘分别按户内外两种要求设计。

5.7 低压电气设备

低压开关用来接通或断开 1000V 以下的交流和直流电路，通常应用的有接触器、磁力启动器、低压断路器（自动开关）等。

5.7.1 接触器

接触器是用来分断或接通电动机的主回路或其他负载电路的控制回路的控制电器，可以实现频繁的远距离自动控制。它具有比工作电流大数倍乃至数十倍的接通和分断能力，但不能分断短路电流。

1. 分类

接触器按驱动力的不同进行分类，可分为电磁式、气动式和液压式；按接触器主触点控制的电路中电流种类分为交流接触器和直流接触器；按触点的极数分为单极、双极、三极、四极、五极。

2. 结构

电磁式接触器的结构主要由电磁系统和触头系统两大部分组成，包括电磁机构、主触头及灭弧系统、辅助触头、反力装置、支架和底座等。

（1）电磁机构由线圈、铁芯和衔铁组成。

（2）主触头根据其容量大小，有桥式触头和指形触头之分，直流接触器和电流 20A 以上的交流接触器均装有灭弧罩，有的还带有栅片或磁吹灭弧装置。

（3）辅助触头有常开和常闭之分，均为桥式双断口结构。辅助触头的容量较小，主要用在控制电路中起联锁作用，且不设灭弧装置，因此不能用来分合主电路。

（4）反力装置由释放弹簧和触点弹簧组成。

（5）支架和底座用于接触器的固定和安装。

3. 工作原理

因接触器最主要的用途是控制电动机，下面以接触器控制电动机为例介绍接触器的工作原理，如图 5-44 所示。

图 5-44 中，当把按钮 8 向下按时，接触器中的电磁线圈 6 得电（即通过按钮当中常开触头的闭合动作，电源经过按钮和熔断器加电磁线圈上）。当线圈通电后，在铁芯中产生磁通，由此在衔铁气隙处产生吸力，使衔铁产生闭合动作，主触点在衔铁的带动下闭合，于是主回路接通（接触器触头系统中的动触头是同动铁芯机械地固定在一起的，当动铁芯被静铁芯吸引向下运动时，动触头也随之向下运动，并与静触头闭合）。这样，电动机便经接触器的触头系统和熔断器接通电源，开始起动运转。同时，衔铁还带动辅助触点的动作，使原来断开的辅助触点闭合，而原来闭合的辅助触点断开。

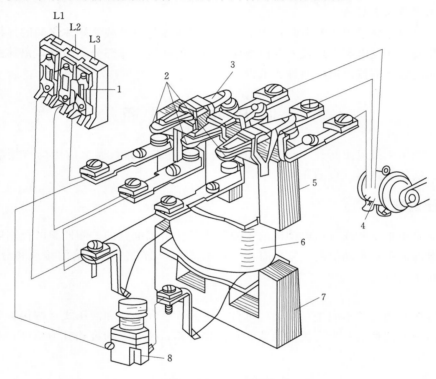

图 5-44　接触器工作原理示意图

1—熔断器；2—静触头；3—动触头；4—电动机；5—动铁芯；6—线圈；7—静铁芯；8—按钮

一旦电磁线圈的电源电压消失或明显降低，以致电磁线圈没有励磁或励磁不足，动铁芯就会因电磁吸力消失或过小而在释放弹簧的反作用力作用下释放，脱离静铁芯。与此同时，和动铁芯固定安装在一起的动触头也与静触头脱离，使电动机与电源脱开，停止运转，这就是失电压保护。

4. 主要技术参数

（1）额定电压。为主触点的额定电压。

（2）额定电流。为主触点的额定电流。

（3）线圈额定电压。又分为交流和直流两种。

另外，还有额定操作频率接通与分断能力、电气寿命和机械寿命、线圈的启动功率与吸持功率等。

接触器电弧的产生和消除见本书的 5.3.1 节。

5.7.2 继电器

继电器是根据某种输入信号来接通或断开小电流控制电路，实现远距离控制和保护的自动控制电器。其输入量有电流、电压等电量，也可以为温度、时间、速度、压力等非电量，输出则是触头的动作或者电路参数的变化。

继电器按工作原理可分为电磁继电器、固态继电器、时间继电器、热继电器等。

继电器按输入量可分为电气量（如电流、电压、频率、功率等）继电器及非电气量（如温度、压力、速度等）继电器两大类。

1. 电磁式继电器

电磁式继电器是在输入电路内电流的作用下，由机械部件的相对运动产生预定响应的一种继电器。图 5-45 为电磁式电流继电器外形、结构及表示符号图。

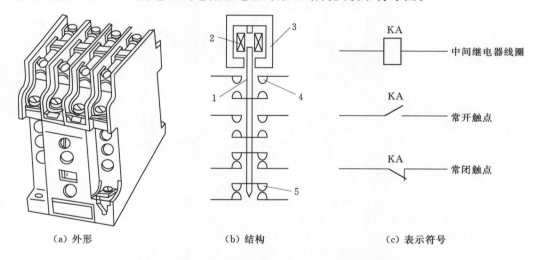

|（a）外形 | （b）结构 | （c）表示符号|

图 5-45 电磁式电流继电器外形、结构及表示符号
1—连杆；2—线圈；3—铁芯；4—常开触点；5—常闭触点

和电磁式接触器工作原理相似，电磁式继电器也由电磁机构和触点系统构成。区别在于继电器可对多种输入量的变化做出反应，而接触器只有在一定的电压下动作；继电器用于切断小电流控制回路和保护回路，接触器用来控制大电流电路；继电器没有灭弧装置，也没有主辅触点之分。电磁式继电器还可分为电压继电器、电流继电器和中间继电器。

（1）电压继电器。触点动作与线圈的电压大小有关的继电器，有欠电压继电器和过电压继电器，文字符号为 KV。

（2）电流继电器。触点动作与线圈电流大小有关的继电器，有过电流继电器和低电流继电器，文字符号为 KI。

（3）中间继电器。在控制回路中起信号的传递、放大、翻转和分路等中继作用的继电器。它属于电压继电器的一种，主要用于扩展触点数量，实现逻辑控制，文字符号为 KA。

2. 热继电器

热继电器是用于电动机或其他电气设备、电气线路的过载保护的保护电器。电动机在实际运行中，如拖动生产机械进行工作过程中，若机械出现不正常的情况或电路异常使电动机遇到过载，则电动机转速下降、绕组中的电流将增大，使电动机的绕组温度升高。若过载电流不大且过载的时间较短，电动机绕组不超过允许温升，这种过载是允许的。但若过载时间长，过载电流大，电动机绕组的温升就会超过允许值，使电动机绕组老化，缩短电动机的使用寿命，严重时甚至会使电动机绕组烧毁。所以，这种过载是电动机不能承受的。热继电器就是利用电流的热效应原理，在出现电动机不能承受的过载时切断电动机电路，为电动机提供过载保护的保护电器。

热继电器的结构如图 5-46 所示。

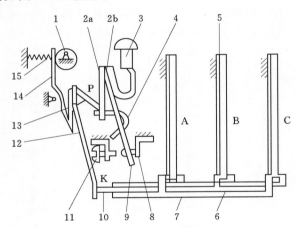

图 5-46　热继电器结构示意图

1—电流调节凸轮；2a，2b—片簧；3—手动复位按钮；4—弓簧片；5—主金属片；6—外导板；
7—内导板；8—常闭静触点；9—动触点；10—杠杆；11—常开静触点（复位调节螺钉）；
12—补偿双金属片；13—推杆；14—连杆；15—压簧

图 5-47　热继电器工作原理示意图

1—热元件；2—双金属片；

3—导板；4—触点

热继电器工作原理示意图如图 5-47 所示。

使用热继电器对电动机进行过载保护时，将热元件与电动机的定子绕组串联，将热继电器的常闭触头串联在交流接触器的电磁线圈的控制电路中，并调节整定电流调节旋钮，使人字形拨杆与推杆相距一适当距离。当电动机正常工作时，通过热元件的电流即为电动机的额定电流，热元件发热，双金属片受热后弯曲，使推杆刚好与人字形拨杆接触，而又不能推动人字形拨杆。常闭触头处于闭合状态，交流接触器保持吸合，电动机正常运行。

若电动机出现过载情况，绕组中电流增大，通过热继电器元件中的电流增大使双金属片温度升得更高，弯曲程度加大，推动人字形拨杆，人字形拨杆推动常闭触头，使触头断开而断开交流接触器线圈电路，使接触器释放、切断电动机的电源，电动机停车而得到保护。

3. 时间继电器

时间继电器是当加上或除去输入信号（线圈通电或断电），输出部分需延时或限时到规定的时间才闭合或断开其被控线路的继电器，它是一种利用电磁原理或机械原理实现延时控制的控制电器。其种类很多，有空气阻尼型、电动型和电子型等。

时间继电器有两种延时方式：通电延时，接受输入信号后延迟一定的时间，输出信号才发生变化，当输入信号消失后，输出瞬时复原；断电延时，接受输入信号后，瞬时产生相应得输入信号，当输入信号消失后，延迟一定的时间，输出才复原。时间继电器结构符号如图5-48所示。

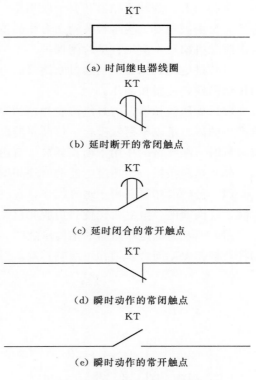

（a）时间继电器线圈

（b）延时断开的常闭触点

（c）延时闭合的常开触点

（d）瞬时动作的常闭触点

（e）瞬时动作的常开触点

图5-48　时间继电器结构符号

4. 速度继电器

速度继电器是按速度原则动作的继电器。它主要应用在三相笼型异步电动机的反接制动中。感应式速度继电器主要由定子、转子和触点三部分组成，其转子的轴与被控电机的轴相连接。当电动机转动时，速度继电器的转子随之转动，达到一定转速时，定子在感应电流和力矩的作用下跟随转动，达到一定角度时，装在定子轴上的摆锤推动动触点动作，使常闭触点闭合，常开触点断开；当电机转速低于某一数值时，定子产生的转矩减小，触点在簧片的作用下返回到原来位置，使对应的触点恢复到原来的状态。

5. 固态继电器

固态继电器是输入、输出功能由电子元件完成而无机械运动部件的一种继电器。它是采用固体半导体元件组装而成的一种新颖的无触点开关。由于固态继电器的接通和断开没有机械接触部件，因而具有控制功率小、开关速度快、工作频率高、使用寿命长、抗干扰能力强和动作可靠等一系列特点。

5.7.3 低压断路器

低压断路器也称自动空气开关，它不仅可以切断负荷电流，而且可以切断短路电流，常在低压大功率电路中作为主控电器，如低压配电变电站的总开关，大负荷的电路和大功率电动机的控制电器等。低压断路器从结构上提高了灭弧能力，但由于在断开电路时产生的电弧较大，主触头易被烧伤，故不适用于频繁操作。

低压继路器包括触头、灭弧系统和各种脱扣器。脱扣器包括过电流脱扣器、失压脱扣器、热脱扣器、分磁脱扣器和自由脱扣器。开关是靠操作机构手动或电动合闸的，触头闭合后，自由脱扣器机构将触头锁在合闸的位置上，当电路发生故障时，通过各自的脱扣使自由脱扣机构动作实现自动跳闸保护。

(1) 过电流脱扣器。当通过断路器的电流超过整定值时，强磁场的吸力克服弹簧的拉力拉动衔铁，使脱扣动作。

(2) 矢压脱扣器。与过电流脱扣器的原理相反，当电源电压在额定电压时，失压脱扣器产生的磁力足以将衔铁吸合，使断路器保持合闸状态。当电源电压下降到低于整定值或将为零时，在弹簧的作用下衔铁释放，自由脱扣机构动作而切断电源。

(3) 热脱扣器。与热继电器的原理相同。

(4) 分磁脱扣器。用于远方操作，在正常工作时其线圈是断电的，当需要进行远方操作时，线圈通电，电磁机构使自由脱扣机构动作，断路器跳闸。

图 5-49 为低压断路器的结构示意图。图中断路器处于闭合状态，3 个主触点通过传动杆与锁扣保持闭合，锁扣可绕轴转动。

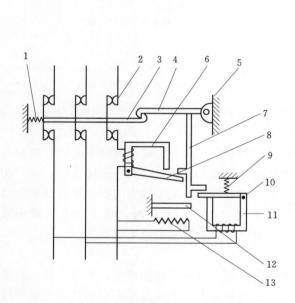

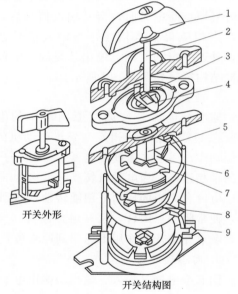

图 5-49　低压断路器的结构示意图

1、9—弹簧；2—主触头；3—锁键；4—钩子；5—轴；
6—电磁脱扣器；7—杠杆；8、10—衔铁；11—欠电压
脱扣器；12—热脱扣器双金属片；13—热脱扣器的热元件

图 5-50　转换开关示意图

1—手柄；2—转轴；3—弹簧；4—凸轮；
5—绝缘杆；6—绝缘垫板；7—动触片；
8—静触片；9—接线柱

5.7.4　转换开关

转换开关也称为组合开关，如图 5-50 所示。有单极、双极和三极三种。三极组合开关有三层，每层有一对静触点和一对动触点，以控制一相线路的通断。旋转手柄可向左或向右转动 90°，使三层的动、静触点同时接通或断开。组合开关能用来接通或断开小电流

电路，也可作为电源引入线上的隔离开关，也可用来控制 1kW 以下的小型异步电动机的启动或停止。

（1）用途。用于机床电气控制，也可用于直接启动和停止小容量笼型电动机或电动机正、反转。局部照明电路也常用它来控制。按额定持续电流有单、双、三、四极之分，它们的额定持续电流有 10A、25A、60A 和 100A 等几种。

（2）选择。转换开关根据额定电流选择。

5.7.5 其他开关电器

1. 刀闸开关

刀闸开关是一种机构简单、应用广泛的手动电器，主要用于接通和切断长期工作设备的电源及不经常启动及制动容量小于 5.5kW 的异步电动机。依靠手动来实现触刀插入触点座与脱离触点座的控制。按刀数可分为单极、双极和三极。刀闸开关在安装时，刀柄要向上，不得倒装，避免由于重力自由下落而引起误动和合闸。接线时应将电源线接在上端，负载线接在下端，这样拉闸后刀片与电源隔离，防止意外发生。

2. 行程开关

行程开关又称为限位开关。当行程开关的推杆被压下时，微动开关内的常闭触点断开，常开触点闭合，当推杆返回时，各触点复原。

3. 接近开关

当某种物体与之接近到一定距离时发出动作信号，它不像机械行程开关那样需要施加机械力，而是通过其感辨头和被测物体间介质能量的变化来获取信号。接近开关按原理可分为高频振荡型、电容型、霍尔型等几种类型。

霍尔型接近开关由霍尔元件组成，是将磁信号转换为电信号输出，内部的磁敏元件仅对垂直于传感器端面磁场敏感，当磁极 S 正对接近开关时，接近开关的输出产生正跳变，输出为高电平，若磁极 N 正对接近开关，输出产生负跳变，输出为低电平。

5.7.6 熔断器

低压熔断器是一种结构简单、使用方便、价格低廉的保护电器。

（1）结构。熔断器主要由熔断管、熔体、导电部件等部分组成。熔断管一般由硬质纤维或瓷质绝缘材料制成半封闭式或封闭式管状外壳，熔体装在其中。熔断管的作用是便于安装熔体和有利于熔体熔断时熄灭电弧。熔体是由不同金属材料（锌、铜或银）制成丝状、带状片状或笼状，串接于被保护电路。

（2）作用。主要用作电路或用电设备的短路保护，有时对严重过载也可起到保护作用。当电路发生短路时，通过熔体的电流使其发热，当达到熔化温度时熔体自行熔断，从而分断故障电流。

（3）种类。低压熔断器的种类很多，按用途分为一般工业用熔断器、半导体器件保护用快速熔断器和特殊熔断器（如具有两段保护特性的快慢动作熔断器、自复式熔断器）。按结构可分为半封闭瓷插式、螺旋式、无填料密封管式和有填料密封管式，其外形如图 5-51～图 5-54 所示。

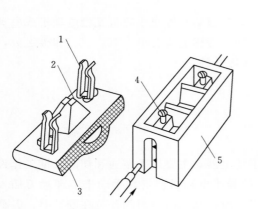

图 5-51　RC1A 系列瓷插式熔断器

1—动触点；2—熔丝；3—瓷盖；
4—静触点；5—瓷底

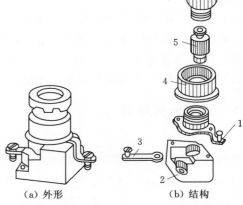

(a) 外形　　　　　(b) 结构

图 5-52　RL1 系列螺旋式熔断器

1—上接线柱；2—瓷底；3—下接线柱；
4—瓷套；5—熔芯；6—瓷帽

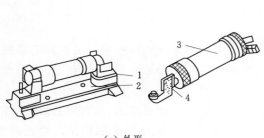

(a) 外形

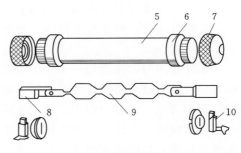

(b) 结构

图 5-53　RM10 系列无填料密封管式熔断器

1、4—夹座；2—底座；3—熔断器；5—硬质绝缘管；6—黄铜套管；
7—黄铜帽；8—插刀；9—熔体；10—夹座

5.7.7　按钮指示灯

1. 按钮

按钮是用来接通或断开小电流的控制电路，如图 5-55 所示。按下按钮帽，上面一对接触的触点（称为常闭触点）断开，用来切断一条控制电路，下面一对原断开的触点（称为常开触点）闭合，用来接通另外一条控制电路。

（1）用途。用于接通或断开控制电路，从而控制电动机或其他电气设备的运行。

（2）选择。按钮根据额定电流选择。

2. 指示灯

指示灯在各类电器设备及电气线路中作电源指示及指挥信号、预告信号、运行信号、故障信号及其他信号的指示。

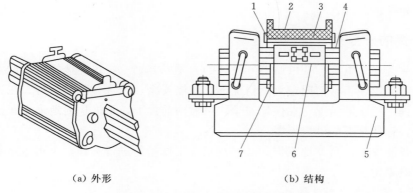

（a）外形　　　　　　　　　　　（b）结构

图 5-54　RT0 有填料密封管式熔断器

1—熔断指示器；2—硅砂（石英砂）填料；3—熔丝；4—插刀；

5—底座；6—熔体；7—熔管

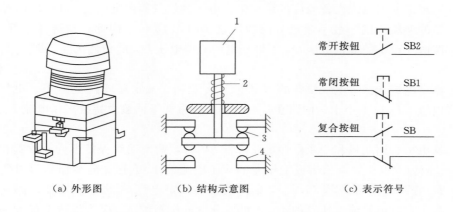

（a）外形图　　　　（b）结构示意图　　　　（c）表示符号

图 5-55　按钮示意图

1—按钮帽；2—弹簧；3—常闭触点；4—常开触点

指示灯主要由壳体、发光体和灯罩组成。发光体主要有白炽灯和半导体型两种，发光的颜色有黄、绿、红、白、蓝等 5 种。

5.8　电气设备选择的条件与依据

选择适用的电气设备，首先要确定其额定参数；同时，还要考虑设备安装地点的环境因素；此外，必须考虑电力系统中短路所造成的巨大短路电流对系统的损害。在选择电气设备时，必须考虑下列各项原则：①应满足正常运行、检修、短路和过电压情况下的要求，并考虑远景发展；②应按当地环境条件校核；③应力求技术先进和经济合理；④与整个工程的建设标准协调一致；⑤同类设备尽量减少品种；⑥选用的新产品均应具有可靠的试验数据，并经正式鉴定合格。电气选择的环境因素有温度、日照、风速、冰雪、湿度、污秽、海拔、地震等。选择电气设备时，还应该考虑电气设备对周围环境的影响，主要考虑电磁干扰和噪声。

5.8.1　选择的一般条件

电气设备选择是电厂、变电站电气设计的主要内容之一，正确选择电气设备的目的是使导体和电器无论在正常情况或故障情况下，均能安全、经济合理地运行。在进行设备选择时，应根据工程实际情况，在保证安全、可靠的前提下积极稳妥地采用新技术，并注意节约投资，选择合适的电气设备。

电气设备能安全、可靠地工作，必须按正常工作条件进行选择，再用短路条件来校验其动稳定和热稳定。

1. 按照正常工作状态选择

（1）额定电压选择。电气设备所在电网的运行电压因调压或负荷的变化，有时会高于电网的额定电压，故所选电气设备允许的最高工作电压不得低于所接电网的最高运行电压。通常，规定一般电气设备允许的最高工作电压为设备额定电压的 1.1～1.15 倍，而电网运行电压的波动范围一般不超过电网额定电压的 1.15 倍。因此，在选择电气设备时，一般可按照电气设备的额定电压 U_N 不低于电网额定电压 U_{SN} 的条件选择，即

$$U_N \geqslant U_{SN} \qquad\qquad (5-38)$$

（2）额定电流选择。电气设备的额定电流 I_N 是指在额定环境温度 θ_0 下，电气设备的长期允许电流。I_N 应不小于该回路在各种合理运行方式下的最大持续工作电流 I_{max}，即

$$I_N \geqslant I_{max} \qquad\qquad (5-39)$$

由于发电机、调相机和变压器在电压降低 5% 时，输出功率保持不变，故其相应回路电流的 I_{max} 应为发电机、调相机或变压器的额定电流的 1.05 倍；若变压器有过负荷运行可能时，I_{max} 应按过负荷确定（1.3～2 倍的变压器额定电流）；母联断路器回路一般可取母线上最大一台发电机或变压器的 I_{max}；母联分段电抗器的 I_{max} 应为母线上最大一台发电机跳闸时，保证该段母线负荷所需的电流，或为最大一台发电机额定电流的 50%～80%；出线回路的 I_{max} 除考虑正常负荷电流外，还应考虑事故时由其他回路转移过来的负荷。

（3）环境条件对设备选择的影响。当电气设备安装地点的环境（尤其是小环境）条件如温度、风速、污秽等级、海拔、地震烈度和覆冰厚度等环境条件超过一般电气设备使用条件时，应采取措施。

通常非高原型的电气设备使用环境的海拔不超过 1000m，当地区海拔超过制造厂家的规定值时，由于大气压力、空气密度和湿度的相应减少，使空气间隙和外绝缘的放电特性下降。一般当海拔在 1000～3500m 范围内，海拔比厂家规定值每升高 100m，则电气设备允许最高工作电压要下降 1%。当最高工作电压不能满足要求时，应采用高原型电气设备，或采用外绝缘高一电压等级的产品。对于 110kV 及以下电气设备，由于外绝缘裕度较大，可在海拔 2000m 以下使用。

电气设备的额定电流是指在基准环境温度下，能允许长期通过的最大工作电流。此时电气设备的长期发热温升不超过其允许温度。而在实际运行中，周围环境温度直接影响电气设备的发热温度，所以电气设备的额定电流必须经过温度修正。我国生产的电气设备一般使用的额定环境温度 $\theta_0=40℃$，如果环境温度高于 40℃ 但不大于 60℃，其允许电流一

般可按每增高 1℃，额定电流减少 1.8% 进行修正；当环境温度低于 40℃时，环境温度每降低 1℃，额定电流可增加 0.5%，但其最大电流不得超过额定电流的 20%。

当实际环境温度 θ 不同于导体的额定环境温度 θ_0 时，其长期允许电流应进行修正，即

$$I_{a1\theta} = K I_{a1} \tag{5-40}$$

式中　K——综合修正系数；

　　　I_{a1}——额定环境温度下导体的长期允许电流。

不计日照时，裸导体和电缆的综合修正系数为

$$K = \sqrt{\frac{\theta_{a1} - \theta}{\theta_{a1} - \theta_0}} \tag{5-41}$$

式中　θ_{a1}——导体的长期发热允许最高温度，裸导体一般为 70℃；

　　　θ_0——导体的额定环境温度，裸导体一般为 25℃；

　　　θ——实际环境温度。

此外，还应按电气设备的装置地点、使用条件、检修、运行和环境保护（电磁干扰、噪声）等要求，对电气设备进行种类（屋内或屋外）和型式（防污、防爆、湿热等）的选择。

2. 按照短路状态校验热稳定和动稳定

（1）短路热稳定校验。短路电流通过电气设备时，电气设备各部件温度（或发热效应）应不超过允许值。满足热稳定的条件为

$$I_t^2 t \geqslant Q_k \tag{5-42}$$

式中　Q_k——短路电流产生的热效应；

　　　I_t——电气设备允许通过的热稳定电流；

　　　t——电气设备允许通过热稳定电流的时间。

（2）短路动稳定校验。动稳定是指电气设备承受短路电流产生的电动力效应而不损坏的能力。满足动稳定的条件为

$$i_{es} \geqslant i_{sh} \text{ 或 } I_{es} \geqslant I_{sh} \tag{5-43}$$

$$i_{sh} = \sqrt{2} K_{sh} I''$$

式中　i_{sh}——短路冲击电流的瞬时值；

　　　I_{sh}——短路冲击电流的有效值；

　　　I''——0s 短路电流周期分量有效值；

　　　K_{sh}——冲击系数，发电机机端取 1.9，发电厂高压母线及发电机电压电抗器后取 1.85，远离发电机时取 1.8；

　　　i_{es}——电器允许通过的动稳定电流的瞬时值；

　　　I_{es}——电器允许通过的动稳定电流的有效值。

生产厂家常用 i_{es} 和 I_{es} 表示电器的动稳定性，在此电流作用下电器能继续正常工作而不发生机械损坏。

（3）短路计算时间。计算短路电流热效应时所用的短路切除时间 t_k 等于继电保护动作时间 t_{pr} 与相应断路器的全开断时间 t_{ab} 之和，即

$$t_k = t_{pr} + t_{ab} \tag{5-44}$$

断路器的全开断时间 t_{ab} 等于断路器的固有分闸时间 t_m 与燃弧时间 t_a 之和，即

$$t_{ab} = t_m + t_a \tag{5-45}$$

验算裸导体的短路热稳定时，t_{pr} 宜采用主保护动作时间，如主保护有死区时，则采用能对该死区保护起保护作用的后备保护动作时间；验算电器的短路热稳定时，t_{pr} 宜采用后备保护动作时间。少油断路器的燃弧时间 t_a 为 $0.04 \sim 0.06s$，SF_6 断路器的燃弧时间 t_a 为 $0.02 \sim 0.04s$。

3. 短路电流计算条件

（1）短路计算容量和接线。验算电气设备的热稳定和动稳定以及电器开断电流所用的短路电流，应按本工程的设计规划容量计算，并考虑电力系统的远景发展规划（一般为本期工程建成后 5～10 年）。接线应是可能发生最大短路电流的正常接线方式。

（2）短路种类。电气设备的热稳定和动稳定以及电器的开断电流一般按三相短路验算。若发电机出口的两相短路，或中性点直接接地系统、自耦变压器等回路中的单相、两相接地短路较三相短路严重时，则应按严重情况验算。

（3）短路计算点。在正常接线方式时，通过电气设备的短路电流为最大的短路点，称为短路计算点。

1）对两侧均有电源的电气设备，应比较电气设备前、后短路时的短路电流，选通过电气设备短路电流较大的地点作为短路计算点。

2）短路计算点选在并联支路时，应断开一条支路。因为断开一条支路时的短路电流（局部的并联变串联，电流减小不了一半）大于并联短路时流过任一支路的短路电流。

3）在同一电压等级中，汇流母线短路时，短路电流最大。校验汇流母线、厂用电分支电器（无电源支路）和母联回路的电器时，短路计算点应选在母线上。

4）带限流电抗器的出线回路，由于干式电抗器工作可靠，出线回路中各个电器的连接线很短，事故概率很低，故校验回路中各电气设备时的短路计算点一般选在电抗器后。

5）110kV 及以上电压等级，因其电气设备的裕度较大，短路计算点可以只选一个，选在母线上。

5.8.2　风电场电气设备选择的环境因素及保障措施

1. 电气选择的环境因素

电气设备必须能够适应工作场所的实际环境，因此，应根据具体工作场所的实际情况有针对性地选择电气设备的结构和型式。对环境因素的考虑主要涉及以下方面：

（1）温度。目前我国生产的电气设备，在设计时一般按周围的介质温度为 40℃ 考虑。如果周围的环境温度不是 40℃，则需将设备的允许电流按一定的规则进行修正。当环境温度高于 40℃ 时，每增高 1℃，设备的允许电流应减少 1.8%；当环境温度低于 40℃ 时，每降低 1℃，设备的允许电流可增加 0.5%，但是总的增量不能超过 20%。

普通高压电气设备一般可在环境最低温度为 −30℃ 的情况下正常运行。在高寒地区工作的电气设备，应选择可以适应最低环境温度为 −40℃ 的高寒电气设备。在最高温度超过 40℃、长期处于低湿度的干热地区，应选用型号后带 "TA" 字样的干热型产品。

（2）日照。屋外高压电气设备在日照的作用下将产生附加温升，由于电气设备的发热试验是在避免阳光直射的条件下进行的，因此，当设备提供的额定载流量未考虑日照时，在电气设计中可以按电气设备额定电流值的 80% 满足电流要求来选择设备。

（3）风速。一般高压电气设备可在风速不大于 35m/s 的环境下正常运行。当最大风速超过 35m/s 时，除向制造厂商提出特殊订货外，还应在设计和布置时采取有效防护措施，如降低安装高度、加强基础固定。

（4）冰雪。在积雪和覆冰严重的地区，应采取措施防止冰串引起瓷件绝缘发生对地闪络。

（5）湿度。一般高压电气设备可在环境温度为 20℃、相对湿度为 90% 的环境中使用。在长江以南和沿海地区，当相对湿度超过一般产品使用标准时，可选用型号后标有"TH"的湿热带型高压电气设备。

（6）污秽。电气设备工作于污秽环境时，要考虑环境可能给电气设备带来的化学腐蚀。根据盐密和泄漏比距，发电厂和变电站的污秽等级可以分为 1 级、2 级、3 级。对于污秽的处理，应根据实际情况，采取以下措施：

1）增大电瓷外绝缘的有效泄漏比距或选用有利于防污的电瓷造型，如采用半导体、大小伞、大倾角、钟罩等特制绝缘子。

2）采用屋内配电装置。2 级及以上污秽区的 63～110kV 配电装置采用屋内型。当经济技术合理时，污秽区 220kV 配电装置也可采用屋内型。

（7）海拔。电气设备的一般使用条件为海拔不超过 1000m，海拔超过 1000m 的地区称为高原地区。对安装在海拔超过 1000m 地区的电气设备外绝缘一般应予以加强，可选用高原型产品或选用外绝缘提高一级的产品。在海拔 3000m 以下地区，220kV 及以下配电装置可选用性能优良的避雷器来保护一般电气设备的外绝缘。

（8）地震。选择电气设备时要考虑本地地震烈度，选用可以满足地震要求的产品。

2. 环境保护

选择电气设备时，还应该考虑电气设备对周围环境的影响，主要考虑电磁干扰和噪声。

（1）电磁干扰。电磁干扰会损害或破坏电磁信号的正常接收及电气设备、电子设备的正常运行。频率大于 10kV 的无线电干扰，主要来自电气设备的电流、电压突变和电晕放电。因此，要求电气设备及金具在最高工作相电压下，晴天的夜晚不应出现可见电晕；110kV 及以上的电气设备，户外晴天无线电干扰电压不应大于 2500μV。

根据运行经验和现场实测结果，对于 110kV 以下的电气设备，一般可不校验无线电干扰电压。

（2）噪声。电气设备的噪声水平应该控制在以下水平：在距电气设备 2m 处，连续性噪声不应大于 85dB；非连续性噪声，屋内设备不应大于 90dB，屋外设备不应大于 110dB。

5.8.3　风电场电气设备选择的短路电流水平

风电场升压变电站电气设备短路电流水平选择应综合考虑各种因素，并需留有一定裕度，升压变电站电气设备短路电流水平一般按如下选择：

（1）35kV 电气设备短路电流水平可按 31.5kA 选择。

（2）66kV 电气设备短路电流水平可按 31.5kA 或 40kA 选择。

（3）110kV 电气设备短路电流水平可按 31.5kA 或 40kA 选择。

（4）220kV 电气设备短路电流水平可按 40kA 或 50kA 选择。

（5）330kV 电气设备短路电流水平可按 50kA 选择。

5.9　风电场电气设备的选择

5.9.1　风电机组的选择

一般陆上风力发电场建设投资的 60%～70% 都用在风电机组设备上，而现在国内的风电机组关键设备部分还依靠进口，对外依赖性强，造成风力发电本身建设投资过高。因此，在风电场建设中风电机组设备选型最为关键，它既要考虑到风电机组设备运行的可靠性，同时又要考虑到风电机组设备运行的安全性，还要兼顾风电机组设备运行的经济性。

风力发电机组选型应考虑以下因素：

（1）风轮输出功率控制方式。风轮输出功率控制方式分为失速调节和变桨距调节两种。两种控制方式各有利弊，各自适应不同的运行环境和运行要求。从目前市场情况看，采用变桨距调节方式的风电机组居多。

（2）风电机组的运行方式。风电机组的运行方式分为变速运行和恒速运行。恒速运行风电机组的好处是控制简单，缺点是由于转速基本恒定，而风速经常变化，因此风电机组经常工作在风能利用系数较低的点上，风能得不到充分利用。变速运行方式通过控制发电机的转速，能使风电机组的叶尖速比接近最佳值，从而最大限度地利用风能，提高风力发电机组的运行效率。

（3）发电机的类型。发电机的类型包括异步发电机、双馈感应发电机和多极永磁同步电机。风力发电机采用普通的异步发电机，正常运行中在发出有功功率的同时，需要吸收一定的无功功率才能正常运行。双馈感应风力发电机的功率因数在 $-0.95～0.95$ 之间变化，也就是说可以根据电网的需要发出或者吸收无功功率，改善当地电网的电压质量，提高电力系统的稳定水平。采用多极永磁同步发电机的风力发电机组，其发电机是外转子型，转子位于定子的外部，电机的尺寸和外径相对较小，重量轻，易于运输。

（4）风力发电机的传动方式。风力发电机的传动方式包括齿轮传动方式与无齿轮箱直驱方式。目前，风力发电机大多采用齿轮传动，成本较低，但降低了风电转换效率，产生的噪声又是造成机械故障的主要原因，而且为了减少机械磨损需要润滑清洗等定期维护。采用无齿轮箱的直驱方式有效地提高了系统的效率以及运行可靠性，但电机的成本较高。

（5）与风资源的最佳配合。同一风电场，各风力机机型的最低切入风速、最高切出风速、达到额定功率的最低风速以及在该风电场主要风速区间内的功率输出量等参数，将是影响风力发电机组发电量的主要因素，因此需要经过对比优选出适合本风电场特性的风电机组。

（6）风机的发展方向。风机的发展方向为：小容量向大容量发展；定桨距向变桨、变速恒频发展；有齿轮箱向直驱式发展；结构向紧凑、轻盈、柔性和高可靠性发展；控制向无线网络化发展。

5.9.2 变压器的选择

1. 变压器的容量选择

风电场中的变压器包括主变压器、集电变压器和场用变压器。变压器容量过大或台数过多，会造成投资的浪费，占地和运行损耗增加；容量过小，则发出的电能就无法全部送出到电力系统或满足风电场内部负荷需求。因此，应该合理地选择变压器的容量和台数。

选择风电场变压器时还应考虑到，受自然环境影响，风力发电输出功率不稳定，限制风电场风电机组满出力发电的因素较多，风电场所有风电机组都满出力发电的概率很低，而且风电又大多发生在有利于升压站主变压器散热的气温较低的环境下。即使考虑风电机组发无功功率，风电场升压站升压主变压器也完全可以承受。

运行中的变压器铁损是恒定的，而铜损是随负荷变化的，使变压器的运行效率也随之变化。变压器容量越大，相应的空载损耗也越大。变压器运行中的功率损失率是损耗功率与输入功率之比，通常变压器在 $60\% \sim 70\%$ 负载下运行的损耗率最低；变压器满载运行时，损耗率略有增加；轻载运行时，在负载系数约为 30% 的情况下，变压器损耗率与满载时相同，相比最低损耗率增加 20%；而当负载继续降低时，负载损耗率将比最低损耗率成倍、十几倍甚至几十倍地增大，此时变压器运行极不经济。

风电场各种变压器容量的确定方法如下：

（1）集电变压器。集电变压器的选择可以按照常规电厂中单元接线的机端变压器的选择方法进行。即按发电机额定容量扣除本机组的自用负荷后，留 10% 的裕度确定。由于风电机组输出电压一般为 690V，不是常规电力系统的标准电压等级，因此，和风电机组相连接的集电变压器往往是和风电机组配套的特殊设计，确定容量范围后，一般不会有太多选择。

（2）升压变电站的主变压器。对于升压变电站中的主变压器，参照常规发电厂有发电机电压母线的主变压器进行选择。

1）主变压器容量的选择应满足风电场对于能量输送的要求，即主变压器应能够将低压母线上的最大剩余功率全部输送入电力系统。最大剩余功率指风电机组生产的额定功率减去本地所消耗的功率（如变电站用负荷和本地负荷）。

2）有两台或多台主变压器并列运行时，当其中容量最大的一台因故退出运行时，其余主变压器在允许的正常过负荷范围内，应能输送母线最大剩余功率。

（3）场用变压器。风电场场用变压器的选择，容量按估算的风电场内部负荷并留一定的裕度确定。

2. 变压器的台数选择

风电场变压器的台数与电压等级、接线形式、传输容量、与系统的联系紧密程度等因素有密切关系。

（1）与系统有强联系的大型、特大型风电场，在一种电压等级下，升压变电站中的主变应不少于 2 台。

（2）与系统联系较弱的中、小型风电场和低压侧电压为 $6 \sim 10kV$ 的变电站，可只装 1

台变压器。

3. 变压器的型式选择

变压器型式选择主要包括相数选择、绕组数选择、联结组别选择、调压方式选择和冷却方式选择等。

(1) 相数。在三相电力系统中，若采用三台单相变压器组实现三相变压器的功能，要比用同样容量和电压等级的一台三相变压器投资大、占地多，而且运行损耗大，配电装置结构复杂，维护工作量大。采用三相变压器，有时会因为体积过于庞大而不具备运输条件。用一台三相变压器还是用三台单相变压器组要根据具体情况确定，一般要考虑以下原则：

1) 当不受运输条件限制时，330kV 及以下的电力系统一般都应选三相变压器。

2) 当风电场连接到 500kV 的电网时，宜经过技术经济比较后确定选用三相变压器、两台半容量的三相变压器或单相变压器。

3) 对于与系统联系紧密的 500kV 变电站，除考虑运输条件外，还应根据系统和负荷情况，分析变压器故障对系统的影响，以确定选用单相或三相变压器。

(2) 绕组数。根据每相铁芯上缠绕的绕组数目，变压器分为双绕组、三绕组或多绕组变压器。绕组数一般对应于变压器所连接的电压等级，即电压变化的数目。

当风电场中的变压器连接 3 个电压等级（其中两个为升高的电压等级）时，可以选择采用两台双绕组变压器或者一台三绕组变压器。

对于容量为 125 MW 及以下的风电场，可采用三绕组变压器，每个绕组的通过容量应该达到变压器额定容量 15％ 及以上。三绕组变压器的台数一般不超过两台，因为三绕组变压器比同容量双绕组变压器价格高 40％～50％，其运行检修也比较困难，台数过多容易造成中压侧短路容量过大，同时采用室外配电装置时其布置比较复杂。

对于 200MW 及以上的风电场，采用双绕组变压器加联络变压器连接多个电压等级。风电场的电能直接升高到一种电压等级，两个升高电压等级间采用联络变压器联系。联络变压器一般采用自耦变压器，自耦变压器的高中压绕组连接两个升高电压等级，低压侧常接入自用电系统用作备用/启动电源。

(3) 联结组别。变压器三相绕组的联结组别必须和系统电压相位一致，否则，不能并列运行。

电力系统采用的变压器三相绕组联结方式只有 "Y" 和 "D" 两种，应根据具体工程确定。在我国，110kV 及以上电压等级中，变压器三相绕组都采用 "YN" 联结；35kV 采用 "Y" 联结，而中性点多通过消弧线圈接地。35kV 以下采用 "D" 联结。在发电厂和变电站中，根据以上原则，并考虑系统或机组的同步并列要求以及限制三次谐波对电源的影响等因素，主变压器的接线组别一般都选用 YNd11 常规联结。

近年来，国内外有采用全星形联结组别的变压器。全星形指联结组别为 YNyn0y0 或 YNy0 的三绕组变压器或自耦变。它不仅与 35kV 电网并列时，由于相位一致，比较方便，而且零序阻抗较大，有利于限制短路电流。同时也便于在中性点接消弧线圈。

(4) 调压方式。通过变压器的分接开关切换改变变压器高压绕组的有效匝数，即可改变该变压器的变比，从而实现电压调整。根据分接头的切换方式，变压器的调压方式有：

①无激磁调压，不带电切换，调压范围在±2×2.5％以内；②有载调压，带负荷切换，调压范围在±30％，但结构较复杂。

一般来说，有载调压只在下列情况选用：

1）接于风电场这种出力变化大的发电厂的主变压器，特别是潮流方向不固定，且要求变压器二次电压维持在一定水平。

2）接于时而为送端，时而为受端，具有可逆工作特点的联络变压器。为保证供电质量，要求母线电压恒定。

3）发电机经常在低功率因数下运行。

（5）冷却方式。

1）自然风冷。7500kVA以下的小容量变压器，为使热散到空气中，常常装有片状或管形辐射式冷却器，以增大油箱冷却面积，靠自然的风吹进行冷却。

2）强迫空气冷却。容量大于10000kVA的变压器，在绝缘允许的油箱尺寸下，即使有辐射式的散热装置仍达不到要求时，常采用人工风冷。在辐射器管之间加装数台电动风扇，吹风使油迅速冷却，加速热量散出。风扇的启停可以自动控制，也可人工操作。

3）强迫油循环水冷却。单纯加强表面冷却虽然可以降低油温，但当油温降到一定程度时，油的黏度增加，使油流迅速降低，大容量变压器已达不到预期的冷却效果，因此常采用潜油泵强迫油循环，让水对油管道进行冷却，把变压器中的热量带走。水源充足的地方采用此方式极为有利，散热效率高，可节省材料，减小变压器本体尺寸。但需增加一套水冷却系统和有关附件，且对冷却器的密闭性要求高。极微量的水渗入油中都会影响油的绝缘性能，所以要求油压要高于水压（1～1.5）$\times 10^5$Pa。

4）强迫油循环导向冷却。近年来大型变压器都采用这种方式。利用潜油泵将冷油压入线圈之间、线饼之间和铁芯的油道中，使铁芯和绕组中的热量直接由具有一定流速的油带走；而上层热油用潜油泵抽出，经水冷却器或风冷却器冷却后，再由潜油泵注入变压器油箱的底部，形成变压器的油循环。

5）水内冷变压器。绕组用空心导体制成，运行中将纯水注入空心绕组中，借助水的不断循环，将变压器中的热量带走。水系统复杂，成本较高。

6）充气式变压器。用SF_6气体取代变压器油，或在油浸变压器上安装蒸发冷却装置。在热交换器中，冷却介质利用蒸发时的巨大吸热能力，使变压器油中的热量有效散出，抽出汽化的冷却介质进行二次冷却，重新变为液体，周而复始地进行热交换，使变压器得以冷却。

4. 海上风电场变压器选择

（1）主变压器容量的选择。风电场升压站主变压器均选用免维护型，其故障率很低，远小于线路故障率，由变压器故障造成整个风电场升压站停电的概率很小，因此没有必要考虑站内其中一台变压器故障时，将故障变压器下所接入的风电场容量转接入正常变压器下运行的工况，以免造成变压器长期轻载运行。

海上风电场升压站主变压器的容量宜与风电场风电机组装机容量相同，不必大于风电场风电机组装机容量。DL/T 5383—2007《风力发电厂设计技术规范》中主要电气设备选择章节也提出变压器可以选择等于风电场容量的主变压器。

（2）主变压器台数的选择。就海上风电场升压站来说，供电可靠性仅需考虑海上风电场工程的自身特点。一般海上风电场装机规模宜取 200MW、300MW、400MW，变压器数量可以设为一台和两台。

（3）主变压器型式选择分析。作为影响海上升压站体积结构的主要电气设备，主变压器单从占地、造价、无油、简洁美观便于维护方面来考虑，无疑具有体积小、占地面积小、价格低、供电快以及实用、美观、经济等优点的组合式变电站与组合式变压器是最优选择。它将变电站的高压开关设备、变压器、低压开关设备组合在一起供电，安装维护也方便。但是考虑目前国内外主流生产厂家的设计制造能力，该种形式的设备多用于低压变电站，在技术要求上不能满足多数海上风电项目的需求。

SF_6 气体绝缘变压器具有重量轻、体积小、噪声低、防火性能优良、接线方便且检修维护简单、清洁环保、维护量小等优点，而且无需增加防火设备，可与高压侧 SF_6 封闭式组合电器（GIS）直接连接，应用于海上升压站可实现电站无油化。此外，SF_6 气体绝缘变压器无储油柜和油枕，其本体高度相比于普通油浸式变压器减少 20%，应用于海上升压站可大大减少升压站体积。但是，这种设备造价高，对制造工艺要求也高，国内主流制造厂家的生产技术有限，需要根据工程实际考虑选择此设备的可行性。

相比于油浸式变压器，干式变压器因无油也就没有火灾、爆炸、污染等问题，免维护且运行可靠。但是，110kV 以上电压等级，20～63MVA 以上容量的干式变压器制造极其困难，成本较高，而海上升压站多为高电压、大容量变压器，因此干式变压器不能满足多数海上风电项目的技术需求。

此外，变压器铁芯的常见材质包括硅钢片和非晶合金材料。其中，非晶合金变压器的最突出特点就是空载损耗和空载电流非常小，SH15 型非晶合金变压器比用硅钢片作为铁芯的 S9 型变压器空载损耗下降 70% 以上，空载电流下降约 80%。但是，目前大多非晶合金变压器的电压等级在 35kV 以下、容量在 2500kVA 以下，电压等级和容量上不满足海上风电项目的技术需求。

综上，从技术可行性和经济适用性的角度研究分析，海上升压站宜采用低损耗、双绕组、油浸式、有载调压升压电力变压器。

5.9.3　断路器和隔离开关的选择与校验

1. 高压断路器的选择

高压断路器选择及校验条件主要有以下几点：

（1）断路器种类和型式的选择。高压断路器应根据断路器安装地点、环境和使用条件等要求选择其种类和型式。由于少油断路器制造简单、价格便宜、维护工作量较少，故在 3～220kV 系统中应用较广。但近年来，真空断路器在 35kV 及以下电力系统中得到了广泛应用，有取代油断路器的趋势。SF_6 断路器也已在向中压 10～35kV 发展，并在城乡电网建设和改造中获得了应用。

高压断路器的操动机构大多数是由制造厂配套供应，仅部分少油断路器有电磁式、弹簧式或液压式等几种型式的操动机构可供选择。一般电磁式操动机构需配专用的直流合闸电源，但其结构简单可靠；弹簧式结构比较复杂，调整要求较高；液压操动机构加工精度要求较高。操动机构的型式可根据安装调试方便和运行可靠性进行选择。

（2）额定电压选择。按断路器的额定电压 U_N 不得低于其所在电网额定电压 U_{Ns} 的条件来选择，即

$$U_N \geqslant U_{Ns} \tag{5-46}$$

（3）额定电流选择。按断路器的额定电流 I_N 不得低于其所在回路最大持续工作电流 I_{max} 的条件来选择，即

$$I_N \geqslant I_{max} \tag{5-47}$$

（4）额定开断电流选择。在额定电压下，断路器能保证正常开断的最大短路电流称为额定开断电流。高压断路器的额定开断电流 I_{Nbr}，不应小于其触头刚刚分开时的短路电流有效值 I_K，即

$$I_{Nbr} \geqslant I_K \tag{5-48}$$

当断路器的 I_{Nbr} 较系统短路电流大很多时，为了简化计算，也可用次暂态电流 I'' 进行选择，即

$$I_{Nbr} \geqslant I'' \tag{5-49}$$

我国生产的高压断路器在做型式试验时，仅计入了 20% 的非周期分量。一般中、慢速断路器，由于开断时间较长（大于 0.1s），短路电流非周期分量衰减较多，能满足国家标准规定的非周期分量不超过周期分量幅值 20% 的要求。使用快速保护和高速断路器时，其开断时间小于 0.1s，当在电源附近短路时，短路电流的非周期分量可能超过周期分量的 20%，因此需要进行验算。短路全电流的计算方法可参考有关手册，如计算结果非周期分量超过 20% 时，订货时应向制造部门提出要求。装有自动重合闸装置的断路器，当操作循环符合厂家规定时，其额定开断电流不变。

（5）额定关合电流校验。在断路器合闸之前，若线路上已存在短路故障，则在断路器合闸过程中，动、静触头间在未接触时即有巨大的短路电流通过（预击穿），更容易发生触头熔焊和遭受电动力的损坏。且断路器在关合短路电流时，不可避免地在接通后又自动跳闸，此时还要求能够切断短路电流，因此，额定关合电流是断路器的重要参数之一。为了保证断路器在关合短路时的安全，断路器的额定关合电流 i_{Ncl} 不应小于短路电流最大冲击值 i_{sh}，即

$$i_{Ncl} \geqslant i_{sh} \tag{5-50}$$

（6）热稳定校验。热稳定应满足

$$I_t^2 t \geqslant Q_k \tag{5-51}$$

（7）动稳定校验。动稳定应满足

$$i_{es} \geqslant i_{sh} \text{ 或 } I_{es} \geqslant I_{sh} \tag{5-52}$$

2. 隔离开关的选择

隔离开关的选择及校验条件除额定电压、额定电流、热稳定、动稳定校验外，还应注意其种类和型式的选择，尤其屋外式隔离开关的型式较多，对配电装置的布置和占地面积影响很大，因此其型式应根据配电装置特点和要求以及技术经济条件来确定。

由于隔离开关没有灭弧装置，不能用来开断和接通负荷电流及短路电流，故没有开断电流和关合电流的校验，隔离开关的额定电压选择、额定电流选择、热稳定校验、动稳定

校验与断路器相同。

5.9.4　高压熔断器的选择与校验

熔断器是最简单也是最早使用的保护电器，当电路过负荷或发生短路时，电流增大，经一定时间后熔体温度超过熔点，切断电路。高压熔断器主要用于发电厂和变电站中保护厂（站）用变压器、电力变压器、电力电容器和电流互感器等。

对熔断器的选择要求是：在电气设备正常运行时，熔断器不应熔断；在出现短路时，应立即熔断；在电流发生正常变动（如电动机启动过程）时，熔断器不应熔断；在用电设备持续过载时，应延时熔断。高压熔断器按额定电压、额定电流、开断电流和选择性等项来选择和校验。

1. 型式选择

高压熔断器按安装地点分户内式和户外式；型式上可分为插入式、母线式、跌落式和非跌落式等。根据有无限流作用又可分为限流和不限流两大类。限流熔断器能在短路电流达到最大值前使电弧熄灭，短路电流迅速减到零，因此开断能力较强，其额定最大开断电流为 6.3～100kA；非限流式熔断器熄弧能力较差，电弧可能要延续几个周期才能熄灭，其额定最大开断电流在 20kA 以下。

2. 额定电压选择

对于一般的高压熔断器，其额定电压 U_N 必须大于或等于电网的额定电压 U_{Ns}。但是对于充填石英砂有限流作用的熔断器，则不宜使用在低于熔断器额定电压的电网中，这是因为限流式熔断器灭弧能力很强，在短路电流达到最大值之前就将电流截断，致使熔体熔断时因截流而产生过电压，其过电压倍数与电路参数及熔体长度有关，一般在 $U_{Ns} = U_N$ 的电网中，过电压倍数 2～2.5 倍，不会超过电网中电气设备的绝缘水平，但如在 $U_{Ns} < U_N$ 的电网中，因熔体较长，过电压值可达 3.5～4 倍相电压，可能损害电网中的电气设备。

3. 额定电流选择

熔断器的额定电流选择包括熔管的额定电流和熔体的额定电流的选择。其中熔管额定电流 I_{Nt} 应按大于或等于熔体额定电流 I_{Ns} 选择。

（1）熔管额定电流的选择。为了保证熔断器载流及接触部分不致过热和损坏，高压熔断器的熔管额定电流应满足

$$I_{Nt} \geqslant I_{Ns} \tag{5-53}$$

式中　I_{Nt}——熔管的额定电流；

　　　I_{Ns}——熔体的额定电流。

（2）熔体额定电流选择。

1）保护 35kV 及以下电力变压器的熔体额定电流选择。应按通过变压器回路最大持续工作电流、变压器的励磁涌流和保护范围以外的短路电流及电动机自启动等引起的冲击电流时，其熔体不应误熔断来选择，即

$$I_{Ns} = K I_{max} \tag{5-54}$$

式中　K——可靠系数（不计电动机自启动时 $K = 1.1～1.3$，考虑电动机自启动时 $K =$

1.5～2.0）；

I_{max}——电力变压器回路最大工作电流。

2）用于保护电力电容器的高压熔断器的熔体，当系统电压升高或波形畸变引起回路电流增大或运行过程中产生涌流时不应误熔断来选择，即

$$I_{Ns} = KI_{Nc} \qquad (5-55)$$

式中 K——可靠系数（对限流式高压熔断器，当一台电力电容器时 $K=1.5～2.0$，当一组电力电容器时 $K=1.3～1.8$）；

I_{Nc}——电力电容器回路的额定电流。

3）保护电压互感器高压熔断器，只需按额定电压和断流容量选择，熔体的选择只限承受电压互感器的励磁冲击电流，不必校验额定电流。

4. 额定开断电流校验

（1）非限流式熔断器，用冲击电流的有效值 I_{sh} 进行校验，校验条件为

$$I_{Nbr} > I_{sh} \qquad (5-56)$$

（2）限流式熔断器，因为在短路电流达到最大值之前已将其切断，故可不计非周期分量的影响，校验条件为

$$I_{Nbr} > I'' \qquad (5-57)$$

（3）选择跌落式熔断器时，其断流容量应分别按上、下限值校验。开断电流应以短路全电流校验。

（4）后备熔断器除校验额定最大开断电流外，还应满足最小开断电流的要求。

5. 熔断器选择性校验

为了保证前后两级熔断器之间或熔断器与电源（或负荷）保护装置之间动作的选择性，应进行熔体选择性校验。各种型号熔断器的熔体熔断时间可由制造厂提供的安秒特性曲线上查出。图 5-56 所示为两个不同熔体的安秒特性曲线（$I_{Nfs1} < I_{Nfs2}$），同一电流同时通过这两个熔体时，熔体 1 先熔断。所以，为了保证动作的选择性，前一级熔体应采用熔体 1，后一级熔体应采用熔体 2。

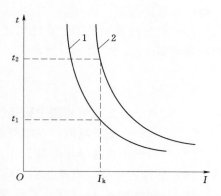

图 5-56 不同熔体的安秒特性曲线

对于保护电压互感器用的高压熔断器，只需按额定电压及断流容量两项来选择。

5.9.5 互感器的选择与校验

1. 电流互感器

（1）种类和型式选择。选择电流互感器时，应根据安装地点（如屋内、屋外）和安装方式（如穿墙式、支持式、装入式等）选择其型式。选用母线型电流互感器时还应注意校核窗口尺寸。

当一次电流较小（在 400A 及以下）时，宜优先采用多匝式电流互感器，以提高准确度。当采用弱电控制系统或配电装置距离控制室较远时，为减小电缆截面积，提高带二次

负荷能力及准确性，二次额定电流应尽量采用 1A，而强电系统用 5A。

（2）额定电压的选择。电流互感器一次回路额定电压不应低于安装地点的电网额定电压，即

$$U_{N} \geqslant U_{Ns} \qquad (5-58)$$

（3）额定电流的选择。电流互感器一次回路额定电流不应小于所在回路的最大持续工作电流，即

$$I_{N1} \geqslant I_{max} \qquad (5-59)$$

为保证电流互感器的准确级，I_{max} 应尽可能接近 I_{N1}。

（4）准确级和额定容量的选择。电流互感器的准确级是指在规定的二次负荷变化范围内，一次电流为额定值时的最大电流误差百分数。知道电流互感器二次回路所接测量仪表的类型及对准确等级的要求后应按准确等级要求高的表计来选择。根据测量时电流互感器误差的大小和用途，为保证测量仪表的准确度，电流互感器的准确级不得低于所供测量仪表的准确级。用于电能计量的电流互感器，准确级不应低于 0.5 级，500kV 宜采用 0.2 级；供运行监测仪表用的电流互感器，准确级不应低于 1 级；供粗略测量仪表用的电流互感器，准确级可用 3 级；稳态保护用的电流互感器选用 P 级；暂态保护用的电流互感器选用 TP 级。

电流互感器的额定容量 S_{2N} 是指在额定二次电流 I_{2N} 和额定二次阻抗 Z_{2N} 下运行时，二次绕组输出的容量，即 $S_{2N} = I_{2N}^2 Z_{2N}$，制造厂商一般提供电流互感器的 $Z_{2N}(\Omega)$ 值。

（5）二次负荷的校验。互感器按选定准确级所规定的额定容量 S_{2N} 应大于或等于二次侧所接负荷，即 $S_{2N} \geqslant S_2$，其中

$$S_2 = I_2 Z_2 ; S_{2N} = I_{2N} Z_2 \qquad (5-60)$$
$$Z_2 = r_v + r_f + r_d + r_e$$

式中　r_v、r_f——二次侧回路中所接仪表和继电器的电流线圈电阻（忽略电抗）；

r_e——接触电阻，一般可取 0.1 Ω；

r_d——连接导线电阻。

（6）热稳定校验。电流互感器热稳定能力常以 1s 允许通过的热稳定电流 I_t 或一次额定电流 I_{1N} 的倍数 K_t 来表示，热稳定校验式为

$$I_t^2 \geqslant Q_k \text{ 或} (K_t I_{1N})^2 \geqslant Q_k \qquad (5-61)$$

式中　I_t——电流互感器 1s 允许通过的热稳定电流；

K_t——电流互感器的 1s 热稳定倍数，$K_t = I_t / I_{1N}$，由制造厂家提供。

（7）动稳定校验。内部动稳定校验式为

$$i_{es} \geqslant i_{sh} \text{ 或} \sqrt{2} I_{1N} K_{es} \geqslant i_{sh} \qquad (5-62)$$

式中　i_{es}——电流互感器的动稳定电流，由制造厂提供；

K_{es}——电流互感器的动稳定电流倍数，由制造厂提供。

外部动稳定校验式为

$$F_y \geqslant F_{max} \qquad (5-63)$$
$$F_{max} = 1.73 \times 10^{-7} i_{sh}^2 l / a \qquad (5-64)$$

式中 F_y——作用于电流互感器瓷帽端部的允许力，由制造厂提供；

l——电流互感器出现端至最近的一个母线支柱绝缘子之间的跨距；

a——相间距离。

2. 电压互感器

电压互感器是把一次回路高电压转换为 100V 的电压，以满足继电保护、自动装置和测量仪表的要求。在并联电容器装置中，电压互感器除作测量外，还作为放电元件。

（1）种类和型式选择。电压互感器种类和型式选择应根据装设地点和使用条件进行选择。

1）在 6～35kV 屋内配电装置中，一般采用油浸式或浇注式电压互感器；110～220kV 配电装置通常采用串级式电磁式电压互感器。

2）在 500kV 配电装置中，配置有双套主保护，并考虑到后备保护、自动装置和测量的要求，电压互感器应具有 3 个二次绕组。

3）只在 20kV 以下才有三相式产品。三相五柱式电压互感器广泛应用于 3～15kV 系统，也很少采用。

4）当二次侧负荷不对称，则三相式电压互感器的三相磁路不对称，所以当接入精度要求较高的计费电能表时，可采用 3 个单相电压互感器组或 2 个单相电压互感器接成不完全三角形。

当需要测量零序电压时，3～20kV 可以采用三相五柱式电压互感器，也可以采用三台单相式电压互感器。

（2）额定电压的选择。电压互感器一次侧的额定电压应满足电网电压要求，二次侧的额定电压按测量仪表计和保护要求，标准化为 100V。电压互感器一次绕组及二次绕组额定电压的具体数值与电压互感器的相数和接线方式有关。

电压互感器的一次绕组接于电网的线电压上时，一次绕组的额定电压应等于电网的额定电压 U_{Ns}；一次绕组接于电网的相电压上时，一次绕组的额定电压应为 $U_{Ns}/\sqrt{3}$。单相式电压互感器用于测量线电压或用两台接成不完全星形连接时，一次绕组的额定电压选电网的额定电压 U_{Ns}，二次绕组的额定电压选 100V；三台单相式电压互感器接成星形接线时，一次绕组的额定电压选 $U_{Ns}/\sqrt{3}$，二次绕组的额定电压选 $100/\sqrt{3}$V，用于中性点直接接地系统，辅助二次绕组额定电压选 100V，用于中性点不接地保护，辅助二次绕组额定电压选 $100/3$V；三相式电压互感器接于电网的线电压上，三相绕组为一整体，一次绕组的额定电压（线电压）选 U_{Ns}，二次绕组的额定电压（线电压）选 100V，辅助二次绕组额定电压选 $100/3$V。

（3）准确级的选择。电压互感器的准确级是指在规定的二次负荷和一次电压变化范围内，二次负荷功率因数为额定值时的最大电压误差百分数。根据测量时电压互感器误差的大小和用途，发电厂和变电站中电压互感器的准确级分为 0.2、0.5、1、3 级及 3P 和 6P 级。为保证测量仪表的准确度，电压互感器的准确级不得低于所供测量仪表的准确级。

（4）二次负荷的校验。为保证所选电压互感器的准确级，其最大相二次负荷 S_2（单

位为 VA）应不大于所选准确级相应的一相额定容量 S_{N2}，否则准确级将相应降低，校验条件为

$$S_2 \leqslant S_{N2} \tag{5-65}$$

进行校验时，根据负荷的接线方式和电压互感器的接线方式，尽量使各相负荷分配均匀，然后计算各相或相间每一仪表线圈消耗的有功功率和无功功率，则各相或相间二次负荷为

$$S_2 = \sqrt{(\sum S_0 \cos\varphi)^2 + (\sum S_0 \sin\varphi)^2} \tag{5-66}$$

式中　S_0、φ——接在同一相或同一相间的各仪表线圈消耗的视在功率和功率因数角。

若电压互感器与负荷的接线方式不同，根据相应公式计算出电压互感器每相或相间有功功率 P 和无功功率 Q，并与互感器接线方式相同的负荷相加，可得二次负荷为

$$S_2 = \sqrt{(\sum P)^2 + (\sum Q)^2} \tag{5-67}$$

5.9.6　支柱绝缘子和穿墙套管的选择

1. 支柱绝缘子的选择

支柱绝缘子只承受导体的电压、电动力和机械荷载，不载流，没有发热问题。

（1）种类和型式选择。屋内型支柱绝缘子主要由瓷件及用水泥胶合剂装于瓷件两端的铁底座和铁帽组成，铁底座和铁帽胶装在瓷件外表面的称为外胶装（Z 型），胶装入瓷件孔内的称为内胶装（ZN 型）。外胶装机械强度高，内胶装电气性能好，但不能承受扭矩，对机械强度要求较高时，应采用外胶装或联合胶装绝缘子（ZL 型，铁底座外胶装，铁帽内胶装）。

屋外型支柱绝缘子采用棒式绝缘子，支柱绝缘子需要倒挂时，采用悬挂式支柱绝缘子。

（2）额定电压选择。按支柱绝缘子的额定电压 U_N 不得低于其所在电网额定电压 U_{Ns} 的条件来选择。在屋外有空气污秽或冰雪的地区，应选用高一电压等级的产品。

（3）动稳定校验。当三相导体水平布置时，如图 5-57 所示，支柱绝缘子所承受电动力应为两侧相邻跨导体受力总和的一半，作用在导体截面水平中心线与绝缘子轴线交点上的电动力 F_{max}（单位 N）为

$$F_{max} = \frac{F_1 + F_2}{2} = 1.73 \times 10^{-7} \frac{L_1 + L_2}{2a} i_{sh}^2 \tag{5-68}$$

式中　L_1、L_2——与绝缘子相邻的跨距，m。

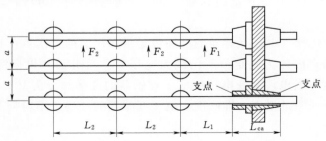

图 5-57　支柱绝缘子和穿墙套管所受电动力示意图（俯视）

由于制造厂家给出的是绝缘子顶部的抗弯破坏负荷 F_{de}，因此必须将 F_{max} 换算为绝缘子顶部所受的电动力 F_c（单位 N），如图 5-58 所示，根据力矩平衡关系得

$$F_c = F_{max} \frac{H_1}{H} \qquad (5-69)$$

$$H_1 = H + b + \frac{h}{2}$$

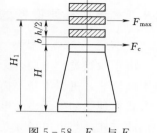

图 5-58 F_{max} 与 F_c
换算示意图

式中 H——绝缘子高度，mm；

     H_1——绝缘子底部到导体水平中心线的高度，mm；

     h——导体放置高度；

     b——导体支持器下片厚度，一般竖放矩形导体为 18mm，平放矩形导体及槽形导体为 12mm。

动稳定校验条件为

$$F_c \leqslant 0.6F_{de} \qquad (5-70)$$

式中 F_{de}——抗弯破坏负荷，N；

     0.6——安全系数。

2. 穿墙套管的选择

穿墙套管用于穿墙导体与墙之间的绝缘，不但承受导体的电压、电动力和机械荷载，还有载流发热问题。

（1）种类和型式选择。根据装设地点可选屋内型和屋外型，根据用途可选择带导体的穿墙套管和不带导体的母线型穿墙套管。屋内配电装置一般选用铝导体穿墙套管。

（2）额定电压选择。按穿墙套管的额定电压 U_N 不得低于其所在电网额定电压 U_{Ns} 的条件来选择。当有冰雪时，应选用高一电压等级的产品。

（3）额定电流选择。带导体的穿墙套管，其额定电流 I_N 不得小于所在回路最大持续工作电流 I_{max}。母线型穿墙套管本身不带导体，没有额定电流选择问题，但应校核窗口允许穿过的母线尺寸。

（4）热稳定校验。热稳定应满足式

$$I_t^2 t \geqslant Q_k$$

母线型穿墙套管不需要进行热稳定校验。

（5）动稳定校验。当三相导体水平布置时，穿墙套管端部所受电动力 F_{max}（单位 N）为

$$F_{max} = \frac{F_1 + F_2}{2} = 1.73 \times 10^{-7} \frac{L_1 + L_2}{2a} i_{sh}^2 \qquad (5-71)$$

式中 L_1——套管端部至最近一个支柱绝缘子之间的距离，m，如图 5-57 所示；

     L_2——套管本身长度 L_{ca}，m。

动稳定校验条件为

$$F_{max} \leqslant 0.6F_{de} \qquad (5-72)$$

式中 F_{de}——抗弯破坏负荷，N；

     0.6——安全系数。

5.9.7 无功补偿设备的选择

1. 风电场无功补偿方式

由于风机类型不同，无功补偿方式也各有不同。如果风力发电机的功率因数可在一定范围内调节，机组本身不需要无功补偿，这类风电场的无功平衡通常采用变电站集中补偿的方式实现。如果风力发电机没有调节能力，需要吸收无功，那么建议采用无功分散就地补偿的方式。与风电场无功集中补偿相比，分散就地补偿具有以下优点：

(1) 分散就地补偿时所需的无功由分散安装的设备就地供给，电能交换距离最短，可以大大降低线路的电流，提高风电场内线路和电缆的供电能力，降低风电场内部网损，效果更加明显。

(2) 分散就地自动补偿能够有效实时地监控风电场一定区域内的无功电压水平，迅速反应补偿区域内的无功电压变化，并予以快速补偿。

现阶段已经研制出新型带有动态无功控制功能的风力机。因此风电场设计中通常选用不需要无功补偿的风电机组，仅在变电站进行集中补偿。

2. 无功补偿装置

(1) 并联电容器。并联电容补偿可用断路器连接至电力系统的某些节点上，并联电容器只能向系统供给感性的无功功率。并联电容器具有投资小、结构简单、维护方便等优点。但并联电容器补偿是通过电容器的投切实现的，调节不平滑，呈阶梯性，在系统运行中无法实现最佳补偿状态。电容器的投切主要采用断路器实现，其开关投切响应慢，不宜频繁操作，因而不能进行无功负荷的快速跟踪补偿。如果使用晶闸管投切电容器组来代替用开关投切电容器组，解决了开关投切响应慢和合闸时冲击电流大的问题，但不能解决无功调节不平滑以及电容器组分组的矛盾，而且造价大幅度提高。

(2) 有载调压变压器。有载调压变压器不仅可以在有载情况下更改分接头，而且调节范围也较大，通常可有 7～9 个分接头可供选择，因而是电力系统中重要的电压调节手段。但变压器不能作为无功电源，相反消耗电网中的无功功率，属于无功负荷之一；变压器分接头的调整不但改变了变压器各侧的电压状况，同时也对变压器各侧的无功功率分布产生影响。

(3) 静止无功补偿器。静止无功补偿器（SVC）通常是由并联电容器组（或滤波器）和一个可调节电感量的电感元件组成。SVC 能够跟踪电网或负荷的无功波动，进行无功的实时补偿，从而维持电压的稳定。SVC 是完全静止的，但它的补偿是动态的，即根据无功的需求或电压的变化自动跟踪补偿。SVC 分为 TCR 型和 MCR 型两种。

1) TCR 型 SVC。TCR 是晶闸管相控电抗器，可控电抗器加电容器。响应时间快，小于 10ms。电抗器是空心绕组，自身损耗小于 0.2%。晶闸管串联，不易直挂在 110kV 及以上系统中，适用于 35kV 及以下的输配电系统中。

2) MCR 型 SVC。铁芯电抗器的线圈中部抽头接晶闸管，晶闸管控制的电抗器需要通过磁通变化改变电抗器容量，时间相对较慢。MCR 为铁芯电抗器，且运行在饱和或局部饱和状态，损耗和噪声较大。低压侧控制铁芯饱和程度，晶闸管不串联。可直接运行在 110 kV 及以上系统中。

（4）静止同步补偿器。静止同步补偿器（STATCOM）也称为静止无功发生器（SVG）。以 SVG 为核心的新一代静止无功补偿/谐波治理装置可以瞬时进行双向无功调节，准确提供/吸收系统所需的无功，可根据需要实现有源滤波。SVG 调节性能好、响应时间快、不产生谐波、功耗低、噪声小，是现阶段最先进的动态无功补偿装置。

并联电容器补偿在大型风电场基本不采用。现阶段采用最多的是有载调压变压器与动态无功补偿装置（SVC 或 SVG）联合使用。有文献认为如果配置了动态无功补偿装置（SVC 或 SVG），就不再需要有载调压变压器，升压站主变压器完全可以选用无载调压变压器。

第6章　风电场集电线路设计

6.1　集电系统概述

目前陆上风电场所用的主流风力发电机组单机容量相对较小，多为1.5～3MW，海上风电场的风力发电机组单机容量稍大，最大已达6MW。风力发电机组本身输出电压一般为690V，经过升压变压器将电压升高到10kV或35kV。由于风力发电机组的单机容量小，风电场的电能生产方式比较分散，要达到大规模的发电应用，往往需要很多台风电机组。例如，按目前内陆主流机型的额定功率计算，建设一个100MW的内陆风电场需要几十台风力发电机组。这些风电机组分布在方圆几十千米的范围内，电能的收集要比生产方式集中的常规发电厂复杂得多。

风电场的集电系统由35kV/10kV的架空线路、电缆线路构成，功能是将每台风力发电机组生产的电能按各联合单元收集起来，并将电能输送至升压站进行汇集。各个联合单元分组采用位置就近原则，对于同一风电场，每个联合单元包含的风力发电机组数目大体相同。每个联合单元的各台风力发电机组发出的电能经升压变压器升压后由架空线/电缆引出并接至主干线路，最终汇集为一条35kV/10kV架空线路/电缆输送到升压站。升压站内的主变压器将集电系统汇集的电能电压再次升高，达到一定规模的风电场一般可将电压升高到110kV或220kV接入电力系统。图6-1所示为某风电场工程集电系统联合单元的接线方式图。某风电场电气主接线图实例见附录一～附录三。

6.2　场内集电线路接线方式

目前，国内陆地风电场工程风电机组单机容量一般为1.5～3MW，风电机组输出电压一般为690V，根据风电场装机规模及接入系统电压等级，风电场输变电系统一般采取两级升压方式。每台风电机组配套设置一套升压设备，采用"一机一变"的接线方式。每台风电机组配置一台升压变压器，将风电机组电压升高至10kV或35kV，各台升压变压器高压侧之间采用集电线路相连，组成一个联合单元，最终接至升压站进行升压。

集电线路方案设计时，首先根据风电场的装机规模、接入系统的电压等级以及升压站与风电场的位置等确定集电线路的电压等级和集电线路的回路数；然后，根据风电机组的布置情况合理划分集电线路回路，确定集电线路的接线型式和输电方式。

6.2.1　集电线路的接线型式

风电场集电线路接线结构共有5种常用方案，即链形结构、单边环形结构、双边环形

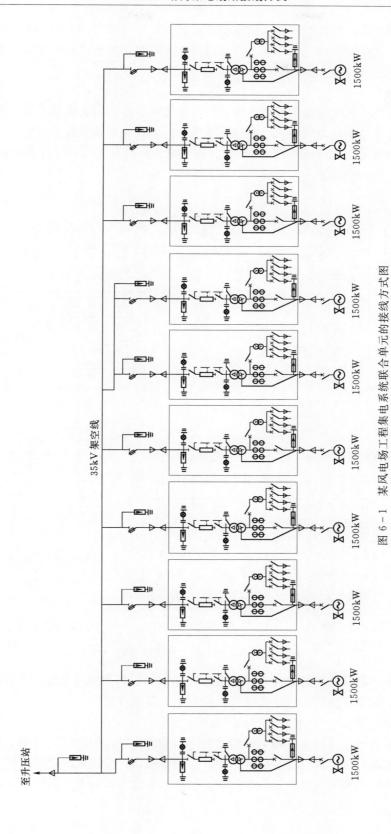

图 6-1 某风电场工程集电系统联合单元的接线方式图

结构、复合环形结构、星形结构。从风电机组布置及可靠性等方面考虑，集电线路的接线可以考虑链形、环形和星形三种方案。目前国内风电场多采用经济性较优的链形接线方案或者链形与星形混合接线方案。

1. 链形结构

链形结构是已建风电场中用得最多的一种内部连接方案，结构简单，成本较低，其基本思想是将一定数量的风电机组（包括升压变压器）连接在一条线路上，整个风电场由若干个"串"并列组成，如图 6-2（a）所示。要注意，每条链上的风机数量受风电机组单机容量、布置、线路载流量、压降等限制。

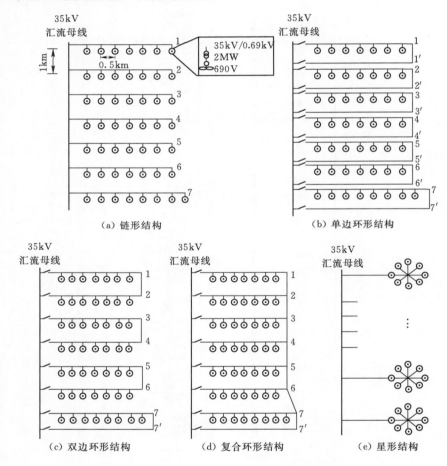

图 6-2　集电线路接线型式示意图

链形结构中，若某处线路发生故障，则该处线路的一系列风电机组都不能输出功率。优点是电缆总长度小，投资低。缺点是损耗较大，可靠性一般。

2. 环形结构

环形结构是通过一条冗余的输电线路将线路末端的风机连回到汇流母线上，如果输电线路某处发生故障，可以通过加装在其上的开关设备隔离，保证风机正常运行。环形结构比链形结构需要的线路规格更高、长度更长，因此成本较高，但因其能实现一定程度的冗余，可靠性较高。环形结构电气接线方法又可具体分为单边环形结构、双边环形结构和复合环形结构。其中，单边环形结构是将链形中每串尾部的风力发电机通过线路接回汇流母线；双边环形结构是将链形中两相邻串的尾部风力发电机相连；复合环形结构是将单边和双边两种环形相结合并改进的一种结构，如图6-2（b）～图6-2（d）所示。

优点是可靠性稍高。缺点是要考虑任何一处线路故障，电流流向不是恒定的，所有线路要考虑最大电流值，线路截面偏大，投资高。

3. 星形结构

星形结构与环形结构相比，可以降低成本；而与链形结构相比，又可以保证较高的可靠性。这种内部结构的风电场由若干圆形组成，每台风电机组分布于圆周之上，输出电能汇总到圆心处母线后输出。每台风电机组及其线路故障与否都不影响风电场其他部分的正常运行，并且能够实现独立调节，如图6-2（e）所示。设计时要注意，每个环形结构所连接风电机组数量受线路容量的限制，风电机组开关设备间的连接也较为复杂。

另外，还有一种单母线型式，即所有风电机组均汇集到一个柜体，类似于星形结构，但这种型式线路长度大，投资高，也不是一种理想的接线方式。星形结构的优点是风电机组及其线路故障不影响其他机组运行，可靠性较高。缺点是要根据机组布置情况进行分组，难度大，投资较高。

6.2.2 集电线路的输电方式

确定风电场集电线路的接线型式后，需根据现场实际情况确定风电场集电线路的输送方式。风电场集电线路输送方式可采用架空线输电方式、电缆输电方式或者架空线与电缆混合输电方式。

1. 架空线输电方式

架空线占地主要是杆塔点位置处的占地，一般为永久征地，架空线安装架设受地形和地貌的影响较小，但后期运行维护工作量较大，恶劣气候（如覆冰、雷暴、大风等）对架空线影响较大，有可能造成停电，影响风电场发电量。

在平地和丘陵等便于运输和施工的地区，宜因地制宜采用拉线杆塔和钢筋混凝土杆。在走廊清理费用比较高及走廊较为狭窄的地带，宜采用导线三角形排列的杆塔，对非重冰区还宜结合远景规划采用双回路或多回路杆塔，在重冰区地带宜采用单回路导线水平排列的杆塔，在征地较困难处可采用占地面积较小的钢管杆塔。

2. 电缆输电方式

电缆输电方式受恶劣气候影响很小，日常维护工作量较小，安装方式主要采用地埋敷设方式，较容易敷设，施工周期短；但对于地形高差起伏较大的地方电缆敷设较为困难，电缆方案一般沿集电线路全线临时征地。

在台风区、覆冰区等自然条件恶劣的地区，或海滨滩涂施工困难地区，或草原、风景区等有环境保护、旅游要求时宜采用电缆输电方式。

3. 架空线与电缆混合输电方式

架空线与电缆混合输电方式结合了架空线输电方式和电缆输电方式的特点，根据现场地形地貌的变化及风机布置情况，因地制宜地在不同集电线路路径段选用架空线输电方式或电缆输电方式，扬长避短，充分发挥了两种输电方式的优点。

一般风电场集电线路普遍采用混合方式，即风电机组配套升压变电站高压侧与集电线路主干线之间或某些集电线路分支线采用电缆输送形式，集电线路主干线多以架空线输送形式为主。

风电场容量一般为 50MW（或其整数倍）左右，由几十台风电机组组成，由于受单回路输送容量及线路长度限制，集电线路一般采用 2～3 回线路输送。为减少线路总长度、缩小线路走廊，山区及丘陵地带一般采用 2 个回路输送，平原及沿海滩涂地区可考虑 3 个回路输送。

6.3　场内架空集电线路设计

6.3.1　架空集电线路的路径选择

架空线路的路径选择，简称选线，是一项综合性和实践性很强的工作。正确选择路径对线路设计有重要的作用。

架空线路路径选择需在线路起讫点之间选择一条技术上安全可靠、经济上合理的路径。为了给线路施工和运行维护创造较好的条件，在线路选线时，要考虑沿线气象、水文、地质、地形等自然环境以及交通运输、居民点等因素，还要妥善处理线路附近其他设施、城乡建设、文物保护、资源开发和环境保护等方面的关系。按照国家现行法令、政策进行综合论证比较，选出最佳的路径方案。路径选择不当，将导致线路建设发生困难，增加工程投资，不利长期安全运行，甚至对周围其他设施和生态环境产生不良影响。

1. 路径选择的步骤

路径选择一般分为室内选线和现场选线两步。

（1）室内选线是在大比例尺寸的地形图上进行选线。具体步骤为：①在图上标出起讫点、必经点，综合考虑各种条件，作出几个方案，经过比较保留 1～2 个比较好的方案；②向有关部门（邻近或交叉设施的主管部门）征求意见，签订协议；③现场踏勘，验证图上方案是否符合实际，对建筑物密集地段进行初测；④通过技术经济比较确定一个合理方案。

（2）现场选线是把室内选定的路径方案在现场落实、移到现场，确定线路的最终走向。这一过程中还要注意到特殊杆位能否立杆。

现场选线工作一般由设计、施工和建设单位的相关人员集体进行。现场选线工作阶段需完成以下工作内容：

1）核对图上选线的实际位置，将最新变化情况增补在地形图上。

2）了解沿线的地形、地质、地物、水文等情况。收集沿线的气象资料，同时要了解沿线道路、交叉跨越、建筑物、林木等情况。

3）对可能影响路径方案的复杂地段，需进行重点踏勘。例如进出线走廊、特殊跨越处、交通困难区、恶劣气象地段等。

2. 路径选择的原则

架空线路路径选择时一般应遵循以下原则：

（1）选择线路路径时应遵守我国有关法律、法令和政策。

（2）选择线路路径，应认真做好调查研究，少占农田，综合考虑运行、施工、交通运输条件和路径长度等因素，与有关单位或部门协商，本着统筹兼顾、全面安排的原则进行方案比较，做到技术经济合理，安全适用。

（3）在可能的条件下，应使路径长度最短、转角少、转角角度小、特殊跨越少、水文地质条件好、投资少、省材料、施工及运行方便、安全可靠。

（4）线路应尽可能避开森林、绿化区、果木林、防护林带、公园等，必须穿越时也应从最窄处通过，尽量减少砍伐树木。

（5）路径选择应尽量避免拆迁，减少拆迁房屋和其他建筑物。同时，线路应尽量避开重冰区、不良地质地段。

（6）路径选择应避免与同一河流或工程设施多次交叉。

（7）路径选择应根据风机及施工维护道路的布置情况进行确定，集电线路宜布置在风机施工维护道路对侧，应避免风机施工、维护时与集电线路相互干扰。

（8）集电线路距风电机组的距离应满足安全、运行、维护及检修等要求。

3. 路径选择应注意的事项

线路路径选择时除应遵循以上原则外，还应注意以下事项：

（1）线路与建筑物平行交叉、线路与特殊管道交叉或接近、线路与各种工程设施交叉相接近时，应符合相关规程规定的要求。

（2）线路应避开沼泽地、水草地、易积水地。线路通过黄土地区时，应尽量避开冲沟、陷穴及受地表水作用后产生强烈湿陷性地带。

（3）线路应尽量避开地震烈度为Ⅵ度以上的地区，并应避开构造断裂带或采用直交、斜交方式通过断裂带。

（4）线路应避开污染地区，或在污染源的上风向通过。

（5）线路转角点宜选在平地，或山麓缓坡上。转角点选择应尽量和耐张段长度结合在一起考虑。转角点应有较好的施工紧线场地并便于施工机械到达。转角点应考虑前后两杆塔位置的合理性，避免造成相邻两档档距过大、过小使杆塔塔位不合理或使用高杆塔。

（6）线路跨越河流时应尽量选在河道狭窄、河床平直、河岸稳定、不受洪水淹没的地段。线路不宜在码头、泊船的地方跨越河流。避免在支流入口处、河道弯曲处跨越河流。避免在旧河道、排洪道处跨越。

（7）山地线路选择应尽可能避开陡坡、悬崖、滑坡、崩塌、不稳定岩堆、泥石流等不良地质地段。

（8）线路和山脊交叉时，应从山鞍经过。线路沿山麓经过时，注意山洪排水沟位置，尽量一档路过。线路不宜沿山坡走向，以免增加杆高或杆位。

（9）要调查清楚已有线路、植物等的覆冰情况（冰厚、突变范围）、季节风向、覆冰类型、雪崩地带。避免在覆冰严重地段通过。

（10）避免靠近湖泊且在结冰季节的下风向侧经过，以免出现严重结冰现象。避免出现大档距，避免线路在山峰附近迎风面侧通过。

6.3.2　气象条件的选定

1. 影响线路的主要气象参数

集电线路中的架空线常年在大气中运行，承受着四季气温、风、冰、雷电等气象参数变化的影响。这些气象参数的变化会引起架空线载荷的变化，使架空线的张拉应力、弧垂和长度都随之改变，进而影响杆塔和基础的荷载以及与其他物体间的安全距离。一般来说，雨难以在架空线上停留，雪的比重较轻，它们对线路影响不大。雷电的活动主要影响线路的电气强度，可以用加强防雷措施来解决。风、覆冰和气温则对架空线路的机械强度有较大影响，是影响线路的主要气象参数，称为线路气象条件三要素。

风速作用于架空线上形成风压，产生水平方向上的荷载。风速越高，风压越大，风载荷也就越大。风压的大小一般与风速的平方成正比。水平风载荷使架空线的应力增大，杆塔产生附加弯矩。更为严重的是，风可以引起架空线路的振动和舞动，使架空线疲劳破坏或相间闪络、产生鞭击。风还使悬垂绝缘子串产生偏摆，造成导线与杆塔构件间空气间距减小而发生闪络。

覆冰是一定气象条件下架空线和绝缘子串上出现的冰、霜、雨凇和积雪的通称。覆冰使架空线的垂直载荷增加；同时覆冰也增加了架空线的迎风面积，从而使其所受水平风载荷增加。此气象条件下，架空线的弧垂有可能增至最大值使对地安全距离减小，也可能造成断线事故。

气温的变化引起架空线的热胀冷缩。气温降低，架空线变短，弧垂变小，拉力增大，有可能超过最大允许应力而导致断线；气温升高，线长增加，弧垂变大，有可能保证不了对地或其他跨越物的安全距离。在最高气温下，导线的温度有可能超过其允许值。

2. 主要气象资料的搜集内容

架空集电线路运行中的实际气象是风、覆冰、气温等气象参数的不同组合。为了保证集电线路的安全运行，使线路的机械强度和电气强度较好地适应变化的气象条件，必须对沿线及附近地区的气象情况进行全面了解，详细搜集设计线路所需要的气象资料。主要气象资料的搜集内容及用途见表 6 - 1。

表 6 - 1　气 象 资 料 及 用 途 表

序号	搜 集 内 容	用　　途
1	最高气温	计算架空线的最大弧垂，保证对地面或其他跨越物具有一定的安全距离
2	最低气温	计算架空线可能产生的最大应力，检查架空线的上拔、悬垂绝缘子串的上扬等
3	年平均气温	微风振动的防振设计条件
4	历年最低气温月的平均气温	计算架空线和杆塔安装、检修时的初始条件
5	历年最低气温月的日最低气温平均值	用于线路断线事故气象组合

续表

序号	搜集内容	用途
6	最高气温月的日最高气温平均值	计算导线的发热和温升
7	最大风速及相应月的平均气温	考虑架空线和杆塔强度的基本条件，也用于检查架空线、悬垂串的风偏等
8	覆冰厚度	架空线和杆塔强度的设计依据，计算架空线的最大弧垂，验算不均匀覆（脱）冰时架空线的不平衡张力、上下层架空线间的接近距离
9	平均雷暴日数（或小时数）	防雷设计的依据
10	常年洪水位及最高航行水位	用于确定跨越杆塔高度，验算交叉跨越距离

3. 气象参数值的选取

架空线路计算用气象条件，应根据沿线的气象资料和附近已有的运行经验确定，根据线路电压等级的不同，气象资料采用 15～30 年一遇的数值。

(1) 架空电力线路设计的气温应根据当地 15～30 年气象记录中的统计值确定。最高气温宜采用＋40℃。在最高气温工况、最低气温工况和年平均气温工况下，应按无风、无冰计算。

(2) 架空电力线路设计采用的年平均气温应按下列方法确定：

1) 当地区的年平均气温在 3～17℃之间时，年平均气温应取与此数邻近的 5 的倍数值。

2) 当地区的年平均气温小于 3℃或大于 17℃时，应将年平均气温减少 3～5℃后取与此数邻近的 5 的倍数值。

(3) 架空电力线路设计采用的导线或地线的覆冰厚度，在调查的基础上可取 5mm、10mm、15mm、20mm，冰的密度应按 $0.9g/cm^3$ 计算；覆冰时的气温应采用－5℃，风速宜采用 10m/s。

(4) 安装工况的风速应采用 10m/s，且无冰。气温应按下列规定采用：

1) 最低气温为－40℃的地区，应采用－15℃。

2) 最低气温为－20℃的地区，应采用－10℃。

3) 最低气温为－10℃的地区，应采用－5℃。

4) 最低气温为－5℃的地区，应采用 0℃。

(5) 雷电过电压工况的气温可采用 15℃，风速对于最大设计风速 35m/s 及以上地区可采用 15m/s，最大设计风速小于 35m/s 的地区可采用 10m/s。

(6) 检验导线与地线之间的距离时，应按无风、无冰考虑。

(7) 内部过电压工况的气温可采用年平均气温，风速可采用最大设计风速的 50%，并不宜低于 15m/s，且无冰。

(8) 在最大风速工况下应按无冰计算，气温应按下列规定采用：

1) 最低气温为－10℃及以下的地区，应采用－5℃。

2) 最低气温为－5℃及以上的地区，应采用＋10℃。

（9）带电作业工况的风速可采用 10m/s，气温可采用 15℃，且无冰。

（10）长期荷载工况的风速应采用 5m/s，气温应采用年平均气温，且无冰。

（11）最大设计风速应采用当地空旷平坦地面上离地高 10m 统计所得的 30 年一遇 10min 平均最大风速；当无可靠资料时，最大设计风速不应低于 23.5m/s，并应符合下列规定：

1）山区架空电力线路的最大设计风速，应根据当地气象资料确定；当无可靠资料时，最大设计风速可按附近平地风速增加 10%，且不应低于 25m/s。

2）架空电力线路位于河岸、湖岸、山峰以及山谷口等容易产生强风的地带时，其最大基本风速应较附近一般地区适当增大；对易覆冰、风口、高差大的地段，宜缩短耐张段长度，杆塔使用条件应适当留有裕度。

3）架空电力线路通过市区或森林等地区时，两侧屏蔽物的平均高度大于杆塔高度的 2/3，其最大设计风速宜比当地最大设计风速减少 20%。

6.3.3　导线、地线的选择

架空线路的导线和地线（统称电线）长期在旷野、山区或湖海边缘运行，需要经常耐受风、冰等外荷载的作用以及气温剧烈变化和化学气体等的侵袭，同时受国家资源和线路造价等因素的限制。因此，在设计中对电线的材质、结构等必须慎重选取。

根据架空线路的一般规定，10～35kV 电压等级的线路导线可采用钢芯铝绞线或铝绞线，也可采用铝包钢芯铝绞线、铝合金线、硬铜线等，而根据线路的重要程度、受力情况以及导线的价格，较常规钢芯铝绞线价格高出 30% 以上的铝合金线和硬铜线等不适合用于风电场工程。因此，一般地导线以采用钢芯铝绞线为宜。

风电场内的汇集线系统中压侧一般为小电阻接地方式，单相接地短路电流为系统中性点电阻性电流和架空线、电缆的电容电流，数值一般在 1kA 以内，不考虑地线热稳定影响，因此架空线路地线可选择镀锌钢绞线，当有兼风机通信传输的需求时，也可采用光纤复合架空地线（OPGW）。

架空线路导线截面一般按经济电流密度来选择，并根据长期容许电流、电压损失、机械强度以及事故情况下的发热条件进行校验，必要时应通过技术经济比较确定。

1. 按经济电流密度选择导线截面

经济电流密度是指年运行费用最低时所对应的电流密度。年运行费用最小时所对应的截面积，称为经济截面积。当已知经济电流密度 J 和送电容量 P 时经济截面积 S 为

$$S=\frac{P}{\sqrt{3}JU_{e}\cos\varphi}$$

式中　S——导线截面，mm^2；

　　　P——送电容量，kW；

　　　U_e——线路额定电压，kV；

　　　J——经济电流密度，A/mm^2。

我国目前的经济电流密度见表 6-2。

表 6-2　经济电流密度取值表

单位：A/mm²

导线材料	最大负荷利用小时数 T_{max}/h		
	3000 以下	3000～5000	5000 以上
铝线	1.65	1.15	0.9
铜线	3.0	2.25	1.75

2. 按导线长期容许电流校验导线截面

选定的架空线路的导线截面，必须根据各种不同运行方式以及事故情况下的传输容量进行发热校验，即在设计中不应使预期的输送容量超过导线发热所能允许的数值。

按允许发热条件的持续极限输送容量为

$$W_{max} = \sqrt{3} U_e I_{max}$$

式中　W_{max}——极限输送容量，MVA；

　　　U_e——线路额定电压，kV；

　　　I_{max}——导线持续允许电流，kA。

3. 按电压损失校验导线截面

在不考虑线路电压损失的横分量时，线路电压、输送功率、功率因数、电压损失百分数、导线电阻率以及线路长度与导线截面的关系为

$$\delta = \frac{P_m L}{U_e^2}(R + X_0 \tan\varphi)$$

式中　δ——线路允许的电压损失百分比；

　　　P_m——线路输送的最大功率，MW；

　　　U_e——线路额定电压，kV；

　　　L——线路长度，m；

　　　R——单位长度导线电阻，Ω/m；

　　　X_0——单位长度线路电抗，Ω/m，可取 0.4×10^{-3} Ω/m；

$\tan\varphi$——负荷功率因数角的正切值。

4. 按短路热稳定校验导线截面

当导体通过短路电流时，导体温度不超过允许短路温度，或导体的允许短路电流大于系统最大短路电流，这时，称导体具有足够的热稳定性；反之为热稳定性不够。导体截面的选择也需通过短路电流的热稳定校验，即

$$S \geqslant \frac{\sqrt{Q_d}}{C}$$

式中　S——导体的截面积，mm²；

　　　Q_d——短路电流的热效应，A²·s；

C——热稳定系数。

5. 按机械强度校验导线截面

为了保证架空线路必要的安全机械强度，对于跨越铁路、通航河流和运河、公路、通信线路、居民区的线路，其导线截面不得小于 $35mm^2$。通过其他地区的导线截面，按线路的类型分，允许的最小截面见表 6-3。

表 6-3　按机械强度要求的导线最小允许截面　　　　　　　单位：mm^2

导线构造	架空线路等级	
	35kV	10kV
单股线	不许使用	不许使用
多股线	25	16

随着风电场集电线路从线路末端至始端所带风机台数的逐渐增加，不同风机之间的线路所输送的容量不同，如果按经济电流密度选择，采用多规格、逐级放大导线截面的方法，虽导线部分较为经济，但由于不同的导线线径需配套不同的联结金具及线夹，不同的导线之间需采用特殊的接续金具。其不利之处在于：①增加了特殊导线接续金具的费用；②增加了线路的施工复杂性；③对于风电场投运后的运行和检修维护带来较多不便；④对风电投资商而言，备品备件需大幅度增加，同时规格也较为特殊。

因此，对于一回集电线路所带的风电机组输送容量呈逐级放大时，完全按经济电流密度等方法进行导线选型也存在上述问题。根据工程经验，对于采用架空方式的集电线路，所带 10～15 台的风电机组，从技术、经济上分析后，采用 2～3 种不同截面的导线不失为一种较好的选型方法。在提高风电场经济性的同时，又能方便风电场集电线路的施工，而且可以减少相应的备品备件的种类与数量。

6.3.4　导线、地线的架线设计

1. 导线应力的概念

悬挂于两基杆塔之间的导线在自重、冰重、风压等荷载作用下，任一横截面上均有一内力存在。根据材料力学中应力的定义可知，导线应力是指导线单位横截面积上的内力，因导线上作用的荷载是沿导线长度均匀分布的，所以一档导线中各点的应力不相等，且导线上某点应力的方向与导线悬挂曲线该点的切线方向相同。从而可知，一档导线中其导线最低点应力的方向是水平的。

架空线悬挂曲线受力图如图 6-3 所示，取导线最低点 O 至任意一点 C 的一段导线分析：设 C 点应力为 σ_x，方向为 C 点的切线方向，导线最低点应力为 σ_0，方向为水平方向。将 σ_x 分解为垂直方向 σ_1 和水平方向 σ_2 两个分应力，则根据静力平衡条件可知 $\sigma_2 = \sigma_0$，即档中导线各点应力的水平分量均相等，且等于导线最低点应力 σ_0。另一方面，一个耐张段在施工紧线时，直线杆上导线置于放线滑车中，当忽略滑车的摩擦力影响时，各档导线最低点的应力均相等。所以，在导线应力、弧垂分析中，除特别指明外，导线应力都指档中导线最低点的水平应力，常用 σ_0 表示。

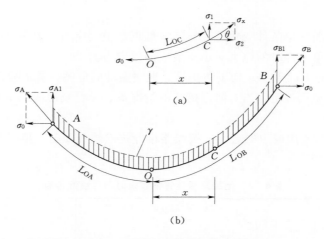

图6-3 架空线悬挂曲线受力图

2. 导、地线控制应力的选定

悬挂于两基杆塔间导线的弧垂与应力的关系是：弧垂越大，则导线的应力越小；反之，弧垂越小，应力越大。因此，从导线强度安全角度考虑，应加大导线弧垂，从而减小应力，以提高安全系数。但是，若片面地强调增大弧垂，则为保证带电导线的对地安全距离，在档距相同的条件下，必须增加杆高，或在相同杆高条件下缩小档距，结果使线路建设投资成倍增加。同时，在线间距离不变的条件下，增大弧垂也就增加了运行中发生混线事故的机会。

安全和经济是一对矛盾的关系，一般的处理方法是在导线机械强度允许的范围内尽量减少弧垂，从而既最大限度地利用导线的机械强度，又降低了杆塔高度。

根据工程架线设计规定，在各种气象条件下，导线的应力弧垂计算应采用最大使用应力和平均运行应力作为控制条件。地线的应力弧垂计算可采用最大使用应力、平均运行应力和导线与地线间的距离作为控制条件。

（1）导、地线最大使用应力的选定。导、地线发生最大应力时（如最大风、冰荷载或最低气温时），应具有一定的安全系数。以安全系数 F 除导、地线的破坏强度 σ_{ts}（或抗拉强度），即得导、地线最大使用应力（指电线最低点的水平应力），即

$$\sigma_0 = \frac{\sigma_{ts}}{F}$$

式中　σ_0——最大使用应力，N/mm^2；

　　　σ_{ts}——导、地线的破坏强度，N/mm^2；

　　　F——导、地线的安全系数。

GB 50545—2010《110kV～750kV 架空输电线路设计规范》和 GB 50061—2010《66kV 及以下架空电力线路设计规范》规定，导、地线的安全系数不应小于2.5，地线的安全系数宜大于导线的安全系数。在大跨越的稀有气象条件下和重冰区较少出现覆冰的情况下，导线在弧垂最低点的最大应力，均应按不超过瞬时破坏应力的60%；悬挂点不超过66%验算。如悬挂点高差过大，正常情况应验算悬挂点应力。悬挂点应力可比弧垂最

低点应力高 10%。

导线的应力是随气象条件变化的，导线最低点在最大应力气象条件时的应力为最大使用应力，则其他气象条件时的应力必小于最大使用应力。

（2）平均运行应力的限制。为了防止导、地线振动的危害，就需要限制导、地线的平均运行应力。设计规程规定，当有防振措施的情况下，导线及地线的平均运行应力不得超过拉断应力的 25%。

（3）地线截面与使用应力的选定。按线路设计技术规程规定，地线与导线的截面配合应符合表 6-4 的规定。

表 6-4　地线采用镀锌钢绞线时与导线配合表

导线型号	LGJ-185/30 及以下	LGJ-185/45～LGJ-400/50
镀锌钢绞线最小截面/mm²	35	50

根据防雷要求，在大气过电压气象条件时（+15℃、无风、无冰），导线与地线在挡距中央应保持（$0.012L+1$）m 的间距。此处 L 为档距，设计时须按此要求选定地线于 15℃ 时各代表档距下的应力，并以此应力作为已知有效控制条件，再用状态方程式求出其最大使用应力、平均运行应力及其他条件下的应力。若求出的最大使用应力与平均运行应力超出或过低于规定数值，可在杆塔地线保护角满足要求的情况下，适当放大或缩小导线与地线悬挂点间的距离，使之较均衡地满足各控制条件。

3. 导、地线的应力弧垂表

在线路设计中，为全面了解导、地线在各种气象条件下运行时的力学特性，便于在设计中查用有关数据，需将各个代表档距下各种气象条件时的导、地线应力及有关弧垂计算出来，绘成随代表档距变化的应力弧垂表。计算应力弧垂表前必须预先确定各种气象条件，计算导、地线在各种气象条件下的比载，确定导、地线使用安全系数和最大使用应力及有关气象条件下的控制应力（如平均运行应力值、地线受导线与地线间距控制的应力等），计算临界档距，划定各种控制应力出现的档距区间，确定各区间内的已知应力及相应的气象条件，然后利用状态方程式计算出其他气象条件下的应力及弧垂。

以内蒙古某风电场工程设计为例，集电线路导线选用 LGJ-150/25，地线选用 GJ-35 和 OPGW（光纤复合架空地线），气象条件为：最高温度 40℃，最低温度 -35℃，年平均温度 5℃，最大风速 30m/s，最大覆冰 15mm。利用平断面处理及定位系统软件绘制的导线应力弧垂表见表 6-5。

表 6-5　导 线 应 力 弧 垂 表

工况	冰厚/mm	风速/(m·s⁻¹)	气温/℃	档　距									
				120	140	160	180	200	220	240	260	280	300
低温	0	0	-35	89.32 (0.69)	74.28 (1.12)	61.42 (1.77)	52.16 (2.64)	46.13 (3.69)	42.21 (4.88)	39.57 (6.20)	37.72 (7.64)	36.37 (9.19)	35.35 (10.86)
大风	0	30	-5	69.56 (1.46)	64.95 (2.93)	61.52 (2.93)	59.02 (3.87)	57.19 (4.93)	55.82 (6.12)	54.77 (7.42)	53.96 (8.84)	53.32 (10.38)	52.81 (12.04)

工况	冰厚 /mm	风速 /(m·s⁻¹)	气温 /℃	档 距									
				120	140	160	180	200	220	240	260	280	300
年平	0	0	5	48.09 (1.27)	42.89 (1.95)	39.44 (2.76)	37.15 (3.71)	35.59 (4.79)	34.48 (5.98)	33.66 (7.29)	33.05 (8.72)	32.57 (10.26)	32.19 (11.92)
覆冰	15	10	−5	98.98 (2.05)	98.98 (2.80)	98.98 (3.65)	98.98 (4.63)	98.98 (5.71)	98.98 (6.91)	98.98 (8.23)	98.98 (9.66)	98.98 (11.21)	98.98 (12.87)
高温	0	0	40	30.77 (1.99)	30.56 (2.73)	30.41 (3.59)	30.30 (4.56)	30.22 (5.64)	30.15 (6.84)	30.10 (8.16)	30.07 (9.59)	30.04 (11.13)	30.01 (12.79)
校验	0	0	15	41.52 (1.48)	38.35 (2.18)	36.24 (3.01)	34.81 (3.96)	33.80 (5.04)	33.07 (6.23)	32.53 (7.55)	32.11 (8.97)	31.79 (10.52)	31.52 (12.18)
安装	0	0	−10	61.36 (1.02)	52.47 (1.62)	46.23 (2.40)	42.13 (3.34)	39.40 (4.41)	37.53 (5.60)	36.19 (6.91)	35.21 (8.34)	34.46 (9.88)	33.88 (11.54)
外过	0	10	15	41.99 (1.49)	38.87 (2.19)	36.78 (3.02)	35.37 (3.98)	34.37 (5.05)	33.64 (6.25)	33.10 (7.56)	32.68 (8.98)	32.36 (10.53)	32.09 (12.19)
内过	0	15	10	46.83 (1.43)	43.02 (2.12)	40.44 (2.94)	38.69 (3.90)	37.45 (4.97)	36.55 (6.16)	35.89 (7.47)	35.37 (8.90)	34.97 (10.44)	34.65 (12.10)

注：1. 表中数据说明，括号外：应力，单位：N/mm²，括号内：弧垂，单位：m。
   2. 导线截面积：173.11mm²，重量：601.0kg/km。
   3. 自重比载：$3.405×10^{-2}$N/(mm²·m)，覆冰比载：$1.130×10^{-1}$N/(mm²·m)。
   4. 最大允许使用应力：98.98N/mm²，年平均运行应力上限（25.00%）：74.24N/mm²。

对于雷害较严重的风电场内 35kV 集电线路，一般沿全线架设 OPGW，对某些大跨越档或采用双杆水泥杆时，杆塔保护角不能满足线路设计规范要求，此时杆塔地线支架另一侧需增设一根普通地线 GJ−35 或 GJ−50，这时线路中导、地线有导线、OPGW 及普通地线 3 种规格，全线档距中央各电线弧垂必须匹配。按线路设计规范的规定，同普通地线一样，OPGW 的设计安全系数要求大于导线的安全系数；档距中央导线和 OPGW 的距离在 15℃ 气温、无风条件下，应满足规程 $S \geqslant 0.012L+1$ 的要求；同时，为了保证风偏的一致性，要考虑使 OPGW 和另一根普通地线的弧垂尽量保持同一水平。

由于 OPGW 中间光单元部分基本不考虑抗拉强度，与普通地线相比，OPGW 的直径有所增大，因此 OPGW 与普通地线的机械特性存在一定的差异，如果将 OPGW 与普通地线采用相同的安全系数，OPGW 的架线弧垂与另一根普通地线较难保持一致。因此，应先根据导地线配合选取合适的普通地线的安全系数，算出年平工况下各代表档距下的弧垂，再反推选取 OPGW 的安全系数，尽量保证年平工况下，各代表档距下 OPGW 与另一根普通地线的弧垂基本一致。如果相同代表档距下，OPGW 与另一根普通地线的弧垂差异较大，可以考虑按代表档距分段选取安全系数。表 6−6 为上述内蒙古某风电场工程导、地线的主要技术参数。

表 6 - 6　内蒙古某风电场工程导、地线的主要技术参数

项目	导线 LGJ - 150/25	普通地线 GJ - 35	OPGW OPGW - 42
安全系数	3.0	4.0	4.5
瞬时破坏张力/N	54110	43430	51100
最大使用张力/N	17134	10858	11356
平均运行张力/N	12851	10858	10220
单位长度重量/(kg·m⁻¹)	0.601	0.295	0.304

4. 导线的初伸长及补偿

当多股绞合电线受拉力后，除各股单线互相滑动，挤压使线股绞合得更紧而产生永久伸长外，随作用拉力的大小和持续时间的延长还产生塑性伸长和蠕变。前者的挤压伸长一般在架线观测过程中便能放出，后者中的一小部分在架线张力和其持续时间下也会放出，故对运行应力、弧垂无影响，而后者中的大部分塑性伸长和蠕变量则在线路运行初期的张力作用下才能逐渐放出，故常称初伸长。这种初伸长的放出增加了档内线长，引起弧垂增加，以致使线路导线对地及其他被跨越物的安全距离减小，所以在架线施工中必须考虑补偿。

初伸长的补偿通常可采用降温法和减少弧垂法：

（1）降温法。35kV 架空电力线路的导线或地线的初伸长率应通过试验确定，导线或地线的初伸长对弧垂的影响可采用降温方式补偿。当无试验资料时，初伸长率和降低的温度可采用表 6 - 7 所列数值。

表 6 - 7　导线或地线的初伸长率和降低的温度

类 型	初伸长率	降低的温度/℃
钢芯铝绞线	$3 \times 10^{-4} \sim 5 \times 10^{-4}$	15～25
镀锌钢绞线	1×10^{-4}	10

注： 截面铝钢比较小的钢芯铝绞线应采用表中的下限数值；截面铝钢比较大的应采用表中的上限数值。

（2）减少弧垂法。10kV 及以下架空电力线路的导线初伸长对弧垂的影响可采用减少弧垂法补偿。钢芯铝绞线弧垂减小率应采用 12％。

5. 导、地线的防振措施

在线路档距中，当架空线受到垂直于线路方向的风力作用时，就会在其背风面形成按一定频率上下交替的稳定涡流，如图 6 - 4 所示。在涡流升力分量的作用下，架空线在其垂直面内产生周期性振荡，称为架空线振动。

当涡流的频率恰好与架空线的自振频率相同时，将会形成架空线的稳定振动波，这种稳定的振动波将在架空线内部产生交变应力，长期作用会造成架空线的损伤。损伤最严重的地方是架空线线夹出口处。

架空线振动时的最高点（图 6 - 5 中 1 点）称为波峰，当导线邻近的另外的一点停留在原有位置（图 6 - 5 中 2 点）时，便形成了波节。两个相邻波节之间的距离称为振动的半波长。两个相邻的半波长则称为振动全波长。两个波峰之间的垂直距离称为波幅（振幅）。

因风力作用而引起的周期性振荡，一般每秒几到几十个周波，振幅一般不超过几厘米的静止波。

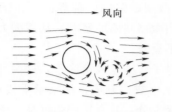

图 6-4 架空线背风面涡流示意图

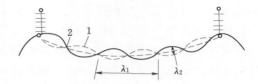

图 6-5 架空线振动波示意图
1—波峰；2—波节；λ_1—振动全波；λ_2—波幅

均匀的风速和风向是引起架空线振动的基本因素，其振动的频率、波长和振幅还与架空线的挡距长度、年平均运行应力及架空线的材料、直径和张力等因素有关。

架空线的防振措施，主要是安装防振锤、护条线、阻尼线等来吸收振动能量，以达到减轻架空线振动的效果。根据我国电力建设研究所及设计运行单位对电线振动情况的大量调查、测试和研究工作，提出了导、地线平均运行张力对防振措施有极大的影响。导线或地线的平均运行张力上限及防振措施应符合表 6-8 的要求。

表 6-8 导线或地线的平均运行张力上限及防振措施

挡距和环境状况	平均运行张力的上限（瞬时破坏张力的百分数）/%		防振措施
	钢芯铝绞线	镀锌钢绞线	
开阔地区挡距<500m	16	12	不需要
非开阔地区挡距<500m	18	18	不需要
挡距<200m	18	18	不需要
不论挡距大小	22	—	护线条
不论挡距大小	25	25	防振锤（阻尼线）或另加护线条

6.3.5 绝缘子和金具

1. 绝缘子的种类

绝缘子是架空集电线路的重要组成部分，虽然其投资占架空集电线路总投资的比例很小，但绝缘子作为架空线路唯一的电气绝缘介质，其运行的可靠性及稳定性决定了集电线路的安全运行状况。因此在架空集电线路建设中绝缘子的选择非常重要。目前，在高压架空线路上常用三种材料作绝缘子，即瓷、玻璃和合成绝缘子。

（1）瓷绝缘子以瓷作为绝缘材料。瓷属于硅酸盐材料，是由粉料制成泥坯经高温烧结而成的一种多晶体，其显微结构由多晶体和微孔的玻璃相组成，属于一种多晶体的非均质材料。瓷生产厂家控制原材料、颗粒分析、温度和燃烧过程，以便获得多晶体、微孔和玻璃相之间内部界面的最佳平衡。部分生产厂家在原材料中使用精制超微粉工业氧化铝，并使用微细粒度的原材料，可使瓷件的机械强度、电气强度大大提高。

（2）玻璃绝缘子。玻璃绝缘子以玻璃作为绝缘材料。玻璃由石英砂、白云石、长石、石灰石和化工原料（如碳酸钾、钠）经高温熔融成液体，但此时完全熔融的材料提供的是一种完全均质、结构致密的材料，因此不存在能生长微型缺陷的内部界面。在钢化过程中，玻璃绝缘子的外表面产生高的压应力，消除了表面微型缺陷的影响，从而大大改进了机械强度，使产品在整个运行过程中能保持抗拉强度不衰减。

（3）合成绝缘子。合成绝缘子又包括有机复合绝缘子、硅橡胶绝缘子，这两种合成绝缘子的材料及结构大致相仿。芯棒一般由环氧玻璃纤维引拔棒制成，用来承受机械负荷，同时也具有良好的电性能，又是合成绝缘子的内部绝缘部分，具有抗张强度高、抗蠕变性能好、减振性能好和抗疲劳断裂性能强等特点。现在部分合成绝缘子采用了 ECR 改性型耐酸芯棒，大大提高了芯棒的耐酸防电腐蚀水平。伞盘又称伞裙，是合成绝缘子的外绝缘，主要提供爬电距离，保护芯棒不受大气条件的侵蚀。伞盘一般由高分子聚合物以硅橡胶等为基体，添加多种填料经特殊配方及工艺制成。

2. 绝缘子的特点和适用范围

三种绝缘子在结构和制造工艺的差异性决定了它们不同的特点和适用范围。

（1）瓷绝缘子。国内一般的普通瓷质绝缘子在运行 15～25 年后，其试验值达不到出厂标准规定值，每次检测试验不合格率逐年增加，老化日趋严重。部分高质量瓷质绝缘子已达到国际同类领先水平，预期使用寿命在 30～50 年以上，并且劣化率达到每年不大于 $1/10^5$ 的水平目标。

一般而言，瓷质绝缘子正常运行时的耐雷水平较好，但不可避免地会出现零值和低值，从而降低线路的耐雷水平。如同一串绝缘子出现多片零值或低值现象，就有可能发生掉串、导线落地的事故。

瓷绝缘子的表面憎水性相对较差，积污后在电压作用下较易在表面形成电弧而发生污闪。而且，很多瓷质绝缘子采用钟罩、深槽型，造成绝缘子自洁和清扫十分困难，间接降低了耐污水平。

据有关统计数据表明，国产瓷质绝缘子年劣化率在 $1/1000$ 左右，并且瓷质绝缘子的劣化率属于后期暴露，产品运行 10 年以后绝缘子在机电联合负荷的作用下，零值或低值率才呈明显上升趋势。由于材质材料原因，必须登杆逐片检测才能发现。根据规程要求每两年进行全线登杆检测，这不仅要花费大量的人力和财力，而且受大气湿度、人工调整火花间隙、工作人员的责任心、工作经验及技术水平的影响，还可能出现误判和漏检，导致线路的绝缘水平降低，使线路存在潜在威胁。

（2）玻璃绝缘子。玻璃绝缘子的使用年限为 50 年以上。该类产品的使用寿命取决于金属附件的寿命，因为玻璃元件中存在的钢化内应力是一种永久应力，在运行过程中不会引起衰减。

玻璃绝缘子抗雷击能力较强，且能零值自爆，便于及时更换，有利于保证线路绝缘水平。又由于玻璃绝缘子残锤的铁帽边缘和钢脚直接连通，可作为工频电弧的引流通道，可保证不发生掉串事故。

玻璃绝缘子与瓷绝缘子类似，积污后在电压作用下较易在表面形成电弧而发生污闪，耐污水平较差。

玻璃绝缘子目前产品的年失效自爆率在 3/10000 左右，部分厂家已达 1/10000 以下。并且玻璃绝缘子的自爆率属于早期暴露，运行稳定后自爆率将呈下降趋势。玻璃绝缘子无需任何检测，在失效时立即自爆，自爆后的残留强度较高，地面巡视即可发现，便于及时更换。

（3）合成绝缘子。合成绝缘子为有机材料制成，比无机材料容易老化，其产品使用寿命一般在 10～20 年。

合成绝缘子的耐雷水平主要取决于两端间隙的距离，如果安装上下均压环，则取决于上下均压环之间的间距。一般来讲，配有均压环的合成绝缘子的耐雷水平较配置前降低约8%，但均压环能较好地保护绝缘子和两端金具。在线路遭受雷击后，依靠合成绝缘子的绝缘可恢复性，保证线路重合后的正常运行。

合成绝缘子的硅橡胶材料具有良好的憎水性，而且其憎水性还具有迁移性。通过迁移，使污秽层表面同样具有憎水性，其表面水分以小水珠形式出现，在持续电压的作用下难以形成放电通道，所以能长期保持较高的污闪电压。另外，合成绝缘子的伞裙结构和形状也不利于污秽的吸附和积累，在自然环境下有较好的自洁性能。

合成绝缘子在运行线路上的检测，目前在国内外还没有一个很好的带电检测方法，只有按每隔几年取一次样，对合成绝缘子进行全面的检测。这类绝缘子的老化、劣化属后期暴露，随着运行时间的增长，伞裙老化将会降低防污性能和绝缘性能，芯棒也将因其蠕变特性而降低机械强度，端部在强电场的作用下加速老化。

（4）三种类型绝缘子的特点比较。详见表 6-9。

表 6-9　三类绝缘子特点比较

项　　目	瓷绝缘子	玻璃绝缘子	合成绝缘子
结构工艺	复杂	复杂	简单
重量	重	较重	轻
爬距可调性	不易改变	不易改变	易调整
自爆性	不自爆	自爆	不自爆
耐电击穿性能	可击穿	可击穿	不可击穿
憎水性	差	差	好
耐污闪	较低	较高	高
运输、安装	困难	困难	方便
抗老化性能	一般	较好	一般
抗张强度	一般	较好	较好
热稳定性	差	较好	好
抗雷击性能	较好	较好	一般
使用寿命	一般	长	较短
运行维护	成本高	一般	成本低

综上所述，建议架空集电线路采取以下的绝缘配置：

1）对于受铁塔尺寸限制，污秽等级较高地区的直线杆塔可选用合成（有机复合）绝缘子，利用其良好的憎水性和耐污闪电压高的特点提高线路的防污闪水平，并能减少运行维护工作量。

2）耐张应首选玻璃绝缘子，使耐张绝缘子串具有抗老化性能好、使用寿命长等优点。同时能按污区等级方便地增加绝缘子片数，自洁性能好，可免于清扫和测零值。

3）对于架空线跨越人流密集区域段时，为防止玻璃绝缘子自爆碎片对人造成损伤，建议选用高质量瓷绝缘子或合成绝缘子。

4）对于升压站线路进线构架，为防止玻璃绝缘子自爆碎片对升压站设备造成损坏，建议选用高质量瓷绝缘子。可利用变电站设备检测常用的红外线成像仪对该瓷质绝缘子进行零值检测。

通过这样的绝缘配置，架空集电线路的可靠性可达到理想状态，运行维护工作量最小，并且线路已具备状态运行（检修）条件。

3．架空线路金具的分类和用途

架空线路主要由杆塔、导线、地线、绝缘子和金具等组成。将杆塔、导线、地线和绝缘子连接起来所用的金属零件，统称为架空线路金具。架空线路金具按其性能、用途大致可分为悬垂线夹、耐张线夹、连接金具、接续金具、保护金具和拉线金具等六大类。

架空线路金具在户外环境中长期运行，除需要承受导线、地线和绝缘子等自身的荷载外，还需承受其覆冰和风的荷载。因此，架空线路金具应具有足够的机械强度。此外，作为导电体的金具还应具有良好的电气性能。对由黑色金属制成的金具还应采用热镀锌防腐处理。

架空线路金具的分类和用途详见表 6-10。

表 6-10　架空线路金具分类和用途

分　类	名　称	用　途
悬垂线夹	悬垂线夹	用于将导线固定在直线杆塔的悬垂绝缘子串上，或将避雷线悬挂在直线杆塔的避雷线支架上
耐张线夹	螺栓型耐张线夹	用于将导线固定在耐张、转角杆塔的绝缘子串上，适用于固定中小截面导线
	压缩型耐张线夹	压缩型耐张线夹分为两种：一种用于将导线固定在耐张、转角杆塔的绝缘子串上，适用于固定大截面导线，另一种用于将避雷线固定在耐张、转角杆塔上
	楔型耐张线夹	用于将避雷线固定在耐张、转角杆塔上
连接金具	U 形挂环、二联板、直角挂板、延长环、U 形螺丝等	这类金具又称为通用金具，多用于绝缘子串与杆塔之间、线夹与绝缘子串之间、及避雷线线夹与杆塔之间的连接
	球头挂环、碗头挂板	连接球窝形绝缘子的专用金具
接续金具	接续管（圆形）	用于大截面导线的接续或避雷线的接续
	接续管（椭圆形）	用于中小截面导线的接续
	补修管	用于导线的补修或避雷线的补修
	并沟线夹	用于导线作为跳线时的接续或避雷线作为跳线时的接续

续表

分 类	名 称	用 途
保护金具	防振锤	抑制导线、避雷线振动，起保护作用
	预绞丝护线条	起保护导线的作用
	预绞丝补修条	导线损伤时补修用
	重锤	抑制悬垂绝缘子串及跳线绝缘子串摇摆角过大及直线杆塔上导线、避雷线上拔
	间隔棒	固定分裂导线排列的几何形状
拉线金具	UT 型线夹	可调式的用于固定和调整杆塔拉线下端，不可调式的用于固定杆塔拉线上端
	楔型线夹	用于固定杆塔拉线上端
	拉线二联板	用于连接两根组合拉线

4. 绝缘子和金具的机械强度安全系数

根据相关标准要求，绝缘子和金具的机械强度应进行验算，即

$$KF < F_u$$

式中　K——机械强度安全系数；

　　　F——设计荷载，kN；

　　　F_u——悬式绝缘子的机械破坏荷载或针式绝缘子、瓷横担绝缘子的受弯破坏荷载或蝶式绝缘子、金具的破坏荷载，kN。

绝缘子和金具的安装设计可采用安全系数设计法。绝缘子及金具的机械强度安全系数应符合表 6-11 的规定。

表 6-11　绝缘子及金具的机械强度安全系数

类 型	机械强度安全系数		
	运行工况	断线工况	断联工况
悬式绝缘子	2.7	1.8	1.5
针式绝缘子	2.5	1.5	1.5
蝶式绝缘子	2.5	1.5	1.5
瓷横担绝缘子	3.0	2.0	—
合成绝缘子	3.0	1.8	1.5
金具	2.5	1.5	1.5

6.4　场内电缆集电线路设计

6.4.1　电缆路径选择

（1）电缆路径应选择避免电缆遭受挖掘等机械性外力破坏的地方。避开过热、腐蚀等危害电缆的区域。

（2）电缆路径在满足安全要求条件下，应保持电缆路径最短，应便于敷设、维护，尽量避开将要挖掘施工的地方，且便于维修。

（3）电缆路径应尽量避开和减少穿越地下管道、公路、通信电缆等。

（4）电缆路径可沿道路敷设，便于施工、维护。

（5）各段电缆路径相同时，应采用同沟敷设。

6.4.2　电缆的选型

1. 电缆芯线材质的选择

电缆可采用铜芯电缆或铝芯电缆。

（1）铜芯电缆。技术成熟，电阻率低，延展性好，强度高，抗疲劳和稳定性最好，同截面下载流量最大，发热温度低，电压损失和能耗最低，抗氧化、抗腐蚀能力强，施工敷设时较为方便；但价格较高，单位长度重量较重。

（2）铝芯电缆。技术成熟，价格便宜，单位长度重量最轻，抗氧化、抗腐蚀能力较好；但电阻率高，同截面下载流量较小，发热温度高，电压损失和能耗大。

由于铜芯电缆的优点较多，一般情况下推荐采用铜芯电缆。但铝芯电缆较铜芯电缆的价格稍低，在进行经济技术比较后也可选用铝芯电缆。

2. 电缆芯数的选择

在相同输送容量下，相比于一回单芯电缆（三根），一回三芯电缆的价格较为便宜，且敷设路径占地较少，电能损耗较小，故风电场内集电线路电缆一般推荐采用三芯电缆。特殊情况下可考虑采用单芯电缆，如电缆截面较大时或电缆转弯空间不足。

3. 电缆绝缘类型

交联聚乙烯绝缘（XLPE）电力电缆具有较好的电性能与物理性能，有优异的热稳定性和老化稳定性，正常运行温度可高达 90℃，事故短路可高达 250℃，能够输送较大的负荷。同时 XLPE 电缆可耐小半径弯曲，重量轻，安装简便、安全、可靠，其接续与终端处理也比较容易，因此安装费用较低。从安全及环境保护来看，XLPE 没有油料渗漏，防爆性能较好。因此，风电场内集电线路电缆一般选用 XLPE 电力电缆。

6.4.3　电缆截面的选择

根据风电场场址所在位置、场址地势起伏情况、平均海拔、环境温度、工程区地质钻探资料等现场实际条件对集电线路电缆进行选型。电缆截面应满足持续允许电流、短路热稳定、允许电压损失等要求。

1. 按持续允许电流选择

电缆的持续允许电流是指电缆在最高允许温度下，电缆导体允许通过的最大电流。电缆的最高允许温度主要取决于所用绝缘材料热老化性能。若电缆工作温度过高，将加速绝缘材料老化，缩短电缆的使用寿命。不同的电缆截面对应一个最大允许负荷电流，只要通过导体的电流不超过允许电流，导体的温度就不会超过正常的最高允许温度。

电缆允许载流量为

$$KI_{xu} \geqslant I_g$$

式中 I_g——回路持续工作电流，A；

I_{xu}——电缆标准条件下额定载流量，A；

K——不同敷设条件下的校正系数。

2. 按短路热稳定选择

当电缆通过故障电流时，导体温度不超过允许短时温度，或电缆的允许短路电流大于系统最大短路电流，这时，称电缆具有足够的热稳定性；反之为热稳定性不够。电缆截面的选择也由短路电流的热稳定性决定。

按下式计算电缆热稳定截面并选用接近于该计算值的电缆

$$S \geqslant \frac{\sqrt{Q_{dt}}}{C} \times 10^2$$

$$C = \frac{1}{\eta}\sqrt{\frac{Jq}{\alpha k\rho}\ln\frac{1+\alpha(\theta_m-20)}{1+\alpha(\theta_p-20)}}$$

$$Q_{dt} = I^2 t$$

式中 S——电缆热稳定要求最小截面，mm^2；

Q_{dt}——短路电流的热效应，$A^2 \cdot s$；

J——热功当量系数，取 1.0；

η——计入电缆芯数充填物热容随温度变化以及绝缘散热的影响校正系数，取 1；

q——电缆缆芯单位体积的热容量，取为 $3.4J/(cm^3 \cdot \text{℃})$；

k——缆芯导体的交流电阻与直流电阻的比值，取为 1.416；

α——电缆缆芯在 20℃ 的电缆温度系数，铜芯取为 0.00393（1/℃）、铝芯取为 0.00403（1/℃）；

ρ——电缆芯线在 20℃ 时的电阻系数，铜芯取为 $1.84 \times 10^{-6}\Omega \cdot cm$、铝芯取为 $3.1 \times 10^{-6}\Omega \cdot m$；

θ_m——电缆缆芯在短路时的最高允许温度，取为 250℃；

θ_p——电缆缆芯在短路发生前的实际运行最高工作温度，℃；

I——系统电源供给短路电流的周期分量起始有效值，A；

t——短路持续时间，s。

3. 按允许电压损失校验

对供电距离较远、容量较大的电缆线路，应校验其电压损失。

三相交流电压损失为

$$\Delta U\% = \frac{173}{U}I_g L(r\cos\varphi + x\sin\varphi)$$

式中 U——线路工作电压，V；

I_g——计算工作电流，A；

L——线路长度，km；

r——电阻，Ω/km；

x——电缆单位长度电抗，Ω/km；

$\cos\varphi$——功率因数。

风电场 35kV 集电线路电压损失需满足 $\Delta U\% \leqslant 5\%$。

6.4.4　电缆敷设

风电场电缆敷设方式主要采用直埋敷设及穿墙保护管敷设两种方式。由于风电场处于郊外空旷地区，电缆直埋敷设对地质环境适应性强、造价低、施工简单。对穿越公路、河堤、河沟等特殊地段辅以保护管敷设。

电缆直埋敷设时，电缆外皮至地面的深度应不小于 700mm。沿电缆全长的上、下紧邻侧铺以厚度不小于 100mm 的软土或砂层，再沿电缆全长覆盖混凝土保护板或保护砖块，防止电缆在运行中受到损坏。在直线段每隔 100m 处、电缆接头处和转弯处应设置明显的电缆方位标志桩。

当电缆穿越风机平台或道路时，为防止吊机、车辆等重作业工具长时间对电缆上部土层碾压，造成电缆结构的损伤，电缆敷设时还应穿保护管。若该风电场所属地区为季节性冻土地带，季节性冻土在自然冻结过程中产生冻胀，若电缆埋设于冻土层内，在自然冻结过程中土层中产生的切向冻胀力不均匀会使电缆上拔；而在自然融化过程中由于土层中的冻胀力不断消失又会产生部分下陷。严重的冻胀将对深埋在冻土层中的电缆产生较大危害。故考虑上述因素，当冻土层较浅时可将电缆深埋在冻土层下，从而避免电缆因冻土的影响而产生电缆结构的破坏。但当冻土层较厚时，若将电缆深埋在冻土层下，电缆沟开挖工程量较大，此时可考虑将电缆敷设于冻土层中，电缆沟底部填粗砂、中砂或炉渣等非冻胀性散粒材料厚度为 150mm，压实整平；敷设电缆后在电缆侧面和顶部回填以非冻胀性散粒材料，电缆侧面厚度为 100mm、顶部厚度为 200mm，并压实整平。

6.4.5　电缆附件

因各风电机组升压变压器为箱式变电站，故升压变压器侧的电缆终端采用户内电缆终端，电缆引上至架空线杆塔侧的电缆终端采用户外电缆终端。超过每盘电缆制造长度线路段要使用中间接头，电缆主线分支处采用 H 形接头或分接箱。

根据制作工艺的特点，电缆的终端头及中间接头主要可分为冷缩电缆头和热缩电缆头。电缆头的冷缩工艺是最新的制作工艺。新型冷缩电缆附件主绝缘部分采用和电缆绝缘紧密配合方式，利用橡胶的高弹性使界面长期保持一定压力，确保界面无论在什么时候都紧密无间，绝缘性能稳定，且冷缩产品使用环境温度范围为 $-60\sim200℃$。如今，风电场 35kV 集电线路电缆多为三芯交联电缆，电缆终端及电缆中间接头宜采用三芯冷缩型产品。

6.5　集电线路经济成本与可靠性评估

风电场集电线路输送方式可采用架空线输电方式、电缆输电方式、或者架空线与电缆混合输电方式。在选择何种集电线路方式前，需根据风电场的地形地貌、气象条件、风机布置、施工条件等因素，初步拟定可选择的集电线路方案和各方案的边界条件，然后通过经济技术比较，综合论证集电线路方案的经济性、可靠性等确定最终的输电方式。

6.5.1 集电线路的经济成本

6.5.1.1 架空线方案的经济成本

影响架空线方案经济成本的主要因素是架空线的材料费和安装费，主要包括架空线杆塔的塔材费、导线及附件材料费用、杆塔的组立及架线费用、杆塔基础费用等。以上各费用可根据初步的工程量，通过工程概算得出一个单位公里造价。

架空线所选导线截面越大，其单位长度造价越高；且山地架空线的单位造价比平原架空线的单位造价要高。除此之外，架空线杆塔的塔位需永久征地建设，杆塔塔位的征地费用也需考虑到架空线方案的经济成本中。架空线路建设完成后，后期运行需定期进行巡线和检修维护，此外架空线每年运行会有线路损耗。以上这些所产生的费用在架空线建设时，并不会直接体现出来，但在后期运行时是很大一笔支出。故在分析架空线方案经济成本时，还应根据风电场及架空线的使用寿命将其每年的运维费用和电能损耗费根据工程贷款利率折现后，作为架空线方案的经济成本进行分析。

6.5.1.2 电缆方案的经济成本

影响电缆方案经济成本的主要因素是电缆的材料费和敷设费用，不同型号及截面的电缆造价都不同，但同样地形条件下其敷设施工费用基本相同。电缆截面越大，其单位公里造价越高；相同截面下铜芯电缆的价格比铝芯电缆要高；多岩石地质电缆敷设施工费用较高，土壤地质电缆敷设费用较低。除此之外，风电场集电线路电缆一般需全线直埋敷设，占地为临时占地，需考虑临时占地费。电缆线路建设完成后，每年运行会有线路损耗，在分析电缆方案经济成本时，应根据风电场及线路的使用寿命将电缆的电能损耗费根据工程贷款利率折现后，作为电缆方案的一项经济成本进行分析。

6.5.1.3 工程案例

下面将结合某风电场集电线路工程案例，分析集电线路各方案的经济性，并通过经济技术比较，选择合适的风电场集电线路方案。

1. 案例一

某风电场位于江苏省东部沿海滩涂，是典型的沿海滩涂风电场。根据规划专业风机布置情况，本工程拟安装单机容量 3MW 风电机组 16 台，装机规模 48MW，拟布置机组大致呈一条南北走向的直线。

由于本风电场风电机组布置沿道路呈直线布置，根据风电场装机规模及其风电机组分布的特点，本工程集电线路无分支线路，集电线路方案暂考虑采用架空线方案或电缆方案。

（1）采用 35kV 架空线作为集电汇流线方案。690V 风电机组电压经箱变升压至 35kV，经电缆和架空线联合后通过架空线送至升压站。由于该线路地处沿海滩涂，考虑到防腐，架空线导线型号选用 LGJF 防腐型钢芯铝绞线。根据风电机组布置情况，风电场本期设 2 回 35kV 集电线路，联合单元最多连接 8 台风电机组、最大容量为 24MW，按照经济电流密度及载流量选择，架空线选择 LGJF-240 导线，允许输送容量约为 29.4MW，可满足输送要求；单回集电线路最大压降约为 2.2%，小于 5%，满足最大允许压降要求。

（2）采用 35kV 电缆作为集电汇流线方案。690V 风电机组电压经箱变升压至 35kV，经电缆联合后送至升压站，根据风电机组布置情况，风电场本期设 2 回 35kV 电缆集电线路。由于该线路地处沿海滩涂，考虑地下土壤较为潮湿，电缆型号选用 YJY23 型，具有一定的防水性能。风电场本期设 2 回 35kV 集电线路，联合单元最多连接 8 台风电机组、最大容量为 24MW，最大电流约为 396A，通过计算风电机组高压侧之间连接线选用 YJY23－3×50～3×300 26/35kV 电缆，最大允许载流量为 525A，考虑综合校正系数 0.82，载流量为 430A，同时经热稳定校验，可满足输送要求；单回集电线路最大压降约为 2%，小于 5%，满足最大允许压降要求。

下面根据本期风电机组布置情况，对风电场 35kV 电压等级两种集电线路方案进行经济比较，见表 6－12。

表 6－12　可比投资比较表

序号	方案		单价	架空线方案		电缆方案	
1	线路	YJY23－3×50 26/35	17 万元/km	1.6km	27.2 万元	3.2km	54.4 万元
		YJY23－3×70 26/35	23 万元/km			1.1km	25.3 万元
		YJY23－3×120 26/35	36 万元/km			1.1km	39.6 万元
		YJY23－3×150 26/35	43 万元/km			1.1km	47.3 万元
		YJY23－3×185 26/35	53 万元/km			0.7km	37.1 万元
		YJY23－3×240 26/35	61 万元/km			0.2km	12.2 万元
		YJY23－3×300 26/35	71 万元/km	0.2km	14.2 万元	2.1km	149.1 万元
		LGJF－240 35kV 单回	55 万元/km	4.2km	231.0 万元		
		LGJF－240 35kV 双回	70 万元/km	1.5km	105.0 万元		
2	电缆施工费		8 万元/km	1.8km	14.4 万元	9.5km	76.0 万元
3	线路征地费		永久：120 元/m² 临时：12 元/m²	1200m²（永久）1800m²（临时）	16.6 万元	9500m²（临时）	11.4 万元
4	架空线维护费		500 元/（年·km）	5.7km	3.7 万元		
5	电能损耗		0.61 元/（年·km）	20.3 万 kWh	12.4 万元	21.8 万 kWh	13.3 万元
	可比投资合计				424.5 万元		465.7 万元
	差价					41.2 万元	

注：1. 电缆单价按近期市场报价。
2. 架空线单价按计算所得，含安装费。
3. 架空线征地是永久征地，电缆征地是临时征地。
4. 架空线维护费及电能损耗以工程贷款利率按 25 年折现。
5. 可比投资是指有差别部分的可比较的投资，对于相同部分的投资不再予以比较。

根据表 6－12，可得出以下结论：

1）技术上。两方案都能较好地将风电场电能送入升压站；从安全性、可靠性看，电缆方案运行时受外界影响因素较小，但本工程所处区域为沿海滩涂区域，地下水密集，潮湿的土壤和地下水可能对地埋电缆造成一定腐蚀和破坏。

2）经济上。架空线连接的方案可比投资比电缆连接方案低约 8.8%，因此架空线方案经济性较优。

3）运行与维护上。电缆方案要优于架空线方案，恶劣气候对电缆方案影响较小，日常维护工作量较小；但对架空线方案影响较大，有可能造成停电且日常维护工作量较大。

4）从施工难度及周期上。电缆方案主要采用直埋敷设方式，施工周期短，但本工程所处沿海滩涂区域，现场多养殖塘，电缆沟开挖较为困难；架空线方案铁塔塔位选择在各养殖塘间的平坦区域处，现场交通较为便利，施工难度较小。

5）从占地面积上。电缆方案需沿集电线路方向征地，而架空线方案主要是铁塔点征地和部分风电机组上架空线电缆的征地。架空线为永久征地，电缆为临时征地。由于现场多为养殖塘，大面积的电缆直埋开挖征地可能较为困难。

综上所述，本工程综合可靠性、经济性、施工难度、占地等因素，推荐架空线集电汇流输电方案。

2. 案例二

某风电场位于浙江省东南部近海山地，为典型的山地风电场，拟布置机组大致呈东西走向，场区海拔为 500～880m，风电场场址附近有一处省级自然保护区。根据规划专业风机布置情况，本工程拟安装 30 台 2.0MW 机组，总装机容量为 60MW。

本项目位于自然保护区附近，集电线路建设应尽量减少对自然生态的破坏。若集电线路采用全电缆直埋方案，工程土石方开挖量较大，沿电缆敷设路径植被破坏较多，对地表扰动较大，且由于本风电场位于山地，风电机组布置较分散，采用电缆输电方案汇流回路线路路径长，中间接头多，长距离电缆敷设较困难，本工程不推荐采用全电缆直埋方案。而架空线方案只需在塔位点开挖施工，输电线路从植被上方架空敷设，对植被和现场生态破坏较小，且当地政府及有关部门暂无对架空线方案的限制，故本工程集电线路推荐采用架空线方案。

690V 风电机组电压经箱变升压至 35kV，经电缆引上至架空线后，通过架空线送至升压站。由于该线路地处近海山地，考虑到防腐，架空线导线型号选用 LGJF 防腐型钢芯铝绞线。根据风电机组布置情况，风电场共设 3 回 35kV 集电线路，根据升压站位置及风电机组布置情况，其中 1 回联合单元连接风电机组 12 台，容量为 24MW，按照经济电流密度及载流量选择，采用 LGJF-240 导线，允许输送容量约为 28MW，可满足输送要求；另 2 回联合单元连接风机 9 台，容量为 18MW，按照经济电流密度及载流量选择，采用 LGJF-150 导线，允许输送容量约为 20MW，可满足输送要求；分支线连接 6 台风电机组，容量为 12MW，采用 LGJF-120 导线，允许输送容量约为 18MW，可满足输送要求。集电线路单回路最大压降约为 2%，小于 5%，满足最大允许压降要求。

对于某些容量较小的分支线，风电机组间间距较小，约为 300m，且相互之间有较为便利的施工道路连通，若采用电缆集电方案电缆可沿施工道路敷设，无需额外开挖，且因输送容量较小，可用的电缆截面较小，此时采用架空线并不一定经济，为此做以下比较。根据风电机组布置情况，平均距离约为 300m，架空线方案中箱变高压侧引出线长度为

60m，假定比较部分线路长度为 900m（3 台机）；根据载流量和热稳定校验，电缆分支线可选用 YJV22 - 3×50 26/35kV；根据经济电流密度和热稳定校验，架空分支线可采用 LGJF - 120。分支线选择比较见表 6 - 13。

表 6 - 13　分 支 线 选 择 比 较 表

序号	方案		单价	架空线方案		电缆方案	
1	线路	YJV22 - 3×50 26/35	17 万元/km	0.18km	3.1 万元	1.2km	20.4 万元
		LGJF - 120 35kV 单回	40 万元/km	0.9km	36.0 万元		
2	电缆施工费		10 万元/km	0.18km	1.8 万元	1.2km	12.0 万元
3	线路征地费		永久：450 元/m² 临时：45 元/m²	150m² （永久） 180m² （临时）	7.6 万元	1200m² （临时）	5.4 万元
4	架空线维护费		500 元/(年·km)	0.9km	0.6 万元		
5	电能损耗		0.61 元 /(年·万 kWh)	0.43 万 kWh	3.4 万元	0.90 万 kWh	7.1 万元
可比投资合计				52.5 万元		44.9 万元	
差价				−7.6 万元			

注：1. 电缆单价按近期市场报价。

　　2. 架空线单价按计算所得，含安装费。

　　3. 架空线征地是永久征地，电缆征地是临时征地。

　　4. 架空线维护费及电能损耗以工程贷款利率按 25 年折现。

根据表 6 - 13，采用架空线方案时，每台机组箱变高压侧均要引出一段高压电缆并引上至架空线，总体上增加了线路长度，且风电机组间距为 300m 左右，使铁塔设置成本高，同时引上塔需采用转角塔，考虑到征地、维护等费用，单位造价较高。因此，当此时采用小截面电缆时，其可比投资比架空线方案低，采用电缆分支线方案的单位造价比架空线方案约低 14.5%；同时，从技术上讲，电缆输电更可靠。

综上所述，本工程推荐场内集电线路采用架空线及电缆混合方案，主要集电汇流线路采用架空线，部分小容量分支线采用电缆集电汇流。

6.5.2　集电线路的可靠性评估

电力系统可靠性是指电力系统各个环节保证满足用户用电数量、质量与连续要求的程度。集电线路的可靠性是指集电线路能够安全、稳定、连续带电运行的程度。研究电力设施的可靠性，必须了解设施的结构。构成集电线路线路的主要元件有架空线路基础、杆塔、绝缘子、各种金具、导线、接地网等，电缆线路有电缆本体、电缆终端、电缆中间接头等。这些元件有机地组合在一起就形成了一条集电线路。它有别于电力系统其他设施，主要特点是分布在荒郊野外，点多、线长、面广，线路所经地理、地貌、周围环境及气象等条件比较复杂，遭受自然灾害袭击而引起跳闸的概率比较大。

一条集电线路从投产送电起，就开始检验其连续、安全输电的能力、程度，也就是运行可靠性的水平。从大的方面讲，引起集电线路停电的原因有：①由于某种原因造成线路跳闸；②构成线路的元件老化或周围环境不断变化引起的线路停电检修作业。

1. 影响集电线路的可靠性因素分析

（1）设计质量因素。在进行线路设计时，对其周围环境、特殊区域气象条件等了解程度不够，依据的设计规范过时，或未按照最新的规范要求进行设计，都会对线路建成运行后的可靠性造成一定的影响。

（2）材料质量因素。集电线路在野外运行，受各种环境的影响，特别是架空线路，运行环境比较恶劣。因此，集电线路各组成元件在各种情况下（污秽、风、雨水、冰、雷电、高低温等）都要满足一定的机械性能和电气性能。有些元件质量差，如架空线塔材镀锌不好，瓷质绝缘子零值率高，电缆中间接头质量较差等，都会引起线路故障，增大线路维护工作量。因此，线路各元件的质量直接关系到线路的运行可靠性。

（3）施工质量因素。线路的施工是依据设计图纸的要求进行，并执行相关线路施工及验收规范。在实际的线路施工中，可能由于各种原因，某些项目未达到规定标准，给线路带电运行留下事故隐患。如基础施工、导线连接、电缆埋设等隐蔽工程施工马虎、材料以小代大等，均会影响线路的可靠运行。因此，线路施工质量显得非常重要。

（4）运行维护因素。线路的运行维护工作是从线路投产送电起，一直到该线路设施退役。在线路维护工作中，影响线路可靠性的因素主要有：

1）线路运行维护的管理方式、生产人员业务技术素质以及对线路运行可靠性管理的重视程度等。

2）在集电线路的正常巡视中，作业人员能否及时发现线路设备缺陷及周围环境异常现象。运行中的各种监视手段是否完善、先进，能否提供正确资料，从而指导线路的生产。

3）从技术角度出发，反事故措施是否有针对性、切合实际，能否及时落实，尤其是线路特殊区域的影响。如防止倒杆塔、断线、防污闪、防风害、防雷害、防鸟害、防树害、防外力破坏等方面。

2. 提高集电线路的可靠性措施

（1）提高设计水平。设计人员应加强对规范的学习，了解新材料、新工艺的运用。设计人员去现场踏勘时，应仔细观察和记录周边环境、气象条件等，多收集和掌握同区段其他运行线路经验，虚心听取相关单位的合理建议，从而促进设计水平的提高。

（2）提高线路质量。采用性能可靠的设备和材料，严格把控线路各元器件的采购环节，防止伪劣产品进入线路工程。

（3）加强施工质量管理。对于线路的施工应给予高度重视，线路施工单位的确定应实行招投标制，引进水平高、实力强的线路施工单位，并应加强施工监理制等。对施工质量要加强监督、精益求精，避免由于施工质量问题给线路运行留下事故隐患。

（4）加强线路的巡视和维护。运用可靠性分析手段，统计线路 10 年以上故障情况，并进行同期比较，分析故障原因，找出规律，采取相应措施。

1）根据线路路径地形及环境情况进行线路的定期巡视，并按照季节的不同确定某线路某段巡视重点。发现影响线路安全运行的缺陷，及时消除，并分析缺陷形成的原因。

2）积极开展集电线路在线监测技术。如电缆在线监测、绝缘子带电测零、导线连接处远红外线测温、利用绝缘子等值附盐密度指导清扫工作、接地电阻测试、各种交叉跨越距离测量等，对带电运行线路进行监测，掌握线路运行状况。

3）加深线路运行分析和反事故预防活动。运行分析包括人员素质、线路缺陷、线路故障原因、线路特殊区域、特殊环境等方面。根据某些线路存在的薄弱环节，预想可能发生的事故，采取措施积极预防。同时，开展反事故演习活动，一旦发生事故，能迅速处理，恢复送电，防止事故的扩大。

4）努力探索新的生产管理方式、采取技术含量高的反事故措施。如遥控巡视线路机器的研制、航巡、航测，不同运行环境下绝缘子泄漏电流的测试，全球雷电定位系统的应用，架空线路地理信息系统的开发应用等。

第7章 风电场防雷与接地系统

7.1 防雷与接地概述

7.1.1 雷电过电压

过电压是由于雷击、故障、谐振、操作等原因引起的电气设备电压高于额定工作电压的现象。

过电压分外部过电压和内部过电压两大类。其中外部过电压又称雷电过电压、大气过电压，由大气中的雷云对地面放电而引起，又分直击雷过电压、感应雷过电压及侵入雷电波过电压。雷电过电压的持续时间约为几十微秒，具有脉冲特性，故常称为雷电冲击波。

直击雷过电压是雷闪直接击中电工设备导电部分时所出现的过电压。雷闪击中带电的导体，如架空输电线路导线，称为直击。雷闪击中正常情况下处于接地状态的导体，如输电线路铁塔，使其电位升高以后又对带电的导体放电称为反击。直击雷过电压幅值可达上百万伏，会破坏电工设施绝缘，引起短路接地故障。

感应雷过电压是雷闪击中电工设备附近地面，在放电过程中由于空间电磁场的急剧变化而使未直接遭受雷击的电工设备（包括二次设备、通信设备）上感应出的过电压。感应雷过电压雷电没有直接击中导线和设备，而是由于雷云放电时，电磁场剧烈变化，在导线或设备上感应出的过电压，一般不超过 400kV。

雷电侵入波过电压是由于直接雷击或感应雷击在输电线路导线中形成迅速流动的电荷产生的，称为雷电进行波。雷电进行波对其前进道路上的电气设备构成威胁，因此也称为雷电侵入波。一般的变电所，如果有架空进出线，则必须考虑对雷电侵入波的预防。

雷电过电压示意如图 7-1 所示。

7.1.2 防雷保护装置与防雷分区

1. 防雷装置

避雷针（线）是防止直击雷的有效措施，它的作用是将雷吸引到金属针（线）上来并安全导入地中，从而保护附近的建筑和设备免受雷击。为了有效地担负引雷和泄雷的任务，避雷针的结构包括接闪器（针头）、接地引下线和接地体（电极）三部分。独立避雷针还需要支持物，可以是混凝土、木杆或由角钢、圆钢焊接而成。接闪器可用一直径为 $10\sim12\mathrm{mm}$、长为 $1\sim2\mathrm{m}$ 的钢棒。接地引下线应保证雷电流通过时不致熔化，用直径为 6mm 的圆钢或截面不小于 $25\mathrm{mm}^2$ 的镀锌钢纹线即可。也可以利用非预应力钢筋或钢支架的本身作为引下线。引下线与接闪器及接地电极之间以及引下线本身的接头都要可靠连接，连接处不许用绞合的办法，必须用烧焊、线夹或螺钉。

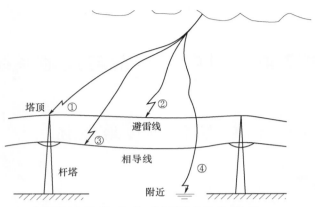

直击雷过电压：①、②、③；感应雷过电压：④、②、①。
其中④只对 35kV 以下线路有危害。

图 7 - 1　雷电过电压

图 7 - 2　避雷器

避雷针（线）的保护范围可以根据规程计算确定。保护范围是指被保护物在此空间范围内不致遭受雷击。由于雷电的放电路径受许多偶然因素的影响，因此要保证被保护物绝对不受雷击非常困难，一般采用 0.1% 的雷击概率。

避雷器主要用于防止感应雷过电压，保护电气设备免受高瞬态过电压危害并限制续流时间，也常限制续流幅值，主要材质为氧化锌。避雷器通常连接在电网导线与地线之间，如图 7 - 2 所示。

2. 防雷区分类

信息系统应在完成直接、间接经济损失评估和建设、维护投资预测后综合考虑，做到安全、适用、经济，防雷区分为 LPZ0$_A$、LPZ0$_B$、LPZ1、…、LPZn+1。所有建筑物（构筑物）应根据防雷等级要求进行相关的防雷设计。

（1）防直击雷区 LPZ0$_A$。本区内的各物体都可能遭到直接雷击，因此各物体都可能导走大部雷电流。本区内的电磁场没有衰减。

（2）防间接雷区 LPZ0$_B$。本区内的各物体不可能遭到直接雷击，流经各导体的电流比 LPZ0$_A$ 区减少，但本区内电磁场没有衰减。

（3）防 LEMP 冲击区 LPZ1。本区内的各物体不可能遭到直接雷击，流经各导体的电流比 LPZ0$_B$ 区进一步减小，本区内的电磁场已经衰减，衰减程度取决于屏蔽措施。如果需要进一步减小所导引的电流和/或电磁场，就应再分出后续防雷区，如防雷区 LPZ2 等，应将保护对象的重要性及其承受浪涌的能力作为选择后续防雷区的条件，通常防雷区划分级数越多，电磁环境的参数就越低。

为确保风电场内设备及建筑物的防雷安全，保证设备正常运转，应采取全方位防护、层层设防，综合运用分流（泄流）、均压（等电位）、屏蔽、接地和保护（箝位）等各项技术，构成一个完整的防护体系。现代防雷技术强调在做好防直击雷的同时，更要做好内部设备的防感应雷、防雷电波侵入及防雷电高电位反击的措施，防雷系统的设计及产品的选择以安全可靠性、技术性、先进性、经济合理性为原则，以国家和国际先进的防雷技术规范为依据，建立现代的防雷系统。

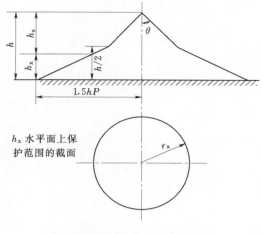

h_x 水平面上保护范围的截面

图 7 - 3 单支避雷针的保护范围

3. 避雷针的保护范围

（1）单支避雷针的保护范围。单支避雷针的保护范围如图 7 - 3 所示。避雷针在地面上的保护半径为

$$r = 1.5hP \tag{7-1}$$

式中 r——保护半径；

h——避雷针的高度；

P——高度的影响系数，当 $h \leqslant 30\text{cm}$，$P=1$；$30\text{m} < h \leqslant 120\text{m}$，$P = \dfrac{5.5}{\sqrt{h}}$；当 $h >$

120m，取其等于 120m。

在被保护物高度 h_x 水平面上的保护半径的计算公式为

1）当 $h_x \geqslant 0.5h$ 时

$$r_x = (h - h_x)P = h_a P \tag{7-2}$$

式中 r_x——避雷针在 h_x 水平面上的保护半径；

h_x——被保护物的高度；

h_a——避雷针的有效高度。

2）当 $h_x < 0.5h$ 时

$$r_x = (1.5h - h_x)P \tag{7-3}$$

（2）两支等高针的保护范围。两支等高避雷针的保护范围如图 7 - 4 所示。

两针的外侧保护范围应按单支避雷针的计算方法确定。两针之间的保护范围应按通过两针顶点及保护范围的上部边缘最低点 O 的圆弧确定。圆弧半径为 R'_O，O 点为假想避雷针的顶点，其高度应计算为

$$h_O = h - \frac{D}{7P} \tag{7-4}$$

式中 h_O——两针间保护范围上部边缘最低点高度；

D——两针间的距离。

两针间 h_x 水平面上的保护范围的一侧最小宽度应按图 7-4 确定。

求得 b_x 后，可按图 7-5 绘出两针间的保护范围。两针间距离与针高之比 D/h 不宜大于 5。

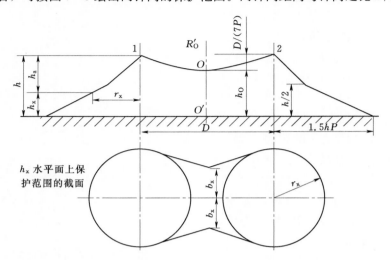

图 7-4　高度为 h 的两等高避雷针的保护范围

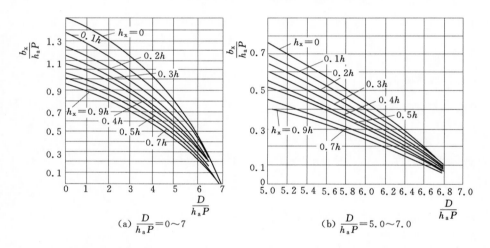

(a) $\dfrac{D}{h_aP}=0\sim7$　　　　(b) $\dfrac{D}{h_aP}=5.0\sim7.0$

图 7-5　两等高避雷针间保护范围的一侧最小宽度（b_x）与 D/h_aP 的关系

（3）多支等高避雷针的保护范围。多支等高避雷针的保护范围如图 7-6 所示。

三支等高避雷针所形成的三角形的外侧保护范围应分别按两支等高避雷针的计算方法确定。如在三角形内被保护物最大高度 h_x 水平面上，各相邻避雷针保护范围的一侧最小宽度 $b_x \geqslant 0$ 时，则全部面积受到保护。

四支及以上等高避雷针所形成的四角形或多角形，可先将其分成两个或数个三角形，然后分别按三支等高避雷针的方法计算。各边的保护范围一侧最小宽度 $b_x \geqslant 0$ 时，全部面积受到保护。

（4）不等高避雷针的保护范围。不等高避雷针（线）的保护范围如图 7-7 所示。

两支不等高的避雷针外侧的保护范围应按单支避雷针的计算方法确定。

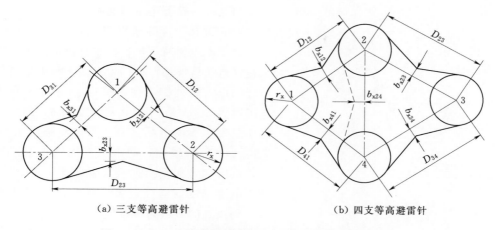

（a）三支等高避雷针　　　　　　（b）四支等高避雷针

图 7-6　三、四支等高避雷针在 h_x 水平面上的保护范围

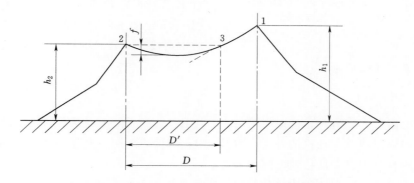

图 7-7　两支不等高的避雷针保护范围

　　两支不等高的避雷针间的保护范围应按单支避雷针的计算方法确定较高避雷针 1 的保护范围，然后由较低避雷针 2 的顶点作水平线与避雷针 1 的保护范围相交于 3 点，取点 3 为等效避雷针的顶点，再按两支等高避雷针的计算方法，确定避雷针 2 和 3 的保护范围。通过避雷针 2、3 的顶点及保护范围上部边缘最低点的圆弧，其弓高应计算为

$$f = \frac{D'}{7P} \tag{7-5}$$

式中　　f——圆弧弓高；

　　　　D'——避雷针 2 和等效避雷针 3 间的距离。

7.1.3　接地

7.1.3.1　接地和接地电阻的概念

　　大地是个导电体，当它没有电流通过时是等电位的，通常人们认为大地具有零电位。如果地面上的金属物体与大地牢固连接，在没有电流流通的情况下，金属物体与大地之间没有电位差，该物体也就具有了大地的电位——零电位，这就是接地的概念。换句话说，接地就是指将地面上的金属物体或电气回路中某一节点通过导体与大地相连，使该物体或

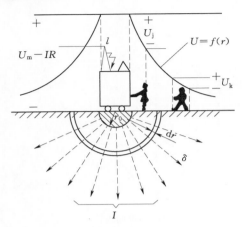

图 7-8　地表面的电位分布情况示意

U_m—接地点电压；I—接地电流；U_j—接触电压；

U_k—跨步电压；δ—地中电流密度；

$U=f(r)$—大地表面的电位分布

节点与大地保持等电位。实际上大地并不是理想导体，它具有一定的电阻率，如果有电流通过，则大地就不再保持等电位。被强制流进大地的电流是经过接地导体注入的，进入大地的电流以电流场的形式四处扩散，如图 7-8 所示。设土壤电阻率为 ρ，大地内的电流密度为 δ，则大地中必然呈现相应的电场分布，其电场强度 $E=\rho\delta$。离电流注入点越远，地中电流的密度越小，因此，可以认为在相当远（或者叫无穷处远）处，地中电流密度 δ 已接近零，电场强度 E 也接近零，则该处的电位为零电位。

由此可见，当接地点有电流流入大地时，该点相对于远处零电位点来说，将具有确定的电位，图 7-8 绘出了此时地表面的电位分布情况。

通常把接地点处的电压 U_m 与接地电流 I 的比值定义为该点的接地电阻，即

$$R=\frac{U_m}{I} \tag{7-6}$$

当接地电流 I 为定值时，接地电阻越小，电压 U_m 越低，反之则越高。此时地面上的接地物体（如变压器或电动机的外壳）也具有电压 U_m，因而不利于电气设备的绝缘以及人身安全，这就是力求降低接地电阻的原因。

埋入地中的金属接地体称为接地装置。最简单的接地装置就是单独的金属管、金属板或金属带。由于金属的电阻率远小于土壤的电阻率，所以接地体本身的电阻在接地电阻 R 中可以忽略不计，R 的数值与接地装置的形状和尺寸有关，当然也与大地电阻率直接相关。

7.1.3.2　接地方式

电力系统中各种电气设备的接地可分为保护接地、工作接地和防雷接地三种。

1. 保护接地

为了人身安全，无论在发电厂、变电站还是配电系统中，都将电气设备的金属外壳接地，这样就可以保证外壳经常固定为地电位。一旦设备绝缘损坏而使外壳带电时，金属外壳仍保持地电位。但当设备发生故障而有接地短路电流流入大地时，接地点和它紧密相连的导体的电位都会升高，可能威胁到人身安全。

人所站立的地点与接地设备之间的电位差称为接触电压（取人手摸设备的 1.8m 高处，人脚离设备的水平距离 0.8m），如图 7-8 中 U_j。人的两脚着地点之间电位差称为跨步电压（取跨距为 0.8m），如图 7-8 中的 U_k，它们都可能达到较高的数值，使通过人体的电流超过危险值（一般规定安全值为 10mA）。减少接地电阻或改进接地装置的结构形状可以降低接触电压和跨步电压，通常要求这两个电位不超过 $\frac{250}{\sqrt{t}}$V（t 为作用时间，单位

为 s）。

2. 工作接地

工作接地是根据电力系统正常运行方式的需要而接地。如将系统的中性点（如变压器中性点）接地。在工频对地短路时，要求流过接地网的短路电流 I 在接地网上造成的电压 IR 不能太大，在中性点直接接地系统中，要求 $IR \leqslant 2000V$，$I > 4000A$，可取 $R \leqslant 0.5\Omega$。当大地土壤电阻率太高，按 $R \leqslant 0.5\Omega$ 的条件在技术经济上不合理时，允许将 R 值提高到 $R \leqslant 5\Omega$，但在这种情况下，必须验证人身的安全。

3. 防雷接地

防雷接地是针对防雷保护而设置的，目的是减少雷电流通过接地装置使地电位升高。

从物理过程看，防雷接地与前两种接地的区别为：①电流幅值大；②雷电流的等值频率高。雷电流的幅值大，就会使地中的电流密度 δ 增大，从而提高土壤中的场强度（$E = \delta\rho$），在接地体附近尤为显著。若此电场强度超过土壤击穿强度（8.5kV/cm 左右）时，在接地体周围的土壤中便会发生局部火花放电，即火花效应，使土壤导电性增大，接地电阻减少。因此同一接地装置在幅值很大的冲击电流作用下，其接地电阻要小于工频电流下的数值。

防雷接地由于雷电流的等值频率较高，使接地体电感的影响增加，阻碍电流向接地体远端流通。对于长度较长的接地体，这种影响更加明显。使接地体得不到充分利用，接地装置的电阻值大于工频接地电阻值，这种现象称为电感影响。

由于火花效应和电感影响，同一接地装置在冲击和工频电流作用下将具有不同的电阻值。通常用冲击系数 α 表示两者关系，即

$$\alpha = \frac{R_{ch}}{R_g} \tag{7-7}$$

式中　R_g——工频电流下的电阻；

　　　R_{ch}——冲击电流下的电阻，是指接地体上的冲击电压幅值与流经该接地体中的冲击电流幅值之比。

冲击系数 α 与接地体的几何尺寸、雷电流幅值和波形以及土壤电阻率等因素有关，一般依靠实验确定。在一般情况下，由于火花效应大于电感影响，故 $\alpha < 1$，但对于电感影响明显的情况，有时 $\alpha \geqslant 1$。

7.1.3.3　风电场接地系统

由于风电场所处的位置风资源比较好，相对也比较空旷，因此遭受雷击的概率也比较高。对于风力发电机组本身的防雷，各个制造厂家都有典型和成熟的设计方案，而需要解决的主要问题就是风电机组的接地。

1. 对风电场风电机组接地电阻的要求

风电机组的接地应该分为工作接地和防雷接地。这两个接地的接地电阻不同。根据 NB/T 31039—2012《风力发电机组雷电防护系统技术规范》的规定，对于风电机组的工频接地电阻应不大于 4Ω，在高土壤电阻率的地区，允许接地电阻 10Ω。由于风电机组仅有一个共用的接地装置，接地电阻应符合其中最小值。因此，通常机组接地电阻取值为小于 4Ω。目前国内运行的风电机组对接地电阻的要求不太一致，见表 7-1。常见接地体如

图 7 - 9 所示。

表 7 - 1　国内运行的风电机组对接地电阻的要求

风电机组制造厂家	要求接地电阻/Ω	参考标准
丹麦 Vestas	10	IEC 1024 - 1/2
丹麦 Micon	6	IEC 1024 - 1/2
美国 Zond	6	IEC 61400 - 1
德国 Nordex	2	IEC 61400 - 1
东方汽轮机有限公司	4	IEC 61400 - 1
湘电风能有限公司	4	IEC 61400 - 1 IEC 61024 - 1
新疆金风科技股份有限公司	4	IEC 61400 - 1
北重汽轮机有限公司	4	IEC 61400 - 24 IEC 60363
武汉国测电力新技术有限公司	4	IEC 61400 - 1
华锐风电科技股份有限公司	4	IEC 61400 - 1

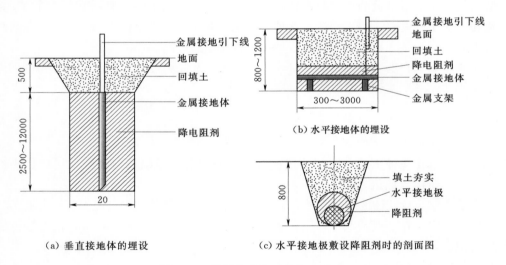

（a）垂直接地体的埋设　　（b）水平接地体的埋设　　（c）水平接地极敷设降阻剂时的剖面图

图 7 - 9　常见接地体（单位：mm）

　　表 7 - 1 所列各风电机组制造厂给出的是风电机组的工作接地电阻，而不是防雷接地电阻要求值。根据 IEC 61400 - 24 风力发电机系统防雷保护篇章中 9.1.2 条规定风电机组的防雷接地电阻在小于 10Ω 时就可以不考虑外引接地线。这就说明风电机组的防雷接地电阻只要小于 10Ω 即可。同时，中国船级社《风力发电机组规范》中规定：为了将雷电流流散入大地而不会产生危险的过电压，应注意接地装置的形状和尺寸设计，并应有阻值低的接地电阻，其工频接地电阻一般应小于 4Ω，在土壤电阻率很大的地方可放宽到 10Ω 以下。因此，应该明确风电机组的工作接地电阻应该不大于 4Ω，防雷接地电阻在低土壤电阻率（≤500Ω·m）地区应该不大于 10Ω。

2. 工频接地电阻和冲击接地电阻的区别

通常所说的接地电阻都是对于工频电流而言，即工频接地电阻。当接地装置通过雷电流时，由于雷电流有强烈的冲击性，接地电阻发生很大变化，为了区别，这时的接地电阻称为冲击接地电阻。一般的接地电阻值是在低频、电流密度不大的情况下测得的，或是用稳态公式计算得出的电阻值。但在雷击时，雷电流是非常强大的冲击波，其幅值往往达到几万安甚至几十万安。由于流过接地装置电流密度的增大，以致土壤中的气隙、接地体与土壤间的气层等处发生火花放电现象，土壤电阻系数变小，并且土壤与接地体间的接触面积增大，结果相当于加大接地体尺寸，降低冲击电阻值。这在冲击接地电阻计算公式也可以看出。冲击接地电阻为

$$R_i = \alpha R$$

式中　α——冲击系数；

　　　R——工频接地电阻；

　　　R_i——冲击接地电阻。

α 与土壤电阻率相关。由于接地体自身的电感阻碍电流向远端流动，使得接地体得不到充分利用，地网导体上的电位分布很不均匀，离冲击电流注入点越远的地方，接地体上的电位就越低，甚至为零。因此，地网在冲击电流的作用下，只有电流注入附近一小块范围内的导体起到散流作用，无论地网有多大，对应冲击电流其有效面积却是一定的，有效面积之外的导体并不能起到泄放雷电流的作用。DL/T 621—1997《交流电气装置的接地》的要求见表 7-2。

表 7-2　放射性接地极的有效长度

土壤电阻率/(Ω·m)	≤500	≤1000	≤2000	≤5000
最大长度/m	40	60	80	100

3. 设计接地电阻的要求

在明确风电机组的工作接地电阻和防雷接地电阻后，就可以按规定设计风电机组的接地网。我国风电场风电机组的接地网基本都为围绕风机基础做环形水平接地网，在水平接地网上加垂直接地极。由于不同工程的地质条件不同，各个风电机组布机处的土壤电阻率也大不相同，低的几十欧·米，高的达到几千欧·米，因此风电机组的接地电阻差别很大，所达到的效果也不相同。

(1) 按风电机组所在位置的土壤电阻率设计接地电阻。

1) 风电机组所在位置的土壤电阻率较低，满足较小的接地网就可以做到接地电阻小于 4Ω。工作接地和防雷接地的接地电阻都可以满足条件。

2) 风电机组所在位置的土壤电阻率较高，单台机组接地网的接地电阻可以满足小于 10Ω，但不能满足接地电阻小于 4Ω。按照规程的要求，工作接地电阻必须要小于 4Ω，在工程中可采取以下两个方案：一是把风电场局部区域的若干台风电机组的接地网连接起来，以保证接地电阻小于 4Ω，即扩大接地网，以减小接地电阻。由于风电机组之间的间距一般在几百米的范围之内，风电机组接地网通过两根水平接地干线互相可靠连接起来，达到接地电阻小于 4Ω 是可行的。二是外引接地极或外接地网，以保证接地电阻小于

4Ω。采用放射状外引接地极以扩大接地面积，并向外引到土壤电阻率较低的位置。在山区也可以采取在山脚下或半山腰土壤电阻率低的位置设置接地网，再与风电机组接地网连接。这样做到接地电阻小于 4Ω 也是可行的。这两个方案在具体的工程施工中可以联合使用。

3）风电机组所在位置的土壤电阻率很高，单台机组接地网的接地电阻不能满足小于 10Ω。按照规程的要求，工作接地电阻必须要小于 4Ω，因此可以按照 2）的方案一把风电场局部区域的若干台风电机组的接地网连接起来扩大地网，以保证接地电阻小于 4Ω。只是由于土壤电阻率很高，需要连接的风电机组数量会增加一些。也可以按照 2）的方案二外引接地极或外接接地网，以保证工频接地电阻小于 4Ω。如 2）所述，地网在冲击电流的作用下，只有电流注入附近一小块范围内的导体起到散流作用，无论地网有多大，对应冲击电流有效面积却是一定的，有效面积之外的导体并不能起到泄放雷电流的作用。由于土壤电阻率很高，单台接地机组接地电阻在有效面积内的接地电阻达不到小于 10Ω，此时可以采取的有效措施主要是换土，降低土壤电阻率或者采用深井接地等措施。同时应当与风电机组厂家协商，对风电机组采取一些防护措施加强内部设备安全性，如加强内部设备屏蔽、采用隔离变压器等。

（2）风电场风机接地设计原则有以下方面：

1）风电机组的工作接地电阻应不大于 4Ω，防雷接地电阻在低土壤电阻率地区应不大于 10Ω，高土壤电阻率地区采取措施仍然不能满足小于 10Ω，此种情况需要采取相应的特别措施，例如换土或深井接地，同时加强风电机组内部设备的防雷屏蔽措施。

2）风电机组的外引接地极或外接接地网如果只考核工频接地电阻，则没有距离的要求；但如果考核冲击接地电阻，应该按照规程设计外引导体的长度。

3）采用物理性的降阻剂。不建议采用化学降阻剂等方案，根据以往的工程经验，化学性的降阻剂对接地材料和设备基础的腐蚀比较严重。对于海边、滩涂和盐碱地区的风电场还应该考虑机组接地网和机组基础的防腐蚀措施。

7.2　风电机组的防雷与接地

风电机组投资高，一般占整个风电项目总投资的 50% 以上，主要包括发电机、转子、齿轮箱（直驱电机无此设备）、变桨变速装置、偏航装置、液压系统、控制装置、叶片及支撑塔筒等。

风电机组多安装在近海、海岛、滩涂、高山、草原等风资源较好的空旷地带，为雷击多发地区，风电机塔筒很高，达到六七十米甚至上百米（大容量机组），发电机组和相关控制驱动设备均处于高空位置，极易受到雷击的损坏，风电机组出口电压大部分为 690V。

风电机组的一般外部雷击路线是：雷击接闪器（叶片上）→导引线（叶片内腔）→叶片根部→机舱主机架→专设引下线（塔架）→接地网引入大地。但是，从丹麦和德国统计受雷击损坏部位中，雷电直击的叶片损坏占 15%～20%，而 80% 以上是与引下线相连的其他设备因雷电引入大地过程中产生过电压而损坏。也就是说，雷电对风电机组设备的损坏包括直击雷和感应雷；并且，感应雷造成的损失更大。

风电机组过电压保护及防雷接地主要应考虑直击雷保护、感应雷保护、基础接地系统设计、机组配套升压设备保护等四个方面。

7.2.1 直击雷保护

风电机组通常布置在山脊、空旷的沿海滩涂、平原等地，风电机组塔架通常高出周围环境较多，容易遭雷击。风电机组遭受直接雷击时（图7-10），强大的雷电流将在其传输入地的路径上产生热效应和机械效应，对叶片、轴承、传动部件和电气设备等造成直接和潜在的损坏，危害风电机组的安全可靠运行。随着风电机组单机容量越来越大，风电机组塔架的高度越来越高，机身遭受雷击的范围也在扩大。因此，风电机组应采取相应的防范措施。

图7-10 风电机组遭受直击雷

1. 雷电防护水平（LPL）

风电机组雷电防护水平按多种情况划分，每种LPL所规定的雷电流参数的最大值和最小值应符合表7-3和表7-4。

表7-3 每种 LPL 对应的雷电流参数最大值

雷击种类	电流参数	符号	单位	LPL			
				I	II	III	IV
首次短时雷击	峰值电流	I	kA	200	150	100	
	短时间雷击电荷	Q_{short}	C	100	75	50	
	单位能量	W/R	MJ/Ω	10	5.6	2.5	
	时间参数	T_1/T_2	μs/μs	10/350			
后续短时间雷击	峰值电流	I	kA	50	37.5	25	
	平均陡度	dI/dt	kA/μs	200	150	100	
	时间参数	T_1/T_2	μs/μs	0.25/100			
长时间雷击	长时间雷击电荷	Q_{long}	C	200	150	100	
	时间参数	T_{long}	s	0.5			
雷闪	雷闪电荷	Q_{long}	C	300	225	150	

表 7-4　每种 LPL 雷电参数最小值

首次短时雷击			LPL			
电流参数	符号	单位	I	II	III	IV
最小峰值电流	I	kA	3	5	10	16

2. 风电机组雷电防护分区

风电机组防雷分区示意如图 7-11 所示。

（1）LPZ0$_A$ 包括的部位。

1）叶片、轮毂罩、机舱罩、塔架的外表面以及外部附加装置未受到雷击保护的部分。

2）不在塔架保护范围又没有防雷击措施的操作间和线路。

（2）LPZ0$_B$ 包括的部位。

1）叶片、轮毂罩、机舱罩、塔架的外表面和外部附加装置受到雷击保护的部分。

2）无金属屏蔽罩的轮毂罩、无金属屏蔽罩的机舱罩或金属网格不密集的非金属机舱罩内部的空间。

3）非金属塔架或没有按照标准配备钢筋连接件的混凝土塔架内部。

4）处于塔架雷击保护范围的操作间和线路。

（3）LPZ1 包括的部位。

1）采取了有效的雷电流导引和屏蔽措施的叶片内部以及轮毂内部（传感器、调节器等）。

2）具有相应的雷电流导引措施的全金属覆盖或金属网格密集的非金属机舱罩的内部空间。

3）在无金属覆盖或金属网保护却具有金属包层并以适当方式连到一个等电位连接系统（例如作为等电位基准的机器底座）的设备的内部。

4）屏蔽电缆或处于金属管中的电缆，其屏蔽层或金属管两端已做等电位连接。

5）金属塔架或钢筋混凝土塔架的内部（混凝土塔架的钢筋按照适用的标准设计并连接到基础接地极）。

6）用钢板覆盖或具有屏蔽措施（所有各侧具有与基础接地极或环形接地体相连的钢筋，金属门和带金属丝网的窗）的操作间的内部。

（4）LPZ2 是在防雷区 LPZ1 区域内采取进一步附加屏蔽措施和 SPD（如设备机壳或线路屏蔽）而实现的。

（5）LPZ($n+1$) 是在防雷区 LPZn 区域内采取进一步附加屏蔽措施和 SPD 而实现的。

3. 叶片防雷

叶片是风电机组上最容易受到雷击的部件，叶片主要由玻璃纤维增强塑料、碳纤维增强塑料、木质和铝等材料组成，通常由内梁及外壳构成。

研究表明，不管叶片是用木头或玻璃纤维制成，或者叶片包含导电体，雷电导致损害的范围取决于叶片的形式。叶片全绝缘并不减少被雷击的危险，而且会增加损害的次数。研究还表明，多数情况下被雷击的区域在叶尖背面（或称吸力面）。因此，在每个叶片顶端安装两个雷电接收器，保证雷击时雷电能通过导线传导到叶片轮毂。这样，

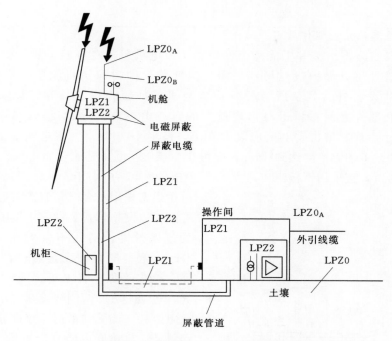

图 7-11　风电机组防雷分区示意图

机舱上的避雷针与叶片顶端的雷电接收器便形成了联合保护，有效防止了风电机组遭受直击雷。

叶片防雷装置通常由接闪器和引下导体组成。接闪器一般镶嵌在叶片的叶尖部位，并与设置在叶片本体内部的引下导体连接，引下导体跨越整个叶片。当叶片遭遇雷击，雷电流由接闪器导入引下导体，引下导体再将雷电流引入轮毂、塔筒等，最终泄入大地。叶尖设计示意图如图 7-12 所示。

叶片应通过装设接收器（属小型接闪器）、引下线及其连接元件组成雷电防护系统，它可为叶片结构本身的一部分、叶片的组件或集成在其内部。应能在规定的 LPL 下承受相应的雷电流冲击后，确保叶片无结构性损坏，不妨碍叶片继续运行直至下一次维修；应能耐受因风、潮湿、颗粒物等引起的预期磨损以及振动，但不影响叶片的动力特性。

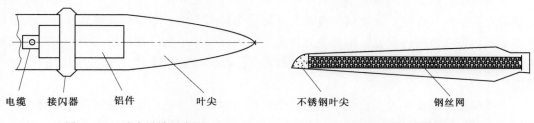

图 7-12　叶尖设计示意图　　　　　　图 7-13　叶片防雷设计示意图

为了改善接闪器的效果，有的在叶片表面镶嵌一条金属带，可有效增强接闪效率，减小叶片材料收到闪击损伤的概率，如图 7-13 所示。另外，还有在叶片表面设置多个接闪器的做法。

4. 机舱及其他结构组件防雷

叶片采取的防雷措施并不能完全保护整个风电机组，在机舱顶部需要设置独立避雷针。该避雷针可以保护机舱尾部的风速风向仪，同时保护机舱罩。机舱内除了需要绝缘隔离的设备外，其余所有设备均应与机舱底板作电气连接，以实现等电位，防止各设备和部件之间在雷击时出现过大的暂态电位差而导致反击。风电机组可按二类防雷设计，首次雷击雷电流应取 150kA，波形 10/350μs。雷电流参量见表 7-3。

机组相关设备的钢厚度达到 4mm，即可认为能够承受上述直击雷电流。风电机组机舱易遭受直击雷，宜采用钢板制成，为承受直击雷壁厚不应小于 4mm。大型机组为减轻重量通常采用复合材料制造机舱外壳，并应在外面以网格形式装设兼作接闪和屏蔽之用的金属丝网，网孔不宜大于 $3 \times 3 \sim 4 \times 4cm^2$，必要时再加大金属丝截面或缩小网孔，以有效防止直击雷。同时应在适当位置，包括上方和两侧装设几支小避雷针，防止上方和两侧受到雷击，穿透舱壁，损坏内部设备。机舱联合防直击雷示意图如图 7-14 所示。

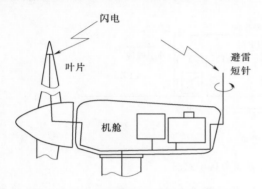

图 7-14　机舱联合防直击雷示意图

尾舵也应沿外廓敷设导线，用来接闪和导通电流至水平轴。风轮与机舱间、水平轴与塔柱间、尾舵与水平轴间以及其他旋转或活动部分间的连接导线需根据具体情况精心设计和安装，并宜采用两根。因为在长年运行中，因振动等作用力导致材料疲劳和断开，强大的雷电流就会通过轴承处的油膜放电，烧损轴承和主轴的接触部位，经过几次雷击就会使这些部件损坏。上述各项连接使装置成为电气上的整体，各易击点受到直击雷时都能保证顺利地以最近的路径沿塔柱引入接地装置，并流向大地。

5. 塔架防雷

金属塔架可视为完善的法拉第笼，其内部不需要特定的雷电防护措施，只需采取等电位连接，对进入舱体以及引出到塔架外部的电气和控制系统电路应采取过电压保护措施。

金属塔架各段落之间应有良好的电气连接。各段落之间除了自然的结构连接以外还应有多条直接的电气连接。金属塔架可作为良好的自然引下线，各段端部和底座环应引出接地端子。也可在塔架内设置附加的垂直接地干线，此接地干线应在各段端部和底座环处与塔架相连并引出接地端子。塔架内各金属构件应就近与塔架或接地干线作接地/等电位连接。

当塔架为主筋互相连接的钢筋网时，也可作为自然引下线。在钢筋混凝土塔身中，应确保 2～4 根并行的竖向连接钢筋，在底部、顶部以及水平每 20m 有足够连接。

桁架型塔架不是完善的法拉第笼，其内部为 $LPZ0_B$。风电机组的雷电流路径如图 7-15 所示。

7.2.2　感应雷保护

　　感应雷保护主要是对风电机组内易受感应雷击过电压破坏的设备加装过电压保护装置，在设备受到过电压侵袭时，保护装置能快速动作泄放能量，从而保护设备免受损坏。感应雷击过电压防护主要分为电源防雷和信号防雷。

7.2.2.1　电源防雷

　　电源防雷保护措施采用三级防护，安装电涌保护器（SPD）。SPD从本质上就是一种等电位连接用的材料，其选型是指在不同的防雷区内，按照不同雷击电磁脉冲的严重程度和等电位连接点的位置，决定位于该区域内的电子设备采用何种SPD，实现与共同接地体的等电位连接。按照SPD对电气和电子设备保护的功能划分，可分为电源SPD和信号SPD，分别设置在电力线路和信号线路上，用于防止雷电电涌过电压沿线路侵害所接端的电气和电子设备。应有选择地在保护回路中单独

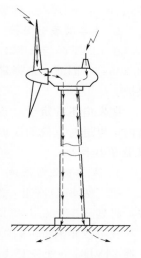

图7-15　风电机组的雷电流路径示意图

或组合安装诸如放电间隙、气体保护管、压敏电阻和抑制二极管之类的元件。当雷电电涌过电压沿电力线路或信号线路袭来时，设置在线路上的SPD开始动作限压和分流，对电涌电压进行抑制，将其幅值降低到保护器输出残余电压水平，将所出线的电涌电流对地旁路泄放掉，从而使后续的电气或电子设备得到保护。为了得到最佳的过压保护，SPD的所有连接导线、引线、电缆应尽量短。

　　1. 第一级防雷保护

　　整个风电机组是一个封闭的金属物体，并做好了相应的接地系统。箱式变压器到风电机组主开关的690V电力电缆作为电源入口处，即在LPZ0$_A$或LPZ0$_B$区与LPZ1区交界处，从电源处引来的线路上，应装设第一级电涌保护，能在电网侧发生雷击情况下保护机组内部主回路。安装位置应选择在箱式变压器低压侧。

　　SPD必须能承受预期通过它们的雷电流，并应使通过电涌时的最大钳压有能力熄灭在雷电流通过后产生的工频续流；另外，在LPZ0$_A$或LPZ0$_B$区与LPZ1区交界处，全部雷电流的50%流入建筑物的防雷装置，另外50%流入引入建筑物的各种外来导电物、电力电缆、通信线缆等设施；当线路有屏蔽时，通过每个SPD的雷电流可按上述确定的雷电流的30%来考虑。

　　风电机组按二类防雷设计，首次雷击雷电流应取150kA，波形10/350μs；后续雷击雷电流应取37.5kA，波形0.25/100μs。按照较严格要求考虑，各服务性管线分流50%，电缆有外屏蔽（分流70%）。可知，首次雷击每片SPD分流值为$150 \times 0.5 \times 0.5 \times 0.3/3 = 3.75$（kA）；后续雷击每片SPD分流值为$37.5 \times 0.5 \times 0.5 \times 0.3/3 = 0.94$（kA）。

　　由于SPD承受的10/350μs的雷电流能量相当于8/20μs的雷电流能量的5~8倍，所以选择能承受8/20μs波形SPD的最大放电电流为$8 \times 3.75 = 30$（kA）。

　　根据风电机组保护水平的要求，并网侧设备的雷电流泄放指标需要达到150kA，即每相690V、50Hz的进线雷电流泄放指标为50kA。因此，选择3只冲击雷电流（10/

350μs）为 50kA，标称放电电流（8/20μs）共计 150kA，将残压控制在 4kV 以下。

　　2. 第二级防雷保护

　　在 LPZ1 区与 LPZ2 区交界处，应装设第二级电涌保护，其额定放电电流不小于 5kA（8/20μs）。因此，选择最大放电电流为 40kA，额定放电电流为 10kA 的 SPD 作为二级保护。

　　在发电机的定子、转子、整流器处安装第二级电涌保护，安装位置在塔架配电柜及机舱内，以进行有效的保护。发电机的 SPD 应尽量靠近发电机接线盒安装，越近越好，距离最好小于 1m。

　　3. 第三级防雷保护

　　第三级 SPD 在上一级 SPD 泄放雷电流后残压的基础上对线缆上的雷电流进一步泄放，将残压控制在 1.25kV 以下，同时具有滤波功能，能消除 99% 电磁干扰、射频干扰。

　　在电控柜内 690VAC/400VAC→220VAC 变压器 220VAC 侧及 400VAC→24VDC 变压器 24VDC 等处各安装 1 套以保护变压器。

7.2.2.2　信号防雷

　　在距离雷击中心 2000m 内，电磁场强度足以摧毁任何未加屏蔽的电子设备。因此，与外线相连的接口处都应加避雷器。一般情况下，将信号线路的保护分为防雷粗保护和精细过电压保护两级。为了减少接口、降低损耗，一般使用同一避雷器实现多级保护。

　　风向标、风速仪、障碍灯电源、控制、传感与通信系统都是工作电压较低的弱电设备，耐过压能力低，容易被雷电感应，需安装信号防雷器。

7.2.3　基础接地系统设计

　　雷电流都是通过风电机组本身的防雷装置最终通过导体将电流引入接地装置，并流向大地。因此，接地是否能满足要求是机组防雷接地的关键所在，风力发电机基础必须做好接地措施。

　　风电机组接地装置应利用塔架的钢筋混凝土基础作为共用接地装置（防雷保护、电气系统和通信系统共用），除应满足以下四个基本要求以外，还要符合雷电防护的要求，能将高频和高能量的雷电流安全引导入地。

　　（1）确保接地故障出现时，跨步电压和接触电压下的人身安全。

　　（2）防止接地故障引起设备的损坏。

　　（3）接地故障时接地装置耐受热、电动力。

　　（4）具有长期的机械强度和耐腐蚀性。

　　风电机组工频接地电阻宜小于 4Ω。机组的接地装置宜与附近工频接地电阻相近的机组的接地装置相连。

　　在高土壤电阻率地区，应采取措施降低接地电阻。当要求做到规定的接地电阻值在技术、经济上不合理，而附近多个机组的接地电阻相差不大时，接地电阻值可放宽到 10Ω，并将接地装置与附近机组的接地装置相连成大型地网。以钢筋混凝土基础做成的共用接地装置也能满足防雷冲击接地电阻要求。为减少雷电冲击接触电压、跨步电压和地电位升高，应注意减小接地装置的网格尺寸。

风电机组接地装置的连接如图 7-16（a）所示，风电机组接地示意如图 7-16（b）所示。

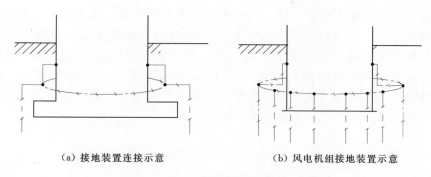

（a）接地装置连接示意　　　　　　（b）风电机组接地装置示意

图 7-16　风电机组接地示意图

7.2.3.1　土壤电阻率选择

接地电阻是直接反映接地情况是否符合要求的一个重要指标。对于接地装置而言，要求其接地电阻越小越好，因为接地电阻越小，散流越快，跨步电压、接触电压也越小。影响接地电阻的主要因素有土壤电阻率，接地体的尺寸、形状及埋入深度，接地线与接地体的连接等。其中土壤电阻率对接地电阻的大小起着决定性作用。土壤电阻率是接地工程计算中一个常用的参数，直接影响接地装置接地电阻的大小、地网地面电位分布、接触电压和跨步电压。影响土壤电阻率的主要因素有土壤中导电离子的浓度、土壤中的含水量、土质、季节因素、温度及土壤的致密性等。

由于每个工程接地网在土壤中实际情况是相当复杂的，同一地区的土壤不均匀，在垂直和水平方向上有很大差异，所以不可能考虑全部因素。在工程上，通常选择一个等值土壤电阻率进行计算。假定某个接地网测试了多个点 A、B、C、D、…，每个点在不同深度处进行了测试，每个点的各层土壤电阻率分别为 ρ_1、ρ_2、…、ρ_n，对应深度 d_1、d_2、…、d_n，工程上采用计算方法如下：

A 点电阻率为

$$\rho_A = \frac{\rho_1 d_1 + \rho_2 d_2 + \cdots + \rho_n d_n}{d_1 + d_2 + \cdots + d_n} \tag{7-8}$$

根据式（7-8），B、C、D、…按同样方法计算，得出不同位置处土壤电阻率数值分别为 ρ_A、ρ_B、ρ_C、ρ_D、…，最终等值土壤电阻率值为

$$\rho = \frac{\rho_A + \rho_B + \cdots + \rho_N}{N} \tag{7-9}$$

根据上述方法，可得出每个接地网的等值土壤电阻率。

需要注意的是，土壤电阻率与季节相关，防雷接地计算用的土壤电阻率应取雷季中最大可能的数值，因此应考虑季节系数。另外，在冻土地区敷设接地网时，应考虑到冻土会加大土壤电阻率数值，增加散流难度，因此在冻土地区，应适当加深接地网的敷设深度，尽量将接地网敷设于冻土层以下。

7.2.3.2　接地计算方法

对于风电机组这类高耸建筑物，主要应考虑冲击接地，因此需要考核冲击接地电阻的

大小。但冲击接地电阻无法通过测量方法取得，为此，需要测出单台风电机组接地网的工频接地电阻后，根据冲击接地电阻与工频接地电阻之间的关系得出冲击接地电阻。

由于每个工程的地质条件不同，风电机组布置位置可能在高山上、海岛上或在海滩滩涂边。即使是同一个工程，各台风电机组布置处的地质情况也不相同，其土壤电阻率低则几百欧·米，高的将达到上万欧·米，需要根据不同风电机组位置处的土壤电阻率情况，对每台风电机组进行单独分析计算，以满足机组接地电阻要求。风电机组冲击接地网的有效半径与土壤电阻率有关，土壤电阻率越高，其有效范围越大。

1. 单台风电机组水平复合接地网工频接地电阻

$$R_g = \frac{0.5\rho}{\sqrt{S}} \tag{7-10}$$

式中　R_g——风电机组工频接地电阻，Ω；

　　　ρ——土壤电阻率，$\Omega \cdot m$；

　　　S——接地网面积，m^2。

2. 单个垂直接地极接地电阻

$$R_v = \frac{\rho}{2\pi l}\left(\ln\frac{8l}{d} - 1\right) \tag{7-11}$$

式中　R_v——单个垂直接地极接地电阻，Ω；

　　　l——接地极的长度，m；

　　　d——接地极的等效直径，m。

3. 单台风电机组冲击接地电阻

$$\alpha_1 = \frac{1}{0.9 + \beta\dfrac{(I\rho)^m}{l^{1.2}}} \tag{7-12}$$

$$\alpha_2 = \frac{1}{0.9 + \beta\dfrac{(I\rho)^m}{l^{1.2}}} \tag{7-13}$$

$$R_i = \frac{\dfrac{R_v}{n}\alpha_2 R_g\alpha_1}{\dfrac{R_v}{n}\alpha_1 + R_g\alpha_1} \cdot \frac{1}{\eta} \tag{7-14}$$

式中　R_i——单台风电机组冲击接地电阻，Ω；

　　　I——雷电冲击电流，kA；

　　　α_1——水平接地网冲击系数；

　　　α_2——垂直接地极冲击系数；

　　　m——水平接地网参数为 0.9；垂直接地极参数为 0.8；

　　　β——水平接地网参数为 2.2；垂直接地极参数为 0.9；

　　　η——屏蔽系数，取 0.7。

4. 每台风电机组冲击接地的有效半径

$$r = \frac{6.6\rho^{0.29}}{\sqrt{\pi}} \qquad\qquad (7-15)$$

式中 r——风电机组冲击接地的有效半径，m。

从式（7-10）～式（7-15）可以看出，风电机组的工频接地电阻主要与风电机组所处位置的土壤电阻率、基础接地网的面积直接有关；而冲击接地电阻则与基础接地网的工频接地电阻、冲击系数、屏蔽系数等相关。值得注意的是，风电机组冲击接地网的有效半径是限制在一定范围内的，超出该范围，则对冲击接地来说，超出部分的接地网将无法起到均压和散流作用。因此，对于高耸建筑物，从防雷接地角度考虑，因其冲击接地是有一定范围的，要通过无限制地加大接地网的面积而降低接地电阻是不可行的，不但增加了投资，也增加了施工的难度。

7.2.3.3 不同地质条件接地方式

风电机组所处环境一般较为恶劣，多安装在近海、海岛、滩涂、高山、草原等风资源较好的空旷地带，而这些位置的土壤电阻率差异非常大，小则几百欧·米，大则上万欧·米，因此要根据不同的土壤地质条件进行专项设计。

1. 滩涂地

江苏沿海某工程地质条件描述如下：根据钻孔揭露，场址区勘探深度范围内为第四系全新统冲海相粉土及海相淤泥质软土，下部为晚更新世滨海相沉积物，土壤电阻率约为 $2\Omega\cdot m$。因风电机组为高耸结构建筑物，受水平风荷载时，其水平力和底部弯矩很大，并且风电机组对塔架倾斜较敏感，对基础不均匀沉降要求较高。风电机组基础采用 PHC 桩基础，PHC 桩采用工厂预制、高压蒸汽养护，桩身采用高强混凝土（C80）和高强预应力钢丝。参考国内外风电机组基础资料及已建工程的设计经验，风电机组基础为直径 17m 的圆形基础，每台风电机组采用 30 根 DN600PHC 桩，桩长 30m，分两圈布置，外圈 20 根，中圈 10 根，内圈 4 根。

由于土壤电阻率低，且土建基础管桩数量多、管径大，且长达 30m，可充分利用土建基础管桩作为自然接地体，风电机组接地装置以风电机组基础中心为圆心，根据基础管桩位置设置多圈环形接地网，接地网敷设于管柱桩顶部并与管桩钢筋网可靠连接，同时从风电机组中心向外敷设 4 根水平接地扁钢与环形水平接地扁钢连接。箱变基础接地网与风电机组接地网用 2 根扁钢连接。

经该地区多个工程接地检测试验，采用该接地方案，单台风电机组工频接地电阻远小于 2Ω。滩涂地风电机组基础接地示意图如图 7-17 所示。

2. 草原（土壤电阻率较低）

内蒙古某工程地质条件描述如下：本场区稳定地下水位以上土层细砂视电阻率值整体上稍大，稳定地下水位以下电阻率值较小，由于场地大、各测试孔位电阻率变化较大，各层土壤电阻率值在几十欧·米至五百欧·米之间，经加权计算后，土壤电阻率取值介于 $22\sim108\Omega\cdot m$ 之间。从该工程地质条件来看，接地条件良好，处理方法也较容易。

首先充分利用风电机组基础钢筋网作为自然接地体，根据现场实际情况及土壤电阻率敷设人工接地网，以满足接地电阻的要求，重点区域加强均压布置。

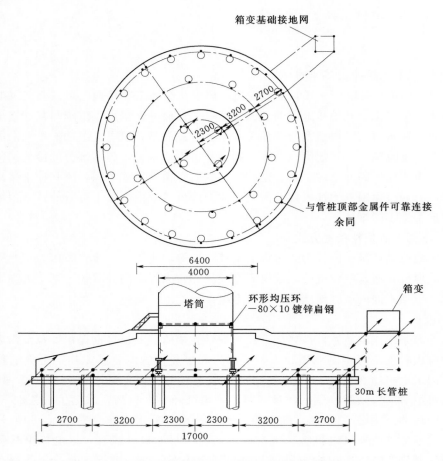

图 7-17　滩涂地风电机组基础接地示意图（单位：mm）

单台风电机组接地装置采用以风机中心为圆心设置环形水平接地带，内圈圆环半径为9m，外圈以9m间距递增，同时从风机中心向外敷设数根水平接地扁钢与环形水平接地扁钢相交，水平接地扁钢敷设深度为1.2m。在辐射水平接地扁钢与环形水平接地扁钢交点处设置垂直接地极，垂直接地极长3m，顶部距地面1.2m，与水平接地扁钢焊接，垂直接地极相互间距必须大于6m。箱式变电站接地网完成后，用2根接地扁钢与风电机基础接地网可靠连接。

环形水平接地扁钢及辐射水平接地扁钢主要起连接和均压作用，而扩散雷电流的任务主要由垂直接地极完成。采用该方案，在该地区单台风电机组工频接地电阻一般均小于4Ω。草原风电机组基础接地示意图如图7-18所示。

3. 山地（土壤电阻率较高）

电气工程接地设计的重点和难点就是在高土壤电阻率处的方案设计和施工。降低接地电阻的方法首先还是必须充分利用风电机组基础本身自然接地体，如基础钢筋网等。同时，应采取必要的降阻措施降低接地电阻，以满足接地电阻的要求。降低接地电阻方法有很多，例如采用垂直接地极或深井（爆破）接地、扩大接地网的面积（斜井接地、蜂窝状

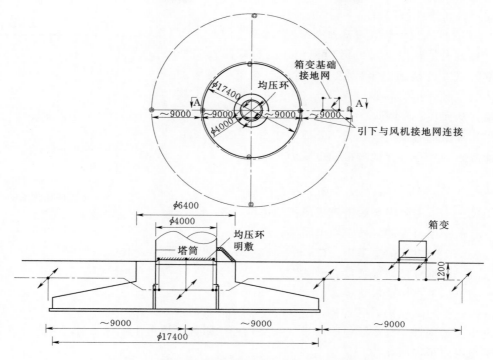

图 7-18　草原风电机组基础接地示意图（单位：mm）

接地）、采用降阻剂（降阻剂包括物理型、化学型、离子型等）等。

7.2.3.4　降低接地电阻的措施

1. 垂直接地极降阻

由于入地电流是沿四面八方散流的，即其散流模型等效为一个半球体。因此，通过采用设置垂直接地极的方式可将接地网等效为一个半球接地体，如图 7-19 所示。

在设置垂直接地极时，为了减小接地体之间的屏蔽影响，要求垂直接地极之间的布置距离不小于 2 倍垂直极的长度，这样散流有效而迅速。采用垂直接地极方式，本质上是根据接地电流的散流情况在立体上增加散流面，增大接地体与大地的接触面积，使电流入地更快，从而降低了接地电阻。

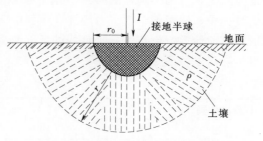

图 7-19　半球接地体示意图

根据式（7-11）可计算出单根垂直接地极接地电阻，每台风电机组根据土壤电阻率的情况设置若干垂直接地极，多根垂直接地极与水平接地网并联后，考虑屏蔽影响（即考虑一定的屏蔽系数），可得出该接地网的接地电阻。

在高土壤电阻率地区，如果在深处某层的土壤电阻率较低，可通过设置垂直深井至较低土壤电阻率区，从而降低接地电阻，这是一种较为有效的方式。然而，由于风电场所处位置地理条件一般较差，机械打井比较困难，打深井费用高，其降阻的效果不是很明显，性价比不高，因此一般情况下较少采用。

2. 垂直接地极加物理型降阻剂降阻

这种方式是利用球形的散流模型，结合降阻剂降低电阻率特点降低接地电阻。使用降阻剂，本质上是增加接地体的直径，扩大接地体与大地的接触面积，减小接触电阻，从而实现降阻。

采用降阻剂后垂直接地极等效模型如图7-20所示。

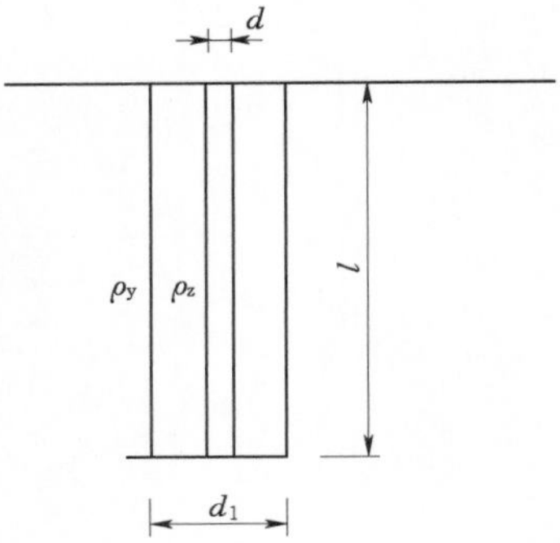

加降阻剂后垂直接地极接地电阻为

$$R_j = \frac{\rho_y}{2\pi l}\ln\frac{4l}{d_1} + \frac{\rho_z}{2\pi l}\ln\frac{d_1}{d} \qquad (7-16)$$

图7-20　采用降阻剂后的
垂直接地极示意图

式中　R_j——采用降阻剂后垂直极的接地电阻，Ω；

ρ_y——原土壤的等效土壤电阻率，$\Omega \cdot m$；

ρ_z——降阻剂的电阻率，$\Omega \cdot m$；

l——垂直接地极长度，m；

d——垂直接地极直径，m；

d_1——加降阻剂后的直径，m。

由于接地网处于高土壤电阻率地区，采用的降阻剂土壤电阻率 $\rho_z \ll \rho_y$，因此，垂直接地极接地电阻可以简化为

$$R_j = \frac{\rho_y}{2\pi l}\ln\frac{4l}{d_1} \qquad (7-17)$$

从式（7-17）可知，接地体采用降阻剂后增加了接地体的等效直径，本质上并没有改善该接地网的土壤电阻率。认为增加降阻剂后能够明显改善周围土壤，从而降低接地电阻，实为误解。

当然，目前也有很多降阻剂生产厂家，通过多年的实践以及反复多次试验，最终的接地电阻为计算出接地网的接地电阻后乘以一定的降阻系数 K。因为，在施工挖沟及打井的过程中，降阻剂包裹或者灌注并不仅限于施工区域，会沿着岩石或者土壤不断向四周扩散，从而给散流创造了一个良好的条件。根据一些接地设备生产厂家试验和实践的经验，得出降阻系数表见表7-5。

表7-5　降阻系数表

降阻剂截面/(m×m)	0.4×0.3	0.3×0.3	0.3×0.2	0.2×0.2	0.2×0.15	0.15×0.15
降阻系数 K	0.36	0.4	0.45	0.52	0.6	0.71
单位长度用量/(kg·m⁻¹)	70	56	32	25	18	15

这种方式类似深井爆破技术，该方式是将低电阻率材料压入深孔及爆破产生的缝隙中，以达到通过低电阻率材料将地下巨大范围的土壤内部沟通及加强接地极与岩土的接触，利用地下低电阻率层及岩石的节理裂纹达到降低接地电阻的目的。

7.2.3.5　爆破接地技术

（1）爆破接地技术的基本原理。爆破接地技术是指采用钻孔机在地中垂直钻一定直

径、一定深度的孔，在孔中插入接地电极，然后沿孔的整个深度隔一定距离安放一定的炸药进行爆破，将岩石爆裂、爆松，然后用压力机将调成浆状的低电阻率材料压入深孔中及爆破制裂产生的缝隙中，以达到通过低电阻率材料将地下巨大范围的岩石内部沟通及加强接地电极与土壤（岩石）的接触，从而较大幅度降低接地电阻的目的。垂直孔深一般在30～120m的范围。

由爆破技术的基本原理，以及通过现场开挖，对爆破结果进行验证，发现填充了低电阻率材料后，低电阻率材料呈树枝状分布在爆破制裂产生的缝隙中，填充了低电阻率材料的裂隙向外延伸很远。通过分析，对于某接地网，在地网不同位置用钻孔机垂直钻一定深度的孔，形成若干根垂直接地极，然后对每根垂直接地极分别采用爆破接地技术，最后形成一个一定尺寸的三维接地系统，如图7-21所示。在这个三维接地系统内，水平接地网与垂直接地极连接，垂直接地极之间在通过使用爆破接地技术后，通过填充了低电阻率材料的裂隙广泛沟通，形成由低电阻率材料组成的连接体，另外通过填充了低电阻率材料的裂隙向外延伸很远，形成一个内部互联同时向外延伸的三维网状结构。在接地系统施工，特别是旧地网改造时，爆破不触及距离地表2～5m的距离，防止对已有接地网、地面建筑物造成影响。

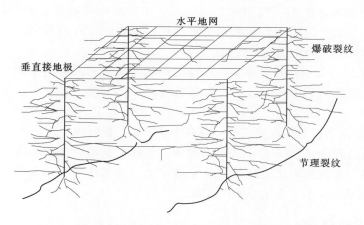

图7-21 爆破接地技术后形成的三维网状结构接地体

试验测得一般爆破制裂产生的裂纹可达2～30m，通过开挖发现，最长的裂隙达到40m。

爆破后岩孔周围的岩石呈两种状况，在孔周围较近的地方，岩石破裂的裂纹较多，距孔较远的地方裂纹较少。通过爆破制裂一方面产生大量的裂纹，另一方面，产生的裂纹将岩石固有的节理裂纹贯通。

（2）爆破接地技术降低接地电阻。分析表明，爆破接地技术降低接地电阻相当于在很大范围内的换土，将巨大范围的高电阻率土壤置换为广泛分布低电阻率材料。另外还可以充分利用地下的低电阻率层以及岩石的结构弱面，如节理、层理和裂缝等。爆破接地技术降低接地电阻的基本原理是：利用地下土壤电阻率较低的地层；降低接触电阻；贯通岩石中的固有裂隙；改善土壤的散流性能。

在高土壤电阻率地区，利用爆破垂直接地极加降阻剂尤其是采用深井接地极的方式是有效的，但深井爆破费用相当高，一口 30m 深井需要几万元，每台机组将根据土壤电阻率情况设置几口深井，而风电场风电机组数量多。因此，应根据工程实际经济预算选择合理的降阻方式。

（3）降阻剂的分类。降阻剂有物理型、化学型、离子型等类型。由于一些化学型降阻剂在分解时存在一定的污染，会对自然环境产生一定的破坏作用，且化学反应作用稳定性较差，使用年限也不长，所以工程中一般很少采用化学型降阻剂，较多采用的降阻剂主要有物理型及离子型。

1）物理型降阻剂。分粉末型及固体型。

a. 钙基膨润土降阻剂。粉状，是以钙基膨润土为主要原料的降阻剂，需要有水的调和才宜发挥其降阻作用。

b. 石墨型降阻剂。粉状，是以石墨天然原料为主的降阻剂，由于石墨本身具有一定的导电作用，这种降阻剂效果较好。还有一种石墨降阻剂的成型产品，称为接地模块，具有石墨降阻剂的特性，但由于其已成为固体型，需要回填料帮助以增加与土壤的接触性能。

c. 稀土防雷防腐降阻剂。利用稀土金属元素中的高密集能量和特殊的电子层结构，以及催化激活碱土金属的能力与碳族人工复合材料配置的一种高导低阻、高效率的降阻剂。还有一种是以稀土降阻剂制的成型产品。

d. 镀铜接地棒。是用特殊的电铸技术将纯铜均匀覆盖到低碳钢上的一种代替铜材质的产品，铜层厚度应达到 0.25mm 以上，黏合度好，不剥离，具有铜的导电性，又兼钢材的坚硬等特点。

2）离子型降阻剂。是用铜管组成，有多个呼吸孔，铜管内填无毒的高分子化学晶体，铜管埋于地下后会将晶体均匀地扩散于土壤中，实际上是与大地连接在一起的超级大电容，能使雷击电流和故障电流迅速扩散到土壤中去。在恶劣的土壤条件下（如岩石、冻土、沙土等）和不同的季节变化中同样有效。

7.2.4　升压设备保护

风电机组出口电压一般为 690V，需要通过升压变压器将电压升高至 10kV 或 35kV 后送入升压站。而升压变压器一般布置在风电机组附近（大容量风电机组升压变压器布置在风电机组顶部机舱处），由于风电机组很高，且已有较完善的防雷接地系统，因此，箱式变电站可不考虑直击雷问题。

由于升压变电站是通过电缆或架空线分别与机组和系统连接，因此需考虑感应雷过电压。为了防止雷电侵入波影响，在升压变压器高压侧安装金属氧化锌避雷器保护，同时为保护机组内部电力电子元件，在低压侧安装第一级电涌保护器。

风电机组升压设备接地应充分利用风电机组基础接地网，由于风电机组接地电阻已较低，一般情况下，利用风电机组的基础接地网，其配套升压设备接地电阻就容易满足不大于 4Ω 的要求。如高土壤电阻率地区单台机组接地电阻为 10Ω，则可以通过连接附近几台机组的接地网形成一个局部的接地网，从而达到工频接地电阻不大于 4Ω 的要求，也可以通过降低风电机组接地网接地电阻的方式降低接地电阻。

综上所述，从接地系统考虑，由风电机组顶部至塔筒及风电机组基础，形成了风电机组整套接地系统，示意如图 7-22 所示。

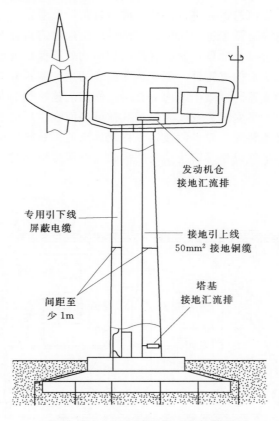

图 7-22　风电机组接地系统示意图

7.3　风电场升压站的防雷与接地

风电场配套的升压站是整个风电场的电能汇集中心及控制保护中心，相当于人体的大脑，控制和协调着整个身体的每一部分。对于一个风电场来说，除了风电机组本身，升压站的作用举足轻重，因此要重视风电场升压站的过电压及防雷接地保护。

升压站的防雷接地主要应考虑直击雷保护、配电装置的侵入雷电波保护、接地装置等三个方面。

7.3.1　直击雷保护

由于风电场升压站所处位置环境一般较为恶劣，考虑到防水防洪，升压站地势一般较高，而且风电场配电装置规模一般均不大，因此升压站内电气设备通常采用户内型布置，安装于生产楼内。为此，中压开关设备采用成套开关设备，高压配电装置多采用气体绝缘交流金属封闭开关设备即 GIS，另外，控制保护设备、主变压器也布置在户内。因此，升压站生产楼可采用屋顶避雷带进行直击雷保护。

还有部分升压站是采用户外敞开式布置方式。当电气设备布置于户外时，所有电气设备应考虑直击雷影响，应由避雷针进行保护，或由避雷针及避雷线进行联合保护。户内部分的电气设备可通过屋顶避雷带进行保护，当然最好也通过避雷针及避雷线保护。避雷针和避雷线的设置必须通过校核计算，使所有被保护物均处于保护范围内。

为保护其他设备而装设的避雷针，不宜装在独立的主控制室和 35kV 及以下变电站的屋顶上，但采用钢结构或钢筋混凝土结构等有屏蔽作用的建筑物的车间变电站可不受此限制。主厂房如装设避直击雷保护装置或为保护其他设备而在主厂房上装设避雷针，应采取加强分流、装设集中接地装置、设备的接地点尽量远离避雷针接地引下线的入地点、避雷针接地引下线尽量远离电气设备等防止反击的措施。升压变电站防直击雷保护范围示意如图 7－23 所示。

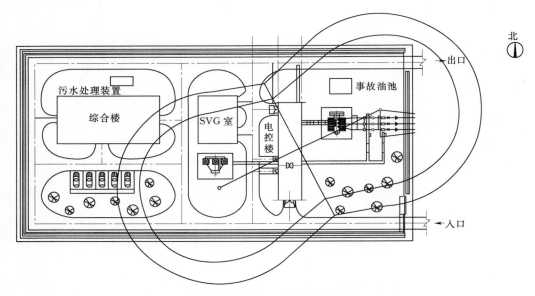

图 7－23　升压站防直击雷保护范围示意图

此外，独立避雷针（线）宜设独立的接地装置。避雷针的接地电阻不宜超过 10Ω，当有困难时，该接地装置可与主接地网连接，但避雷针与主接地网的地下连接点至 35kV 及以下设备与主接地网的地下连接点之间，沿接地体的长度不得小于 15m。在高土壤电阻率地区，如接地电阻难以降到 10Ω，允许采用较高的电阻值，但空气中距离和地中距离必须符合规范要求。

独立避雷针不应设在人经常通行的地方，避雷针及其接地装置与道路或出入口等的距离不宜小于 3m，否则应采取均压措施，或铺设砾石或沥青地面，也可铺设混凝土地面。

对于 110kV 及以上的配电装置，一般将避雷针装在配电装置的架构或房顶上，但在土壤电阻率大于 1000Ω·m 的地区宜装设独立避雷针。66kV 的配电装置，允许将避雷针装在配电装置的架构或房顶上，但在土壤电阻率大于 500Ω·m 的地区宜装设独立避雷针。

35kV 及以下高压配电装置架构或房顶不宜装避雷针。

装在架构上的避雷针应与接地网连接，并应在其附近装设集中接地装置。装有避雷针的架构上，接地部分与带电部分间的空气中距离不得小于绝缘子串的长度；但在空气污秽地区，如有困难，空气中距离可按非污秽区标准绝缘子串的长度确定。

对于 110kV 及以上配电装置，可将线路的避雷线引接到出线门型架构上，土壤电阻率大于 1000Ω·m 的地区应装设集中接地装置。对于 35kV、66kV 配电装置，在土壤电阻率不大于 500Ω·m 的地区，允许将线路的避雷线引接到出线门型架构上，但应装设集中接地装置。在土壤电阻率大于 500Ω·m 的地区，避雷线应架设到线路终端杆塔为止。从线路终端杆塔到配电装置的一档线路的保护可采用独立避雷针，也可在线路终端杆塔上装设避雷针。

7.3.2 配电装置的侵入雷电波保护

为了防止雷电侵入波影响，需在风电场高压及中压配电装置母线及架空线入口处装设氧化锌避雷器保护。

1. 具有架空进线的 35kV 及以上变电站敞开式高压配电装置中避雷器的配置

关于避雷器设置需经过计算，金属氧化物避雷器与主变压器间的最大电气距离可参照表 7-6 确定，对其他电器的最大距离可相应增加 35%。

表 7-6 金属氧化物避雷器至主变压器间的最大电气距离

系统标称电压/kV	进线长度/km	最大电气距离/m			
		进线路数＝1	进线路数＝2	进线路数＝3	进线路数≥4
35	1	25	40	50	55
	1.5	40	55	65	75
	2	50	75	90	105
110	1	55	85	105	115
	1.5	90	120	145	165
	2	125	170	205	230
220	2	125 (90)	195 (140)	235 (170)	265 (190)

注：1. 本表也适用于电站碳化硅磁吹避雷器的情况。
　　2. 括号内距离对应的雷电冲击全波耐受电压为 850kV。

架空进线采用双回路杆塔，有同时遭到雷击的可能，确定避雷器与变压器最大电气距离时应按一路考虑，且在雷季中宜避免将其中一路断开。对电气接线比较特殊的情况，可用计算方法或通过模拟试验确定最大电气距离。

2. 中性点雷电侵入波过电压保护装置的配置

有效接地系统中的中性点不接地的变压器，如中性点采用分级绝缘且未装设保护间隙，应在中性点装设雷电过电压保护装置，且宜选变压器中性点金属氧化物避雷器。如中性点采用全绝缘，但变电站为单进线且为单台变压器运行，也应在中性点装设雷电过电压保护装置。

不接地、消弧线圈接地和高电阻接地系统中的变压器中性点一般不装设保护装置，但多雷区单进线变电站且变压器中性点引出时宜装设保护装置；中性点接有消弧线圈的变压器，如有单进线运行可能，也应在中性点装设保护装置。该保护装置可任选金属氧化物避雷器或碳化硅普通阀式避雷器。

3. GIS 变电站雷电侵入波过电压保护装置的配置

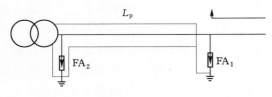

图 7 - 24　无电缆段进线的 GIS 变电站保护接线

对于 66kV 及以上进线无电缆段的 GIS 变电站，在 GIS 管道与架空线路的连接处应装设金属氧化物避雷器 FA_1，其接地端应与管道金属外壳连接，如图 7 - 24 所示。

如变压器或 GIS 一次回路的任何电气部分至 FA_1 间的最大电气距离不超过下列参考值或虽超过，但经校验，装一组避雷器即能符合保护要求，则图 7 - 24 中可只装设 FA_1。

表 7 - 7　FA_1 至设备电气距离参考值

电压等级	电气距离/m
66kV	50
110kV 及 220kV	130

连接 GIS 管道的架空线路进线保护段的长度应不小于 2km，对于单回、双回、三回和四回进线的情况，金属氧化物避雷器至主变压器的距离，分别为 90m、140m、170m 和 190m。对其他电器的最大距离可相应增加 35％。

对于 66kV 及以上进线有电缆段的 GIS 变电站，在电缆段与架空线路的连接处应装设金属氧化物避雷器 FA_1，其接地端应与电缆的金属外皮连接。对三芯电缆，末端的金属外皮应与 GIS 管道金属外壳连接接地；对单芯电缆，应经金属氧化物电缆护层保护器接地。

电缆末端至变压器或 GIS 一次回路的任何电气部分间的最大电气距离不超过表 7 - 7 中的参考值或虽超过，但经校验，装一组避雷器即能符合保护要求，图 7 - 25 中可不装设 FA_2。

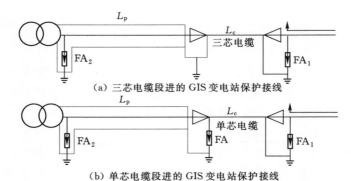

（a）三芯电缆段进的 GIS 变电站保护接线

（b）单芯电缆段进的 GIS 变电站保护接线

图 7 - 25　有电缆段进线的 GIS 变电站保护接线

对于连接电缆段的 2km 架空线路，应架设避雷线。

进线全长为电缆的 GIS 变电站内是否需装设金属氧化物避雷器，应视电缆另一端有无雷电过电压波侵入的可能经校验确定。

7.3.3 接地装置

在升压站内，不同用途和不同电压的电气装置、设施，其保护接地、工作接地、过电压接地应使用一个总的接地装置，接地电阻应符合相关规范的要求。确定升压站接地装置的型式和布置时，应考虑保护接地的要求，同时降低接触电位差和跨步电位差，并满足规程要求。

1. 发电厂、变电站接地电阻要求

（1）有效接地和低电阻接地系统中发电厂、变电站电气装置保护接地的接地电阻要求。

1）一般情况下，接地装置的接地电阻应符合

$$R \leqslant \frac{2000}{I} \qquad (7-18)$$

式中 R——考虑到季节变化的最大接地电阻，Ω；

I——计算用的流经接地装置的最大接地故障不对称电流有效值，A。

2）当接地装置的接地电阻不符合式（7-18）要求时，可通过技术经济比较增大接地电阻，但接地网地电位升高不得大于 5kV。

（2）不接地、谐振接地和高电阻接地系统中发电厂、变电站电气装置保护接地的接地电阻要求。接地网的接地电阻应符合下式的要求，但不应大于 4Ω，且保护接地接至变电站接地网的站用变压器的低压侧电气装置，应采用（含建筑物钢筋的）保护总等电位连接系统。

$$R \leqslant \frac{120}{I} \qquad (7-19)$$

式中 R——考虑到季节变化的最大接地电阻，Ω；

I——计算用的接地故障电流，A。

谐振接地系统中，计算发电厂和变电站接地网的入地对称电流时，对于装有自动跟踪补偿消弧装置（含非自动调节的消弧线圈）的发电厂和变电站电气装置的接地网，计算电流等于接在同一接地网中同一系统各自动跟踪补偿消弧装置额定电流总和的 1.25 倍；对于不装自动跟踪补偿消弧装置的发电厂和变电站电气装置的接地网，计算电流等于系统中断开最大一套自动跟踪补偿消弧装置或系统中最长线路被切除时的最大可能残余电流值。

2. 接触电位差及跨步电位差要求

（1）在 110kV 及以上有效接地系统和 6～35kV 低电阻接地系统发生单相接地或同点两相接地时，发电厂、变电站接地装置的接触电位差和跨步电位差不应超过允许值，即

$$\begin{cases} U_t = (174 + 0.17\rho_s C_s)/\sqrt{t_s} \\ U_s = (174 + 0.7\rho_s C_s)/\sqrt{t_s} \end{cases} \qquad (7-20)$$

式中 U_t——接触电位差允许值，V；

U_s——跨步电位差允许值，V；

ρ_s——地表层的电阻率，m；

C_s——表层衰减系数；

t_s——接地故障电流持续时间，s。

（2）在 $6\sim66\text{kV}$ 不接地、谐振接地、谐振—低电阻接地和高电阻接地的系统，发生单相接地故障后，当不迅速切除故障时，此时发电厂、变电站接地装置的接触电位差和跨步电位差不应超过允许值，即

$$\begin{cases} U_t = 50 + 0.05\rho_s C_s \\ U_s = 50 + 0.2\rho_s C_s \end{cases} \qquad (7-21)$$

3. 接地网的布置

升压站接地装置常采用方孔网格状布局，根据升压站位置及占地面积情况，进行适当的接地网布置，同时进行接触电势和跨步电压的校核。升压站接地电阻除了与土壤电阻率有关外，另一个主要决定因素就是接地网的面积。接地网布置可采用两种方法：①等间距布置；②不等间距布置。在同等情况下，不等间距布置所需的接地材料比等间距布置方案省 30% 左右。

不等间距的接地网均压带的布置方法见表 7-8。

表 7-8　接地网不等间距布置网孔边长为网边长百分数　　　　　　%

网孔数	网 孔 序 号									
	1	2	3	4	5	6	7	8	9	10
3	27.50	45.00								
4	17.50	32.50								
5	12.50	23.33	28.33							
6	8.75	17.50	23.75							
7	7.14	13.57	18.57	21.43						
8	5.50	10.83	15.67	18.00						
9	4.50	8.94	12.83	15.33	16.78					
10	3.75	7.50	11.08	13.08	14.58					
11	3.18	6.36	9.54	11.36	12.73	13.46				
12	2.75	5.42	8.17	10.00	11.33	12.33				
13	2.38	4.69	6.77	8.92	10.23	11.15	11.69			
14	2.00	3.86	6.00	7.86	9.28	10.24	10.76			
15	1.56	3.62	5.35	6.82	8.07	9.12	10.01	10.77		
16	1.46	3.27	4.82	6.14	7.28	8.24	9.07	9.77		
17	1.38	2.97	4.35	5.54	6.57	7.47	8.24	8.90	9.47	
18	1.14	2.58	3.86	4.95	5.91	6.76	7.50	8.15	8.71	
19	1.05	2.32	3.47	4.53	5.47	6.26	6.95	7.53	8.11	8.63
20	0.95	2.15	3.20	4.15	5.00	5.75	6.40	7.00	7.50	7.90

注：由于布置对称，表中只列出一半数值。

7.4 风电场集电线路的防雷与接地

7.4.1 架空线路的防雷保护

据统计，由雷电引起的架空线路跳闸事故占总跳闸次数的 $60\%\sim70\%$，尤其是在多雷、土壤电阻率高、地形复杂的区域，架空线路遭受雷击的概率更高，严重威胁着电网安全和可靠运行。雷害对风电场架空集电线路的危害主要有直击雷过电压、反击雷过电压、感应雷过电压等几方面。一般直击雷过电压危害更严重。

在确定架空线路的防雷方式时，应全面考虑线路的重要程度、系统运行方式、线路经过地区雷电活动的强弱、地形地貌特征、土壤电阻率的高低等条件，并应结合当地已有线路的运行经验进行全面的技术经济比较，从而确定出合理的保护措施。

1. 架设地线

地线是送电线路最基本的防雷措施之一。地线在防雷方面具有以下功能：①防止雷直击导线；②雷击塔顶时对雷电流有分流作用，减少流入杆塔的雷电流，使杆塔电位降低；③对导线有耦合作用，降低雷击杆塔时塔头绝缘（绝缘子串和空气间隙）上的电压；④对导线有屏蔽作用，降低导线上的感应过电压。

架空线路地线架设具有以下具体要求：

（1）35kV 线路，进出线段宜架设地线，地线长度一般宜为 $1.0\sim1.5$km。未沿全线架设地线的大跨越段宜架设地线。若地线选用 OPGW（光纤复合架空地线），则沿全线架设地线。

（2）10kV 混凝土杆线路在多雷区可架设地线，或在三角排列的中线上装设避雷器。当采用铁横担时，宜提高绝缘子等级。

（3）杆塔上地线对边导线的保护角宜采用 $20°\sim30°$。山区单根地线的杆塔可采用 $25°$。杆塔上两根地线间的距离不应超过导线与地线间垂直距离的 5 倍。高杆塔或雷害比较严重地区，可采用零度或负保护角或加装其他防雷装置。对多回路杆塔宜采用减少保护角等措施。

2. 加强线路绝缘

架空线路的绝缘配合，就是要解决杆塔上和档距中导线对杆塔、导线对地线和不同相导线间可能放电途径的绝缘选择和相互配合问题，应满足线路在工频电压、操作过电压、雷电过电压等各种条件下安全可靠地运行。

（1）绝缘子的选择。

1）绝缘配置应以审定的污区分布图为基础，结合线路附近的污秽和发展情况，综合考虑环境污秽变化因素，选择合适的绝缘子型式和片数，并适当留有裕度。

2）35kV 架空电力线路绝缘子宜采用悬式绝缘子，绝缘子的型式和数量应根据绝缘的单位爬电距离确定。绝缘子片数应为

$$n \geqslant \frac{\lambda U}{K_e L_{01}}$$

$$(7-22)$$

式中 n——海拔 1km 时每联绝缘子所需片数；

λ——爬电比距，cm/kV；

U——系统标称电压，kV；

L_{01}——单片悬式绝缘子的几何爬电距离，cm；

K_e——绝缘子爬电距离的有效系数，主要由各种绝缘子几何爬电距离在试验和运行中污秽耐压的有效性来确定；并以 XP-70、XP-160 型绝缘子为基础，$K_e=1$。

3）耐张绝缘子串的绝缘子数量应比悬垂绝缘子串的同型绝缘子多 1 片。对于全高超过 40m 有地线的杆塔，高度每增加 10m，应增加 1 片绝缘子。

4）海拔超过 3.5km 地区，绝缘子串的绝缘子数量可根据运行经验适当增加。海拔 1~3.5km 的地区，绝缘子串的绝缘子数量应为

$$n_h \geqslant n[1+0.1(H-1)] \qquad (7-23)$$

式中 n_h——海拔为 1~3.5km 地区的绝缘子数量，片；

n——海拔为 1km 以下地区的绝缘子数量，片；

H——海拔，km。

5）通过污秽地区的架空电力线路宜采用防污绝缘子、有机复合绝缘子或采用其他防污措施。

6）10kV 架空线路的直线杆塔宜采用针式绝缘子或陶瓷横担绝缘子；耐张杆塔宜采用悬式绝缘子串或蝶式绝缘子和悬式绝缘子组成的绝缘子串。

（2）空气间隙的选取。

1）海拔 1km 以下的地区，35kV 架空线路带电部分与杆塔构件、拉线、脚钉的最小间隙，应符合表 7-9 的规定。

表 7-9　带电部分与杆塔构件、拉线、脚钉的最小间隙

工况	线路电压 35kV 最小间隙/m
雷电过电压	0.45
内部过电压	0.25
运行电压	0.10

2）海拔 1km 及以上的地区，海拔每增高 100m，内部过电压和运行电压的最小间隙应按表 7-9 所列数值增加 1%。

3）10kV 架空线路引下线之间的最小距离不应小于 0.3m，导线与杆塔构件、拉线之间的距离不应小于 0.2m。

4）带电作业杆塔的最小间隙应符合下列要求：

a. 在海拔 1km 以下的地区，带电部分与接地部分的最小间隙应符合表 7-10 的规定。

表 7-10　带电作业杆塔带电部分与接地部分的最小间隙

线路电压	10kV	35kV
最小间隙/m	0.4	0.6

b. 对操作人员需要停留工作的部位应增加 0.3~0.5m。

3. 降低杆塔接地电阻

对于一般的杆塔，改善其接地方式、降低其接地电阻，是架空集电线路提高线路耐雷水平、防止反击的有效措施。因接地不良而形成的较高接地电阻会使雷电流泄放通道受阻，提升了杆塔的电位。因此，必须加强接地网的设计、敷设工作，认真处理好接地系统的薄弱环节，使地线与接地体有可靠的电气连接。在雷季干燥时，有地线的线路杆塔不接地线时的工频接地电阻不宜超过表 7-11 所列数值。

表 7-11　杆塔的最大工频接地电阻

土壤电阻率 $\rho/(\Omega \cdot m)$	<100	100~500	500~1000	1000~2000<	≤2000
工频接地电阻/Ω	10	15	20	25	30

说明：如果土壤电阻率很高，接地电阻难以达 30Ω 时，可采用 6~8 根总长不超过 500m 的放射形接地体或连续伸长接地体，这时其接地电阻可不受限制。

架空线路接地装置的型式为：

（1）在 $\rho \leq 100\Omega \cdot m$ 的潮湿地区，如杆塔的自然接地电阻不大于表 7-11 的规定，可利用铁塔和钢筋混凝土杆的自然接地（包括铁塔基础以及钢筋混凝土杆埋入地中的杆段和底盘、拉线盘等），不必另设人工接地装置，但变电站的进线段除外。在居民区，如自然接地电阻符合要求，也可不另设人工接地装置。

（2）在 $100\Omega \cdot m < \rho \leq 300\Omega \cdot m$ 的地区，除利用铁塔和钢筋混凝土杆的自然接地外，还应设人工接地装置。接地体埋设深度不宜小于 0.6m。

（3）在 $300\Omega \cdot m < \rho \leq 2000\Omega \cdot m$ 的地区，一般采用水平敷设的接地装置，接地体埋设深度不宜小于 0.5m。

（4）在 $\rho > 2000\Omega \cdot m$ 的地区，可采用 6~8 根总长度不超过 500m 的放射形接地体，或连续伸长接地体。放射形接地体可采用长短结合的方式，接地体埋设深度不宜小于 0.3m。

（5）居民区和水田中的接地装置，包括临时接地装置，宜围绕杆塔基础敷设成闭合环形。

（6）放射形接地体每根的最大允许长度应根据土壤电阻率确定，见表 7-12。

表 7-12　放射形接地体每根最大允许长度

土壤电阻率 $\rho/(\Omega \cdot m)$	≤500	>500~1000	>1000~2000	>2000~5000
最大允许长度/m	40	60	80	100

（7）在高土壤电阻率地区，当采用放射形接地装置时，如在杆塔基础附近（在放射形接地体每根最大长度的 1.5 倍范围内）有土壤电阻率较低的地带，可部分采用引外接地或其他措施。

（8）如接地装置由很多水平接地极或垂直接地极组成，为减少相邻接地极的屏蔽作用，垂直接地极的间距不应小于其长度的两倍；水平接地极的间距可根据具体情况确定，但不宜小于 5m。

（9）钢筋混凝土杆铁横担和钢筋混凝土横担架空电力线路的地线支架、导线横担与绝缘子固定部分之间应有可靠的电气连接并与接地引下线相连，并应符合下列规定：

1）部分预应力钢筋混凝土杆的非预应力钢筋可兼作接地引下线。

2）利用钢筋兼作接地引下线的钢筋混凝土电杆，其钢筋与接地螺母和铁横担间应有可靠的电气连接。

3）外敷的接地引下线可采用镀锌钢绞线，其截面不应小于 $25\mathrm{mm}^2$。

4）接地体引出线的截面不应小于 $50\mathrm{mm}^2$，并应采用热镀锌。

7.4.2　电缆线路的防雷保护

采用电缆输电方案时，电缆一般采用直埋敷设方案，不会有直击雷过电压的情况，但是要考虑感应雷过电压的可能性。因此在电缆进入箱变及升压站中压母线处需安装避雷器，以降低感应雷影响。另外，电缆铠装金属屏蔽应确保可靠接地。

第8章 风电场的控制与安全保护系统

8.1 风电场接入电力系统基本技术要求

8.1.1 风电场有功功率

8.1.1.1 基本要求

（1）风电场应符合 DL/T 1040—2007《电网运行准则》的规定，具备参与电力系统调频、调峰和备用的能力。

（2）风电场应配置有功功率控制系统，具备有功功率调节能力。

（3）当风电场有功功率在总额定出力的 20％以上时，对于场内有功出力超过额定容量的 20％的所有风电机组，能够实现有功功率的连续平滑调节，并参与系统有功功率控制。

（4）风电场应能够接收并自动执行电力系统调度机构下达的有功功率及有功功率变化的控制指令，风电场有功功率及有功功率变化应与电力系统调度机构下达的给定值一致，即确保风电场有功功率及有功功率变化按照电力系统调度部门的给定值运行。

（5）风电场应具备紧急控制功能。根据电力系统调度部门的指令快速控制风机输出的有功功率，必要时可通过安全自动装置快速自动切除或降低风电场有功功率。

8.1.1.2 正常运行情况下有功功率变化

（1）风电场有功功率变化包括 1min 有功功率变化和 10min 有功功率变化。在风电场并网以及风速增长过程中，风电场有功功率变化应当满足电力系统安全稳定运行的要求，其限值应根据所接入电力系统的频率调节特性，由电力系统调度机构确定。

（2）风电场有功功率变化限值的推荐值见表 8-1，该要求也适用于风电场的正常停机。允许出现因风速降低或风速超出切出风速而引起的风电场有功功率变化超出有功功率变化最大限值的情况。

表 8-1 正常运行情况下风电场有功功率变化最大限值　　　　单位：MW

风电场装机容量	10min 有功功率变化最大限值	1min 有功功率变化最大限值
<30	10	3
30～150	3（装机容量）	10（装机容量）
>150	50	15

8.1.1.3 自动发电控制（AGC）

（1）风电场应配置 AGC 系统。在电网正常运行或者扰动后动态恢复过程中，风电场 AGC 系统应根据电力调度机构实时下达（或预先设定）的指令，自动调节其发出的有功功率，控制风电场并网点的有功功率在要求运行范围内。

（2）风电场 AGC 的主要任务是协调风电场内的各可控风电机组，实时跟踪电力调度机构下发的有功功率调节指令，同时实时反馈风电场运行信息。

（3）风电场 AGC 适用于电网稳态条件的秒级/分钟级自动控制，在电网事故或异常情况下，必要时闭锁或退出风电场有功功率自动控制。

（4）风电场 AGC 应满足设备安全和现场安全运行要求，与电力调度机构之间的通信满足国家发改委令第 14 号要求。

（5）风电场 AGC 系统可作为功能模块集成于风电场综合监控系统，也可新增外挂式独立系统。风电场 AGC 系统负责监视风电场内各风电机组的运行和控制状态，并进行在线有功分配，响应执行电力调度机构的调度指令或者人工指令。

（6）风电场 AGC 具备远方/就地两种控制方式，在远方控制方式下，实时追踪电力调度机构下发的控制目标；在就地控制方式下，按照预先给定的风电场有功功率计划曲线进行控制。正常情况下风电场 AGC 系统应运行在远方控制方式。

（7）当风电场 AGC 位于就地控制时，风电场 AGC 系统与电力调度机构要保持正常通信，上送电力调度机构的数据（包括但不限于全风电场总有功功率、风电场理论最大可发有功功率、风电场 AGC 系统的运行和控制状态等）要保持正常刷新。

8.1.1.4　紧急控制

风电场应具备紧急控制功能。根据电力系统调度部门的指令快速控制风机输出的有功功率，必要时可通过安全自动装置快速自动切除或降低风电场有功功率。

（1）在电力系统事故或紧急情况下，风电场应根据电力系统调度机构的指令快速控制其输出的有功功率，必要时可通过安全自动装置快速自动降低风电场有功功率或切除风电场；此时风电场有功功率变化可超出电力系统调度机构规定的有功功率变化最大限值。

（2）事故处理完毕，电力系统恢复正常运行状态后，风电场应按调度指令并网运行。

8.1.1.5　功能要求

有功功率控制系统应具备数据采集和控制功能，实时监测风电场上网功率，并根据调度部门中心主站分配的出力计划控制风电场出力。

（1）数据采集功能。有功功率控制系统宜通过风电机组监控系统获得风电机组信息。

（2）控制功能。有功功率控制系统宜通过风电机组监控系统调节风电机组出力。根据不同的风电机组类型，有功功率控制系统实施不同的控制方式。

1）对不支持限功率命令的失速型风电机组，执行远程启动和停机命令。其控制策略为：

a. 在风电场的输出功率低于目标值时，对风电场已处于停机状态的机组进行启动操作。

b. 在风电场有功功率高于目标值时，对风电场全场风电机组中正处于并网发电的机组进行停机操作，每次启动或者停止一台机组，同时实时监测风电场的上网功率，实时进行功率控制。

2）对支持限功率命令的变桨风电机组，执行远程调节风电机组启动、停机命令。其控制策略为：

a. 在风电场有功功率低于目标值时，自动提高风电场的实时功率，可以先通过启动多台机组，再将已限制功率的机组的实时功率提高来达到目标值。

b. 在风电场有功功率高于目标值时，自动降低风电场的实时功率，可以先通过降低正处于发电状态机组的实时有功功率，再停止多台机组来达到目标值。

（3）后台管理功能。后台管理主要完成画面的显示与维护、故障报警、备份数据库，运行 MMI 人机界面、事件记录等功能。

（4）通信功能。风电场有功功率控制系统与调度部门主站之间通过调度数据网进行通信。某风电场相关通信网光缆现状图如图 8-1 所示。

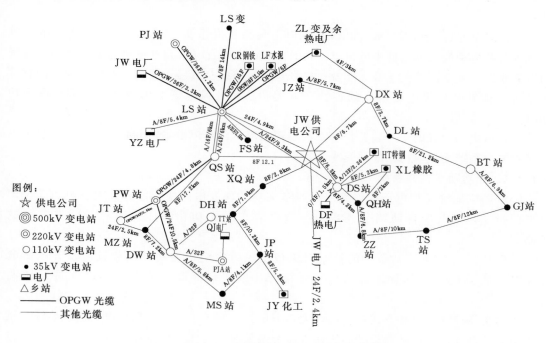

图 8-1　风电场相关通信网光缆现状图

（5）对时功能。有功功率控制系统应能接受授时（对时）信号，保证系统的时间同步达到精度要求。当时钟失去同步时，应自动告警并记录事件。系统的对时接口优先选用 IRIG-B（DC）对时方式。

（6）安全防护要求。根据《电力二次系统安全防护规定》（电监会 5 号令），风电场有功功率控制系统应位于安全区Ⅰ（控制区）。

8.1.2　风电场无功容量及无功功率控制系统

8.1.2.1　风电场无功容量

1. 无功电源

（1）风电场的无功电源包括风电机组及风电场无功补偿装置。风电场安装的风电机组应满足功率因数在超前 0.95～滞后 0.95 的范围内动态可调。

（2）风电场要充分利用风电机组的无功容量及其调节能力；当风电机组的无功容量不能满足系统电压调节需要时，应在风电场集中加装适当容量的无功补偿装置，必要时加装动态无功补偿装置。

2．无功容量配置

（1）风电场的无功容量应按照分层和分区基本平衡的原则进行配置，并满足检修备用要求。

（2）对于直接接入公共电网的风电场，其配置的容性无功容量能够补偿风电场满发时场内汇集线路、主变压器的感性无功及风电场送出线路的一半感性无功之和，其配置的感性无功容量能够补偿风电场自身的容性充电无功功率及风电场送出线路的一半充电无功功率。

（3）对于通过 220kV（或 330kV）风电汇集系统升压至 500kV（或 750kV）电压等级接入公共电网的风电场群中的风电场，其配置的容性无功容量能够补偿风电场满发时场内汇集线路、主变压器的感性无功及风电场送出线路的全部感性无功之和，其配置的感性无功容量能够补偿风电场自身的容性充电无功功率及风电场送出线路的全部充电无功功率。

（4）风电场配置的无功装置类型及其容量范围应结合风电场实际接入情况，通过风电场接入电力系统无功电压专题研究来确定。

8.1.2.2　无功功率控制系统

风电场应配置无功电压控制系统，具备无功功率及电压控制能力。根据电力系统调度部门指令，风电场自动调节其发出（或吸收）的无功功率，实现对并网点电压的控制。

风电场无功电压控制系统的控制对象包括风电机组、无功补偿装置以及升压变电站主变压器分接头三部分。宜结合实际情况，根据目标设定值对无功电源进行协调控制。

依据实际控制对象和方式的不同，无功电压控制系统可嵌入升压变电站监控系统、风电机组监控系统，也可独立设置。无功电压控制系统应当能够控制风电场并网点电压在标称电压的 97%～107% 范围内（公共电网电压处于正常范围内）。

1．整体要求

风电场首先要充分利用风电机组的无功容量及其调节能力。当风电机组的无功容量不能满足系统电压调节需要时，可调节无功补偿装置。无功补偿装置的调节速度和控制精度应能满足电网电压调节的要求。

2．功能要求

（1）数据采集功能。无功电压控制系统应采集如下信息：

1）风电场。采集单台风电机组实时有功功率、无功功率、机端电压、功率因素等。

2）升压变电站。采集升压变电站风电机组汇集母线电压，风电场并网线路的有功功率、无功功率、功率因素，汇集线路隔离开关位置信号，汇集母线分段隔离开关位置信号等。

（2）控制功能。应根据电网的无功调整量和接入电网电压的波动情况，整定其需调整的无功量，对整个风电场的输出无功功率作统一规划。风电场将规划的无功调整量优先在各风电机组间进行合理地分配，使整个风电场能够足量实现全场无功需求。

（3）后台管理功能。后台管理主要完成画面的显示与维护、故障报警、备份数据库、运行 MMI 人机界面、事件记录等功能。

（4）通信接口及规约。无功电压控制系统应提供多个串口和以太网接口，支持 DL/T 860、DL/T 634.5101～5104 以及 DNP 3.0 等多种通信规约。无功电压控制系统与调度部门主站之间通过调度数据网进行通信。

（5）对时功能。无功电压控制系统应能接受授时（对时）信号，保证系统的时间同步达到精度要求。当时钟失去同步时，应自动告警并记录事件。系统的对时接口优先选用 IRIG－B（DC）对时方式。

（6）安全防护要求。根据《电力二次系统安全防护规定》（电监会 5 号令），风电场无功电压控制系统应位于安全区 I（控制区）。

8.1.3 风电场电压控制及低电压穿越

8.1.3.1 风电场电压控制

1. 基本要求

风电场应配置无功电压控制系统，具备无功功率调节及电压控制能力。根据电力系统调度机构指令，风电场自动调节其发出（或吸收）的无功功率，实现对风电场并网点电压的控制，其调节速度和控制精度应能满足电力系统电压调节的要求。

2. 控制目标

当公共电网电压处于正常范围内时，风电场应当能够控制风电场并网点电压在标称电压的 97%～107% 范围内。

3. 主变选择

风电场变电站的主变压器宜采用有载调压变压器，通过主变压器分接头调节风电场场内电压，确保场内风电机组正常运行。

8.1.3.2 风电场低电压穿越

1. 基本要求

电压跌落会给电机带来一系列暂态过程，如出现过电压、过电流或转速上升等，严重危害风电机组本身及其控制系统的安全运行。一般情况下若电网出现故障，风机就实施被动式自我保护而立即解列，并不考虑故障的持续时间和严重程度，这样能最大限度地保障风电机组的安全，在风力发电的电网穿透率（即风电占电网的比重）较低时是可以接受的。然而，当风电在电网中占有较大比重时，若风电机组在电压跌落时仍采取被动保护式解列，则会增加整个系统的恢复难度，甚至可能加剧故障，最终导致系统其他机组全部解列，因此必须采取有效的 LVRT 措施，以维护风电场电网的稳定。

低电压穿越（LVRT），指在风电机组并网点电压跌落时，风电机组能够保持并网，甚至向电网提供一定的无功功率，支持电网恢复，直到电网恢复正常，从而"穿越"这个低电压时间（区域）。

风电场的低电压穿越要求如图 8－2 所示。

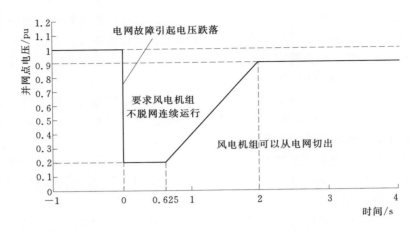

图 8－2　风电场低电压穿越要求

要求：

（1）风电场并网点电压跌至 20％标称电压时，风电场内的风电机组应保证不脱网连续运行 625ms。

（2）风电场并网点电压在发生跌落后 2s 内能够恢复到标称电压的 90％时，风电场内的风电机组应保证不脱网连续运行。

2．故障类型及考核电压

电力系统发生不同类型故障时，若风电场并网点考核电压全部在图 8－2 中电压轮廓线及以上的区域内，风电机组必须保证不脱网连续运行；否则，允许风电机组切出。

针对不同故障类型的考核电压见表 8－2。

表 8－2　风电场低电压穿越考核电压

故　障　类　型	考　核　电　压	故　障　类　型	考　核　电　压
三相短路故障	风电场并网点线电压	单相接地短路故障	风电场并网点相电压
两相短路故障	风电场并网点线电压		

3．有功恢复

对电力系统故障期间没有切出的风电场，其有功功率在故障清除后应快速恢复，自故障清除时刻开始，以至少 10％额定功率/秒的功率变化率恢复至故障前的值。

4．动态无功支撑能力

总装机容量在百万千瓦级规模及以上的风电场群，当电力系统发生三相短路故障引起电压跌落时，每个风电场在低电压穿越过程中应具有以下动态无功支撑能力：

（1）当风电场并网点电压处于标称电压的 20％～90％区间内时，风电场应能够通过注入无功电流支撑电压恢复；自并网点电压跌落出现的时刻起，动态无功电流控制的响应时间应不大于 75ms，持续时间应不少于 550ms。

（2）风电场注入电力系统的动态无功电流为

$$I_{\mathrm{T}} \geqslant 1.5 \times (0.9 - U_{\mathrm{T}}) I_{\mathrm{N}} (0.2 \leqslant U_{\mathrm{T}} \leqslant 0.9)$$

式中　U_{T}——风电场并网点电压标幺值；

I_N——风电场额定电流。

8.1.3.3 风电场电压与频率的运行适应性

1. 电压范围

（1）当风电场并网点电压在标称电压的 90%～110%之间时，风电机组应能正常运行；当风电场并网点电压超过标称电压的 110%时，风电场的运行状态由风电机组的性能确定。

（2）当风电场并网点的闪变值满足 GB/T 12326—2008《电能质量　电压波动和闪变》、谐波值满足 GB/T 14549—1993《电能质量　公用电网谐波》、三相电压不平衡度满足 GB/T 15543—2008《电能质量　三相电压不平衡》的规定时，风电场内的风电机组应能正常运行。

2. 频率范围

风电场应在电力系统频率范围内按规定运行，见表 8-3。

表 8-3　风电场在不同电力系统频率范围内的运行规定

电力系统频率范围	要　求
＜48Hz	根据风电场内风电机组允许运行的最低频率而定
48～49.5Hz	每次频率低于 49.5Hz 时要求风电场具有至少运行 30min 的能力
49.5～50.2Hz	连续运行
＞50.2Hz	每次频率高于 50.2Hz 时，要求风电场具有至少运行 5min 的能力，并执行电力系统调度机构下达的降低出力或高周切机策略，不允许停机状态的风电机组并网

8.1.4　风电场二次系统

1. 基本要求

（1）风电场的二次设备及系统应符合电力二次系统技术规范、电力二次系统安全防护要求及相关设计规程。

（2）风电场与电力系统调度机构之间的通信方式、传输通道和信息传输由电力系统调度机构做出规定，包括提供遥测信号、遥信信号、遥控信号、遥调信号以及其他安全自动装置的信号，提供信号的方式和实时性要求等。

（3）风电场二次系统安全防护应满足《电力二次系统安全防护规定》（电监会 5 号令）的有关要求。

2. 正常运行信号

风电场向电力系统调度机构提供的信号至少应当包括：①单个风电机组运行状态；②风电场实际运行机组数量和型号；③风电场并网点电压；④风电场高压侧出线的有功功率、无功功率、电流；⑤高压断路器和隔离开关的位置；⑥风电场测风塔的实时风速和风向。

3. 风电场继电保护及安全自动装置

（1）风电场继电保护、安全自动装置以及二次回路的设计、安装应满足电力系统有关规定和反事故措施的要求。

（2）对风电场送出线路，一般情况下在系统侧配置分段式相间、接地保护，有特殊要求时，可配置纵联电流差动保护。

（3）风电场变电站应配备故障录波设备，该设备应具有足够的记录通道并能够记录故障前 10s 到故障后 60s 的情况，并配备至电力系统调度机构的数据传输通道。

4．风电场调度自动化

（1）风电场应配备计算机监控系统、电能量远方终端设备、二次系统安全防护设备、调度数据网络接入设备等，并满足电力二次系统设备技术管理规范要求。

（2）风电场调度自动化系统远动信息采集范围按电网调度自动化能量管理系统（EMS）远动信息接入规定的要求接入信息量。

（3）风电场电能计量点（关口）应设在风电场与电网的产权分界处，产权分界处按国家有关规定确定。计量装置配置应符合电力系统关口电能计量装置技术管理规范要求。

（4）风电场调度自动化、电能量信息传输宜采用主/备信道的通信方式，直送电力系统调度机构。

（5）风电场调度管辖设备供电电源应采用不间断电源装置（UPS）或站内直流电源系统供电。在交流供电电源消失后，不间断电源装置带负荷运行时间应大于 40min。

（6）对于接入 220kV 及以上电压等级的风电场应配置相角测量系统（PMU）。

5．风电场通信

（1）风电场应具备两条路由通道，其中至少有一条光缆通道。

（2）风电场与电力系统直接连接的通信设备［如光纤传输设备、脉码调制终端设备（PCM）、调度程控交换机、数据通信网、通信监测等］需具有与系统接入端设备一致的接口与协议。

（3）风电场内的通信设备配置按相关的设计规程执行。

8.2　风力发电的基本运行电气控制系统

在风力发电系统中需要解决的基本矛盾是如何在风速变化的情况下获得较稳定的电压输出，以及如何解决无风时的用电问题。既要考虑到风能的特点，又要考虑到用户的需要，达到实用、可靠、经济的运行效果。

8.2.1　风电场电气基本控制方式

8.2.1.1　风电变桨距控制方式

风电机组并网以后，控制系统根据风速的变化，通过桨距调节机构改变桨叶攻角以调整输出电功率，更有效地利用风能。在额定风速以下时，叶片攻角在 0°附近，可认为等同于定桨距风力发电机，发电机的输出功率随风速的变化而变化。当风速达到额定风速以上时，变桨距机构发挥作用，调整叶片的攻角，保证发电机的输出功率在允许的范围内。

但是，风速总是处在不断变化之中，而风能与风速之间成三次方的关系，风速的较小变化都将造成风能的较大变化，导致风力发电机的输出功率处于不断变化的状态。对于变桨距风力发电机，当风速高于额定风速后，变桨距机构为了限制发电机输出功率，将调节桨距，以调节输出功率。如果风速变化幅度大、频率高，将导致变桨距机构频繁大幅度动作，容易使变桨距机构损坏；同时，变桨距机构控制的叶片桨距为大惯量系统，存在较大的滞后时间，桨距调节的滞后也将造成发电机输出功率的较大波动，对电网造成一定的不良影响。

为了减小变桨距调节方式对电网的不良影响，可采用一种新的功率辅助调节方式——转子电流控制（Rotor Current Control，RCC）方式来配合变桨距机构，共同完成发电机输出功率的调节。RCC 控制必须使用在绕线式异步发电机上，通过电力电子装置控制发电机的转子电流，使普通异步发电机成为可变滑差发电机。RCC 控制是一种快速电气控制方式，用于克服风速的快速变化。采用 RCC 控制的变桨距风力发电机，变桨距机构主要用于风速缓慢上升或下降的情况，通过调整叶片攻角调节输出功率。RCC 控制单元则应用于风速变化较快的情况。当风速突然发生变化时，RCC 单元调节发电机的滑差，使发电机的转速可在一定范围内变化，同时保持转子电流不变，发电机的输出功率也就保持不变。

8.2.1.2 风电场同步发电机组控制

这种类型的风电机组采用同步发电机，发电机发出电能的频率、电压、电功率都是随着风速的变化而变化的，这样有利于最大限度地利用风能资源，而恒频恒压并网的任务则由交—直—交系统完成。

1. 风轮机的控制

风轮机的启动、控制、保护功能基本上与恒速恒频机组相似，所不同的是这类机组一般采用定桨距风轮，因此省去了变桨距控制机构。

2. 发电机的控制

发电机的输出功率由励磁来控制。当输出功率小于额定功率时，以固定励磁运行；当输出功率超过额定功率时，则通过调整励磁来调整发电机的输出功率在允许的安全范围内运行。励磁的调整是由控制器调整励磁系统晶闸管的导通角来实现的。

3. 交—直—交变频系统的控制

普通变频器是将电压和频率固定的市电（220/380V，50Hz）变成频率和电压都可变的电源。风电场同步发电机组的变频器则是将风电机组发出的电压和频率都在不断改变的电能变成频率和电压都稳定的电能，以便与电网的电压及频率相匹配，使风电机组能并网运行。

交—直—交变频是变频方式的一种，是将一种频率和电压的交流电整流成直流电，再将直流电逆变成某种频率和电压的交流电的变频方式。

风电机组发出的三相交流电，经三相全桥整流成直流电后，再由 6 只绝缘栅双极型电力晶体管（IGBT），在控制和驱动电路的控制下逆变成三相交流电并入电网。逆变器的控制一般采用 SPWM - VVVF 方式，即正弦波脉宽调制式变压变频方式。采用交—直—交系统的变频装置的容量较大，一般要选发电机额定功率的 120% 以上。

8.2.1.3　风电场双馈异步发电机组的控制

1. 基本控制特性

与同步发电机相比，双馈异步发电机励磁可调量有：①可以调节励磁电流的幅值；②可以改变励磁电流的频率；③可以改变励磁电流的相位。通过改变励磁电流频率可调节转速。这样在负荷突然变化时，迅速改变电机的转速，充分利用转子的动能释放和吸收负荷，对电网的扰动远比常规电机小。另外，通过调节转子励磁电流的幅值和相位，可达到调节有功功率和无功功率的目的。而同步电机的可调量只有一个，即励磁电流的幅值，所以调节同步电机的励磁一般只能对无功功率进行补偿。

一般来说，当发电机吸收电网的无功功率时，往往功率角变大，使发电机的稳定性下降。而双馈异步发电机可通过调节励磁电流的相位减小机组的功率角，使发电机组运行的稳定性提高，从而可多吸收无功功率，克服由于晚间负荷下降，电网电压过高的困难。与之相比，异步发电机却因需从电网吸收无功的励磁电流，与电网并列运行后，造成电网的功率因数变坏。所以双馈异步发电机较同步发电机和异步发电机都有着更加优越的运行性能。

2. 控制技术

任何一个风电机组都包括作为原动机的风力机和将机械能转变为电能的发电机。由于风速变化，增加了对其利用的困难。作为原动机的风力机，其效率在很大程度上决定了整个风力发电机组的效率，而风力机的效率又在很大程度上取决于其负荷是否处于最佳状态。不管一个风力机是如何精细地设计和施工建造，若它处于过载或欠载的状态下，都会损失其效率。

叶尖速比是用来表述风力机特性的一个十分重要的参数。它等于叶片顶端的速度（圆周速度）除以风接触叶片之前很远距离上的速度。叶片越长，或者叶片转速越快，同风速下的叶尖速比就越大。从风力机的气动曲线可以看出，存在一个最佳叶尖速比 λ，对应一个最佳的效率。所以风力机的最佳控制是维持最佳叶尖速比 λ。另外，由于要考虑电网对有功功率和无功功率的要求，所以风力机最佳工况时的转速应由其气动曲线及电网的功率指令综合得出。也就是说，风力机的转速随风速及负荷的变化应及时作出相应的调整，依靠转子动能的变化吸收或释放功率，减少对电网的扰动。通过变频器控制器对逆变电路中功率器件的控制可以改变双馈发电机转子励磁电流的幅值、频率及相位角，达到调节其转速、有功功率和无功功率的目的，既提高了机组的效率，又对电网起到稳频、稳压的作用。

整个控制系统可分为转速调整单元、有功功率调整单元、电压调整单元（无功功率调整）3 个单元。它们分别接受风速和转速、有功功率、无功功率指令，并产生一个综合信号，送给励磁控制装置，改变励磁电流的幅值、频率与相位角，以满足系统的要求。由于双馈电机既可调节有功功率，又可调节无功功率，有风时，机组可并网发电；无风时，也可作抑制电网频率和电压波动的补偿装置。

8.2.2　风电机组控制系统的设计

1. 控制思想

（1）定桨距失速型机组控制。风速超过风力机的额定风速时，为确保风电机组输出功率不再增加，导致风电机组过载，通过空气动力学的失速特性，使叶片发生失速，从而控制风电机组的功率输出。

（2）变桨距失速型机组控制。风速超过风电机组额定风速时，为确保风电机组输出功率不再增加，导致风电机组过载，通过改变桨叶节距角和空气动力学的失速特性，使叶片吸收风功率减少或者发生失速，从而控制风电机组的功率输出。

（3）控制功能和控制参数。控制功能和参数包括节距限制、功率限制、风轮转速、电气负荷的连接、启动和停机过程、电网或负荷丢失时的停机、扭缆的限制、机舱对风、运行时电量和温度的限制。

（4）保护环节以失效保护为原则进行设计。超速、发电机过载和故障、过振动、电网或负载丢失、脱网停机失败时自动执行保护功能。保护环节为多级安全链互锁，在控制过程中具有"与"的功能，在达到控制目标时方可实现逻辑"或"的结果。

2. 自动运行的控制要求

（1）开机并网控制。当风速 10min 内的平均值在系统工作区域内时，风电机组启动→软切入状态→机组并入电网。

（2）小风和逆功率脱网。机组在待风状态→10min 平均风速小于脱网风速→脱网→风速再次上升→风机旋转→并网。

（3）普通故障脱网停机。参数越限、状态异常→普通停机→刹车→软脱网→刹机械闸→计算机自行恢复。

（4）紧急故障脱网停机。紧急故障（飞车、超速、负荷丢失等）→紧急停机→偏航控制（90°）→脱网→机械刹车。

（5）安全链动作停机。电控制系统软保护控制失败→硬性停机→停机。

（6）大风脱网控制。10min 平均风速大于 25m/s 时→超速、过载→脱网停机→气动刹车→偏航控制（90°）→功率下降后脱网→刹机械闸→安全停机→风速回到工作风速区后→恢复自动对风→转速上升后→自动并网运动。

（7）对风控制。机组在工作风区→根据机舱的灵敏度→确定偏航的调整角度。

（8）偏转 90°对风控制。机组在大风速或超转速工作时→降低风电机组的功率→安全停机。当 10min 平均风速大于 25m/s 时或超过超速上限时，风电机组作偏转 90°控制→气动刹车→脱网→停机。

（9）功率调节。当机组在额定风速以上并网运行时→失速型机组→发电机的功率不会超过额定功率的 15%，过载→脱网停机。

（10）软切入控制。软切入、软脱网→限制导通角→控制发电机端的软切入电流为额定电流的 1.5 倍→控制发电机端电压。

3. 控制保护要求

（1）主电路保护。变压器低压侧三相四线进线处设置低压配电低压断路器，以实现维护操作安全和短路过载保护。

（2）过电压、过电流保护。主电路计算机电源进线端、控制变压器进线和有关伺服电动机的进线端均设置过电压、过电流保护措施。

（3）防雷设施及熔断器。控制系统有专门设计的防雷保护装置。

（4）过热、过载继电保护。运行的所有输出运转机构的过热、过载保护控制装置。

（5）接地保护。金属部分均要实现保护接地。

4. 需要监测的主要参数

运行过程中，控制系统需要监测的主要参数包括以下几个方面：

（1）电力参数。包括电网三相电压、发电机输出的三相电流、电网频率及发电机功率因数等。

（2）风力参数。包括风速、风向。

（3）机组状态参数。包括转速（发电机、风轮）、温度（发电机、控制器、轴承、增速器油温等）、电缆扭转、机械刹车状况、机舱振动、油位（润滑油位、液压系统油位）。

（4）反馈信号。包括回收叶间扰流器、松开机械刹车、松开偏航制动器、发电机脱网及脱网后的转速降落信号。

5. 控制系统功能

（1）基本操作控制。风电机组控制系统的作用是对整个风力发电机组实施正常操纵、调节和保护。

1）启动控制。当风速检测系统在一段持续时间内测得风速均匀值达到切入风速，并且系统自检无故障时，控制系统发出开释制动器命令，机组由待风状态进入低风速启动。

2）并/脱网控制。当风力发电机转速达到同步转速时，执行并网操纵。为了减小对电网的冲击，通常采用晶闸管软切入并网。软切入时，限制发电机并网电流并监视三相电流的平衡度，假如不平衡度超出限制则需停机。除此之外，软切入装置还可以使风力发电机在低风速下启动。当风速低于切入风速时，应控制已并网的发电机脱离电网，并在风速低于 4m/s 时进行机械制动。

3）偏航与解缆。偏航控制即根据风向自动跟风。由于连续跟踪风向可能造成电缆缠绕，因此控制系统还具有解缆功能。

4）限速及刹车。当转速超越上限发生飞车时，发电机自动脱离电网，桨叶打开实行软刹车，液压制动系统动作，抱闸刹车，使桨叶停止转动，调向系统将机舱整体偏转 90°侧风，对整个塔架实施保护。

（2）高级控制。控制系统还应具有以下功能：①根据功率以及风速自动进行转速和功率控制；②根据功率因数自动投进（或切出）相应的补偿电容；③机组运行过程中，对电网、风况和机组运行状况进行检测和记录，对出现的异常情况能够自行判定并采取相应的保护措施，而且还能根据记录的数据生成各种图表，以反映风电机组的各项性能指标；④对在风电场中运行的风电机组还应具备远程通信功能。

8.3　风电场有功功率控制

风电场的有功功率控制是风电场可控运行的一项关键技术，控制策略的优劣直接影响到风电场输出功率的稳定性、快速性、跟随性等各项性能指标，所以发展风电场的有功功率控制技术能够保证更有效地利用风能，也对电力系统的安全、稳定运行起着重要作用。风电场有功功率控制需要综合考虑风电场的有功功率预测曲线、电网对风电场的有功功率调度曲线，合理确定风电场的有功功率控制模式，并给定一个风电场参考的有功功率输出值，将此有功功率输出值有效、合理地分配给风电场内的各台风电机组，保证风电场的功率输出在尽可能满足电网调度的同时，也使风电场可以近似常规发电厂那样承担电力系统频率调节的作用，减小对电网的影响。

8.3.1 风电场有功功率控制的发展阶段

我国的风电产业发展初期是将小规模的风电场与配电网直接相连，这样能够减少输电网向配电网输送的电能，缓解输电网的输电压力，也可以降低电力系统的网络损耗。但同时，由于配电网通常处于电力系统的末端、承受冲击的能力很弱，所以风电输出功率的随机性和波动性会给配电网络带来谐波污染、电压波动及闪变等问题。

随着风电场容量的日益增大，风电场开始与电压等级更高的输电网相连。传统的风电场有功功率就地平衡的模式不利于大电网消纳大规模风电场的有功出力，需要研究新的风电场有功控制策略，在保证电力系统安全、稳定运行的前提下，尽可能地提高风电的利用率。根据风电场在电力系统有功功率调度过程中参与调度的能力划分，风电场有功功率控制系统的发展可分为以下 3 个阶段：

（1）风电场的有功功率输出不参与系统的自动发电控制 （Automatic Generation Control，AGC）。在该发展阶段，通常不考虑风电功率的预测值，而仅仅将风电场的有功功率输出当作电力系统负的负荷来处理。由于风电的输出功率存在随机性及波动性，通常需要配合系统的热备用容量来进行动态的功率补偿。目前，我国电网对风电的调度基本上处于此发展阶段。

（2）电力系统自动发电控制考虑风电场的风电出力的预测值，并将风电预测的不确定性与负荷预测的不确定性结合起来安排风电场的发电计划。在此发展阶段下，原则上电网不干涉风电出力，但由于风电预测功率并不精确，这种控制模式仅有欧洲部分国家进行尝试。

（3）电网对风电场的有功功率输出值进行实时调度，使其能像常规发电厂那样主动参与电力系统的调频、调峰等各项需求。根据风电预测系统发布的风电场最大可能出力，并且考虑保证电网安全、稳定的条件，风电场有功功率调度中心发出输出参考功率，风电场的自动发电控制中心将风电场的出力要求分配到风电场内的各台风机以及备用储能装置。

8.3.2 风电机组的有功控制策略

1. 发电机控制

双馈异步发电机通过控制转子励磁电流的大小、相位和频率，进而控制定子侧输出的有功功率和无功功率。

根据参考坐标的不同，双馈异步发电机的控制方法分为定子磁场定向控制和定子电压定向控制。忽略定子侧电阻后，这两种控制方法本质上相同。

（1）连续控制。双馈异步发电机输出功率的控制方法以连续控制为主，根据受控对象的差异，双馈异步发电机的控制方法分为间接控制和直接控制。

间接控制和直接控制都是基于有功功率和无功功率解耦的控制方法。间接控制的控制对象为转子侧励磁电流，而直接控制的控制对象为定子侧电磁转矩。由于定子电阻的存在，双馈异步发电机在定子侧电磁转矩的控制过程中无法精确实现定子侧电磁功率的控制，可以选取电磁功率代替电磁转矩作为双馈异步发电机的控制对象。

（2）离散控制。双馈异步发电机还有离散控制方法。通过滞环比较定子侧磁链和定子侧输出功率与参考磁链和参考输出功率的偏差，选择转子侧逆变器输出的电压矢量，实现定子侧磁链和电磁功率的控制。

永磁同步电机输出的电磁功率经过整流、平波后变成直流功率，直流功率经过逆变后注入交流电网。逆变器控制采用传统的空间矢量控制方法，通过控制逆变侧输出电压的幅值和相位，控制输出的电磁功率。

2. 风电机组有功控制与常规发电机组有功控制的区别

发电机组输出的有功功率受制于一次能源的供给，因此风电机组的有功控制根本上要受制于风电场的风能。由于常规发电机组的一次能源供应稳定，原动机输出功率平稳，调节次数较少，有功的调节能力较强，但常规发电机组不能实现输出功率在大范围内的连续调节。风电场内由于风能的分布存在着时间和空间上的随机性，风力机和发电机的运行状态改变频繁，调节次数较多，但风电场有功功率的调节速度比常规机组快，并且能够实现输出功率在大范围内的连续调节。

3. 风电机组的有功控制策略

（1）最优转速控制。最优转速控制又称为最大风功率捕获（Maximum Power Point Tracking，MPPT），其控制目标是调整风力机的转速使风能利用系数达到最大，从而使风力机以最大效率捕获风能。变速风电机组通常按照最优功率曲线运行，但当风速变化较快时，为克服风力机的惯性，快速调节转速至最优转速，变速风电机组常常按照最大输出功率或者最小输出功率的方式运行。

控制的基本原理是寻求风力机的最佳叶尖速比，常用的方法有查表法和搜索法。查表法的基本原理是：根据当前的风速和风力机的转速，按照最优运行曲线查找风力机的输出功率。搜索法的实现方法很多，其基本原理是：改变输出电压或风力机的转速，根据捕获功率偏差与转速偏差的比值，判断风力机转速变化的方向，寻找风功率捕获曲线的极值点。

（2）平均功率控制。平均功率控制的目标是利用风力机的转动惯量，使变速风电机组的输出功率保持相对稳定。变速风电机组在运行过程中，按照设定的平均功率值运行。平均功率表征了变速风电机组输入电网的电磁功率。当捕获风功率大于平均功率时，一部分风功率按照平均功率值注入电网，剩余的功率用来加速风力机转子，储存能量。当捕获风功率小于平均功率时，风力机转子按照捕获风功率与平均功率的偏差释放能量。

（3）随机最优控制。随机最优控制的目标是减小输出功率的波动，并兼顾风能的利用系数。随机最优控制本质上是最优转速控制和平均功率控制这两种控制方式的优化组合。

8.3.3　风电场有功功率的控制模式

风电场的有功控制策略是通过协调控制风电场内的各台风电机组实现的。风电场调度层的有功功率控制不仅要考虑风电场的功率预测曲线，还要考虑电网对风电场有功功率的调度曲线。

可以将风电场等值为单台风电机组，此时风电场的有功控制模式与风电机组的有功控制方法相同，可简化风电场有功控制的分析过程，但忽略了风电场内各台风电机组之间的差异。

当风电场的运行状态、电网功率调度不同时，风电场也需要工作于不同的控制模式之下。现行的风电场接入电网下的控制模式主要有最大出力模式、功率限制模式、平衡控制模式、功率增率控制模式、差值模式以及调频模式等。

1. 最大出力模式

最大出力模式是指当风电场的预测功率小于电网对风电场的调度功率时，风电场处于最大出力状态，向电网注入有功功率。最大出力模式就是在保证电网安全稳定的前提下，根据电网风电接纳能力计算各风电场最大出力上限值，风电场输出功率变化率在满足电网要求的情况下处于自由发电状态。若超出本风电场的上限值时，可根据其他风电场空闲程度占用其他风电场的系统资源，以达到出力最大化和风电场之间风资源优化利用的目的。

在最大出力模式投入运行时，风电场内的各台达到切入风速但在额定风速以下的风机处于最大功率跟踪状态；风电场内处于额定风速以上的各台风电机组运行在满功率发电状态，从而保证风电场的输出功率达到最大值，尽可能提高风能资源的利用效率。

2. 功率限制模式

功率限制模式是指风电场有功控制系统将整个风电场的有功出力控制在预先设定的或者电网调度机构下发的限定值之下，并且限制值可以根据不同的风电场运行情况，在不同的时间段分别给出。

在功率限制模式投入运行时，风电场的有功功率输出应当不高于预先设定的或者电网调度机构下发的限定值，即：若风电场的最大出力能够达到有功功率输出的限定值，则风电场的有功功率输出应该维持在限定值；若风电场的最大出力小于有功功率输出的限定值，则风电场处于上述所说的最大出力模式，应使得风电场的有功出力尽可能接近风场有功功率输出的限定值。

3. 平衡控制模式

平衡控制模式是当电网频率出现非正常变化，需要风电场降低向电网输出功率时，用来控制风电场减少输出功率，此时由风电场的输出功率的变化来补偿电网频率的变化。

当退出平衡控制模式时，风电场有功功率控制系统按照给定的斜率恢复至风电场的最大出力值。

4. 功率增率控制模式

功率增率控制模式是对风电场输出有功功率的变化率进行限制，使风电场输出的有功功率能够保持一定的稳定性，并且能满足国家电网公司颁布的关于有功功率变化率的相关规定。

在功率增率控制模式投入运行时，风电场的输出功率在每个控制周期的变化必须在给定的斜率范围之内，且风电场的整体输出功率应该在满足斜率的前提下尽量跟随风电场的预测功率。风电场的功率增率控制模式可以避免风电场的输出功率变化过于频繁、变化率过大，从而保证功率输出的稳定性。该模式通常与风电场的其他控制模式组合使用，在保证输出功率斜率满足条件下，对风电场的其他方面进行控制。

5. 差值模式

差值模式是指风电场的有功出力按照一定的斜率升高或降低到和预测功率差值恒定的状态，并且使风电场一直保持这个差值运行。该模式既可以在系统频率升高时降低风电场的有功功率出力，又可在系统频率降低时提高风电场的有功功率出力，达到以功率补偿斜率的目的。在差值模式运行时，整个风电场的输出功率会与其预测功率有一个功率差值，该功率差值由电网调度提供，即相当于给整个风电场留出了一定的有功功率调度裕量。

若风电场只进行差值模式控制，则风电场的实际出力情况将完全跟随风电场不进行功率控制时的有功出力变化，只是中间相差一个恒定的功率值。

6. 调频模式

风电场在差值模式的基础上，根据系统频率或调度机构下发的调频指令调整全场出力。

8.3.4　给定风电场有功功率时的分配算法

当上级有功控制系统计算出给定风电场有功出力目标后，风电场有功控制系统需要对各台机组进行有功出力的目标分配。分配策略需要考虑功率调控模式，结合机组容量、机组预测功率、机组运行状态等数据；同时，还应当考虑到各台机组寿命、可利用率、可利用小时数等各项指标，才能够保证风电场内的各台风电机组协调运行，使得整个风电场按照电网期望的调度曲线，平稳地向电网注入有功功率。

当风电场的输出有功功率目标给定后，根据不同的风电场有功功率分类方法，可以有不同的有功功率分配策略。常用的风电场有功功率分类方法可根据是否考虑风电功率预测进行功率分配，根据风电机组的状态、参量进行功率分配、根据风电场功率输出变化进行功率分配。

1. 按是否考虑风电功率预测进行功率分配

（1）在无风电功率预测的情形下，常用的分配方法有平均分配法和按风电机组装机容量比例分配法。

1）平均分配法。平均分配法是将风电场的参考输出功率平均分配到风电场内的各台风电机组。为了保证风电场内各机组能在其正常的工作范围内运行，若风电机组分配值小于机组调节下限时，机组参考功率设置为调节下限值；若风电机组的分配值大于机组装机容量时，设置为该机组的装机容量值。

2）按风电机组装机容量比例分配法。通常情况下，风电场内的各台风电机组装机容量并不完全相同，且各机组的最大出力就是其装机容量。在无风电功率预测的情况下按风电机组装机容量比例分配，即将风电场的参考输出功率按照各台机组的容量占整个风场总装机容量的权重进行分配。

由于上述两种风电场有功功率的分配方法均没有考虑到风电场的功率预测值，故两种方法均无法判断风电机组的实际出力是否能够达到分配的功率值，同时也没有考虑到风电机组的实际运行状态，因此会给电力系统的频率特性带来不利影响。

（2）考虑风电功率预测。风电功率预测系统使得风电场可以提前掌握风电输出功率的变化趋势，尽早向电网公司提供较为准确的发电功率曲线，使得电网可以更为有效地进行有功功率调度，在保证电网能够安全、稳定运行的条件下，提高风能资源的利用率，提高风电的接入能力。

在考虑风电功率预测的情形下，风电场常用的有功功率分配方法有比例分配法和计划排队法等方法。

1）比例分配法。基于风电预测的比例分配法是根据一段时间内各机组出力预测的平均值按比例分配风电功率限值。当某台机组的分配值小于其调节下限时，其功率输出参数设置为零；当机组的分配值大于装机容量时，设置为其装机容量。

2）计划排队法。基于风电功率预测的计划排队法首先根据机组累计限电量、技术水平及考核情况等综合指标排序，再根据排序结果优先分配容量。当机组在一段时间内预测值小于调节下限时，该机组不参与功率分配；当预测值大于调节下限时，对这些机组进行轮流功率分配。

2. 按风电机组的状态、参量进行功率分配

风电场有功控制系统综合考虑功率预测曲线和电网公共连接点 PCC 的功率调度曲线后，给定风电场实际输出的有功功率值，并根据风电场内部的各台机组的运行状态和运行参数进行有功出力分配。

风电机组的运行参量包括风速、风向、风轮或发电机转速、电气参数（频率、电压、电流、功率、功率因数、发电量等）和温度（发电机绕组温度、轴承温度、齿轮箱油温、控制柜温度、外部环境温度）。运行状态包括振动、电缆扭曲、电网失效、控制系统和偏航系统的运作情况及机械零部件的故障和传感器的状态等。

下面是两种当前有代表性的功率分配方法。

（1）基于风力发电机组运行参量和状态分类的有功功率分配算法。该算法首先根据运行状态和参量将风电机组分为 6 类，包括停机故障机组、非停机故障降功率机组、低风速区机组、高风速区机组、待启动机组、通信故障机组。接着对各类机组进行功率分配预处理，根据风电场内需要分配的总功率和不可控机组的功率变化值、各类机组的总实时功率、预测功率等，计算可控机组需要分配的功率以及各类机组的功率变化值；最后根据功率分配预处理得到的可控机组的分配功率、各类机组的功率变化值以及风电场期望发电功率计算对各类机组的分配功率。

（2）根据风电机组风速按权重进行功率分配的算法。先计算风电场内某台风电机组最大出力上限值 $P_{\text{Max.}i}$、整个风电场总的最大出力上限值 $P_{\text{Max. Farm}}$。设风电场实际输出功率为 P_{Out}，则风电场发电余量为

$$P = P_{\text{Max. Farm}} - P_{\text{Out}} \qquad (8-1)$$

将风电场发电余量作为电力系统的旋转备用。根据风电场最大出力上限和发电余量，配合电网的调频需求计算风电场功率设定点。

风电场控制器接收功率设定点，接着按照风速分配合适的设定值下发到每台机组。风电场设定值根据风速分配到每台风电机组，分配中考虑权重因子，风速越高，权重因子越大。

3. 考虑风电场功率输出变化进行功率分配

根据风电场的期望输出功率 P_1 与 PCC 节点的实时接收风电场的功率 P_2 的大小关系，可以将风电场输出功率控制分为升功率控制和降功率控制。当 $P_1 > P_2$ 时，风电场需要按照期望输出功率 P_1 进行升功率控制；当 $P_1 < P_2$ 时，风电场需要按照期望输出功率 P_1 进行降功率控制。

当风电场需要进行升功率控制时，根据风电机组的特性以控制风电机组并网数量最多或最少为目标，制定风电场在升功率时的有功功率分配方法。该方法首先计算风电场中不可抗力所降功率，包括故障停机机组和处于低风速区的机组的功率下降值。接着计算风电场排除不可抗力所降功率后仍需调节的功率值及风电场可自主提升的功率值，最后以风电场启动风电机组数量最大或最小两种控制目标选取不同的功率分配方案，将剩余需要调节的上升功率值分配到风电场内各台可控机组，最终确定每台风电机组的输出功率。

由于风电场内风电机组的频繁启停会给电力系统带来较大的冲击，文献［46］提出一种针对风电场处于有功功率降功率情况下的调整控制算法。

该算法首先将风电场内的所有风电机组分为可控机组和不可控机组两大类。其中可控机组是受降功率控制算法调度的风电机组，这类机组能够按照期望的输出功率进行发电；不可控机组是不受降功率控制算法调度的风电机组，其在下一控制周期内功率的降低值不受降功率控制算法的调度。不可控机组又分为故障停机风电机组、低预测功率风电机组及低实时功率风电机组。低预测功率风电机组是指下一控制周期的预测功率值小于期望输出功率值的机组；低实时功率风电机组是指下一控制周期的预测功率不小于最小的期望输出功率值的机组。

通过风电场的风电功率预测系统分别计算出故障停机风电机组、低预测功率风电机组功率、低实时功率风电机组的功率下降值。由于低实时功率风电机组的下一控制周期的预测功率大于期望输出功率，故可计算得到不可控机组的功率下降值、可控机组的实时功率总值与下一周期期望输出功率总值的差值以及可控机组的停机数量。

该算法能够保证风电场有功功率平稳下降到期望输出功率，避免了风电机组在停机状态和发电状态的频繁切换，优化了机组运行，提高电能质量，同时能够减少风电场有功功率控制的超调量。

8.3.5　风电场的有功—频率控制

关于风电机组接入电网后对电网频率支撑的影响，可从能量平衡的角度进行分析。在功率扰动的初始阶段，原动机由于惯性的作用，不参与电网的调频控制，频率的偏移程度由转子释放动能的大小决定。风电机组的转动惯量与常规发电机组相似，但风电机组的转速变化范围比常规机组的转速变化范围大，因此，风电机组转子释放动能的能力比常规机组转子释放动能的能力强，在一定的时间内，风电机组提供的有功功率较常规机组大，对电网频率的支撑能力比常规发电机组强。

1. 风电场的一次调频控制、二次调频控制和三次调频控制

相对于电网中的常规发电机组，风电场还缺乏针对电网频率控制的调频技术。电网的频率控制分为一次、二次和三次调频控制。与电网频率控制的目标相适应，文献［44］认为可以将风电场的频率控制也分为一次调频控制、二次调频控制和三次调频控制。风电场调频控制的对象包括风电机组调节和风电场调节两种。风电机组调频控制的过程快，调节周期短，而风电场调频控制的过程可快可慢，没有调节周期的限制。风电场一次调频的响应速度快，主要用于平衡电网中变化速度快、幅值较小的随机波动，因此，风电场一次调频控制的对象既可以是风电机组也可以是风电场。风电场二次调频的响应速度慢，一般用于调整分钟级和更长周期的负荷波动，因此，风电场二次调频控制的对象只能是风电场。三次调频是电网内备用容量再分配的过程，风电场参与电网三次调频的程度主要取决于风电场风功率预测的精度。风电场有功—频率控制是针对系统频率变化做出的功率调整过程，与风电场发电过程中的有功控制方式不尽相同。

2. 双馈异步发电机桨距角参与电网调频的控制策略

当风电机组正常运行时，控制风力机的桨距角，使风电机组运行在次优风能捕获曲线上。当电网频率发生变化时，根据频率的变化率和频率的偏差调整桨距角位置，可分别实现双馈风电机组参与电网的一次调频。还可根据风力机的桨距角位置定义风电机组的调差系数，并确定风电场调差系数。由于桨距角控制从整体上降低了风电场的发电效率，这种频率控制策略适合在系统中常规机组的调频能力不足时使用。

3. 风电机组的惯量控制

风电机组的惯量控制是通过释放/吸收风力机轴系的旋转能量实现的。风力机释放的最大旋转能量与转动惯量、当前转速和最低转速有关，若风电机组增加的输出功率一定，则风力机持续释放能量的时间有上限。因此，风电机组利用自身的转动惯量进行调频控制时，有上限时间的限制。通过建立高风速和低风速时的双馈风电机组释放旋转能量的传递函数模型，可计算风力机转速降低至最小转速时所需要的时间。对于惯量控制稳定性的影响因素，可依据最小转速计算风轮的最大可利用旋转能量，以释放风力机旋转能量。

由于单纯依靠风力发电机组的转动惯量进行电网的一次调频控制有控制时间的限制，惯量控制只能是一种临时性的调频控制方法。有文献提出双馈异步风电机组与水电机组实现的综合频率控制方式。电网内负荷增加后，由于水锤效应，水电机组的有功功率不会迅速增加，利用风电场有功功率调节速度快的特点，可短时间内增加风电场的出力，平衡有功功率的缺额，减小电网在一次调频过程中的最大频率偏差。当水锤效应结束后，风电场恢复至原有的运行方式。

风电机组的运行状态不同，频率的支撑能力也不相同。在风电机组的频率控制过程中，通常也采用桨距角控制和惯量控制相结合的方法。

4. 风电场的频率控制过程中兼顾电压的调节

风电场的频率控制过程中，常常需要兼顾电压的调节。可通过动态调整转子磁链的幅值和相位，实现机端电压和输出功率的协调控制，即通过两个反馈环节分别实现端电压和输出功率的调节。在笼型异步发电机出口侧安装双极性储能装置，通过控制变流器输出的有功和无功功率，也可实现电压和频率的联合控制。在有功功率输出的控制环节中，频率检测的准确性直接决定频率控制的稳定性。通过在频率的检测过程中加入滤波算法，可消除电网频率趋近稳定时不利于检测的因素，提高风力发电机组参与电网一次调频的准确性。

目前的有功—频率控制策略主要针对风电场参与电网一次调频设计。风电场若要参与电网二次调频，则必须具备响应电网发电要求的能力，即风电场具有平稳的、集中的有功功率控制方法。风电场若要参与电网的三次调频，则风电场必须具备可信的风功率预测精度。风电场参与电网的二次、三次调频会造成风电场的弃风损失，而利用电网内的常规机组提供系统的备用容量也会增加电网的运营成本。因此当弃风损失不大于电网增加的运营成本时，应当充分利用风电场完成电网的二次和三次调频。

8.4 风电场系统安全

安全生产是我国风电场管理的一项基本原则，而风电场主要由风电机组组成，所以风电机组的运行安全是风电场以至电力行业的大事，电力生产的安全性将直接影响国民经济的发展和社会的正常生活秩序。

8.4.1 风电机组安全保护系统

1. 控制系统的安全性

风电机组系统安全很大程度上取决于控制系统的安全性。控制系统的安全性包括系统的硬件安全性和软件安全性。硬件的安全性在很大程度上取决于构成它的基本器件。因此，努力提高和改善元器件的可靠性是安全性的保证。但是，只是从提高元器件的可靠性来满足系统对安全性越来越高的要求将是很困难的，即使可以做到，也要付出高昂的代价。不少先例已经表明，即便有了高可靠性的元器件，如果工艺不好、设计不合理，同样不能获得安全性高的硬件系统。因此，努力做好控制系统的安全设计是提高系统可靠性的关键。

控制系统的安全性工作要贯穿在系统设计、制造、使用的全过程中，尤其是在进行控制系统设计时，要全面安排和考虑有关安全性的问题。控制系统设计是保证日后生产、使用中所达到的可靠性的主要步骤。

风电机组的运行是一项复杂的操作，涉及的问题很多，如风速的变化、转速的变化、温度的变化和振动等，都直接威胁风电机组的安全运行。风电机组在启停过程中，机组各部件将受到剧烈的机械应力的变化，而对安全运行起决定因素的是风速变化引起的转速的变化。所以转速的控制是风电机组安全运行的关键。

在风电机组正常运行过程中，如果出现故障，需要对故障进行详细记录，定期提出报告并进行认真的分析，及时总结有关系统的工作情况，找出故障的原因，仔细判别故障是由硬件还是由软件引起的，是属于正常的元器件失效，还是由于设计上的疏忽。如果是由于设计上的错误，则应重新设计该部件，用新设计的部件来代替不合适的部件。若发现是软件上有错误，则必须认真加以修改并重新进行调试，并用改正的软件代替用户的旧软件。最后从控制系统的设计到使用，完全实现控制系统的安全要求。

风电机组控制系统是风电机组安全运行的大脑指挥中心，控制系统的安全运行是机组安全运行的保证。通常风电机组运行所涉及的内容相当广泛，就运行工况而言，包括启动、停机、功率调节、变速控制和事故处理等方面的内容。

风电机组控制系统安全运行的必备条件参见 8.5.1。

2. 风电机组工作参数的安全运行范围

（1）风速。自然界风的变化是随机的、没有规律的。当风速在 $3\sim25m/s$ 的规定工作范围时，只对风电机组的发电有影响；当风速变化率较大且风速超过 $25m/s$ 时，则对机组的安全性产生威胁。

（2）转速。风电机组的风轮转速通常低于 $40 r/min$，发电机的最高转速不超过额定转速的 20%，不同型号的机组数字不同。当风电机组超速时，将对机组的安全性产生严重威胁。

（3）功率。在额定风速以下时，不做功率调节控制，超过 20% 额定风速时，应做限制最大功率的控制。通常运行安全最大功率不允许超过设计值 20%。

（4）温度。运行中风电机组的各部件运转将会引起温升。通常控制器环境温度应为 $0\sim30℃$，齿轮箱油温小于 $120℃$，发电机温度小于 $150℃$，传动等环节温度小于 $70℃$。

（5）电压。发电电压偏差允许的范围在设计值的 10%。当瞬间值超过额定值的 30% 时，视为系统故障。

（6）频率。机组的发电频率应限制在 $(50\pm1)Hz$，否则视为系统故障。

（7）液压油压。机组的许多执行机构由液压执行机构完成，所以各液压站系统的压力必须监控，由压力开关设计额定值确定，通常低于 $100MPa$。

8.4.2 风电机组安全保护类型

1. 主电路保护

在变压器低压侧三相四线进线处设置低压配电低压断路器，以实现机组电气元件的维护操作安全和短路过载保护。该低压配电低压断路器还配有分动脱扣和辅助动触点。发电机三相电缆线入口处也设有配电自动空气断路器，用来实现发电机的过电流、过载及短路保护。

2. 过电压、过电流保护

主电路计算机电源进线端、控制变压器进线端和有关伺服电动机进线端，均设置过电压、过电流保护措施。如整流电源、液压控制电源、稳压电源、控制电源一次侧、调向系统、液压系统、机械闸系统、补偿控制电容，都有相应的过电流、过电压保护控制装置。

3. 防雷设施及熔断器

主避雷器、熔断器以及合理可靠的接地线为系统主防雷保护，同时控制系统有专门设计的防雷保护装置。在计算机电源及直流电源变压器一次侧，所有信号的输入端均设有相应的瞬时超电压和过电流保护装置。图 8-3 所示为风电场内的避雷塔。

4. 热继电保护

运行的所有输出运转机构如发电机、电动机、各传动机构的过热、过载保护控制装置都需要热继电保护。

图 8-3 风电场内的避雷塔

5. 接地保护

设备因绝缘破坏或其他原因可能出现引起危险电压的金属部分，均应实现保护接地。所有风电机组的零部件、传动装置、执行电动机、发电机、变压器、传感器、照明器具及其他电器的金属底座和外壳，电气设备的传动机构，塔架机舱配电装置的金属框架及金属门，配电、控制和保护用的盘（台、箱）的框架，交、直流电力电缆的接线盒和终端盒金属外壳及电缆的金属保护层和穿线的钢管，电流互感器和电压互感器的二次线圈，避雷器、保护间隙和电容器的底座，非金属护套信号线的 1～2 根屏蔽芯线，上述位置都要求保护接地。某风电场接地装置连接如图 8-4 所示。注意：角钢与扁钢的连接应用 45°角焊，其焊接高度不应小于扁钢厚度；焊缝应平整无间断，不应有凹凸、夹渣、气孔、未焊透及咬边等缺陷；焊接完毕后，应清除焊渣及金属飞溅，并在焊接处涂以沥青以防锈蚀；接地焊接要求应满足电力建设施工及验收技术规范有关规定。

8.4.3 系统设计中的系统安全

在系统设计的每一步，除了考虑系统性能指标的实现外，同时要考虑有关安全可靠性的要求。在系统设计的开始阶段，对设计任务进行分析时，同时要对系统的安全可靠性进行分析。

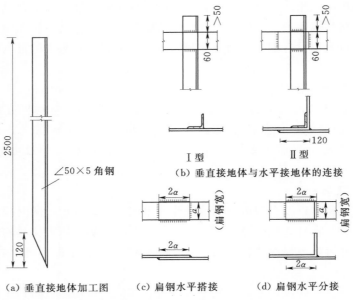

图 8-4 风电场接地装置连接图（单位：mm）

在制定和选择最佳方案时，要同时比较各个方案的可靠性，它们采取的措施、达到的指标和付出的代价，对它们的安全性做出相应的评估，以利于比较。

总体方案确定以后，再对系统逐步分解。由总体系统到分系统、到子系统、到部件直到元器件，对它们的安全可靠性进行分配和预估，进而决定各部件、各元器件的可靠性及其必须采取的可靠性措施。这样，就可以开始进行部件及电路板的设计。与此同时，也要考虑系统的软件设计及其应采取的必要的安全性手段。

在系统的硬件及软件调试完成之后，进入系统的试运行阶段。在这一阶段中，要对系统硬件、软件的工作情况进行详细的观察和记录，对出现的故障现象进行记录和分析，对那些在设计过程中考虑不周、方法不当的地方采取必要的补救措施。必要时，对那些明显影响安全性的部件或软件进行重新设计。

随着风电场的规模和数量的快速发展，风电场群的管理问题越来越突出，风电场群安全控制系统的建设需求和数量大大增加。随着风电场群远程集中监控系统接入的风电场数量的增加，电力二次系统安全问题越来越突出，对风电场远程集中监控系统的建设与发展产生不利的影响。为了保证风电场远程集中监控系统建设目标的实现，在整个系统的建设之初就应该考虑二次系统的安全的问题。

整个风电场二次系统的安全设计包括以下方面：

（1）二次系统安全设计。主要包括风电场群的 SCADA 控制系统、风电有功功率控制系统 AGC、风电无功功率控制系统 AVC 等。

（2）通信链路的安全设计。整个系统的通信链路设计可分为两个部分进行：①生产控制区部分的通信链路设计；②管理信息区的通信链路设计。

（3）网络冗余安全设计。整个系统的网络设计按照各个分区分别进行组网的原则进行，即每个分区独立组网，均采用千兆以太网星形结构设计，各个分区之间不直接相连，而通过不同的安全设备间接连接在一起。风电场群远程集中监控系统集控中心侧的网络在设计时采用双网双冗余的方式实现。

（4）信息安全设计。主要采取的措施有：①在系统中安装部署入侵检测、安全审计网络安全设备；②在主机系统上采用双机容错措施；③系统中部署和实施网络管理软件、备份软件、防病毒软件；④在系统的软件设计方面制订严格的权限控制措施，实现分级防护、二次鉴权、返送校验、操作审计等内容。通过对这些安全措施的有效运用构造一个安全防护体系，为系统的整体安全性提供有效保证。

总的来说，风电场安全控制系统的建设是一个复杂的系统性工程，它涉及生产控制技术、数据通信技术、信息管理技术等多个领域的知识和内容。该系统对于实施商的实施能力和集中监控中心运营方的协调能力方面提出了较高的要求，而且系统建设没有统一的标准，且对于整个系统的理解不同，使得每一个风电场群远程集中监控系统的建设内容和效果均有所不同。但二次系统安全防护相关要求是明确的和具体的，它提出整个系统建设的框架，对整个项目的建设进行指导，通过遵循二次系统安全防护相关内容使整个系统的建设过程更加合理和规范，从而提高系统的安全性和可靠性。

8.5　风电场电气系统的运行与维护

随着风电事业的不断发展，风力发电机种类和数量的增加，新机组的不断投运以及旧机组的不断老化，风电机组的日常运行维护也越来越重要。

8.5.1　运行

8.5.1.1　风电机组在投入运行前应具备的条件

风电机组在投入运行前应具备以下主要条件：

（1）风电机组主断路器出线侧相序必须与并联电网相序一致，电压标称值相等，三相电压平衡。

（2）调向系统处于正常状态，风速仪和风向标处于正常运行的状态。

（3）制动和控制系统液压装置的油压和油位在规定范围内。

（4）齿轮箱油位和油温在正常范围。

（5）各项保护装置均在正确位置，且保护值均与批准设定的值相符。

（6）控制电源处于接通位置。

（7）控制计算机显示处于正常运行状态。

（8）手动启动前风轮上应无结冰现象。

（9）在寒冷和潮湿地区，停止运行一个月以上的风电机组在投入运行前应检查绝缘，合格后方可启动。

（10）经维修的风电机组在启动前，应办理工作票终结手续。

8.5.1.2　风电场电站主系统运行

1. 主系统母线保护的运行规定

主系统母线保护的运行要求为：母差保护装置的投入与退出按调度指令执行；母线保护装置发异常报警时，应及时复归信号，并通知维护人员进行检查处理。

母线保护应正常使用而不得退出运行的情况如下：母线正常方式运行时；运行方式改变及母线倒闸操作时；线路对端充电至断路器出口侧时；空母线充电或变压器冲击试验时。

母差保护或断路器失灵保护检修时，应退出全部出口跳闸连片，断开装置直流电源，断开交流电压空气断路器；母差保护装置投运时，必须检查确认保护装置上显示无差流，才可投入出口连片；经当班值班长同意后方能复归母差保护装置信号，并做好记录。

2. 送出线路保护的运行规定

（1）送出线路保护装置在正常情况下均应投入运行。

（2）线路保护装置发生故障时，应立即联系调度并按调度指令处理，但不得无保护运行。

（3）线路重合闸的投入与退出，以及重合闸方式的选择应根据调度指令执行，并做好记录。

3. 主系统 110kV 出线侧、主变高压侧电流互感器的运行规定

（1）电流互感器二次回路严禁开路。

（2）电流互感器退出运行检修时，应采取如下措施：①将一次回路断开且一次回路不允许有人工作；②将二次绕组可靠短路接地；③将二次绕组与所连接的二次回路全部断开；④将被断开的二次回路电缆头进行绝缘包扎。

（3）电流互感器投入运行时，应检查电流互感器所做措施已正确恢复、二次端子箱内无异常，并检查端子箱门已关好。

（4）投运后应检查其声音无异常。

4. 主系统 110kV 母线电压互感器的运行规定

（1）电压互感器二次回路严禁短路。

（2）电压互感器退出运行检修时，应采取如下措施：①将一、二次部分全部隔断，以防二次回路倒送；②电压互感器退出运行时，应将失去电压可能误动的保护和自动装置先退出运行。

（3）电压互感器投入运行前应检查其绝缘情况，并检查一次与二次无异物。

（4）电压互感器投入运行时，应检查电压互感器一次侧保险装上正常，推上一次侧刀闸，然后装上二次侧保险。退出运行时操作顺序相反。

8.5.1.3 风电场主变运行

1. 一般规定

投运变压器之前，应做以下检查，并确定变压器在完好状态，且具备带电运行条件。

（1）变压器本体无缺陷，外观整洁无遗物。

（2）油位、油色正常，无渗油、漏油现象。

（3）变压器电气试验应有记录，并合格。

（4）冷却装置正常，油管通道阀门均应打开。

（5）套管清洁，无裂纹，油位、油色正常，引线无松动现象。

（6）各种螺丝应紧固，变压器外壳应有可靠接地，接地电阻应合格。

（7）气体继电器内无充气、卡涩现象。

（8）有载调压分接开关位置指示正确，手动、电动调压无卡涩现象。

（9）热呼吸不应吸潮，正常应位于天蓝色条位置，管道阀门应打开，无堵塞现象。

（10）压力释放器试验应符合安规要求。

（11）继电保护定值及压板位置应符合要求。

（12）变压器运行中发现有任何不正常现象（如漏油、油枕内油面过高或过低、发热、声音异常等），应及时报告值班长并加强观察，做好应急处理准备。

2. 变压器分接头的相关规定

（1）对主变压器调整分接头、检修、操作及试验应经调度批准，如有变动应做好记录。

（2）最高运行电压不得超出整定分接头电压 5%。

（3）除有载调压变压器外，禁止在运行中切换变压器分接头。

（4）带有有载调压装置的变压器进行调压时，应逐挡调压，每一挡调压操作后应注意检查电压的变化和分接断路器的位置，以防过调。无异常后方能进行下一挡的调压操作。

（5）主变压器分接头位置变更后，要检查厂用电压变化，必要时适当调整厂用变压器的分接头。

3. 变压器运行温度的规定

（1）油浸式变压器。油浸式变压器上层油温运行极限值（85℃）为厂家设备手册的规定，在运行中应监视其上层油温不得超过此规定值，同时应监视变压器各部温升不超过制造厂技术规范所规定的数值。

（2）干式变压器。干式变压器绕组外表最高温度极限值（105℃）为厂家设备手册的规定，当负荷达到额定值厂家设备手册的规定或室温达厂家设备手册的规定时，应启动通风装置。

4. 变压器绝缘电阻的相关规定

（1）凡额定电压在 1000V 及以上的绕组用 2500V 摇表测量绝缘电阻，凡额定电压在 1000V 以下的绕组用 1000V 摇表测量绝缘电阻。

（2）检修前、后及备用超过 20d 的主变压器投运前应测量绝缘，并应记录测量时的主变压器上层油温。

（3）变压器绝缘电阻值最低不得小于厂家设备手册的规定。

（4）绝缘电阻低于规定值时，变压器需经运行部门经理批准后方可投入运行。

（5）每次测量结果必须进行登记。

5. 变压器过负荷告警运行规定

（1）过负荷前和过负荷后都要记录变压器上层油温、环境温度和时间。

（2）在过负荷时间内 10min 记录一次上层油温和过负荷电流，每小时记录一次环境温度。当上层油温和各部温升已达到厂家设备手册的规定时，不论负荷和时间是否达到厂家设备手册的规定，均应停止过负荷。

（3）在过负荷期间应对变压器低压侧母线（或电缆及接头）温度加强监视，母线温度不得超过厂家设备手册的规定。

（4）干式变压器过负荷运行时应加强变压器冷却，其冷却器应全部投入运行。

（5）必要时应减少变压器负荷。

（6）主变压器、厂用变压器、箱变（台变）、接地变过负荷运行期间的温度、电流等运行参数应严格执行厂家设备手册的规定。

6. 其他规定

（1）新装或变动过内外连接线的变压器，并列运行前必须核定相位。

（2）新装、大修、事故检修或换油后的主变压器应先静置 48h，再开启全部冷却器将油循环一定时间，并排除残存空气后方能施加电压。

（3）备用中的变压器应和运行中的变压器同等对待，按规定进行巡视检查。

（4）停电备用变压器应将其操作电源和保护装置全部投入，绝缘电阻测量合格。强迫油冷却器系统处于备用状态。

（5）主变压器停电操作时，先断开所有低压侧断路器，后断开高压侧断路器。

（6）主变压器正常停、送电操作时，其中性点接地隔离开关应闭合。

（7）变压器充电前，变压器继电保护应正常投入。

（8）对气体继电器进行检查或排气时，严禁动重瓦斯试验用的撞针，以防重瓦斯保护误动。

（9）变压器运行中不允许滤油、补油。

（10）对于强迫油循环冷却方式的变压器，变压器事故跳闸后要尽快切除冷却器油泵，避免游离碳和金属微粒进入非故障部分。

（11）巡视运行中的主变压器时，不允许登高检查。

7. 箱式变压器（台变）特殊规定

（1）箱式变压器（台变）自受电起，应移交电力运行部管理，箱式变压器（台变）所有设备资料，特别是所有解锁钥匙均应移交给运行部门。

（2）箱式变压器上的所有工作严格执行电业安全规程的相关规定。

（3）箱式变压器断电后开展工作前，必须戴绝缘手套使用合格的验电工具进行验电，同时应仔细观察箱式变压器带电显示装置的状态，和验电结果相互验证。

8.5.1.4 风电场集电设备运行

风电场集电设备包括集电母线、架空线路（电缆线路）、配电柜、跌落保险、断路器、隔离开关、接地装置、分支箱、电压互感器、电流互感器、避雷器等设备。

1. 35kV 断路器运行一般规定

（1）断路器、隔离开关操作以监控系统操作为主，现场操作为辅。"远方""现地"切换把手置"远方"位置，只有在试验和紧急情况下才允许置"现地"位置。

（2）断路器在运行和备用时，其保护、合闸电源及操作电源应正常投入，禁止无主保护带电压合闸。

（3）有"试验""检修"位置的断路器操作应使用专用工具，禁止强行推拉。

（4）断路器操作后应检查电气、机械指示正确，其储能、各部压力、电流、电压指示正常。

（5）断路器检修后，投入运行前必须做一次远方分合闸试验，分合时应检查断路器分合闸情况。试验时应至少有一组串联隔离开关在断开位置（或者断路器在试验位置），拒绝分闸的断路器禁止投入运行。

（6）35kV 断路器不允许带电压纯手动合闸。

（7）断路器合闸前应检查操作及绝缘介质压力正常。

（8）SF_6 气压低至规定值时禁止带电操作断路器。

（9）断路器无论事故跳闸或正常操作均应做好记录，事故跳闸 3 次后应进行检查。

（10）进行试送电前后应对其进行外观检查。

（11）电机电源不允许较长时间停电。

（12）一般情况下，电机不应频繁启动。

2. 35kV 电流互感器运行规定

与主系统 110kV 出线侧、主变高压侧电流互感器的运行规定相同。

3. 5kV 电压互感器运行规定

与主系统 110kV 母线电压互感器的运行规定相同。

8.5.2　巡视检查

8.5.2.1　风电场电气主系统巡视检查

1. 主系统隔离开关

主系统隔离开关的主要巡视检查内容包括：①瓷瓶是否清洁，有无裂纹和破损；②隔离开关接触良好，动触头应完全进入静触头，并接触紧密；③触头无发热现象；④引线无松动或摆动，无断股和烧股现象；⑤辅助接点接触良好，连动机构完好，外罩严密不进水；⑥操作机构连杆及其他机构各部分无变形，锈蚀；⑦处于断开位置的隔离开关，触头的分开角度符合厂家规定，防误闭锁机构良好；⑧位置正确并上锁，无锈蚀现象；⑨电动操作的隔离开关，其电源正常时应自己断开，机构门应上锁关好。

2. 主系统母线

每班对主系统母线至少检查一次，主要巡视检查内容包括：①母线支柱绝缘子是否清洁、完整，有无放电痕迹和裂纹；②天气过热过冷时，矩形及管形母线接缝处应有恰当的伸缩缝隙；③固定支座牢固；④软母线无松股断股；⑤线夹是否松动，接头有无发热发红现象；⑥母线上有无异声，导线无断股及烧伤痕迹；⑦母线接缝处伸缩器是否良好。

母线的特殊巡视主要包括：①母线每次通过短路电流后，检查瓷瓶有无断裂，穿墙套管有无损伤，母线有无弯曲、变形；②过负荷时，增加巡视次数，检查有无发热现象；③降雪时，母线各接头及导线导电部分有无发热、冒气现象；阴雨时、大雾天气，瓷瓶应无严重电晕及放电现象；④雷雨后，重点检查瓷瓶，应无破损及闪络痕迹；⑤大风天气，检查导线摆动情况及有无搭挂杂物；⑥每天晚上进行一次熄灯检查，主要检查各部有无火花放电、电晕及过热烧红现象。

3. 主系统互感器

（1）主系统电压互感器（TV）的主要巡视检查内容包括：①瓷套管应清洁，无裂纹、无缺陷及放电现象；②内部有无不正常的响声，有无异味；③二次保险，快速开关及同期 TV 保险是否正常；④引线接头接触处应接触良好。

（2）主系统电流互感器（TA）的主要巡视检查内容包括：①瓷套管应清洁，无破损、裂纹及放电现象；②接线桩头有无发热、冒火花现象；③内部有无放电声响及异味。

4. 主系统断路器

主要巡视检查内容包括：①巡视 SF_6 断路器时人员应力求从上风向接近设备检查，打开机构箱门要先敞开一会，以防漏气造成中毒、窒息事故；②检查断路器各部分应无松动、损坏，SF_6 断路器各部件与管道连接处应无漏气异味；③检查弹簧储能电机储能正常，行程开关触头应无卡阻和变形；④套管引线、接头无发热变色现象；⑤套管、瓷瓶等清洁完整，无裂纹破损和不正常的放电现象；⑥机械闭锁应与开关的位置相符合；⑦开关的分合闸机械指示、电气指示与开关实际位置相符合；⑧检查分、合闸线圈，接触器、电机应无焦臭味，如闻到上述味道，则必须进行全面详细检查，消除隐患；⑨检查 SF_6 断路器 SF_6 气体压力正常；⑩检查加热器是否正常。

8.5.2.2 风电场主变压器巡视检查

1. 巡视检查一般要求

风电场变压器每班至少检查一次。对运行或备用中的变压器，应进行定期和机动性的巡视检查。每天晚上进行一次熄灯检查，主要检查各部有无火花放电、电晕及过热烧红现象。每次短路故障后，应进行外部检查。新投入或检修、改造后的变压器在投运 72h 内，应进行机动性检查。有严重缺陷时，应进行变压器机动性检查。气象突变（如大风、大雾、大雪、冰雹、寒潮等）时，应进行变压器机动性检查。雷雨季节特别是雷雨后应进行机动性巡查。高温季节、高峰负载运行期间，应进行变压器机动性检查。

2. 变压器巡视检查内容

风电场变压器主要巡视检查内容见表 8-4。

表 8-4 风电场变压器主要巡视检查内容

序号	巡 检 内 容
1	变压器异常声音、振动检查
2	充油设备油色、油温、油标、油位、渗油漏油检查
3	消防感温电缆检查
4	母线、支持瓷瓶、各连接处及过流部件检查
5	压力释放阀、安全气道、事故排油阀、事故油池排水阀等阀门位置检查
6	呼吸器检查
7	吸湿器完好，吸附剂干燥
8	变压器各部标志检查
9	变压器通风检查
10	变压器有载分接开关的分接位置及电源指示检查
11	变压器中性点设备检查
12	变压器鹅卵石坑积水检查
13	变压器保护装置检查
14	各控制箱和二次端子箱应关严，无受潮，温控装置工作正常
15	下雪天，检查套管及母线瓷瓶有无冰溜子
16	雷雨及雾霜天，检查套管及母线瓷瓶有无火花放电现象
17	现场规程中根据变压器的结构特点补充检查的其他项目

8.5.2.3 集电设备巡视检查

对运行或备用中的配电装置应进行定期和机动性的巡视检查，配电装置每班至少检查一次。每晚对室外配电装置进行一次熄灯检查。新投入、检修后投运、带病运行的配电装置，应进行机动性检查。天气变化时，高温、雨雪季节，重负荷运行时，应进行机动性检查。

1. 配电设备巡视检查项目

（1）充气设备。气压正常、无漏气现象，各阀门位置正确，补气正常。

（2）充油设备。油色、油温、油位正常，无漏油渗油。

（3）瓷质设备。表面清洁，无损坏、裂纹、放电痕迹及电晕现象。

（4）各母线、小母线及引线无伤痕、无断股、无振动和剧烈摆动现象。

（5）各断路器、隔离开关三相实际位置与指示相符，触头接触良好，无发热发红现象。

（6）各断路器气压、油压、灭弧介质及储能机构正常，其控制柜或操作柜内设备位置正确无异常现象，柜门关好。

（7）隔离开关的拉杆、弹簧、齿轮拐臂无断裂现象。

（8）隔离开关操作箱内设备位置正确，箱门关闭严密不漏水，加锁的接地装置应锁好。

（9）带电设备无异常声音、振动、放电声和焦煳味。

（10）设备外壳接地牢固、无断股、锈蚀现象。

（11）短路事故后检查设备有无电弧烧伤痕迹。

（12）电缆室、电缆廊道无积水、无异物、无异音、无异味，照明正常，电缆外皮无破损。

（13）各设备区域整洁无杂物、安全设施及标志齐全、消防设备完好，照明正常，门锁良好。

室外配电设备在天气变化时应增加的检查项目有：①雪天检查接头处是否有水蒸气及结冰现象；②大风天检查架空线及母线有无过大摆动和挂落物；③降雨降雾天检查各处有无异常放电声，接头有无气流，室内有无漏水。

2. 巡视检查注意事项

（1）检查配电设备时不得进行其他工作，并与带电设备保持足够的安全距离。如发现异常情况，危及人身和设备安全时，应立即报告值班长，不得擅自进行处理。

（2）检查时禁止触及避雷器及接地引线；雷雨天需要巡视高压设备时，应穿绝缘靴，并不得靠近避雷器和避雷针；无特殊需要时不得进行登高检查。

（3）巡视配电装置进出高压室，必须随手将门锁好。

（4）SF_6 断路器发生意外爆炸或严重漏气等事故，值守人员接近设备要谨慎，尽量选择从上风向接近设备，必要时要戴防毒面具，穿防护服。

（5）进入 SF_6 断路器室前，须先启动通风设备。

8.5.3　事故（异常）处理

8.5.3.1　风电场主系统的事故处理

风电场调度管辖设备发生事故，其处理应按调度指令执行，但事故时与调度无法取得联系时，当班值班长应及时采取对策，防止事故扩大，根据现场规程作出处理。

1．主系统母线失压

（1）现象：①升压站监控系统出现音响报警，母线上连接的断路器位置发生改变；②事故照明投入，出现母差或失灵保护动作等信号。

（2）处理：①先确保站用电系统的正常运行；②现场检查故障母线上连接的断路器是否确已断开，若有断路器未断开，应立即请示调度，对失灵断路器进行隔离；③查看保护动作情况，查看母线是否有明显故障点，判定母线故障性质；④若是线路故障其断路器失灵保护动作致使母线失压，应向调度汇报并等待调度指令；⑤若母线有明显故障点，应及时安排检修，排除后应做高压试验。

2．频率异常

（1）现象：计算机监控系统告警，监控数据频率异常。

（2）处理：①检查站内设备，查看运行参数；②检查一次设备及保护动作情况，打印故障录波报告，监测频率是否超过整定值范围，分析查找原因；③频率异常但未危及站内用电安全的，继续观察；④频率异常降低到危及站内用电安全时，立即与电网解列。

3．线路跳闸

（1）现象：升压站监控系统出现音响报警，相关保护动作，线路断路器位置发生变位。

（2）处理：①先确保站用电系统的正常运行；②检查一次设备及保护动作情况，打印故障录波报告，查找事故原因；③出现保护动作不正确、一次设备故障，应立即隔离故障设备；④判断处理故障时间，若半小时内无法排除故障，必须全站停电。

4．全站停电失压

（1）现象：计算机监控系统显示电压为零，监控系统出现音响报警，相关保护动作，线路断路器位置发生变位。

（2）处理：①先确保10kV所变站用电系统的正常运行；②检查一次设备及保护动作情况，打印故障录波报告，查找事故原因；③出现保护动作不正确、一次设备故障，应立即隔离故障设备；④判断处理故障时间，若半小时内无法排除故障，必须全站停电，与电网解列。

8.5.3.2 风电场变压器故障及处理

1．故障状态

（1）应立即停电处理的故障。风电场变压器如有下列故障，应立即停电处理：①变压器本体及分接断路器油箱破裂并大量漏油；②压力释放阀或防爆安全膜破裂，向外喷油、喷火或喷烟；③套管发生连续闪络、炸裂、端头熔断等严重破坏；④因漏油使储油器油面降至油面计的最低极限；⑤变压器内部声音很大、很不均匀，有炸裂声；⑥变压器冒烟着火；⑦发生危及变压器安全的故障且有关保护装置拒动。

（2）应申请停电处理的故障。风电场变压器如有下列故障，应申请停电处理：①内部声音异常；②变压器套管有裂纹、破损和闪络放电痕迹；③变压器油位急速下降且无法制止，套管油面过低或油色变化过甚并化验不合格；④变压器压力释放阀漏油或安全膜破裂但未喷油、喷烟；⑤变压器上盖掉落杂物，危及安全运行；⑥变压器套管上接线头接触不良，发热、烧红变色；⑦主变轻瓦斯动作。

2. 变压器相关的故障处理

（1）变压器温度异常升高的处理。

1）现象：变压器油温超出正常运行值。

2）处理：①检查变压器的负载和冷却介质的温度，并与在同一负载和冷却介质温度下正常的温度核对；②检查温度测量装置是否正常，是否与实际温度相符；③检查三相负荷是否平衡、是否过负荷运行；④检查负荷及变压器周围的环境温度；⑤检查油面是否过高；⑥检查变压器的冷却装置或变压器室通风情况，判明散热器有无堵塞现象，备用冷却器是否开启等；⑦温度升高的原因是冷却系统的故障，且在运行中无法修理的，应将变压器停运修理；若不能立即停运修理，则值班人员应按现场规程的规定调整变压器的负载至允许运行温度下的相应容量运行，观察其变化情况；⑧如上述检查均未发现问题，而且温度不正常且继续上升，油面也不断上升，应查明原因，必要时应联系调度停止变压器运行；⑨变压器在各种超额定电流方式下运行，若顶层油温超过 105℃ 时，应立即降低负载。

（2）变压器油位异常处理。

1）现象：变压器磁针式油位计报警。

2）处理：①油面缓慢下降时，应查明油面下降原因，全面检查是否是漏油或气温低使油面下降，尽快制止，并做维修处理；②因漏油使油面急速下降，禁止将重瓦斯保护停用，应立即设法制止漏油；当油面降至低限仍不能制止漏油时，应立即汇报调度将变压器停运；③变压器油位因温度上升有可能高出油位指示极限，经查明不是假油位所致时应放油，使油位降至与当时油温相对应的高度，以免溢油；④油位因温度上升超过高限时，应停电处理。

（3）变压器轻瓦斯保护动作处理（调压轻瓦斯保护动作处理参照执行）。

1）现象：出现变压器轻瓦斯保护动作信号。

2）处理：①检查变压器外部有无异常，是否漏油、进入空气或二次回路故障等引起；②检查气体继电器内是否有气体，若有气体应停电记录气量，观察气体的颜色及试验是否可燃，并取气样及油样做色谱分析，可根据有关规程和导则判断变压器的故障性质；③若判断为空气，应排除气体，并分析进气原因，设法消除故障；④如为可燃气体，不得再送电。

（4）变压器重瓦斯保护动作处理（调压重瓦斯保护动作处理参照执行）。

1）现象：出现变压器重瓦斯保护动作信号，变压器跳闸。

2）处理：①在查明原因消除故障前不得将变压器投入运行；②检查变压器有无爆裂、变形、喷油、喷烟、喷火及严重漏油等明显故障；③取气体并判断气体性质；④测量绝缘电阻；⑤进行油质化验，分析故障性质；⑥检查二次回路及瓦斯继电器；⑦如仍未发现任何问题，应请示主管领导同意后，对变压器试充电（充电前投入变压器所有保护）；⑧如判明为可燃性气体，不得送电；⑨如确认为瓦斯保护误动，应停用该保护恢复送电，但其他保护必须加用。

（5）变压器差动保护动作处理。

1）现象：出现变压器差动保护动作信号，变压器跳闸。

2）处理：①对保护范围内的一次设备进行检查，检查是否有明显故障点，检查变压器是否有喷油、短路烧伤痕迹等异常现象；②测量变压器绝缘电阻；③判明差动保护是否误动；④如确是差动保护误动，但不能很快处理时，经主管领导同意后，退出该保护，将变压器投入运行，但此时变压器必须有速动的主保护（主变压器重瓦斯保护必须加用，负序过流保护也必须加用）；⑤变压器差动保护和瓦斯保护同时动作，表明故障在变压器内部，应将变压器退出运行并做好安全措施，测量变压器绝缘电阻并做好记录，向主管领导汇报。

（6）主变压器零序保护动作处理。

1）现象：出现变压器零序保护动作信号，变压器跳闸。

2）处理：①对主变引出线、中性点设备进行全面检查；②查看送出线路保护动作情况；③检查变压器对地绝缘情况；④如未发现异常，可对变压器试送电。

8.5.3.3　集电设备故障及处理

1. 故障状态

（1）应立即停电的情况：①配电设备外壳、套管破裂、跑油、漏气；②套管连接发生较大的火花可能造成闪络接地；③接头严重发红、熔化或烧断；④高压保险更换后又熔断；⑤设备着火。

（2）应立即申请停电的情况：①断路器气动操作机构大量跑气、跳合闸闭锁已动作且气压无法恢复；②断路器液压操作机构油压下降无法恢复或已至零压闭锁；③断路器弹簧储能机构故障；④SF_6 气体压力下降到闭锁压力；⑤真空断路器出现真空破坏的嗞嗞声。

2. 断路器相关的故障处理

（1）35kV 断路器操作回路故障。

1）现象：音响报警，监控系统出现类似断路器操作回路故障的报警内容。

2）处理：①检查故障原因，并设法恢复。可能的原因有直流操作电源消失、储能电机电源消失、回路接点不到位、操作气压低、油泵启动超时、弹簧储能不足、储能电机故障等；②若故障无法在断路器带电运行的情况下消除，禁止操作断路器，应按断路器操作失灵处理。

（2）运行断路器三相不一致。

1）现象。包括：①三相电流不平衡；②返回屏、监控系统断路器位置指示异常，现场机械位置指示三相不一致；③线路电流表其中一相或两相指示为零；④送出线路保护可能动作。

2）处理：如果保护未动，一相自动分闸，将其合闸。两相分闸，将剩余相分闸；若上述操作失败，按断路器操作失灵处理。

（3）SF_6 气体压力下降。

1）现象：SF_6 气体压力小于 0.45MPa，音响报警，监控系统出现类似断路器操作回路故障、SF_6 压力降低的报警内容；现场检查 SF_6 气体压力降低。

2）处理：对送出线路断路器应申请电网调度停电处理；若故障断路器带重合闸运行，应申请电网调度停用该断路器的重合闸；若断路器已经闭锁分闸，应按断路器操作失灵处理。

（4）断路器拒绝合闸操作。

1）现象：断路器操作命令无法执行；监控系统出现类似"断路器操作失败"的报警内容。

2）处理：①检查故障原因，并设法恢复。检查的内容有操作回路电源是否正常、操作回路是否被低气压闭锁、操作能源（电源、气源）是否投入正常、操作机构是否良好、操作回路是否有接点粘住、断路器柜门是否关好；②将断路器放试验位置或者拉开串联隔离开关，保证断路器与母线、线路有可靠隔离的情况下做断路器分、合试验，良好后再投入运行；③如果断路器一相或两相拒合，应先断开已合闸的相，再做处理；若已合闸的相无法断开，应按断路器操作失灵处理；④如断路器操作机构卡住，应短时切除操作直流电源，以免烧坏合闸线圈。

（5）断路器拒绝分闸操作。

1）现象：断路器操作命令无法执行；监控系统出现类似断路器操作失败的报警内容。

2）处理：①检查故障原因，并设法恢复。检查的内容有操作回路电源是否正常、操作回路是否被低气压闭锁、操作能源（电源、气源）是否投入正常、操作机构是否良好、操作回路是否有接点粘住、断路器柜门是否关好；②当断路器操作回路无闭锁信号，且现场检查气压、储能机构正常时，可在现场手动跳闸；③跳闸后，将断路器放试验位置或者拉开串联隔离开关，保证断路器与母线、线路有可靠隔离的情况下做断路器分、合试验，良好后投入备用；④如断路器一相或两相拒绝分闸，应在本侧无压的情况下，再将已分闸的相试合一次；否则应按断路器操作失灵处理；⑤如断路器操作机构卡住，应短时切除操作直流电源，以免烧坏跳闸线圈。

（6）断路器操作失灵。

1）现象：运行中断路器操作系统故障，经采取措施后仍不能完全断开。

2）处理：①集电线路断路器操作失灵。解列本段母线所有机组，将本段母线转入检修状态后设法将故障断路器退出，恢复其他单元机组运行；②断路器操作失灵时，该断路器失灵保护等保护均应正常加用。

（7）断路器异音处理。①当发现断路器异音时，应禁止对该断路器的操作；②将该断路器作为失灵断路器进行处理。

（8）断路器未储能。

1）现象：音响报警，监控系统出现类似断路器操作回路故障的报警内容；现场检查断路器未储能。

2）处理：①断路器带线路运行，应申请本电站分管生产领导许可；②检查是否由储能电源消失引起；③检查操作机构箱是否有异味及储能控制回路是否有故障；④若储能电源开关跳闸，且未发现明显故障现象，试送一次储能电源，若再次跳闸，不得再送；⑤记录缺陷，待机将断路器退出运行进行检修。

3. 互感器类故障处理

（1）电流互感器二次开路。

1）现象：电流表指示异常，有功、无功负荷指示下降或自动回路、保护回路异常；开路处可能出现火花，电流互感器本体有电磁声。

2）处理：设法减少电流互感器一次电流；设法将开路处接好，此时要注意人身安全，并考虑保护误动的可能性；不能恢复时，应停电处理。

（2）电压互感器二次断线。

1）现象：音响报警，监控系统出现类似×××断线的报警内容；电压指示三相不平衡；有关的有功、无功负荷指示偏低；周波指示不正常；电度表转速比正常时慢；有关的保护和自动装置可能发信号。

2）处理：将有可能误动的保护退出运行；查保险是否熔断（或二次断路器跳闸）；无明显故障时，更换同规格保险（或合上二次断路器），如更换后又熔断不应再更换；不能恢复时，应停电处理。

4. 隔离开关接触部分发热故障处理

（1）现象：故障处有热气流、变色、发红、示温蜡片熔化。

（2）处理：减少负荷，用红外测温仪测试实际温度，并加强监视；若发热不断上升，可能对隔离开关造成损坏时，应停电处理。

8.5.3.4 机组的日常故障检查处理

当标志机组有异常情况的报警信号报警时，要根据报警信号所提供的故障信息及故障发生时计算机记录的相关运行状态参数，分析查找故障的原因，并且根据当时的气象条件，采取正确的方法及时进行处理，并在风电场运行日志上认真做好故障处理记录。

1. 异响，超温，转速、振动异常

（1）异响。当风电机组在运行中发现有异常声响时，应查明声响部位。若为传动系统故障，应检查相关部位的温度及振动情况，分析具体原因，找出故障隐患，并做出相应处理。

（2）超温。当风电机组在运行中发生设备和部件超过设定温度而自动停机时，即风力发电机组在运行中发电机温度、晶闸管温度、控制箱温度、齿轮箱温度、机械卡钳式制动器刹车片温度等超过规定值而造成了自动保护停机。此时运行人员应结合风电机组当时的工况，通过检查冷却系统、刹车片间隙、润滑油脂质量，相关信号检测回路等，查明温度上升的原因。待故障排除后，才能启动风电机组。

（3）转速、振动异常。当风电机组转速超过限定值或振动超过允许振幅而自动停机时，即风电机组运行中，由于叶尖制动系统或变桨系统失灵，瞬时强阵风以及电网频率波动造成风电机组超速；由于传动系统故障、叶片状态异常等导致的机械不平衡、恶劣电气故障导致的风电机组振动超过极限值。以上情况的发生均会使风电机组故障停机。此时，运行人员应检查超速、振动的原因，经检查处理并确认无误后，才允许重新启动风电机组。

2. 油液异常

当液压系统油位及齿轮箱油位偏低时，应检查液压系统及齿轮箱有无泄漏现象发生。若有，则根据实际情况采取适当措施防止泄漏，并补加油液，恢复到正常油位。在必要时应检查油位传感器的工作是否正常。

当风电机组液压控制系统压力异常而自动停机时，应检查油泵工作是否正常。如油压异常，应检查液压泵电动机、液压管路、液压缸及有关阀体和压力开关，必要时应进一步检查液压泵本体工作是否正常，待故障排除后再恢复机组运行。

3. 部件故障

（1）风速仪、风向标发生故障。当风速仪、风向标发生故障，即风电机组显示的输出功率与对应风速有偏差时，应检查风速仪、风向标转动是否灵活。如无异常现象，则进一步检查传感器及信号检测回路有无故障，如有故障予以排除。

（2）偏航系统故障。当风电机组因偏航系统故障而造成自动停机时，应首先检查偏航系统电气回路、偏航电动机、偏航减速器以及偏航计数器和扭缆传感器的工作是否正常。必要时应检查偏航减速器润滑油油色及油位是否正常，借以判断减速器内部有无损坏。对于偏航齿圈传动的机型还应考虑检查传动齿轮的啮合间隙及齿面的润滑状况。此外，因扭缆传感器故障致使风电机组不能自动解缆的也应予以检查处理。待所有故障排除后再恢复启动风电机组。

（3）桨距调节机构发生故障。当风电机组桨距调节机构发生故障时，对于不同的桨距调节形式，应根据故障信息检查确定故障原因，需要进入轮毂时应可靠锁定叶轮。在更换或调整桨距调节机构后应检查机构动作是否正确可靠，必要时应按照维护手册要求进行机构连接尺寸测量和功能测试。经检查确认无误后，才允许重新启动风电机组。

4. 开关动作

（1）安全链回路动作。当风电机组安全链回路动作而自动停机时，运行人员应借助就地监控机提供的故障信息及有关信号指示灯的状态，查找导致安全链回路动作的故障环节，经检查处理并确认无误后，才允许重新启动风电机组。

（2）空气断路器动作。当风电机组运行中发生主空气断路器动作时，运行人员应当目测检查主回路元器件外观及电缆接头处有无异常，在拉开箱变侧开关后应当测量发电机、主回路绝缘以及晶闸管是否正常。若无异常可重新试送电，借助就地监控机提供的有关故障信息进一步检查主空气断路器动作的原因。若有必要应考虑检查就地监控机跳闸信号回路及空气断路器自动跳闸机构是否正常，经检查处理并确认无误后，才允许重新启动风电机组。

（3）气象原因。由气象原因导致的机组过负荷或电机、齿轮箱过热停机，叶片振动，过风速保护停机或低温保护停机等故障，如果风电机组自启动次数过于频繁，值班长可根据现场实际情况决定风电机组是否继续投入运行。

5. 与系统故障相关异常

若风电机组运行中发生系统断电或线路断路器跳闸，即当电网发生系统故障造成断电或线路故障导致线路断路器跳闸时，运行人员应检查线路断电或跳闸原因（若逢夜间应首先恢复主控室用电），待系统恢复正常，则重新启动机组并通过计算机并网。

当风电机组运行中发生与电网有关故障时，运行人员应当检查场区输变电设施是否正常。若无异常，风电机组在检测电网电压及频率正常后，可自动恢复运行。对于故障机组必要时可在断开风电机组主空气断路器后，检查有关电量检测组件及回路是否正常，熔断器及过电压保护装置是否正常。若有必要应考虑进一步检查电容补偿装置和主接触器工作状态是否正常，经检查处理并确认无误后，才允许重新启动机组。

6. 停机操作的顺序

风电机组因异常需要立即进行停机操作的顺序：①利用主控室计算机遥控停机；②遥控停机无效时，则就地按正常停机按钮停机；③当正常停机无效时，使用紧急停机按钮停机；④上述操作仍无效时，拉开风电机组主开关或连接此台机组的线路断路器，之后疏散现场人员，做好必要的安全措施，避免事故范围扩大。

8.5.4 管理

风力发电生产必须坚持"安全第一、预防为主"方针。风电场应建立、健全风电安全生产网络，全面落实第一责任人的安全生产责任制。

风电场应按照 DL/T 666—2012《风力发电场运行规程》、DL/T 797—2012《风力发电场检修规程》及本标准制定实施细则、工作票制度、操作票制度、交接班制度、巡回检查制度、操作监护制度、维护检修制度、消防制度等。

工作人员对安全规程每年考试一次。新参加工作人员必须进行三级安全教育，经考试合格后才能进入生产现场工作。外来临时工作和培训人员，在开始工作前必须向其进行必要的安全教育和培训。外来人员参观考察风电场，必须有专人陪同。

1. 风电场工作人员基本要求

（1）经检查鉴定，风电场工作人员没有妨碍工作的病症。具备必要的机械、电气、安装知识，并掌握本标准的要求。

（2）熟悉风电机组的工作原理及基本结构，掌握判断一般故障的产生原因及处理方法；掌握计算机监控系统的使用方法。

（3）生产人员应认真学习风力发电技术，提高专业水平。风电场至少每年一次组织员工系统的专业技术培训。每年度要对员工进行专业技术考试，合格者继续上岗。新聘人员应有 3 个月实习期，实习期满后经考核合格方能上岗。实习期内不得独立工作。所有生产人员必须熟练掌握触电现场急救方法，所有职工必须掌握消防器材使用方法。

2. 维护管理

风电场应按照 DL/T 666—2012 要求，建立风电机组定期巡视制度，并做好巡视记录。运行人员对于监视风电场安全稳定运行负有直接责任。运行人员应及时发现问题，查明原因，防止事故扩大，减少经济损失。

风电机组的启动、停机有自动和手动两种方式。一般情况下风电机组应设置成自动方式。如果需要手动方式，应按照 DL/T 666—2012 要求操作。如需要用远程终端操作启停风电机组，应通知相关人员做好准备。

风电机组控制系统参数及远程监控系统实行分级管理，未经授权不准越级操作。系统操作员设在监控系统中心。系统操作员对于保证系统安全使用和运行负有直接责任。

风电场应设立气象站，气象数据要定期采集、分析、储存。风电场应建立风力发电技术档案，并做好技术档案保管工作。并网运行风电场与调度之间应保持可靠的通信联系。

在有雷雨天气时不要停留在风电机组内或靠近风电机组。风电机组遭雷击后 1h 内不得接近风电机组。

风电场要做到消防组织健全，消防责任制落实，消防器材、设施完好，保管存放消防器材符合消防规程要求并定期检验，风电机组内应配备消防器材。当风电机组发生火灾时，运行人员应立即停机并切断电源，迅速采取灭火措施，防止火势蔓延；当火灾危及人员和设备安全时，值班人员应立即拉开该机组线路侧的断路器。

3. 风电场维护检修安全措施

风电机组检修人员应按照 DL/T 797—2012 要求，定期对风电机组巡视。进行风电机组巡视、维护检修、安装时，工作人员必须戴安全帽。

当风电场设备出现异常运行或发生事故时，当班值长应组织运行人员尽快排除异常，恢复设备正常运行，处理情况记录在运行日志上。

事故发生时，应采取措施控制事故不再扩大并及时向有关领导汇报。在事故原因未查清前，运行人员应保护事故现场和防止损坏设备，特殊情况例外（如抢救人员生命）等。如需要立即进行抢修时，必须经风电场主管生产领导同意。当事故发生在交接班过程中，应停止交接班，交班人员必须坚守岗位，处理事故。接班人员应在交接班值长指挥下协助事故处理。事故处理告一段落后，由交接双方值长决定，是否继续交接班。

事故处理完毕后，当班值长应将事故发生经过和处理情况，如实记录在交接班簿上。事故发生后应根据计算机记录，对保护信号及自动装置动作情况进行分析，查明事故发生原因，制定防范措施，并写出书面报告，向风电场主管生产领导汇报。

电气设备检修，风电机组定期维护和特殊项目的检修应填写工作票和检修报告。事故抢修工作可不用工作票，但应通知当班值长，并记入操作记录簿内。在开始工作前必须按本规程做好安全措施，并专人负责。所有维护检修工作都要按照有关维护检修规程要求进行。

维护检修必须实行监护制。现场检修人员对安全作业负有直接责任，检修负责人负有监督责任。不得一个人在维护检修现场作业。转移工作位置时，应经过工作负责人许可。

登塔维护检修时，不得两个人在同一段塔筒内同时登塔。登塔应使用安全带、戴安全帽、穿安全鞋。零配件及工具应单独放在工具袋内。工具袋应背在肩上或与安全绳相连。工作结束之后，所有平台窗口应关闭。

检修人员如身体不适、情绪不稳定，不得登塔作业。塔上作业时风电机组必须停止运行。带有远程控制系统的风电机组，登塔前应将远程控制系统锁定并挂警示牌。维护检修前，应由工作负责人检查现场，核对安全措施。

打开机舱前，机舱内人员应系好安全带。安全带应挂在牢固构件上，或安全带专用挂钩上。检查机舱外风速仪、风向仪、叶片、轮毂等，应使用加长安全带。风速超过 12m/s 不得打开机舱盖，风速超过 14m/s 应关闭机舱盖。

吊运零件、工具，应绑扎牢固，需要时宜加导向绳。进行风电机组维护检修工作时，风电机组零部件、检修工具必须传递，不得空中抛接。零部件、工具必须摆放有序，检修结束后应清点。塔上作业时，应挂警示标牌，并将控制箱上锁，检修结束后立即恢复。

在电感、电容性设备上作业前或进入其围栏内工作时，应将设备充分接地放电后方可进行。重要带电设备必须悬挂醒目警示牌。箱式变电站必须有门锁，门锁应至少有两把钥匙。一把值班人员使用，一把专供紧急时使用，升压站等重要场所应有事故照明。检修工作地点应有充足照明，升压站等重要现场应有事故照明。

进行风电机组特殊维护时应使用专用工具。更换风电机零部件，应符合相应技术规范。添加油品时必须与原油品型号相一致。更换油品时应通过试验，满足风电机组技术要求。雷雨天气不得检修风电机组。

风电机组在保修期内，检修人员对风电机组更换应经过保修单位同意。拆装叶轮、齿轮箱、主轴等大的风电机组部件时，应制定安全措施，设专人指挥。维护检修发电机前必须停电并验明三相确无电压。维护检修后的偏航系统螺栓扭矩和功率消耗应符合标准值。拆除制动装置应先切断液压、机械与电气连接。安装制动装置应最后连接液压、机械与电气连接。拆除能够造成叶轮失去制动的部件前，应首先锁定风轮。检修液压系统前，必须用手动泄压阀对液压站泄压。

每半年对塔筒内安全钢丝绳、爬梯、工作平台、门防风挂钩检查一次，发现问题及时处理。风电场电器设备应定期做预防性试验。避雷系统应每年检测一次。风电机组加热和冷却装置应每年检测一次。电气绝缘工具和登高安全工具应定期检验。

风电机组重要安全控制系统，要定期检测试验。检测试验只限于熟悉设备和操作的专责人员操作。风电机组接地电阻每年测试一次，要考虑季节因素影响，保证不大于规定的接地电阻值。远程控制系统通信信道测试每年进行一次。信噪比、传输电平、传输速率技术指标应达到额定值。

8.6 操作电源与中央信号系统

8.6.1 操作电源

风电场升压站中为二次设备供电的电源称为操作电源。操作电源的供电应十分可靠，它应保证正常和故障情况下都不间断供电。

8.6.1.1 操作电源及其使用要求

1. 常用的操作电源的类别

操作电源按电源性质分交流和直流两种，分别称为交流操作电源和直流操作电源，如图 8-5 所示。

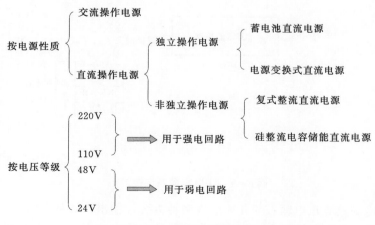

图 8-5 操作电源的分类

交流操作电源取自电压互感器和电流互感器。它加大了电流互感器的负荷，有时误差不能满足要求，也不能满足复杂的继电保护和自动装置的要求。所以，交流操作电源适用于小型变电站，这种变电站一般采用手动合闸、电动脱扣。

随着经济和技术的快速发展，新型设备逐步投入应用，如储能式电动分合闸、微机继电保护、网络化远程监控等，这些设备的可靠供电是系统安全运行的前提条件。采用科技合理的高效电源系统，可提高供电的可靠性和效能，降低运行维护工作量。针对电力系统高可靠和高性能要求而设计的直流操作电源是新一代的直流电源设备，主要应用于小型开关站和用户终端，为二次控制线路（如微机保护等智能终端及指示灯、模拟指示器等）提供可靠的不间断工作电源，避免交流失电时导致微机保护失去保护作用，解决因操作过程电压及谐波等因素使 UPS 失效从而导致微机保护失效的问题。同时还可为符合直流操作电源功率要求的一次开关设备（弹簧机构真空断路器、永磁机构真空断路器、电动负荷开关等）提供直流操作电源。某风电场 UPS 电源系统接线如图 8-6 所示。在图 8-6 中，①正常运行时，K_1、K_2、K_3、K_5 处于闭合状态，维修旁路开关 K_4 断开；②当 UPS 出现故障，需退出维修时，保证供电不间断，操作时应先断开 K_1、K_2，再合上 K_4，最后断开 K_3、K_5；③当 UPS 维修完毕，需重新接入系统时，操作时应先合上 K_3、K_5，再断开 K_4，最后合上 K_1、K_2。

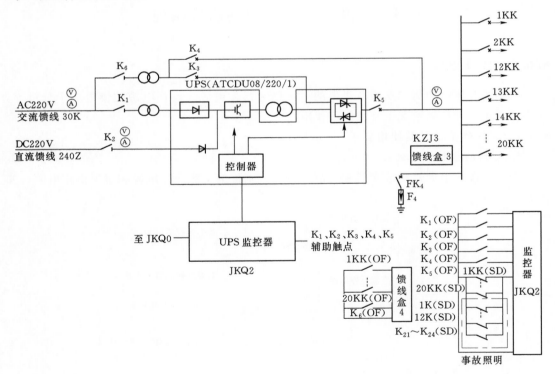

图 8-6　UPS 电源系统接线图

直流操作电源具有市电输入和 TV 输入两种方式，输出方式从 DC24V 至 DC220V 各种规格，可以满足各种使用场合。直流操作电源最大输出功率为 600W，可以满足不同负载的需求。

　　直流操作电源体积小，安装接线方便，适合分散安装于各种型号的开关设备内。因此比一般直流屏系统更可靠、更经济（对小型用户终端更明显），又节省占地空间，降低线路损耗及安装工程量，且维护方便，为电力系统供电可靠性提供新的选择方案。

　　直流操作电源采用高频电源技术，蓄电池采用自动充电管理模块进行维护，大大延长蓄电池的使用寿命，运行更加安全可靠。

　　2. 操作电源的使用要求

　　（1）基本要求。

　　1）供电可靠，在一次电路发生故障情况下，也能保证二次回路正常工作。最好装设独立的直流操作电源，如蓄电池操作电源，以免交流系统故障时，影响操作电源的正常供电。

　　2）有足够的容量，能够保证二次回路执行其跳、合闸的功能。

　　3）其电流类别应与二次回路中控制、保护装置的电流类别要求相适应。

　　4）尽可能简单经济，便于运行维护。

　　（2）对用作直流电源的蓄电池组要求。

　　1）由浮充电设备引起的波纹系数不应大于5％。

　　2）电压允许波动应控制在额定电压的5％范围内。

　　3）放电末期直流母线电压下限不应低于额定电压的85％，充电后期直流母线电压上限不应高于额定电压的115％。

　　（3）对用作直流电源的交流整流电源要求。

　　1）在最大负荷时保护装置动作直流母线电压不应低于额定电压的80％，最高电压不应超过额定电压的115％，并应采取稳压、限幅和滤波的措施。电压波动应控制在额定电压的5％范围内，波纹系数不应大于5％。

　　2）当采用复式整流时，应保证在各种运行方式下，在不同故障点和不同相别短路时，保护装置均能可靠动作。

　　3）对采用电容储能电源的变电站和水电厂，电力设备和线路应具有可靠的远后备保护。在失去交流电源情况下，当有几套保护同时动作时，或在其他情况下消耗直流能量最大时，应保证保护与断路器可靠动作，同一厂站的电源储能电容的组数应与保护的级数相适应。

　　（4）对交流操作电源的要求。

　　1）当采用交流操作的保护装置时，短路保护可通过被保护元件的电流互感器取得操作电源。

　　2）变压器的瓦斯保护和中性点非直接接地电网的接地保护，可由电压互感器或变电站用变压器取得操作电源，也可增加电容储能电源作为跳闸的后备电源。

8.6.1.2　保护装置常用的操作电源

　　1. 直流操作电源

　　直流操作电源一般按电能储存方式分类，主要有：

　　（1）铅酸蓄电池组。

　　（2）镉镍蓄电池组。

（3）电容储能的硅整流器。

2．交流操作电源

交流操作电源一般按动作方式分类，主要有：

（1）直接动作式。

（2）中间电流互感器供电方式。

（3）去分流跳闸的交流操作方式。

（4）利用预充电的电容器作为跳闸电源的方式。

（5）利用站用变压器作为交流操作电源的方式。

8.6.2　中央信号系统

在风电场中，为了掌握电气设备的工作状态，须用信号及时显示当时的情况。发生事故时，应发出各种灯光及音响信号，提示运行人员迅速判明事故的性质、范围和地点，以便做出正确的处理。所以信号装置具有十分重要的作用。信号装置按用途来分，可分为事故信号、预告信号、位置信号和其他信号。

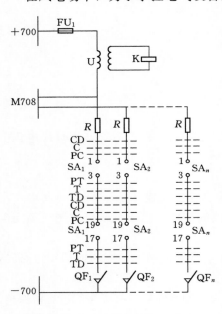

图 8-7　事故音响信号启动回路

1．事故信号

事故信号的作用是当发生电力系统事故，断路器跳闸后，启动蜂鸣器发出音响。实现音响的方式较多，有交流、有直流，有直接动作、有间接动作；音响解除的方式有个别解除和中央解除；动作连续性又有重复动作和不重复动作之分。

经典的集中式事故音响系统都有一个启动回路，如图 8-7 所示，在被监视的几个断路器之一因事故跳闸后相应的常闭触点变为合位，由于此时它的控制开关处于合闸后（CD）位置，使得事故音响信号母线（M708）与信号电源母线负极（-700）接通，致使在脉冲变流器 U 的一次侧出现一个阶跃性的直流电流，在 U 的二次侧感应出一个与之相对应的尖峰脉冲电流，此电流使得执行元件 K 动作后，再启动后续回路发出音响信号。

2．预告信号

预告信号是在电气设备运行发生异常时，一面发出响铃，一面使相应的光子牌点亮，通知运行人员处理。电气设备异常运行情况主要有：①发电机过负荷；②发电机轴承油温过高；③发电机转子回路绝缘监视动作；④发电机强行励磁动作；⑤变压器过负荷；⑥变压器油温过高；⑦变压器瓦斯保护动作；⑧自动装置动作；⑨事故照明切换动作；⑩交流绝缘监视动作；⑪直流回路绝缘监视动作；⑫交流回路电压互感器的熔断器熔断；⑬直流回路熔断器熔断；⑭直流电压过高或过低；⑮断路器操作机构的液压或气压异常。

3. 位置信号

位置信号包括断路器位置信号和隔离开关位置信号。前者用灯光来表示其合、跳闸位置；后者用一种专门的位置指示器来表示其位置状况。

4. 其他信号

如指挥信号、联系信号和全场信号等。这些信号是全场公用的，可根据实际需要装设。

以上各种信号中，事故信号和预告信号都需要在主控制室或集中控制室中反映出来，它们是电气设备各种信号的中央部分，通常称为中央信号。传统的做法是将这些信号集中装设在中央信号屏上。中央信号既有采用以冲击继电器为核心的电磁式集中信号系统，也有采用触发器等数字集成电路的模块式信号系统，而发展方向是用计算机软件实现信号的报警，并采用了大屏幕代替信号屏。

第9章 海上风电场电气系统

在陆地风电场建设快速发展的同时，人们也注意到陆地风能利用的一些局限性，如占地面积大、噪声污染等问题。由于海上具有丰富的风能资源且技术可行，海洋将成为一个迅速发展的风电市场。海上风能资源比陆上丰富，同高度风速海上一般比陆上大，发电量高，而且海上少有静风期，风电机组利用效率较高。目前，海上风电机组的平均单机容量在 3MW 左右，最大已达 6MW 甚至更高，风电机组年利用小时数一般在 3000h 左右，有的高达 4000h 左右。海水表面粗糙度低，海平面摩擦力小，因而风切变即风速随高度的变化小，不需要很高的塔架，可降低风电机组成本。海上风的湍流强度低，海面与海上的空气温差比陆地表面与陆上的空气温差小，特别是在白天，且没有复杂地形对气流的影响，因此作用在风电机组上的疲劳负荷减少，可延长其使用寿命。陆上风电机组一般设计寿命为 20 年，海上风电机组设计寿命可达 25 年或以上。

据全球风能理事会统计，截至 2014 年年底，全球新增海上风电装机约 1290MW，累计装机突破 7000MW。从世界各国海上风电的发展与规划来看，海上风电发展表现出风电场容量逐渐增加与离岸距离不断增大等特点。

我国拥有十分丰富的近海风能资源，东部沿海水深 50m 以内的海域面积辽阔，近海 10m 水深的风能资源约 1 亿 kW，近海 20m 水深的风能资源约 3 亿 kW，近海 30m 水深的风能资源约 4.9 亿 kW。我国海上风能的量值是陆上风能的 3 倍，而且距离电力负荷中心（沿海经济发达电力紧缺区）很近。随着海上风电场技术发展成熟，风电必将成为我国东部沿海地区可持续发展的重要能源来源，具有广阔的开发应用前景。

大规模远距离海上风电场可能意味着更多数量的风电机组和更长距离的电能传输要求。众所周知，海上环境恶劣，电气设备需要专门的防护措施，价格也远远高于陆上。海上条件特殊，施工需要借助专门的工具与设备，因此，建设与运行维护成本也大大高于陆上。为了实现海上风电场经济可靠地并网运行，就需要对海上风电场的电气系统提出一些特殊要求。

9.1 概　　述

9.1.1 电气主回路的组成与电压等级

1. 电气主回路的组成

海上风电场典型电气主回路如图 9-1 所示，它包括以下 4 个主要系统。

（1）风力发电机系统。风力发电机系统包括海上风力发电机（双馈或直驱型）、风力发电机变压器、风力发电机回路开关装置、变流装置等，安装在风电机组机舱和塔筒中。

（2）海底集电系统。以若干台海上风力发电机为一个子单元，用 35kV 海底电缆串接起来，集中连接到海上变电站 35kV 侧。一个海上风电场海底集电系统一般由 5～10 个或更多子单元组成。集电电缆连接方式有放射形、环形、星形等多种形式。

（3）海上变电站平台。设置海上升压变电站可以降低送电压降和损耗，提高送电能力，减少工程综合造价。升压变电站各种设备安装在海上钢平台上，组成海上变电站。

（4）海底高压电缆（传输系统）。海上风电场经过海上变电站升压后，再通过海底高压电缆（传输系统）与陆上变电站连接，将电能输送到电网。

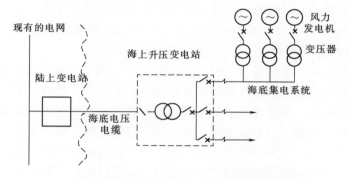

图 9-1　典型海上风电场电气主接线

2. 电压等级

根据我国电网的电压等级以及相关电气设备的标准，通常海上变电站的主变压器为两圈变压器，高压侧电压等级选择 110kV 或 220kV，500kV 也可以根据需要适当考虑，但是 500kV 海缆在国内设计和制造工艺上还存在很多问题；低压侧电压等级一般选择 10kV 或 35kV。

目前，风电机组的输出电压较低，典型值为 690V，需要通过箱变将低压电压升高至中压水平。对于海上风电场，考虑到变压器和开关设备的投资费用以及体积大小，一般中压等级均在 35kV 及以下，典型值为 35kV 和 10kV 两种。

升至中压电压等级的风电机组，由掩埋在海底 1～2m 处的 XLPE 或 EPR 型海底电缆连接在一起，组成风电场内部中压集电系统，通过海上变电站或直接连接至岸上变电站并入电网。

9.1.2　大规模海上风电场电气系统规划与设计时需注意的问题

海上风电场由于地理环境与发电形式的问题，其电气系统与传统电厂的差别很大。在进行海上风电场电气系统规划与设计时，除了要考虑传统的电气要求之外，还需要注意海上风电场的特点。

（1）风电机组数量多。虽然风电机组单机容量不断增大，但以目前运行的海上风电场来看，海上风电机组单机容量大都集中在 2～6MW 之间，因此，一个大型海上风电场通常装设有几十台甚至上百台的发电机组。

（2）风电场内部电气线路长。由于受到风力机叶片长度与风力机间尾流的限制与影响，海上风力机间距通常为 $5R\sim6R$，即 $500\sim600m$。另外，近海风电场（除滩涂风电场）离岸距离通常都超过 10km，而规划中的远海风电场离岸距离甚至已经超过 30km，因此，大规模海上风电场内部需要敷设数十公里甚至上百公里的电缆线路。如东海大桥海上风电场离岸距离约为 13km，内部 35kV 海底电缆敷设长度约为 70km。

（3）并网要求。风电场并网难，海上风电场除有与陆上风电场类似的问题外，由于其送电高压海底电缆长度长，电容效应明显，引起无功补偿和电压稳定性、故障穿越能力、谐波特征、电磁暂态等一系列问题。大型海上风电场满足并网要求要解决的问题更多。

（4）电气接线。由于海上风电场投资很大，在符合基本的可靠性前提下，一般出线回路不考虑冗余，只要满足输送容量，往往以一回海底电缆引出与陆上电网连接；主变压器台数根据容量一般为 $1\sim2$ 台，有时按照工程分期投入；电气主接线也尽量简化，以单母线和单母线分段接线居多。

（5）海上环境。海上环境有海上的"三防"要求，即防盐雾、防湿热、防生物霉菌，有些地方还有抗强台风和狂浪以及抗高紫外线辐射等要求，这些对海上风电场电气设备提出了很严格的防护要求。最常碰到的是防腐蚀问题和对密封与散热的处理等问题。

（6）海上的特殊限制。一般认为海上风电场不像陆上风电场，需要考虑线路走廊、建筑物、树木的影响问题，规划和建设相对自由，可以以取两点间直线距离最短的方法选择海缆路由。但是由于海底电缆的敷设与维护需要借助专门的船只与敷设工具，并且海底有其特殊的地形条件与环境，因此，还需要考虑其他很多因素。理想的海底电缆路由应远离繁忙航道，选择水深较浅，水流速度较小，坡度平缓，地质以淤泥、黏土或砂质土等为宜的区域。

（7）海上风电场可进入性差。海上作业需要借助船只或直升机进行，不仅作业成本高，并且对能见度以及海上风浪都有一定的限制。

1）安装施工难度。由于海上环境恶劣、水文地质复杂、气象多变，海上风电场设备的施工安装方法、施工时机掌握、施工安装器具是三大难题。为了保证施工安全，需要采用专用的大型海上运输、安装和起吊船舶，施工费用占投资比例较高。

2）运行维护。海上风电场远离大陆，现场不会常驻值班人员，平时出海交通就较为不便，有时海上气候条件十分恶劣，根本就无法出海巡视或检修。现场经验表明，海上维护检修工作一般在非雨雾天气且风速小于 15m/s、浪高小于 2m 条件下方可进行。通常需要配置专用的运行维护船，或配置专用的运行维护直升机，且费用昂贵。因此，要求海上风电场电气系统具有更高的可靠性与更全面的远程监控系统，一般都依靠放在海底电缆中的多模光纤传递信号。

9.2　海上风电传输形式

为了收集散布在风电场各处的风电机组发出的电能，海上风电场电气系统通过海底电缆以一定的形式将机组连接起来，并将电能输送至电网。从结构上看，典型海上风电场电气主接线除风电机组外，通常可以划分为集电系统、海上升压平台（海上升压变电站）与输电系统（海底高压电缆）3 个部分。集电系统通过中压海底电缆将各风电机组相互连接，并接入相应的升压站。海上升压平台将各串风电机组以一定的主接线形式连接，并根据需要将电压等级升高。输电系统通过高压海底电缆将风电场接入系统并网点。

9.2.1 传输形式介绍

目前常用的海上风电电能传输形式主要有交流系统、交直流混合系统以及直流系统 3 种。

1. 交流系统

由于目前海上风电机组大多采用 690V 的机端电压，为了减少风电场内部电能传输的损耗，常见的做法是在风电机组出口装设箱式变压器，将电压等级升高。综合设备成本与传输损耗的因素，普遍认为 30～36kV 是交流电气系统中风电机组之间连接的最佳电压等级。

当海上风电场容量小于 100MW、离岸距离小于 15km 时，通常无须装设海上变电站，直接通过中压线路连接至陆上变电站后接入电网。当风电场规模较大、离岸距离较远时，可以采用海上变电站将电压等级升高，经高压输电线路连接至并网点。根据 Lundberg 的划分方法，这两种方式可分别称为小交流系统与大交流系统。上海东海大桥海上风电场与丹麦 Horn Rev 海上风电场分别采用上述两种接线方式。

2. 交直流混合系统

大规模的海上风电场并网不仅需要考虑数十千米的海底电缆电能输送的经济性问题，还需要充分考虑其对电网运行的稳定性影响。采用高压直流输电联网是一种既能满足风电场并网导则又具有较高经济性的风电场并网方式。

交直流混合系统，即采用交流集电系统将海上风电机组连接成串接入海上换流站，然后采用高压直流输电的方式将风电场接入电网。其接线方式具体如图 9-2 所示。基于当前直流输电技术的发展情况，当海上风电场容量大于 100MW，离岸距离超过 90km 时，采用基于电压源换流的柔性直流输电方式（VSC-HVDC）更经济。当风电场容量大于 350MW、离岸距离超过 100km 时，则可以考虑采用传统的 HVDC 输电方式。

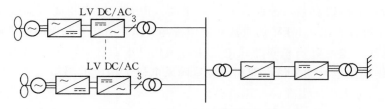

图 9-2 交直流混合电气系统

3. 直流系统

随着柔性直流输电技术的快速发展，直流输电在较低电压等级和较短输电距离时也具备了一定的竞争力。尤其是直流输电方式在海上风电场实现工程化以后，直流方式在集电系统中获得了越来越多的关注。

在直流集电系统中，风电机组是通过一组 AC/DC/DC 变换器将电压升高至中压水平。为了与海上风电场高压直流输电线路相互连接，直流集电系统目前主要有并联连接与串联连接两种设计思路。并联连接采用 DC/DC，换流站将中压直流升高至高压水平，如150kV，然后通过直流输电线路，经陆上 DC/AC 换流站接入电网。而串联连接则采用海底电缆将风电机组相互串联，以获得 N 倍的直流电压，达到升压的目的。然后同样经过高压直流输电线路和陆上 DC/AC 换流站接入电网。具体接线如图 9-3 和图 9-4 所示。直流系统目前还处于设想与研究阶段。

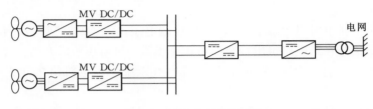

图 9-3　并联直流电气系统

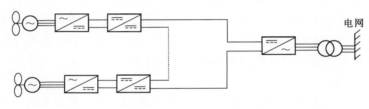

图 9-4　串联直流电气系统

9.2.2　传输形式比较

1. 电缆线路

海上风电场集电系统采用电缆线路，交流集电系统通常采用三芯海缆，而直流集电系统则采用单芯海缆。因此，交流集电系统只需要 1 根电缆，而并联直流集电系统则需要 2 根电缆。这不仅影响海底电缆成本，也将对海缆的敷设费用造成影响。

在电缆成本方面，与直流电缆相比，交流电缆通常为三相四线制或三相五线制，绝缘安全要求更高，结构较复杂，因此，成本也更高。但是，对于相同截面的交直流电缆来说，从表 9-1 可以看出，30kV 的直流海底电缆与 35kV 的交流海底电缆能够承载的负荷相差不大。也就是说，对于相同的风电机组，采用 30kV 直流系统时输出的电流几乎是35kV 交流系统输出电流的 2 倍，即相同数量的风电机组构成的串型结构所需要的直流电缆的截面可能远远大于所需要的交流电缆。

在安装费用方面，海缆的敷设费用高昂。相同导体截面的交流海底电缆的外径远远大于直流电缆，使得交流电缆在船只上的盘绕与搬运都更加困难与复杂。同时，相同长度的交流海底电缆的重量也远远大于直流电缆。因此，交流海底电缆的敷设费用一般要高于直流海底电缆。但是，考虑到直流海底电缆敷设需要 25～50m 的间距，与交流集电系统相比，直流集电系统的海缆敷设工作量较大，所需要的风电场海域租赁费用也相对较高。

表 9-1　中压交直流电缆数据

±30kV 海缆输送功率	截面/mm²	95	120	150	185
	设计功率/MW	17.1	19.5	21.9	25.2
	重量/(kg·m⁻¹)	5.1	5.5	6	6.6
	外径/mm	44.2	45.6	4.2	48.8
35kV 三相海缆	截面/mm²	3×95	3×120	3×150	3×185
	设计功率/MW	15.1	17	18.9	21.1
	重量/(kg·m⁻¹)	30.2	32.4	34.8	37.2
	外径/mm	113.5	117.4	121.7	129.5

2. 中压变流器

并联直流集电系统中需采用 DC/DC 变流器将风电机组出口较低的电压等级升高至中压水平。虽然 DC/DC 变流器有许多设计方式，但是，在目前的电力电子技术条件下，当直流升压变比大于 10 时，需要采用具有电隔离的 DC/DC 变流器结构，类似 DC/AC—变压器—AC/DC 的形式。即与交流集电系统相比，并联直流集电系统需在每台风电机组出口增加一台中压 AC/DC 变流器。该变流器容量与海上风电机组容量相匹配，与中压集电系统相连接，是一台容量为 3～10 MW 之间，电压等级为 30～36 kV 之间的换流器。在保证风电机组并网要求的基础上，该变流器需要大量大功率 IGBT 串联，这不仅涉及 IGBT 串联均压的问题，增加了约 3% 的损耗，还涉及器件的高压绝缘问题。这在现有 IGBT 成本的前提下是非常不经济的。此外，两级 DC/DC 升压变流器产生的网络损耗也是非常可观的。

相比较而言，串联直流集电系统在无海上平台方面表现出了巨大优势，不仅节省了海上平台的费用，也大大降低了风电场的运行维护费用。目前已有许多相关文献对该方式下的风电场控制、断路器设计以及保护要求等方面进行了不同程度的研究，但是该连接方式的缺点也非常明显。与并联直流集电系统类似，串联系统需要为每台发电机增设一台容量与风电机组容量相匹配，同时与高压输电线路相连的变流器。对于这种设计电压为 150kV 甚至更高，而设计容量为 3～10MW 的变流器，在目前单个电力电子器件耐压水平有限的条件下是非常不经济的。另外，由于风功率的波动性，如何维持串联直流侧的电压也是该连接方式需要关注的问题。

总之，在现有的技术条件下，交流集电系统是当前最经济、安全性最好的选择。

3. 海上升压站

根据海上风电的三种传输方式，海上升压站可以分成海上变电站与海上换流站两种形式。

（1）海上变电站。由于海上升压站建设在海面上，不仅容易受到大风与海浪的冲击，也易受到海水、盐雾水汽腐蚀的影响，因此，不仅海上平台都由钢结构与混凝土构成，而且其中的电气设备也多选择户内型设备与 GIS 设备。也就是说海上升压站成本不仅需要考虑电气设备成本，还包含海上平台费用。

自 2002 年 Horns Rev 海上风电场建成第一个海上变电站开始，目前已经建成 22 个海上风电变电站。虽然数量不少，但是大多位于欧洲地区，电压等级大多采用 33kV/132kV。另外，现有的海上风电变电站基本都属于专门项目专门定制，技术水平还不成熟。相关的设计标准目前也仅有主要侧重于安全考虑的 DNV－OS－J201 标准。结合 Barrow 与 Gunfleet Sands 海上风电变电站数据推断，海上变电站目前成本约为 10 万欧元/MVA。

由于海上风电场电气系统设计基本在风机选址完成后，因此，对于容量基本确定的海上变电站设计来说，主要有两个问题。

1) 海上变电站的位置。海上变电站的位置将决定集电系统与输电系统线路长度。对于只有一个海上变电站的风电场来说，变电站的位置通常位于风电场中心或者风电场靠并网点侧的某个位置。具体位置需要具体工程具体分析。有文献研究表明，当风电场离岸距离与风电场圆形涵盖区域半径的比值大于 4～8 时，变电站位于风电场靠并网点侧为宜；小于 1 时，变电站位于风电场几何中心为宜。

2) 变压器数量。变压器数量主要影响海上升压平台面积与重量。陆上变电站基于 N-1 原则考虑，通常采用两台并联变压器的形式。而海上风电场由于风速通常低于风电机组额定功率风速，同时，从减少运行维护成本以及冗余、可靠性的角度考虑，海上变电站一般根据风电场规模使用 1～2 台变压器。

(2) 海上换流站。柔性直流输电由于具有有功功率和无功功率独立控制、无需额外增加无功补偿设备、可以隔离故障影响等优点，在海上风电场获得了较大关注并获得了实际应用。德国 Borkum2 海上风电场建成了目前全球首个海上换流站，采用 VSC－HVDC 输电形式。从成本上看，海上换流站中 VSC－HVDC 换流器站约占整个换流站成本的 85%，目前换流站成本约为 11 万欧元/MW，与海上变电站成本大体相当。

制约柔性直流输电技术发展的主要问题是其损耗相对较高。直流输电工程的损耗包括两端换流站损耗、线路损耗和接地极系统损耗三个部分。常规直流输电换流站损耗占换流站额定功率的 0.5%～1%，而柔性直流输电，由于开关频率高，其换流站损耗可达到额定量的 1.5%～6%。有文献对 500MW 和 1000MW 海上风电场交直流输电系统损耗进行分析比较，结论显示当输电线路距离小于 55～70km（与海上风电场容量有关）时，交流输电方式损耗最小，约占风电场容量的 1%，当距离增加时 LCC－HVDC 输电方式损耗最小，其中，VSC－HVDC 网络损耗最大，约高出最低损耗 3%。

以上仅仅是从经济性的角度对海上风电场交直流输电系统做了比较，事实上，目前许多基于 VSC－HVDC 输电系统的海上风电场都属于示范性工程，其主要目的是测试海上风电场有功无功调节和维持电网稳定性的能力，为新能源发电替代传统发电厂奠定基础。因此，海上风电场的直流并网还具有新能源发展的前瞻性意义。

4. 保护与监控系统

海上风电场由于可进入性差，为了保证电气系统一次设备经济可靠地运行，二次设备需要协助尽量实现少停电，少出海，因此，海上风电场对保护与监控系统具有更强的依赖性，需要对每个电气设备进行更全面、智能的监控与分析并保证数据采集与通信系统高可靠性。

就继电保护来说，海上风电场不仅对设备的远程监控能力具有更高的要求，而且需要尽量实现对故障的定位与恢复。例如，在开关设备的选择上，风电机组出口箱变不能由于成本问题选用熔断器，必须安装断路器及相应的继电保护装置。在重合闸的设置上，海底电缆故障主要由绝缘损坏造成，属于永久性故障且修复时间较长。为了提高风电机组利用率，需要结合相对精确的故障定位进行故障切除与重合，尽快恢复非故障部分并网发电。

总地来说，交流集电系统保护配置方式与辐射型配电网保护配置大致相同，只是考虑到风电机组的故障穿越能力与集电系统运行可靠性，中压线路保护可能需要多设方向元件或者采用纵差保护，同时多电源特性也使得集电系统线路保护整定计算更加复杂。此外，考虑到海底电缆线路充电功率较大，还需要特别注意断路器分闸操作时变压器与海底电缆的暂态充放电引起的过电压问题。直流集电系统的保护配置问题可以参考海军船舶供电系统。但是仍存在以下问题：①直流开关设备的设计与经济性问题仍未得到很好的解决；②许多直流系统保护都是在变流器交流侧实现的。

此外，由于结构的限制，重合闸不适用于串联直流系统，这可能对其可靠性产生一定的影响。

9.2.3 柔性直流输电技术概述

柔性直流输电技术是一种以电压源变流器（Voltage Sourced Converter，VSC）、可关断器件［如门极可关断晶闸管（GTO）、绝缘栅双极晶体管（IGBT）］和脉宽调制（PWM）技术为基础的新型直流输电技术。国外学术界将此项输电技术称为 VSC - HVDC，国内学术界将此项输电技术称为柔性直流输电，制造厂商 ABB 公司与西门子公司分别将该项输电技术命名为 HVDC Light 和 HVDC Plus。

1. 柔性直流输电的优点

由于柔性直流采用可关断器件组成的 VSC 进行换流，具有高度的可控性，在中小容量直流输电应用方面相对于传统高压直流有以下优点：

（1）柔性直流输电可以给无源网络直接供电，不必考虑短路容量，也可以给孤立负荷或弱交流电网供电，而传统直流输电对受端电网短路容量有一定的要求，且在受端电网中必须有旋转电机。

（2）柔性直流输电无最低输送有功功率限制，而传统直流输电一般有最低输送有功功率（如额定容量的 10%）限制。

（3）由于柔性直流输电可以瞬时独立地控制输出有功和无功功率，具有高度的可控性和灵活性，不仅不需要交流侧提供无功功率，而且能够起到静止同步补偿器（STAT-COM）的作用，动态补偿交流母线的无功功率，稳定交流母线电压，而传统直流需要大量无功补偿（通常为 50% 有功容量）且无功补偿不能连续控制。

（4）柔性直流输电对交流电网有较强的提高系统动态稳定性能力。在提高系统动态稳定性方面，采用合理的控制策略后，同等容量柔性直流相当于 4 倍容量的并联动态无功补偿设备，对电网安全稳定性有较大提高。而传统直流的稳定运行易受交流系统影响，换相失败是其常见的故障之一，连续的换相失败甚至会引发直流闭锁、功率输送中断，甚至影响系统稳定运行。

（5）柔性直流的 VSC 通常采用 PWM 技术，开关频率相对较高，所需并联滤波装置的容量大大减小（一般少于 30％有功容量，多电平 VSC 的柔性直流甚至不需要并联滤波装置），而传统直流需要大量并联滤波装置（50％有功容量左右）。

（6）在潮流反转时，柔性直流仅电流方向反转而直流电压极性不变，传统的高压直流输电恰好相反，因此，传统的高压直流输电实现多端直流复杂困难，柔性直流特别适于多端直流连接。

（7）柔性直流输电换流站占地面积小、设备模块化设计，从而具有设计、生产、安装和调试周期大大缩短的工程经济特点。柔性直流输电由于滤波器容量相对较小甚至没有等原因，设备比较少，从而比传统直流换流站占地面积小（目前同等容量可以小 40％），所以柔性直流换流站更容易建在城市等土地紧张的区域。

2. 基本原理

以某柔性直流输电系统为例进行阐述。该双端 VSC - HVDC 输电系统的结构示意图如图 9 - 5 所示。其中两个电压源换流器 VSC1 和 VSC2 分别用作整流器和逆变器，主要部件包括全控换流桥和直流侧电容器。全控换流桥的每个桥臂均由多个 IGBT 或 GTO 等可关断器件组成，可以满足一定技术条件下的容量需求。直流侧电容为换流器提供电压支撑，直流电压的稳定是整个换流器可靠工作的保证。交流侧换流变压器和换流电抗器起到 VSC 与交流系统间能量交换纽带和滤波作用；交流侧滤波器的作用是滤除交流侧谐波。

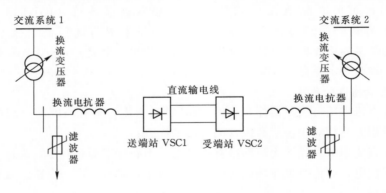

图 9 - 5　双端 VSC - HVDC 输电系统示意图

研究 VSC - HVDC 输电系统的基本原理是研究大型风电场柔性直流接入技术的重要前提与基础。

3. 多端柔性直流输电系统

轻型直流输电系统一端 VSC 故障退出，以单端连接的风电场将退出运行。而基于 VSC 的多端直流输电系统（Voltage Source Converter - multi - terminal HVDC，VSC - MTDC）既能够解决该问题，还具有多端系统特有的经济、灵活、可靠等特点，更适用于分布式发电以及电力市场等领域。由于其在运行灵活性、可靠性等方面比 VSC - HVDC 更具有技术优势，VSC - MTDC 更能保证风电场的可靠输出以及无源网络的本地负荷供电。

目前风力发电发展方向是变速恒频技术，应用最广泛的是双馈感应发电机系统（Double Feed Induction Generator，DFIG）。变速恒频风力发电机组能实现发电机转速与电网频率的解耦，降低风力发电与电网之间的相互影响。特别是 DFIG，它不仅改善了风电机组的运行性能，且降低了变频器的容量，已成为今后风力发电设备的主要选择。

风电场并网及 VSC-MTDC 系统结构如图 9-6 所示。各风力发电机定子侧汇集到一条母线，再连接到 VSC-MTDC 系统。

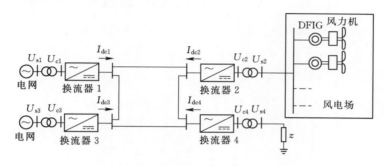

图 9-6　与风电场连接的 VSC-MTDC 结构

图 9-6 中，U_{ci}、U_{si}、I_{dci}（$i=1$，2，3，4）分别为换流器输出电压、交流母线电压基波分量以及各换流器直流侧电流。换流器 1 和换流器 3 与电网相连接，换流器 2 与风电场相连接，换流器 4 连接无源网络，为本地负荷供电。该系统与两端 VSC-HVDC 系统相比更加灵活可靠，经济性也得到提高。

更为重要的是，柔性直流输电可携带来自多个站点的风能、太阳能等清洁能源，通过大容量、长距离的电力传输通道，到达多个城市的负荷中心，这为新能源并网、大城市供电等领域提供了一种有效的解决方案。如舟山的多端柔性直流输电项目将分别在定海、岱山、衢山、洋山、泗礁建设一座换流站。届时，舟山将形成北部主要岛屿间的直流输电网络，加强下辖诸岛的电气联系，为风电等新能源的开发打下基础。

4. 当前制约柔性直流输电技术发展的主要问题

当前制约柔性直流输电技术发展的主要问题是其损耗相对较高。直流输电工程的损耗包括两端换流站损耗、线路损耗和接地极系统损耗三个部分，常规直流输电换流站损耗占换流站额定功率的 $0.5\%\sim1\%$，而柔性直流输电，由于开关频率高，其换流站损耗可达到额定功率的 $1.5\%\sim6\%$。有文献对 500MW 和 1000MW 海上风电场交直流输电系统损耗进行分析比较，结论显示当输电线路距离小于 $55\sim70$km（与海上风电场容量有关）时，交流输电方式损耗最小，约占风电场容量的 1%，当距离增加时，LCC-HVDC 输电方式损耗最小，其中，VSC-HVDC 网络损耗最大，约高出最低损耗 3%。

9.3　集 电 系 统

集电系统是海上风电场内部最基本的电气系统，其功能是将风电场内所有风电机组发出的电能汇集到升压站并输送到电网。海上风电场由风电机组群、集电系统、升压站、海上输电系统等几个部分组成。其中海上风电场的集电系统是将多台风电机组发出的电能通过开关设备和海底电缆，按照一定的组合方式集中到风电场出口的汇流母线上的电气连接系统。图 9-7 所示为丹麦 Horn Rev 风电场示意图是一典型的海上风电场电气连接方案。

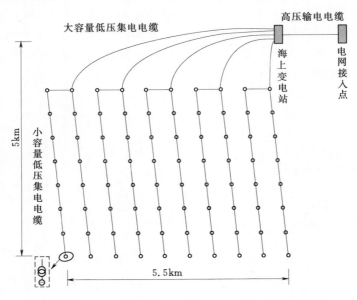

图 9-7　丹麦 Horn Rev 海上风电场示意图

9.3.1　海上集电系统的影响因素

1. 电气性能

集电系统的拓扑结构首先应满足整个系统的稳定运行，主要体现在集电系统在风电场正常运行时能够保持母线电压和负荷电流的稳定。发生故障能够及时恢复母线电压。汇流电压偏差和风电场有功损耗是考察集电系统电气性能的主要指标，应使集电系统中有功损耗、并网点电压偏差控制在合理的范围内。另外，集电系统不同的拓扑连接还可能造成潮流分布不同和其他电气特性的差异，这对集电系统设备选型和故障诊断有重要影响。所以在特定拓扑下集电系统的电气特性是集电系统拓扑设计选择时需要考虑的一个重要因素。

一般情况下，集电系统拓扑的电气特性可以分为稳态性能和动态性能。

（1）稳态性能。集电系统稳定运行时有功损耗和汇流母线电压偏差反映了集电系统的稳态性能。

（2）动态性能。故障后能否恢复稳态运行，同时故障中产生的过电压和过电流是否在允许范围内反映了集电系统的动态性能。

另外，在拓扑设计时，合理的集电系统设计应使得风电机组、电缆和开关设备运行在良好的工作状态。

2. 可靠性

可靠性是指一个元件、设备或系统在预定的时间内，在规定条件下完成规定功能的能力。电力系统可靠性是指向用户提供质量合格的、连续的电能的能力。集电系统可靠性可理解为集电系统能够向海上变电站提供质量合格的、连续的电能的能力。

海上风电场集电系统是连接风电机组和电网的关键部分，其内部故障将会严重影响风电场的出力并可能影响电网的安全稳定运行。提高集电系统可靠性将有效减小集电系统故障时海上风电场对电力系统的安全稳定方面的影响。另外，海上风电场集电系统故障，会造成相应风电机组无法输送功率到电网，将极大地影响海上风电场发电的经济效益。而且相对于陆上风电场，海上风电场的运行维护费用更高，维修时间更长，所以对可靠性的要求更高。

综上所述，集电系统的可靠性关系着电网和整个海上风电场经济可靠运行，是拓扑设计中需要重点考虑的一个方面。集电系统的可靠性指标与设备选型、拓扑布局设计、拓扑开关配置三个因素关系密切。

3. 经济性

海上风电场的集电系统投资和运行维护的成本往往很高，占海上风电场总投资的15%～30%，所以集电系统的经济性问题关系着风电场的发电效益和电价成本，所以集电系统拓扑设计时需要重点考虑集电系统的经济性问题。集电系统设计时考虑全生命周期的总成本，其主要包括一次性投资成本、运行维护成本和故障机会成本三部分。

（1）一次性投资成本。一次性投资成本包括集电系统建设中电缆、开关等主要设备的购置、运输与安装施工等费用。

（2）运行维护成本。运行维护成本包括集电系统的运行成本和维护成本，涉及集电系统运行中电量损耗造成的经济损失和平时运营维护所需要的费用。

（3）故障机会成本。可靠性对布局方案经济性的影响不是体现在成本的支出（不考虑修复成本），而是体现在收入的减少。即海底电缆发生故障造成一部分风电机组不能正常发电，相当于风电场在故障维修期间损失了相应的应得收入。这种现象符合经济学上的机会成本的概念，可以称为故障机会成本。

一次性投资成本、运行维护成本和故障机会成本相加得到的总成本是用来比较拓扑设计方案经济性能的科学指标。集电系统拓扑优化设计的目标函数是使得满足要求的拓扑全生命周期内的总成本最小。

4. 工程实际约束

海上风电场建设是个比较大的工程，在设计集电系统时，除了需要满足电气性能要求，考虑可靠性和经济性因素外，还需要考虑到集电系统工程建设实际情况，使得拓扑设计能够在工程建设中有很好的实用性。因工程建设原因，在集电系统拓扑设计时要考虑的约束如下：

（1）由于实际工程中集电电缆载流量的限制，集电系统拓扑中升压站进线电缆传输功率不能超过它的功率传输上限。

（2）考虑到海底环境中电缆交叉会造成施工的极大困难，集电系统拓扑连线一般不能出现交叉。

（3）考虑到升压站电缆出线受变压器出线端口数目的限制，所以升压站出来的电缆数目需要小于出线电缆数量最大值。

（4）风电机组基座处电缆的转接头的数目限制了风电机组下游能出线的电缆数目，所以风电机组下游能接的风电机组数目应小于电缆转接头能出线的最大值。

（5）考虑到海底地形可能造成某些风电机组之间不能直接通过电缆连接，所以在形成集电系统拓扑之前，应预先规定不能连接的点之间不能有连线。

（6）一般海上风电场规模较大，升压站会采用双主变的配置，考虑到两台主变压器的功率平衡，从升压站出来的电缆数目最好为偶数（值得商榷，双主变互为备用），且每条电缆所接的风电机组总功率相差不大（主要为了开关选型一致），简称出线电缆功率平衡。

9.3.2 海上集电系统拓扑结构

目前，海上风电场内部电气系统拓扑设计分为放射形（包括链形和树形）、环形（包括单边环形、双边环形、复合环形、多边环形）、星形三种形式。三种拓扑结构中除链形结构和星形结构为无备用接线方式外其余均为有备用接线方式。构建冗余备用线路虽然能提高风电场的发电可靠性，但因为需要较多价格昂贵的海底电缆和多余的开关设备，增加的额外投资成本较高。

1. 放射形拓扑

放射形拓扑布局如图9-8所示，通过一条中压海底电缆将若干台风电机组连接成串，若干串将海上风电场发出的电能输送到汇流母线上，所连接风电机组的最大功率必须小于该处中压海底电缆的额定功率。放射形拓扑又可以细分成链形和树形拓扑两种，如图9-8所示，其中链形拓扑是树形拓扑的一种特殊结构。放射形拓扑布局中主电缆较短，从集电系统母线到馈线末端电缆截面可以逐渐变细，投资成本较低和控制简单是该拓扑最明显的优点。缺点是可靠性不高，一旦发生故障，与该电缆相连接的风电机组都将停运。目前建成的很多海上风电场都采用这种拓扑布局方式。

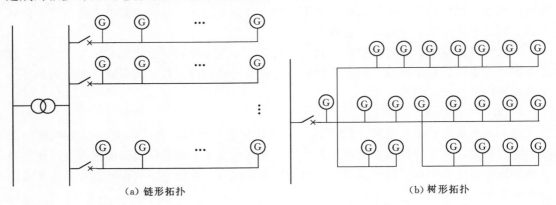

（a）链形拓扑　　　　　　　　　　　　（b）树形拓扑

图9-8　放射形拓扑布局（图中G表示风力发电机＋升压箱变）

2. 环形拓扑

环形拓扑布局如图9-9所示，在放射形拓扑的基础上，将中压海底电缆末端的风电机组通过一条冗余的电缆连回到汇流母线上。装在电缆上的开关设备可以在电缆发生故障时断开，从而隔离故障，使风电机组的电能输送不受影响。该拓扑可提高内部集电系统的可靠性；投资成本较高和操作比较复杂是该拓扑最明显的缺点。由于环形拓扑的特点，其开关配置一般采用部分开关配置和完全开关配置两种开关配置方案。

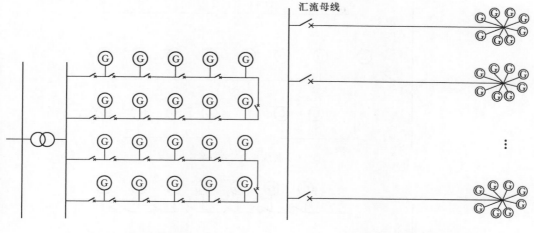

图 9 - 9 环形拓扑布局　　　　　　　　图 9 - 10 星形拓扑布局

3. 星形拓扑

星形拓扑布局如图 9 - 10 所示,星形内部结构的风电场由若干类似圆形布局组成,每台风电机组分布于圆周之上,输出的电能汇集到圆心处母线后输出。该布局的优点是每台风电机组及其电缆的故障都不会影响风电场其他部分的正常运行,并且能够实现独立调节。星形结构与环形结构相比,可降低成本;而与链形结构相比,又可保证有较高的可靠性。缺点是处于星形结构中央的风电机组处开关设备需要更复杂的开关。这种星形排布结构适合风向变化频繁的风电场,但捕获风能不理想,在实际的风电场中较少采用。

这三种拓扑中,星形和环形由于结构复杂、造价高等原因在应用中较少出现,而简单经济的放射形拓扑结构得到了大规模的应用,特别是树形拓扑,如图 9 - 8 (b) 所示,接线更为灵活,能够很好适用于风电机组布点不规则的场合。

9.3.3 海上集电系统开关配置方案

集电系统开关配置方案将影响拓扑可靠性,下面以树形接线为基础,介绍 3 种海上风电场集电系统开关配置方案,分别为传统开关配置、完全开关配置和部分开关配置,如图 9 - 11 所示,图中对风电机组进行了简化,风电机组的低压开关和升压箱式变压器等并没有显示在图中。

基于树形接线的传统开关配置方案如图 9 - 11 (a) 所示,该方案中风电机组之间只有电缆进行连接,开关设备仅安装在集电电缆接入汇流母线入口处。这种布局的优点是设计简单且投资成本低,缺点是可靠性不高,一旦集电电缆发生故障,该树形结构上所有风电机组都将停运。

基于树形接线的完全开关配置方案如图 9 - 11 (b) 所示,该方案中风电机组之间都有电缆和开关连接。这种开关配置方案的成本较高,但可靠性提高,一旦电缆或开关发生故障,可以通过开关将故障点下游的风电机组切除,而其余风电机组仍可正常运行。

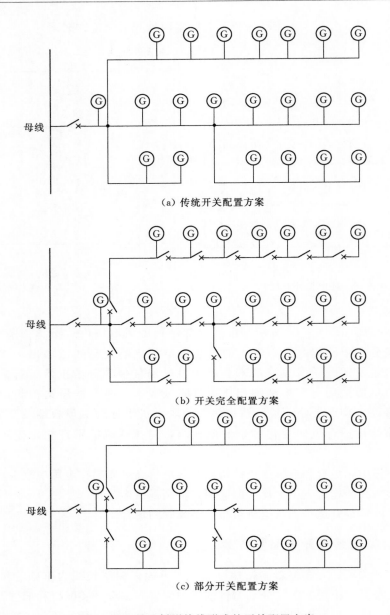

（a）传统开关配置方案

（b）开关完全配置方案

（c）部分开关配置方案

图 9-11　基于树形接线形式的开关配置方案

　　基于树形接线的部分开关配置方案如图 9-11（c）所示，该方案中开关设备仅装在树形拓扑中下游风电机组分叉出口处和集电电缆接入汇流母线入口处。一旦集电电缆发生故障，该串上的所有风电机组都将停运，但不会影响其他串风电机组的正常运行。该方案的投资成本和可靠性都介于开关传统配置和完全开关配置之间，是一种折中的开关配置方案。

　　在实际风电场的集电系统拓扑设计中，大多采用传统开关配置和完全开关配置两种开关配置方案，所以本章拓扑方案将采用这两种开关配置方案。

9.4 电气系统主要电气设备

海上风力发电系统的结构组成与陆地相似，一般的风电机组包括机舱、转子叶片、轴心、低速轴、齿轮箱、发电机、控制系统、液压系统、冷却元件、基础、塔架、风速计及风向标等部件。但海上风电场要克服强风载荷、腐蚀和波浪冲击等特殊环境的影响，因此不能直接采用陆地风电技术。在风电机组设计装配、系统冷却、风电场基础建设、并网以及系统监测维护等方面，海上风电场的技术难度更高，面临挑战更大。

9.4.1 风电机组

海上风电机组的要求主要是提高风电机组利用率，降低维修率。作为主要产能设备，海上风电机组的维修率直接影响到风电场的经济效益。目前海上风电场所用机组基本都是根据陆地机型改造而来，缺少对海上特殊工况的针对性设计。因此利用新概念、新材料、新工艺设计真正适合于海上特殊工况的发电机，是今后海上风机技术发展的重要内容，发电机本体设计首先要根据工作环境确定电机结构类型。

双馈式发电机稳定性高、风能利用率高、并网安全便捷，但齿轮箱的存在使故障率较高。直驱永磁同步发电机组无励磁损耗，提高了效率，可改善电网功率因数；取消了齿轮箱，可靠性提高，但外径大，对机舱的空间要求高。因此，要权衡各方面因素选择适合于海上工作环境的发电机。近年来，在直驱式发电机基础上安装一级或二级升速齿轮箱构成半直驱发电机，既可以降低风电机组故障率，又可减小体积，便于机舱的设备布置，性能优越，是一个值得关注的亮点。

随着单机容量的增加，降低风电机组质量是决定海上风电机组继续向大型化发展的重要因素。目前不少高校和科研机构都提出了新的电机结构来解决这一问题。英国杜伦大学提出无铁芯结构的发电机以降低风电机组质量；代尔夫特理工大学在此结构基础之上进行改进，使风电机组具有更好的空气动力学性能。此外，东京大学、丹麦技术大学及中国科学院等对超导风电机组进行研究，力求获得可承受高温，具有高功率密度、相对体积较小及可靠性高的大型海上风电机组。

我国在海上大型风电机组的设计技术方面一直倡导自主创新。目前东南大学在新型风电机组研究方面取得实质性进展；华锐风电科技股份有限公司自主研发的 3MW 海上风电机组在东海大桥项目中成功并网发电；湘电集团有限公司拥有自主产权的 5MW 海上永磁直驱风力发电机已成功下线。我国海上风电机组研究技术取得了突破性进展。

9.4.2 变流器

变流器承担着能量的转换和控制，既能对电网输送风力发电的有功分量，又能调节电网端无功分量，起到无功补偿的作用。双馈式风电机组一般采用部分功率变流方式并网，全功率并网不受电网频率和电压的限制，控制方案灵活，应用于直驱式风电机组并网系统中。风电机组变流器一般有 AC/AC 变流器和 AC/DC/AC 变流器。AC/AC 变流器使用大量晶闸管，控制复杂，功率因数低，谐波含量高，且只能采用倍频调节，目前主流的变流器都是 AC/DC/AC 方式并网。

传统的变流器一般采用两电平拓扑结构，损耗较大，不适用于大功率场合。多电平逆变器使用多电平逆变电路或将几个逆变器组合起来输出多电平，使输出更接近正弦，减少谐波含量和开关损耗，可直接输出高压而无需变压器的连接，因而在大功率海上风电场中受到重视。多电平逆变器主要有二极管钳位式、飞跨电容式和级联式。为保证设备的安全性，还会采用四桥臂结构，在故障时第四条桥臂可替代故障桥臂，降低设备故障率。

在拓扑结构不断更新的同时，PWM 控制技术也迅速发展，除了传统的电流滞环控制和空间矢量控制之外，一些新的调制方法被采用。优化的 PWM 控制技术可以消去指定次数的谐波，使电压波形更接近正弦；电流滞环控制和空间矢量控制技术相结合形成空间矢量滞环控制进行 PWM 控制，以满足系统的需要。

变流器系统的控制除了传统的开闭环控制和前馈控制等方案，还融入了很多先进的控制技术，如神经网络控制、模糊控制、鲁棒控制等控制方法的应用，提高了变流器系统的反应速度，使变流器的抗干扰能力增强。

目前我国的变流器主要依靠国外进口，国产的市场份额非常小，大部分都处于小批量适用阶段。但变流器作为风电机组的重要组成部分，已引起国内研究人员的高度重视，一些高校对新型多电平变流器进行了研究，对我国变流器发展具有很好的推动作用。

9.4.3　风电机组冷却系统

冷却系统是海上风电机组的重要组成部分，其作用是冷却风电机组的电机、齿轮箱、变流器等主要发热部件，使其温度满足生存与运行要求。良好可靠的冷却系统可提高电机效率和绝缘寿命，防止电机局部结构变形和永磁体不可逆去磁，保证变流器和齿轮箱正常工作。根据发热量的不同，冷却系统可采用强制风冷和液冷等方式，对于兆瓦级海上风力发电机系统，其总发热量高达几百千瓦，采用强制风冷所需的风量很大，加之海风中存在盐雾等腐蚀介质，使得海上风电机组的冷却多采用密闭性和传热能力较好的液冷方法。

对发电机而言，液冷系统采用定子外部水套与电机内部进行热交换，或采用空心铜线形成循环通道，冷却液通常为水或乙二醇—水溶液。为了增强散热效果，设计时可在定子外围加散热板筋，或在定子绕组中加入单独的冷却铜管，并在电机转子端部加风扇增加空气对流。液冷系统的冷却效果良好，但以外界环境作为冷源，传热温差较小，尤其是在夏天极热情况下，温差只有几度，使得外部换热器体积十分庞大，系统布置和安装十分困难。冷却系统设计时还可充分利用海洋周边环境的优势，将海水作为冷源对机组进行冷却，从而获得稳定的冷却效果。随着风电机组容量的进一步增大，传统的液冷系统已无法满足冷却要求，必须寻求新型冷却方式。蒸发冷却方法采用密闭空间或封闭管道将热量传递给蒸发冷却介质，通过介质汽化吸热过程将大量热量带走，保持舱内温度恒定，且冷却介质具有良好的绝缘性，不易发生故障，应用于海上风电场前景广阔。

　　由于海上风电场的环境特殊，盐雾腐蚀也是冷却系统设计时需重点考虑的问题。对于外部裸露部件需进行防腐涂漆处理，而对于封闭机舱内部件则通过维持正压的方式阻止外部气体侵入，维持正压所需的气体为经过盐雾处理后的外部气体。随着机组容量的不断增大，冷却系统的复杂程度也不断增加，为有效协调各支路并准确控制其流量温度的变化，必须研发可靠的冷却控制技术。

9.4.4　叶片设计与桨距控制

　　在风电机组额定容量下，对应不同的桨距角和叶尖速比有一个最大风能捕获值。海上风电机组主要采用大型叶片来获得较高的叶尖速比，提高风能捕获量。大型叶片对材料的质量、刚度和强度要求较高，采用环氧碳纤维树脂等新型轻质材料制成的柔性叶片，可使叶片同比减重 20%～40%，且能够针对风况的变化改变其空气动力型面，改善空气动力响应和叶片受力状况，增加可靠性和对风能的捕获量，应用前景广阔。

　　风电机组的桨距控制通过调节叶片攻角来获得风能的最佳捕获点。传统控制方案是通过叶片的攻角控制来调整叶片的风能捕获量。随着控制技术逐步成熟，整体桨距控制改进为单桨距控制来减少风负荷对风电机组系统的影响，不仅可以调节风能捕获量，也增强了风电机组系统的稳定性。由于海上风力机叶片大，叶片顶间距也大，导致叶片局部受力明显不同，因此不对称风负载越来越明显，单个叶片的桨距控制精度已不能得到认可。由此提出了一种新型的可局部改变风力机叶片受力导向的控制方法，这种方法每个叶片都有单独的角度执行器，多个传感器可感应负载不对称信息，减少叶片的疲劳负载，增加风力机叶片寿命，且为叶片负荷的仿真研究提供条件，可更准确地进行极端负荷研究工作。

　　目前桨距控制多采用 PID 控制方法，但风速变化的随机性和风电机组的强非线性使其无法满足控制精度要求，华北电力大学和沈阳工业大学等研究采用智能控制方法（如模糊控制、神经网络等）来提高控制精度，以满足桨距控制的精度要求。

9.4.5　海上变电站、变压器及其他开关设备

　　当风电场的容量达到一定规模，离岸距离较远，或者集电系统电缆通道存在一定要求时，就需要设置海上变电站，以使风电场的电能顺利接入系统。

　　海上变电站内一般要配置高低压配电装置、升压变压器、动态无功补偿装置、保安电源、站内自用变等。海上变电站的主接线应在满足可靠性、灵活性和经济性的基本要求下力求简洁。

　　升压变是海上变电站最主要的设备。海上环境腐蚀较严重，为了减少海盐等对海上变压器法兰、阀门等铁质设备的腐蚀，海上变压器宜采用水平分体式结构，本体封闭在密封的变电站房间内，散热器布置在户外，并且采用多组备用式设计，可以带电更换被腐蚀的散热器，保证风电场的发电可靠性。

　　例如，绥中 36-1 油田风电方案，利用闲置的原单点系泊系统（SPM）导管架作为风电机组的结构基础，安装一台 1.5MW 海上风电机组。风电机组经全功率逆变器输出

690V 交流电，再由变压器升压至 6300V，通过大约 5km 海底电缆送至中心平台。在比较油浸式变压器（箱变）与干式变压器的各自特点后，本项目位于 SPM 平台的变压器决定选用干式变压器。原因如下：油浸式变压器虽然防护等级较高，可直接放置于室外甲板上；但是需经常巡视，关注油位的变化，防止变压器漏油扩散。陆上一般在油浸式变压器下方都建有储油池，可以储存变压器全部漏油；海洋平台由于受到空间的限制，无法建储油池，而是采用围油槽。但围油槽比较浅，只能承担变压器的部分漏油，需要及时清理；该海上风电平台为无人驻守简易平台，同时，建有海上风电场的海域因其风资源比较丰富，但海况较差，日常维护不便，一旦变压器发生漏油而没能及时清理，则有可能发生溢油，造成污染。干式变压器则免维护，但因其防护等级较低，为此，采用时将其布置于室内，并安装了通风设备。

高压配电设备将断路器、隔离开关、母线、接地开关、互感器、出线套管或电缆终端头分别装在各自密封间中集中组成一个整体充以 SF_6 气体作为绝缘介质的气体，即全封闭组合电器（GIS）。GIS 设备具有结构紧凑、体积小、重量轻、不受大气条件影响、检修间隔时间长、无触电事故和电噪声干扰等优点，适合海上严酷的运行环境中使用。

此外，海上变电站远离大陆，变电站站用电源的安全非常重要，由于变电站站用电源取自自己的母线，当送出线路故障跳闸后，风力发电机也会保护性切机，可能引起站用变失电，影响变电站安全。因此一般的海上变电站都设置有保安电源，采用常规的柴油发电机和直流蓄电池装置。

9.5　电力传输与海底光电复合缆的选择

9.5.1　海上风电场海底电缆的应用特点

海上风电场中电缆扮演着重要的角色，从风电机组机舱内部到机舱与塔架上下至塔底箱变处，又或者在风电机组与风电机组之间，风电机组与海上变电站之间的广阔海域内，电缆都发挥着重要的作用。

海底电缆是敷设在海底及河流水下用的电缆，分为海底通信电缆和海底电力电缆两种。风电场用于大规模电能传输的是海底电力电缆，与地下电力电缆作用相同，只是应用位置和敷设方式不同。海底电力电缆的绝缘结构与陆上电缆很相似，但是绝不能简单把陆地上使用的电力电缆敷设在水下使用。主要是因为水下的压力、敷设时机械作用、水下腐蚀、船只抛锚、捕鱼作业等外来机械力的影响对海底电缆的机械性能、耐腐蚀性能等都提出了更高的要求。

目前海上风电场一般使用交联聚乙烯（XLPE）或乙丙橡胶（EPR）的电缆。XLPE 电力电缆电气性能和制造成本均优于 EPR 电力电缆，此外它具有较好物理性能，如优异的热稳定性和老化稳定性，无供油系统，运行施工维护简便，安全可靠，对海洋环境无影响，成为 220kV 电压等级以下电缆的首选。更高电压等级或更深的海底一般选用自容式充油电缆。海底电缆典型断面如图 9－12 所示。

海底高压输电电缆一端连接海上变电站平台，另一端登陆陆上，一般长度从十几千米

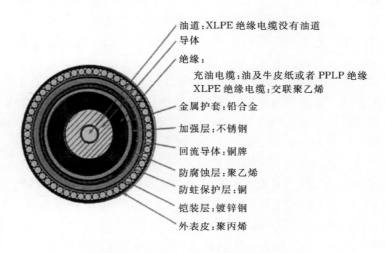

油道:XLPE 绝缘电缆没有油道
导体
绝缘:
　　充油电缆:油及牛皮纸或者 PPLP 绝缘
　　XLPE 绝缘电缆:交联聚乙烯
金属护套:铅合金
加强层:不锈钢
回流导体:铜牌
防腐蚀层:聚乙烯
防蛀保护层:铜
铠装层:镀锌钢
外表皮:聚丙烯

图 9-12　海底电缆典型断面（单芯）

到几十千米，除了考虑接头问题，施工敷设是另一个重要问题。

广阔的海底并不是每处都适合敷设电缆，确定海底电缆路由比确定陆上电缆路由复杂得多，需要考虑电气、环境等诸多因素。如果路由选择不恰当，不仅造成敷设安装困难，也会对电缆的安全运行带来影响。理想的海底电缆路由至少应具备以下条件：

（1）避开船舶经常抛锚的海域，远离锚地和繁忙的航道。

（2）水深较浅，且水底地势平缓，坡度较小，水流流速低。

（3）水底地质为淤泥、黏土或砂质土较为适宜，应避开水底孤立裸露的基岩或礁石。

（4）不与其他缆线和管线交叉。

（5）海缆敷设路由距离尽可能短，且以直线为好。

（6）水底平坦、起伏尽可能少且倾斜角应在 20°以上。

由于海底自然环境恶劣及其不可预见性，海上风电用海底电缆是设计技术、制造技术难度较大的电缆品种。海底电缆不仅要求防水、耐腐蚀、抗机械牵拉及外力碰撞等特殊性能，还要求较高的电气绝缘性能和很高的安全可靠性，特别是大长度海缆、海底光电复合缆更是对目前电缆行业的制造能力和技术水平提出了极大挑战。

9.5.2　海底光电复合缆

1.海底光电复合缆的应用

海底光电复合缆就是在海底电力电缆中加入具有光通信功能及加强结构的光纤单元，使其具有电力传输和光纤信息传输的双重功能，完全可以取代同一线路敷设的海底电缆和光缆，节约了海洋路由资源，降低制造成本费用和海上施工费用，直接降低了项目的综合造价和投资，并间接地节约了海洋调查的工作量和后期路由维护工作。

海底光电复合缆广泛应用于海上石油和石化项目以及大陆与岛屿、岛屿与岛屿之间和穿越江河湖底的电力和信息传输。近几年蓬勃发展的海上风电场更是大多采用海底光电复合缆,我国近两年建设的近海试验风电场全部采用海底光电复合缆实现电力传输和远程控制。随着信息化、自动化及我国海洋事业和智能电网的快速发展,未来的数十年内,无论是海上风力发电,还是海上石油平台等海上作业系统应用的海底电缆,绝大多数都将使用海底光电复合缆。

据预测,2020 年我国海上风电装机容量将达到 3000 万 kW,主要集中在江苏沿海、浙江沿海、山东沿海、福建沿海和广东沿海等区域。根据以往海上风电的设计及未来风电机组单机装机容量测算,每兆瓦约需 0.8km 海底电缆。所以在未来 10 年内,我国的近海风电场建设约需 1.5 万 km 海底电缆,电压等级覆盖 35~220kV。

2. 海底光电复合缆在海上风电场中的设置

目前,我国海上风电场升高电压通常采用二级升压方式(少数采用三级),即风力发电机输出电压 690V,经箱变升压至 35kV 后,分别通过 35kV 海底电缆汇流至 110kV 或 220kV 升压站,最终通过 110kV 或 220kV 线路接入电网。如图 9-13 所示为近海风力发电场典型布局图。采用 35kV 海底光电复合缆,将风电机组逐个串接,并根据风电机组输出功率逐级增大电缆或导线截面。

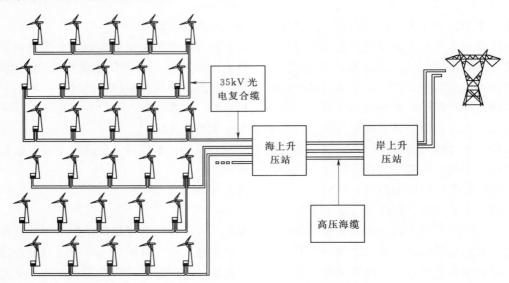

图 9-13　近海风电场典型布局图

一般来说,应根据海上风电场容量、接入电网的电压等级和综合经济性规划海上风电场风能传输方式,既可采用二级升压方式也可采用三级升压方式。如果风电场较小(100MW 以内)且离岸较近(不超过 15km),可选用 35kV 海底光电复合缆直接把电能传送到岸上升压站。若海上风电场容量较大且离陆地较远,考虑到 35kV 电缆传输容量、电压降、功率因数等问题,大多采用设立海上升压站的方式,岸上升压站可根据实际情况确定是否设立。

关于电网形式的选择,如欧洲国家选用 20kV 或 30kV 中压海底电缆汇集风场电能至岸上或海上升压站,我国主要采用 35kV 海底电缆。图 9-14 所示为 3 种不同的传输方式。

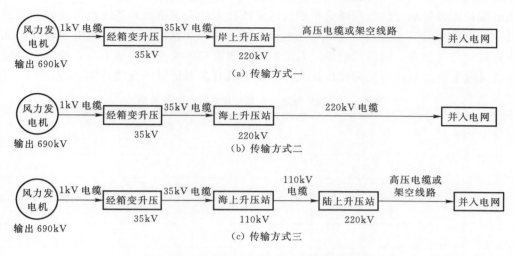

图 9-14 海上风电场电能的 3 种传输方式

3. 海底光电复合缆的设计选型

由于海底应用的特殊环境，不同电压等级的海底光电复合缆需具有不同的导电截面、不同的机械强度、防海水渗漏与腐蚀等结构特性，并采用适应潮间带、潮下带和深水区等不同的施工方法，以满足海上风电产业的特殊需求。

表 9-2 给出了我国最早的 4 个海上（含潮间带）风电场选用海底光电复合缆的情况，其结构型式与技术要求基本相同。其中龙源风力发电潮间带试验风电场根据潮间带施工特点、地形地貌等环境条件和海缆设计资料，选择了细钢丝铠装作为电缆的外铠保护层。

表 9-2 我国几个海上风电场的电能输送方式

编号	项 目 名 称	风电机组输出电压/V	海缆电压/kV	电能输送关并网方式
1	中海油渤海海上风力发电示范工程	690	10	690V 风力发电机输出电压，经箱变升压到 6.3kV，通过 10kV 级海缆将风力发电机电能并入石油平台群的主平台 6.3kV 电网
2	上海东海大桥海上风电示范项目	690	35	690V 风力发电机输出电压，经箱变升压到 35kV，通过 35kV 汇集海缆将电能送入陆上 110kV 升压站，升压后通过导线或同级电缆并入电网
3	龙源风力发电江苏如东 30MW 潮间带试验风电场	690	35	690V 风力发电机输出电压，经箱变升压到 35kV，通过 35kV 汇集海缆将电能送入陆上 220kV 升压站，升压后通过导线并入电网
4	长江新能源江苏响水试验风机工程			

（1）海底电缆的截面选择。在选择用于风力机与发电机之间连接或汇流用的海底光电复合缆时，应考虑穿管或暴露在阳光下等环境条件引起电缆负荷损失的影响，以及大长度

海底电缆长距离传输时的电压降对系统的稳定性和无功功率增加对系统经济性的影响。表 9-3 列出了在假定环境条件下 35kV 光电复合缆的部分计算参数，可供风电场设计人员在选择海缆时作为参考。因各风电场对海缆的结构要求和环境条件有所不同，确定电缆经济截面前风电场设计单位可向海缆设计人员咨询更具有参考价值的海缆计算参数。

表 9-3　35kV 海底光电复合缆的部分计算参数

海缆名称	标称截面 /mm²	参考载流量 /A	最大电压降 /(V·km⁻¹)	充电电流 /(A·km⁻¹)
铜芯交联聚乙烯绝缘分相铅套粗钢丝铠装海底光电复合缆	50	193	103	0.93
	70	237	93	1.01
	95	284	86	1.10
	120	323	83	1.17
	150	363	81	1.25
	180	409	80	1.34
	240	473	81	1.46
	300	522	82	1.57
	400	592	85	1.74

（2）海底光电复合缆中光纤单元作用与结构设计。海底光电复合缆中光纤单元的主要作用是作为连接风电机组与主控制室的信息通道。风电机组的通信口与中央控制计算机及其他风电机组通过光缆连接。安装在中央控制室计算机上的风电场管理软件在线采集各风电机组运行参数，对整个风电机组群进行远程监控，实施正常操作、调节和保护。主要控制单元有正常运行控制、阵风控制、最佳运行控制、安全保护控制等，从而完成机组的智能化自动控制、监测和远程通信等控制功能。

光纤单元的另外一个重要作用是可以根据光纤的应力应变特性，采用光纤应变测量分析仪，测量海底电缆在敷设和运行过程中光纤的应力应变情况，对海缆的性能和状态做到有效控制，为海底电缆的制造、施工和维护提供准确的数据，对海底电缆的生产与使用进行有效的监护。

不同的敷设运行环境条件，对于光纤单元的要求也不完全一样。对于水深较深、海底地形变化较大的，海缆在敷设、运行和维修时可能存在较大的机械力，这时就需要光纤单元具有较强的抵抗外力作用的能力。在这样的情况下，就要选择带有增强元件的增强型光纤单元。

不同的风电机组控制内容不尽相同，所需光纤数量也会有所不同。随着新式风电机组控制单元的增多，中心计算机控制功能的不断提高，所需的光纤数量也会有所变化，而且考虑到备用通信通道，光纤芯数有 12、18、24、36 和 48 芯不等，常用的为 24～48 芯。光纤单元个数可选择 1～3 个，如果光纤数量不超过 48 芯，以 1 个光纤单元为宜。如图 9-15 所示的光纤单元结构型式已得到广泛应用。

（3）海底光电复合缆主要结构型式。如图 9-16 所示为国内最常用的海底光电复合缆典型结构示意图。其中金属防水屏蔽层作为动力线芯的金属屏蔽和纵向防水层，设计寿命30年，可适用于200m以内水深。有时需要设计金属塑料复合带和聚乙烯护套作为纵向防水层，用于潮间带和沿海潮湿低洼地带。有时需要设计双钢丝铠装海底光电复合缆，用于海床稳定度差、水下礁石多以及漂浮式风力发电机系统中。根据使用要求，部分海底电缆还可以加入屏蔽结构的控制电缆，控制电缆的电压等级为1kV及以下。

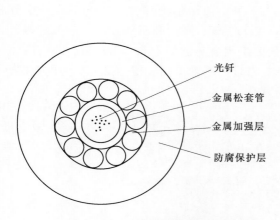

图9-15 海底光电复合缆的
光纤单元结构示意图

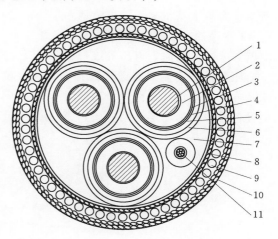

图9-16 海底光电复合缆典型结构示意图
1—阻水导体；2—导体屏蔽；3—绝缘；4—绝缘
屏蔽；5—金属防水屏蔽层；6—塑料防腐保护层；
7—填充；8—铠装垫层；9—单层金属丝铠装；
10—电缆外被层；11—光纤单元

9.6 升压变电站电气布置

海上升压变电站是海上风电建设关键环节之一。目前我国已建的上海东海大桥海上风电场和江苏如东潮间带风电场均采用了陆上升压变电站方案，国内许多科研机构均已经开展了陆上风电场的典型设计研究。江苏响水海上风电场以及中广核如东海上风电场海上升压变电站正在实施。一些研究设计院所根据目前国内外海上风电场升压变电站的发展现状，针对其电气布置方案进行了研究分析，提出了海上风电场升压变电站的功能区域划分以及布局的基本要求和原则，结合一个海上风电场升压变电站电气布置案例，对主要电气设备和配电装置在海上风电场升压变电站的优化布置提出了建议。

9.6.1 发展现状

国外海上风电场已建成部分海上升压变电站，大多集中在丹麦、英国、德国等欧洲国家。国内尚无海上布置的220kV和110kV变电站，目前也缺少关于海上升压变电站的专门设计规程。根据已收集到的国外海上风电场资料，目前国外海上升压变电站的建设和发展主要有规模不断增大、离岸距离越来越远、接入电网方式日益多样三个趋势。主要有以下

几类:

（1）第一类风电场装机规模一般不大于 200MW,离岸距离为 10~30km,采用交流输电方式接入电网,电压等级一般采用 132kV 或 170kV。海上升压平台上一般布置单台主变压器或采用单回海缆出线接入电网,其代表工程包括丹麦的 Horns Rev 风电场、Nysted 风电场,英国的 Barrow 风电场和荷兰的 Prinses Amalia 风电场,如图 9-17~图 9-19 所示。布置上基本采用 3 层,第一层为电缆层,主设备布置在第二层和第三层。

（2）第二类风电场装机规模一般为 300~600MW,离岸距离为 10~30km,采用交流输电方式接入电网,电压等级一般采用 132kV 或 170kV。海上升压平台上一般布置多台主变压器或采用多回海缆出线接入电网,其代表工程有英国的 Inner Gabbard 风电场和 Galloper 风电场,如图 9-20、图 9-21 所示。布置上基本采用 4 层,第一层为电缆层,主设备布置在第二层和第三层,第四层一般为直升机平台。

图 9-17　丹麦 Horns Rev 风电场海上升压变电站

图 9-18　丹麦 Nysted 风电场海上升压变电站

图 9-19　荷兰 Prinses Amalia 风电场海上升压变电站

图 9-20　英国 Inner Gabbard 风电场海上升压变电站

（3）第三类风电场采用高压直流输电技术，目前已在德国 Bard1 风电场建成一座采用 VSC 柔性直流输电技术的海上升压变电站，风电场装机规模 400MW，离岸距离超过 90km，电压等级为 ±155kV，如图 9-22 所示。

图 9-21　英国 Galloper 风电场海上升压变电站

图 9-22　德国 Bard1 风电场海上升压变电站

　　总体来看国外海上升压变电站设计基本由设备厂家成套设计供货，考虑到海上平台造价昂贵，因此在布置中尽量减少平台尺寸，方便安装和运行维护，同时需兼顾基础结构设计。

9.6.2　总体布置和设备选择原则

　　海上升压变电站是建造在海洋固定平台上的升压变电设施，与常规陆上变电站相比，在站址选择、站址环境条件、土建基础设计、施工运行维护以及辅助设施方面均有很大区别，具有其特殊性。海上升压变电站总体布置和设备选择应充分考虑以下原则：

　　（1）站址选择应结合海上风电场布置整体考虑。应根据风电场位置、装机规模、离岸距离、接入系统方案、海洋环境、地形地质条件、海底管线（缆线）、场内外交通情况综合考虑设计、施工、运行及维护、投资、建设用海等因素，合理选择海上升压变电站的站址。

（2）总平面布置应考虑设计施工和运行维护特点。应综合考虑设计施工和运行维护特点、海洋环境要求等因素，确定海上升压平台的总体布局方案，布置划分各功能系统区域、选择合理的电气设备布置型式。海上升压变电站宜采用户内型式，模块化布置。按功能和电压等级划分各功能室模块，模块的长宽高宜统一，便于海上运输、拼接和更换。

（3）设备选择应满足海洋运行环境要求。海上升压变电站设备及生产辅助设施应满足海洋运行环境的要求。电气设备的设计、制造与安装应考虑安全和便于检修，注重集约化、小型化、无油化、自动化、免维护或少维护的技术方针，选择性能优越、可靠性高、免维护或少维护、能满足潮湿重盐雾等恶劣环境条件下稳定运行要求的设备。

（4）电气布置应充分考虑基础平台结构要求。海上布置的变电站的建设成本较高、难度较大，变电站基础平台的面积由电气设备的布置决定，同时海上平台结构对电气设备布置也提出了很高的要求和大量的限制条件。因此电气布置应充分考虑基础平台结构要求，布置尽量紧凑、设备荷载均匀、结构受力合理、基础型式经济。一般情况下，海上升压变电站主变压器、高压配电装置室、35kV 配电装置室宜布置在海上平台主结构层。土建工程宜一次建设完成，不考虑扩建。

（5）满足现行海上建构筑物相关标准要求。海上升压变电站作为海上建筑物有其特殊性，除需满足电力行业相关标准和规范要求外，在通航标识、安全逃生、暖通消防、海洋环保等方面需参照海上建筑物的相关标准要求执行。

9.6.3　典型布置方案

1. 海上升压变电站总体布局

海上升压变电站一般按无人值班设计，布置于近海海域，属环境潮湿、重盐雾地区。由于海上升压变电站造价昂贵，平台上电气设备布置宜紧凑合理，选择符合运行要求的产品，尽量减少设备维护工作量。参考国外工程经验，海上升压变电站功能室一般主要包括：

（1）主变压器室、220kV 配电装置室、35kV 配电装置室、无功补偿设备室、站用变压器室、柴油机室等一次设备室。

（2）计算机监控室、继电器室、蓄电池室等二次设备室。

（3）水泵房、消防室、储油室、休息室、卫生间等辅助设备室。

（4）电缆层、油坑、电缆竖井等辅助房间。

（5）逃生通道、走廊、楼梯等通道。

（6）直升机平台。

海上升压变电站一般采用钢结构建筑物，三层布置。底层甲板为电缆层；一层甲板布置 220kV 主变压器、220kV 配电装置、35kV 配电装置及无功补偿装置等；二层甲板布置二次设备室、蓄电池室等；顶层布置直升机平台。

2. 电气设备对配电装置室的影响

电气设备对变电站各功能室三维布置的主要影响因素包括电气设备的外形尺寸，带电设备的安全距离要求，设备安装尺寸要求，检修和试验设备尺寸要求，通风、消防等管道安装要求等。

如需减小配电装置室尺寸，可考虑从以下几个方面优化：

（1）各功能室的长宽高主要与设备本身的大小有关，宜采用小型化的设备。

（2）设备带电安全距离的要求影响功能室的空间尺寸，宜选用封闭组合电器进行优化，尽量减少带电部分的外露。

（3）高压试验设备带电安全距离的要求影响功能室的空间尺寸，可考虑采用新型的封闭型试验设备如气体绝缘全封闭组合电器（GIS）工频试验成套装置以降低设备层高要求。

（4）通风、消防管道的厚度影响功能室的高度尺寸，宜合理布局。

3. 配电装置室布置优化

（1）主变压器室。220kV海上升压变电站主变压器室一般单列依次布置或对称布置，布置在一、二层甲板。主变压器室整体为全海上布置，主变压器采用油浸变压器，考虑海上恶劣的运行环境和有效散热，主变压器采用分体式布置，采用自冷方式或强迫油循环冷却，冷却器或散热器布置在户外。主变压器的220kV侧宜采用油气套管与GIS终端连接，GIS终端再接电缆。主变压器35kV侧与35kV配电装置间可采用双拼大截面电缆连接或绝缘母线连接。变压器的35kV及220kV中性点套管可采用常规敞开式套管。

（2）220kV配电装置室。220kV海上升压变电站中220kV GIS布置在220kV配电装置室，单列布置。220kV GIS主变压器进线间隔通过电缆经过底层甲板的电缆通道引到主变压器室，再与主变压器相连。220kV线路间隔全部采用电缆出线，电缆可通过底层甲板的电缆通道引至J型管处出站。

（3）35kV配电装置室。220kV海上升压变电站中的35kV GIS可以布置在海上一层甲板，35kV开关柜采用单列或双列布置。35kV GIS主变压器进线柜先通过电缆或绝缘母线经底层甲板电缆通道引至主变压器室，与变压器的35kV侧相连。35kV线路出线全部采用电缆出线方式，电缆可通过35kV配电装置室下的电缆通道引至J型管处出站。

（4）35kV无功补偿装置室。220kV海上升压变电站中的35kV SVG无功补偿成套装置采用水冷却方式，功率柜、启动电抗器回路设备、控制柜、水冷机组等考虑布置在户内，水—风换热装置布置在户外。无功补偿室可以布置在一层甲板，或两套叠放在一层和二层甲板。

（5）其他。计算机监控室、蓄电池室、继电器室等一般布置在二层甲板；水泵房、消防室、主变压器油罐、应急发电室、储油室可考虑布置在底层，底层兼作为电缆层，固定若干供海缆进出的J型管；顶层甲板可考虑设置直升机平台。

考虑到海上升压变电站一般离岸较远，运行、维护、检修人员往返时间较长，必要时需在平台上持续工作，可考虑设置必要的临时生活场所和设施供运行维护使用。

4. 典型案例

下面以一个装机规模300MW、采用交流送出方式的海上风电场为例对海上升压变电站的典型布置设计方案进行说明。海上升压变电站采用一座钢结构建筑物，全户内三层布置，平台尺寸为43.5m×29.5m。底层甲板布置事故油罐、消防设备间、消防泵房、油处理设备间、油品间、柴油机室、救生设备及安全用具室，兼作电缆层；一层甲板布置主变压器、220kV 配电装置、35kV 配电装置及无功补偿装置、SVG 水—风换热装置室、站用变压器室、接地电阻室等；二层甲板布置二次设备室、交流配电室、无功补偿装置室、SVG 水—风换热装置室、蓄电池室、资料间等。顶层布置海上直升机平台。

海上升压变电站设置主变压器、高低压配电装置和无功补偿设备等，均布置在海上钢结构平台上。通常情况下主要电气设备安装均在陆上完成，整体运输至海上安装，采用整体吊装方案，由起重船一次吊装到位。

总体而言海上升压变电站布置宜坚持模块化、最小化和共用化的原则，其中：①模块化，布置按区域分模块进行设计；②最小化，各区域在满足功能的前提下，尽量减小尺寸；③共用化，坚持施工、运维空间共用的原则。

第 10 章　风电场内集电线路及
光缆线路施工技术

集电线路及光缆线路是风电场输电系统的重要组成部分，是联系风电机组、升压变电站和电网系统的动脉，是保证风电场正常运行的重要环节。风电场集电线路及光缆线路一般按同路径同敷设方式设计，施工时也可同期施工。

10.1　概　　述

10.1.1　集电线路及光缆线路输送形式

风电场集电线路是将每台风电机组配套的箱式变电站高压侧的电能，通过线路汇集输送到风电场升压变电站，其输送电压等级一般为 35kV。风电场集电线路输送形式可采用架空线方式、电缆方式或者电缆与架空线混合方式。风电场光缆线路多与集电线路同路径敷设，根据集电线路输送形式的不同，光缆线路敷设可分为 OPGW 光缆敷设、ADSS 光缆架空敷设及无金属光缆地埋敷设。

风电场集电线路普遍情况多为混合方式，即若干组风电机组与箱式变电站之间以及风电机组配套箱式变电站高压侧与输电主干线之间采用电缆输送形式，输电主干线多以架空线输送形式为主。但在台风区、覆冰区等自然条件恶劣的地区，海滨滩涂施工困难地区或草原、风景区等有环境保护、旅游要求时宜采用电缆输送形式。

风电场容量一般为 50MW（或其整数倍）左右，由几十台风电机组组成。由于受单回路输送容量及线路长度限制，集电线路一般采用 2～3 回线路输送。为减少线路总长度、缩小线路走廊，山区及丘陵地带一般采用 2 个回路输送，平原及沿海滩涂地区可考虑 3 个回路输送。采用 2 个回路输送，每回输送容量为 25MW 左右，架空导线截面一般选用 240mm^2；采用 3 个回路输送，每回输送容量为 16.5MW 左右，架空导线截面一般选用 150mm^2。

10.1.2　地形及气象条件

风电场分布区域广泛，既有山区、丘陵，又有平原、沿海滩涂。按照集电线路工程标准地形条件划分，可分为平地、河网泥泽、丘陵、山地和高大山岭五类，但从对架空线路铁塔设计的影响来看，则可归纳为平地（含河网泥泽）和山区（含丘陵、山地和高大山岭）两大类。电缆线路地形划分为内陆及沿海滩涂两大类。

我国幅员辽阔、地形复杂，气候具有多样性，各地区风电场气象条件存在较大差别，且对架空线路的影响很大，如气温的高低影响导地线的弧垂和应力，覆冰的厚薄、风力的大小将影响导地线和杆塔的垂直荷载、水平荷载及导地线弧垂。

10.2　线路施工特点及工艺流程

10.2.1　线路施工特点

线路工程属于基本建设工程，由于线路遍布平原、丘陵、山地等各种复杂环境，往往绵延数千米或几十千米，因而线路施工有以下特点：

（1）线路施工是野外作业，战线长，地理环境条件差，受大自然因素的影响大，季节性强，在北方要避免冬季施工，在南方要避免黄梅雨季。

（2）线路施工高空作业量大、难度大、要求高，所以应特别重视安全工作。

（3）线路施工由于地形限制，施工机械化程度低，多使用轻型、小型机械施工，有时只能依靠人力作业，工作量大。

10.2.2　线路施工工艺流程

线路施工可分为：①施工准备；②施工安装；③质检、验收、移交。工艺流程如图10-1所示。

1. 施工准备

施工准备属于施工管理工作，是施工顺利开展、按期完成及优质安全的重要保证。

（1）现场调查。接受工程任务后应按线路施工图，从线路的起端到终端沿全线进行现场调查，了解施工线路现场的实际情况，调查沿线自然状况、地形、地貌、地物、自然村的分布，居民的民族风俗习惯及劳动力情况，沿线运输道路及通过的桥梁结构，交叉跨越结构、材料集散转运的地点及仓库，生活医疗设施及地方病情况，项目部及施工驻地条件等。

（2）资料准备。进行设计图纸、预算的审核，并根据现场调查报告、施工力量及工程实际状况确定施工方案，编制工程施工组织设计、施工技术措施，施工预算及机具物资平衡供应计划等。

（3）物资准备。施工用材料的及时供应是保证施工正常进行的重要条件，要做好材料的采购、加工订货及质量检查验收，并存放于集料站。

（4）现场准备。线路施工战线长，通常要设立项目部、材料供应站，施工班组沿线部署，班组驻地一般租用民房或搭建临时施工用房，也必须建设一些生活上的临时设施，就绪后，才能进入施工场地开工。

2. 施工安装

施工安装是线路施工的主要阶段，涉及基础施工、附件安装、接地安装等。

架空线路施工安装主要分为：①复测分坑；②基础施工；③接地体埋设；④杆塔组立；⑤通道清理、跨越架搭设；⑥架线；⑦附件安装；⑧接地安装。

直埋线路施工安装主要分为：①路径复测；②沟道开挖；③电缆、光缆敷设；④电缆头制作；⑤接地安装。

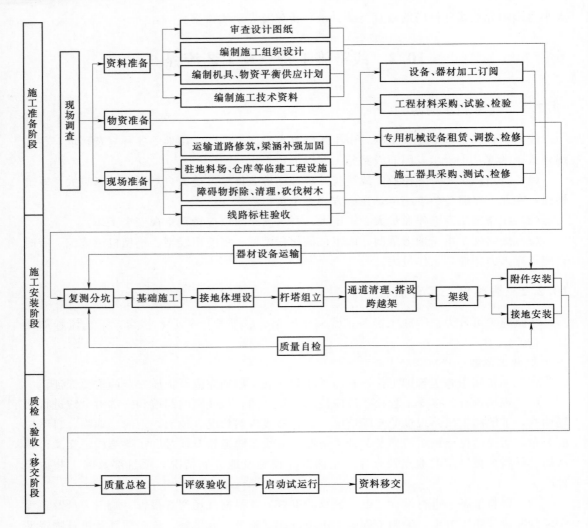

图 10-1　架空线路施工工艺流程图

线路施工安装部分将在后文中单独详列描述。

3. 质检、验收、移交

保证和提高工程质量、创造优质工程是施工企业的一项重要任务，施工全程中应实行严格的全面质量管理，以保证和提高工程质量，创优质工程。必须指出，单纯的质量检验只能是事后检查，判断合格与否，而缺乏科学的控制和预防方法。

工程经验收合格后，才能进行启动试验并移交。

（1）质量自检。施工过程中，班组应对本工序进行全面严格的质量自检，消除缺陷，整理施工和自检记录，达标后方可转至下一工序施工。

（2）质量总检。施工单位对承建的线路应进行质量总检，内容包括隐蔽工程的质检记录和分部工程的检查和实测，以及缺陷处理情况。

（3）评级验收。线路竣工后，由起动委员会根据现行规程规范对工程进行质量评级和竣工验收。

（4）启动试运行。验收合格后，进行启动前的电气试验，并带负荷试运行24h。

（5）资料移交。线路完工后，应移交全部工程安装及检查记录、试验报告、竣工图纸等全部资料。

线路施工的工艺流程适用于任意一条线路，但由于具体条件的差异，设计的每一条线路是不同的，因而每一道工序的施工内容将会有较大的差异。这就要求掌握好施工的基本方法和工艺要求，根据具体情况应用。

10.3　架空线路的施工

架空线路的施工分塔位复测分坑、基础施工、杆塔组立、架线施工、紧线施工及附件安装和接地装置的施工等环节。

10.3.1　塔位复测分坑

1. 塔位复测

架空线路的杆塔位置是根据设计单位勘测定位的杆塔来确定的。由于线路在测定之后到开始施工这段期间内，往往受到自热环境或外界因素的影响，使杆塔桩偏移或丢失。故在开始施工之前，要对线路上各杆塔桩挡距、高差等进行一次全面复测。

复测内容主要涉及校核直线杆塔桩的直线、转角杆塔桩的度数、水平挡距、杆塔位置高差、危险点标高、风偏距离等几个方面。对重要交叉跨越物（如铁路、公路、电力线、Ⅰ级和Ⅱ级通信线、民房等）的标高，也需要复测。

若复测结果与设计资料不符，超出允许范围，应汇报工地技术部门处理。

若发现有丢失的桩位，应立即补上，补定后的桩应与原桩号一致。在补桩时，对其桩距、高差、转角度数、危险点、交叉跨越点都要进行复查。

在复测中发现杆塔位由于地形条件限制，位置不适宜施工时，直线杆塔位允许前后少许移动，其移动值不应大于相邻两档距最小档距的1‰，直线杆塔横线路方向位移不应超过50mm；转角杆塔、分支杆塔的横线路、顺线路方向的位移均不应超过50mm。并要做好记录汇报工作。

2. 分坑

基础分坑测量是按设计图纸的要求，将基础在地面上的方位和坑口轮廓线测定出来，以作为挖坑的依据。根据杆塔型式的不同，可分为水泥杆和铁塔两种。水泥杆分坑有单杆（包括V形铁杆）、直线双杆和转角双杆等。铁塔分坑有正方形基础、矩形基础、高低腿基础、转角塔基础等。

基础分坑测量应在施工基面开挖完成后进行，以复测后或复原后的塔位中心桩为基准，按杆塔型号和基础型式及根开尺寸和坑口尺寸定辅助桩，其数量应满足分坑图要求，水田及易丢桩处应适当增加。由于施工开挖塔位中心桩无法保存，应在顺线路及横线路方向加定辅助桩，以便塔位中心桩重新确定。对辅助桩所定位置应牢固、准确，并加以保护，以便施工及检查验收。

图 10-2 所示为几种常见的基础分坑。

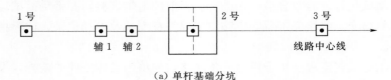

（a）单杆基础分坑

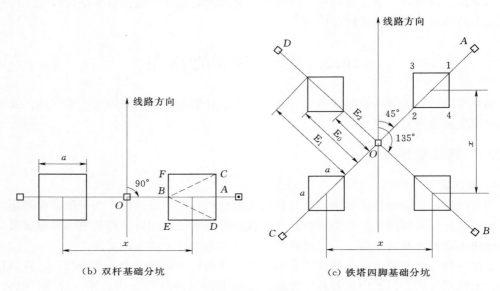

（b）双杆基础分坑　　　　　　　　（c）铁塔四脚基础分坑

图 10-2　几种常见的基础分坑

10.3.2　基础施工

杆塔基础坑的开挖一般有人力开挖、机械开挖和爆破开挖等方法。除山区岩石以外，绝大部分采用人力开挖和机械开挖方法。这种预先开挖好的基坑主要用于预制混凝土基础、普通钢筋混凝土基础和装配式混凝土基础等。这类基础具有施工简便的特点，是线路设计中最常用的基础型式。基础在基坑内施工好后，将回填土埋好夯实。

10.3.2.1　基础坑开挖注意事项

（1）开挖基础坑，应严格按设计规定的深度开挖，不应超挖深度，其深度允许误差为 $-50 \sim 100$mm，坑底应平整。若是混凝土双杆两个坑或铁塔 4 个基础坑，应按允许误差最深的一个坑持平。岩石基础坑不应小于设计深度。

（2）杆塔基础坑深应以设计图纸的施工基面为准，偏差超过 $100 \sim 300$mm 时，按以下规定处理：

1）铁塔现浇基础坑，其超深部分以铺石灌浆处理。

2）混凝土电杆基础、铁塔预制基础、铁塔金属基础等，其坑深与设计坑深偏差值在 $100 \sim 300$mm 时，其超深部分以填土或砂石夯实处理。如坑深超过 300mm 时，其超深部分以铺石灌浆处理。个别杆塔基坑深度虽超过 100mm，但经计算无不良影响时，可不做处理，只做记录。

3）拉线基础坑，坑深不允许有负偏差。当坑超深后对挖线盘的安装位置与方向有影响时，其超深部分应采用填土夯实处理。

4）凡不能以填土夯实处理的水坑、淤泥坑、流砂坑及石坑等，其超深部分按设计要求处理。如设计无具体要求时，以铺石灌浆处理。

5）杆塔基础坑深超深部分填土或砂、石处理时，应使用原土回填夯实，每层厚度不宜超过 100mm，夯实后的耐压力不应低于原状土，无法达到时，应采用铺石灌浆处理。

6）挖坑时如发现土质与设计不符，或发现坑底有天然古洞、墓穴、管道、电线等，应通知设计单位研究处理。

（3）一条线路有多种杆塔基础型式，基础坑口尺寸各不相同。分坑尺寸是根据基础施工图所示的基础根开（即相邻基础中心距离）、基础底座宽度和坑深等数据计算出来的。基础坑口宽度的确定是根据基础宽度、坑深以及坑壁安全坡度来计算的。

（4）材料设备及弃土的堆放不得阻碍雨水排泄，需浇水冲洗的砂石应堆放在距离坑边 5m 以外，禁止放水流入基坑内。

10.3.2.2 电杆基础

一般风电场架空线路基础分为电杆基础、铁塔基础两类。

电杆杆身的下段根部作为基础的一部分而埋于地下，基础主要部件和电杆是一个整体。因此，通常所说的电杆基础的组成部件为底盘、卡盘和拉线盘，即所谓三盘。这些部件早已成为定型产品。

钢筋混凝土电杆若不带拉线则一般安装卡盘，若带拉线则一般不安装卡盘，因而钢筋混凝土电杆的基础实际上多使用两盘，即底盘和卡盘或底盘和拉线盘。

对于单块底盘、卡盘和拉线盘的安装，由于它们的重量有轻有重，大小尺寸各不相同，其安装方法亦不相同。

1. 底盘的安装

混凝土电杆底盘在运输安装前要进行外观质量检测，有缺陷应进行处理。下盘前检查主杆坑的实际深度和大小，应符合设计要求，两坑底应持平。同时要注意到两杆长度可能有差异，应在坑底持平时抵消。

安装底盘的方法一般有吊盘法和滑盘法。

（1）吊盘法。在基坑口地面设置三角支架，绑好滑车组，将底盘用大绳绑好，挂在滑车组钩上，牵引滑车组绳索使底盘徐徐升起。在要离开地面时，要用大绳拉住底盘慢慢地向坑口移动，待底盘位于坑口上部后，慢慢放下，使底盘就位，如图 10-3 所示。

（2）滑盘法。用两根木杠斜支在坑内，用大绳控制，将底盘沿木杠滑至坑底。抽出木杠，使底盘落座，随即找正。滑盘法多用于构件较轻且边坡比较缓和的基坑，如图 10-4 所示。

底盘就位后应用水平尺操平，使圆槽表面与主杆轴线垂直，再检查底盘中心圆槽的标高，应符合设计深度，且根开、迈步等符合质量要求。底盘在安装找正后，应立即沿盘底四周均匀填土夯实至底盘表面，以防立杆时移动。

2. 卡盘的安装

电杆卡盘的安装是在电杆已起立以后，卡盘下部土已回填夯实。卡盘安装位置及方向

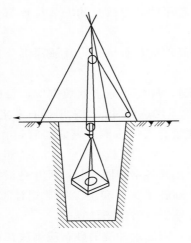

图 10-3　吊盘法

图 10-4　滑盘法

应符合图纸要求，误差应不大于±50mm，卡盘安装后应呈水平状态且与主杆贴紧，连接牢固。

3. 拉线盘的安装

拉线盘安装前，应先检查拉线盘的质量，拉线坑的有效深度，坑口、坑底大小，拉线棒的马槽坡度等。

拉线盘为长方形，质量较轻时，将拉线棒和拉环等组装成套，用绳索绑扎沿木杠滑放至坑底。

拉线盘埋设的位置和方向应符合设计要求。其安装位置的允许偏差应符合：①沿拉线方向，其左、右偏差值不应超过拉线盘中心至相对应电杆中心水平距离的 1‰；②沿拉线安装方向，其前、后允许位移值为当拉线安装后其对地夹角值与设计值之差不应超过 1°；③对于 X 形拉线，拉线盘的安装应有前后方向的位移，使拉线安装后交叉点不会相互摩擦。

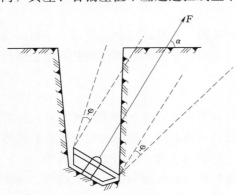

图 10-5　拉线盘的放置

拉线盘盘面一般应与拉线棒垂直。拉线棒应挖有马道，如图 10-5 所示。拉线盘受的全是上拔力，其抗上拔力的大小，为拉线盘自重和盘上部所切的倒截锥体土的质量，即图 10-5 中虚线内的体积，它与拉线盘两边垂线成 φ 角，所以拉线盘上的倒锥体原状土应尽量少破坏，以保证拉线盘的抗拉强度。拉线坑的回填土应认真回填，并符合要求。

10.3.2.3　铁塔基础

架空线路的铁塔基础广泛采用现场浇制钢筋混凝土基础。钢筋混凝土基础的现场浇筑主要有以下 5 个步骤。

1. 钢筋的配置

钢筋混凝土钢筋笼的配置和绑扎应注意以下几点：

（1）要熟悉基础钢筋结构图。

（2）按材料表详细核对钢筋的品种、规格、数量、尺寸，确保其符合设计规定，并检查钢筋的加工质量是否符合要求，钢筋表面应清洁。

（3）在基坑底部，按几何中心线画出立柱位置尺寸，并应有明显的标志。

（4）基础钢筋笼的绑扎或电焊可以在坑外或坑内进行。坑外绑扎是在基坑附近地面上，按图纸将主筋和箍筋绑扎成整体，然后吊入坑内就位。坑内绑扎因是散件组扎，不需吊装设备，施工较方便，但不适用于有地下水涌出的基础坑。

（5）钢筋绑扎顺序，一般是先把长钢筋就位，再套上箍筋，初步绑成骨架，再把钢筋配齐，最后完成各个绑扎点。

（6）在构件受拉区内，主筋接头应错开布置，同断面内钢筋接头的面积不应大于总面积的 25％。错开布置时，钢筋接头间的距离应大于接头的搭接长度。

（7）箍筋末端应向基础内，其弯钩叠合处应位于柱角主筋处，且沿主筋方向交错布置。

（8）柱中竖向钢筋搭接时，四角部位钢筋的弯钩应与模板成 45°，中间钢筋的弯钩与模板成 90°。

（9）钢筋绑扎成形后，要反复核查，配制的钢筋类别、根数、直径和间距应符合图纸设计，切不可有差错。

（10）钢筋的接头用绑扎法绑接钢筋，至少要绑三处，其搭接长度为：直径为 16mm 及以上时为 45d（d 为直径），直径为 12mm 及以下时为 30d。

（11）绑扎钢筋及焊接的质量要求为：①绑扎或焊接的钢筋笼和钢筋骨架不得有变形、松脱和开焊；②主筋间距及每排主筋间距钢筋绑扎位置的允许偏差为 ±5mm，箍筋间距误差为绑扎 ±20mm，焊接 ±10mm。

2. 模板的支立

模板的支立应先按基础尺寸准确定出模盒位置。在底阶的四角挖小坑，其大小应刚好能放置预制好的混凝土块，将 4 个面的模板竖立在混凝土块上，模板间应连接牢固。

对于土质条件较好且不塌方的基础坑，为了减少土方的开挖量和模板用量，一般底层台阶可不立模，利用基坑壁作模板，此时基坑地面尺寸应略大于设计值，以保证钢筋保护层厚度，用于模板的坑壁修平。对于泥水坑等弱土层，坑底应铺设垫层，以防模板变形下沉，底层台阶应立模板。

立柱的模板可用混凝土垫块支撑组立，也可采用悬吊法，即将槽钢或角钢作为井字形架，担放在基坑口立柱模板位置，再将模板悬吊于其上，由上向下组装。

台阶的上平面一般不设置模板，只需在浇注结合面时，充分振捣密实后，稍停一段时间，使结合面不跑浆，并及时将台阶面抹平，以保证质量。

模板安装完毕后，再次核对各部件尺寸、空间位置、高差、立柱倾斜等数据，必须保证在允许误差范围内。

3. 地脚螺栓的安装

地脚螺栓安装前必须检查螺栓直径、长度及组装尺寸，符合设计要求后方可安装。对于转角塔、终端塔的受压腿和上拔腿，地脚螺栓规格不同，安装时必须核对方位，不能装错。

地脚螺栓的安装是先将丝扣部分穿入地脚螺栓安装样板孔内，用螺帽固定，用人力或用起吊设备置入钢筋笼内，绑扎固定牢靠，使基础钢筋与地脚螺栓形成整体，调整根开及对角线符合要求后，将样板固定在立柱模板上。

在抄平模板后检查地脚螺栓露出立柱顶面的高度应符合规定值。露出的部分在浇制前应涂黄油并用牛皮纸包裹，防止锈蚀或沾上水泥砂浆，不好装拆螺帽。

4. 基础的浇制

基础的浇制应注意以下几点：

（1）搅拌好合格的混凝土后，应立即进行浇灌，浇灌应先从一角或一处开始，逐渐延入四周。

（2）混凝土倾倒入模盒内，其自由倾落高度应不超过 2m，超过 2m 时应沿溜管、斜槽或串筒中落下，以防离析。

（3）混凝土应分层浇灌和捣固，每层厚度为 200mm，捣固应采用机械振捣器。捣固时要注意模板的狭窄处和边角处，各部位均应振捣到，直至混凝土表面呈现水泥浆状和不再沉落为止。机械振捣不可过度，否则会出现混凝土离析现象而影响质量。留有振捣窗口的地方应在振捣后及时封严。

（4）浇灌时要注意模板及支撑是否出现变形、下沉、移位及跑浆等现象，发现后立即处理。

（5）浇灌时应随时注意，钢筋与四面模板保持一定距离，严防露筋。

（6）基础地脚螺栓、插入式基础的塔腿主角钢及预埋件安装应牢固、准确，并加以临时固定，浇灌时应保证其位置正确，不受干扰。

（7）每个基础的混凝土应一次连续浇成，不得中断。如因故中断时间超过 2h，则不得再继续浇制，必须等待混凝土的抗压强度不小于 1.2MPa 以后将连接面打毛，毛面用水清洗，并先浇一层与原混凝土同样成分的水泥砂浆，然后再继续浇制。

5. 养护、拆模和鉴定

基础浇捣后，将逐渐凝固、硬化，这主要是因为水泥具有水化作用。水泥的水化作用必须在适当的温度和湿度条件下才能完成，如果混凝土中水分蒸发过快，出现脱水现象，水化作用就不能进行，混凝土表面就会脱皮起砂，产生干缩裂纹，所以对混凝土养护是一项必要的措施。养护时间必须在浇制完后 12h 内开始浇水，炎热干燥有风时养护应在 3h 内开始。

拆基础模板，应保证混凝土表面及棱角不受损坏，且强度不应低于 2.5MPa。混凝土基础拆模的最少养护天数见表 10-1。

拆模应自上而下进行，敲击要得当，模板只要均匀涂刷脱模剂，拆模并不困难。拆模后应立即检查，消除缺陷并回填土，基础外露部分应加盖遮盖物，按规定期限浇水养护。

表 10-1　拆混凝土模板需要的最少养护天数　　　　　　单位：d

混凝土强度达到设计强度的百分比/%	混凝土标号	日平均气温/℃						水泥种类
		+5	+10	+15	+20	+25	+30	
25	150	4	3	2	2	2	2	普通水泥
	200	3	2	2	2	2	2	
	150	7	6	5	4	3	2.5	矿渣水泥和火山灰质水泥
	200	6	5	4	3.5	3	2	

结构表面应光滑，无蜂窝、麻面、露筋等明显缺陷。基础混凝土强度应以试块的极限抗压强度的平均值为依据，其值应不小于设计强度。

铁塔基础腿尺寸的允许偏差应符合下列规定：

（1）保护层厚度为 -5mm。

（2）立柱及各底座断面尺寸为 -1%。

（3）同组地脚螺栓中心对立柱中心偏移为 10mm。

10.3.3　杆塔组立

10.3.3.1　杆塔组立注意事项

（1）钢筋混凝土电杆多采用分段制造，在施工现场将分段杆按设计的要求排直并焊接成整杆，即钢筋混凝土电杆的排焊，排焊好以后才能进行组装和立杆。

（2）混凝土电杆的地面组装顺序，一般为先装导线横担，再装地线横担、叉梁、拉线抱箍、爬梯抱箍、爬梯及绝缘子串等。

（3）在组装施工之前，要熟悉电杆杆型结构图、施工手册及有关注意事项。

（4）按图纸检查各部件的规格尺寸有无质量缺陷，杆身是否正直，焊接质量是否良好。

（5）在安装时要严格按照图纸的设计尺寸和方位等拨正电杆，使两杆上下端的根开及对角符合要求，且对称于结构中心；如为单杆应拨正在中心线上。要测量双杆的横担至杆根长度是否相等，如不等应调整底盘的埋深。

（6）在拨正、旋转或移动杆身时，不得将铁撬杠插进眼孔里强行操作，必须用大绳子和杠棒，在杠身的 3 个以上部位进行旋转、移位和拨正。

（7）组装横担时，应将两边的横担悬臂适当向杆顶方向翘起，一般翘起 10～20mm，以便在挂好到导线后，横担能保持水平。

（8）组装转角杆时，要注意长短横担的安装位置。

（9）组装叉梁时，先量出距离并装好 4 个叉梁抱箍，在叉梁十字中心处要垫高至与叉梁抱箍齐平，然后先连接上叉梁，再连接下叉梁。如安装不上，应按图纸检查根开及叉梁、接板与抱箍安装尺寸，并直到调正为止。

（10）以抱箍连接的叉梁，其上端抱箍组装尺寸的允许偏差应为 ±50mm。分段组合叉梁，组合后应正直，不应有明显的鼓肚、弯曲。横隔梁的组装尺寸允许偏差为

±50mm。

（11）拉线抱箍、爬梯抱箍的安装位置及尺寸应按图纸规定。

（12）挂线用的铁构件或瓷瓶串等应在地面组装时安装好，以减少高空作业并能提高质量和进度。

（13）电杆组装所用螺栓规格数量应按设计要求，安装的工艺应符合规定。各构件的组装应紧密牢固，构件在交叉处留有空隙时，应装设相同厚度的垫圈或垫板。

（14）横担及叉梁等所用角钢构件应平直，一般弯曲度允许为1‰。如由于运输造成变形未超规定时，准许在现场用冷矫正法矫正，矫正后不得有裂纹和硬伤。

（15）组装时发现螺孔位置不正，或不易安装，要反复核对查明原因，不要轻易扩孔，强行组装。如查不出原因，可向上级反映。

（16）组装完毕后，应系统检查各部尺寸及构件连接情况。

（17）在电杆起吊过程中，指挥人员和全体工作人员要精力集中，注意整个过程的工作情况，有异常情况要及早发现、及时处理，以保证起吊工作的顺利进行。

（18）当电杆起吊离开地面约0.8m时，应停止起吊，检查各部受力情况并做冲击试验。检查各部受力情况是否正常，用木杠敲击各绑扎点，使受力均匀。并检查各绳扣是否牢固可靠，各桩锚是否走动，锚坑表面土是否有松动现象，主杆是否正常，有无弯曲裂纹，是否偏斜，抱杆两侧是否受力均匀，抱杆脚有无滑动及下沉，然后做冲击试验。

（19）在起吊过程中，要随时注意杆身及抱杆受力的情况，要注意杆梢有无偏摆，有偏斜时用侧面拉线及时调正，在起吊过程中要保持牵引绳、制动绳中心线、抱杆的中心线和电杆结构中心线始终在同一垂直面上。电杆起吊到40°～45°时，应检查杆根是否对准，如有偏斜应及时调正。

（20）在抱杆脱落前，应使杆根进入底盘位置。如果在抱杆脱落后，杆根再进入底盘，整个电杆的稳定情况很差，很不安全。抱杆脱落时，应预先发出信号，暂停起吊，要使抱杆缓缓落下，并注意各部受力情况有无异常。

（21）电杆起立时到约70°时，要停磨，并收紧稳好四面拉线，特别是制动方向拉线。以后的起吊速度要放慢，此时要从四面注意观察电杆在空间的位置。在起立到80°时，停止牵引，用临时拉线及牵引绳自重将杆身调正，反向拉线必须收紧，以防电杆翻倒。

（22）杆立好后，应立即进行调整找正，电杆校正后，将四面拉线卡固定好，随即填土夯实，接地装置和卡盘在回填时一并埋设。带拉线的转角杆起立后，应在安装永久拉线的同时做好内角侧的临时拉线，并待前后侧的导线架好后方可拆除。

10.3.3.2　施工方法

铁塔组立的施工方法主要分为整体立塔和分解组塔两种。其中，整体立塔的主要特点是铁塔在地面组装好后，用倒落式人字抱杆起吊一次完成，不需要高空作业，在地形条件允许的地方是一种比较好的铁塔组立方法。分解组塔主要是将铁塔分节或分片用抱杆组塔，先立好塔腿，然后利用抱杆组立塔身，最后组立塔头的正装组立法，其主要特点是高空作业。

1. 整体立塔

（1）抱杆的位置有 3 种设置方法：如图 10-6 所示。

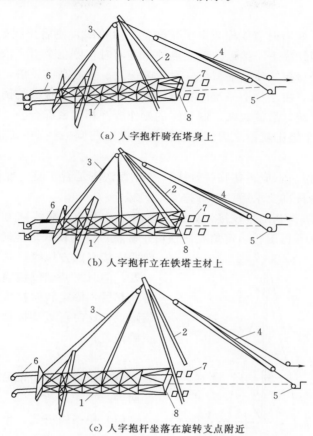

（a）人字抱杆骑在塔身上

（b）人字抱杆立在铁塔主材上

（c）人字抱杆坐落在旋转支点附近

图 10-6 铁塔整体起吊布置图

1—被起吊铁塔；2—人字形抱杆；3—起吊装置；4—牵引系统；
5—主牵引地锚；6—制动系统；7—基础；8—补强

1）人字抱杆两腿叉开骑在塔身上。抱杆根部与塔身有一定距离，可以根据需要调整，多用于窄根开的自立塔和拉 V 塔或拉猫塔。

2）人字抱杆立在塔腿主材上。采用自身重量较轻的铝合金抱杆比较合适，这种方法可以提高人字抱杆的有效高度，改善各部受力情况，抱杆与塔身不会发生摩碰现象。

3）人字抱杆坐落在塔脚旋转支点附近或在根开内。用于根开宽大的铁塔，此法各部受力都增加，抱杆也要选得相当坚固，因而笨重。

（2）起吊铁塔的注意事项有以下方面：

1）起吊前应检查现场平面布置，必须符合施工技术设计的规定。当铁塔刚刚离开地面时，应停止起吊，检查各部有无异常现象，确无异常才可继续起吊。

2）起吊前应尽可能收紧制动绳，以防止就位铰链向前移位和顶撞地脚螺丝。当铁塔起立到 60°左右时，应调整制动绳长度，使制动绳随着铁塔继续起立而慢慢放松，防止制动力过大而将就位铰链向后移位拉出基础面或造成就位困难。

3）当铁塔立到 55°~60° 时，应拉紧抱杆大绳，防止抱杆脱帽时的冲击，并使抱杆慢慢落到地面。

4）铁塔立至 70° 左右时就要停止牵引，准备好后拉线，使后拉线处于准备受力状态，再继续缓缓起立。当铁塔重心接近两绞支点的垂直面时，停止牵引，依靠铁塔和牵引系统的重量，缓慢地放松后拉线使铁塔就位。对于吨位大、重心高的铁塔，当铁塔起立到重心轴线超过后侧塔脚时，由于牵引系统的自重较大，将会有一个很大的倒向前侧力矩，这时要特别注意，牵引系统、后侧拉线、制动绳的操作要互相紧密配合。

5）当前方的两个塔脚就位之后，应将铁塔稍微向前倾一些，使后塔脚不受力，以便卸下就位铰链。

6）铁塔四脚就位后，应锁住临时拉线；并检查铁塔是否正直，底脚板与基础面接触是否吻合，一切符合标准要求后，即可拧紧地脚螺栓。

7）拉线塔的塔脚与基础是铰接，如因场地限制，不能在顺线路方向整立时，可在其他方向整立，待起立后再旋转一定角度使铁塔正确就位。为使铁塔能转向，必须预先将转向器连接好四方拉线，并安装在铁塔中线挂点处，同时将基础铰接锅顶涂以黄油。当铁塔立起后，固定转向拉线，使铁塔有上固定旋转点，此时可直接拨动塔身，使铁塔转至正确位置。

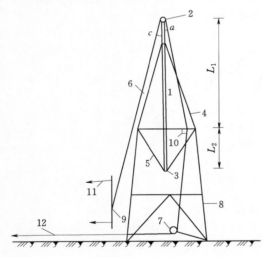

图 10-7　单吊组塔法
1—抱杆；2—朝天滑车；3—朝地滑车；4—拉线钢绳；5—承托钢绳；6—起吊钢绳；7—地滑车；8—已组塔身；9—被起吊塔材；10—腰滑车；11—调整绳；12—牵引钢绳

2. 分解组塔

分解组塔法分为单吊组塔法和双吊组塔法两种。

（1）单吊组塔法。单吊组塔法的布置如图 10-7 所示，抱杆 1 的末端由承托钢绳 5 悬浮于已组好塔身的四根主材中心位置，首端由拉线钢绳 4 固定，整个抱杆悬立于已组好的塔身之上，故又称悬浮式抱杆组塔法。起吊钢绳 6 的牵引端，通过朝天滑车 2、腰滑车 10、地滑车 7 引至牵引设备，另一端连接被起吊的塔材，一次只能吊一节铁塔的一面塔材。

单吊组塔法所需设备较简单，施工场地紧凑，受地形、地物的影响较小，组塔时受外界因素的影响较小，所需操作人员也较少。

（2）双吊组塔法。双吊组塔法的布置如图 10-8 所示，抱杆 1 由承托钢绳 5 和拉线钢绳 4 悬浮并固定于已组好铁塔结构的中心。起吊铁塔构件采取在铁塔两边同时起吊，故用两套起吊钢绳 6，牵引端各自通过抱杆 1 的朝天滑车 2 的滑轮，经腰滑车 10、地滑车 7 在塔身外相连接，再经平衡滑车 13 引至牵引设备。起吊钢绳的另一端连接被起吊塔材 9。

由于双吊组塔法同时起吊两片塔材，同时安装，因而抱杆是正直立于塔上，两边受力对称，使抱杆近似于纯受压杆件，因而提高了抱杆的承载能力，同时使拉线钢绳受力也大为减轻。既提高了工作效率，又改善了抱杆的受力状态，增加了高空作业的安全性。

虽然双吊法塔内绳索较多，操作上不大方便，但通常除特大根开铁塔外，适用于多种塔型。

10.3.4 架线施工

架线工程主要是指架空线导线及地线的架设安装过程。在风电场设计中，一般地线采用 OPGW 光缆（光纤复合架空地线），架空线中光缆的施工和一般架空地线的施工基本相同。

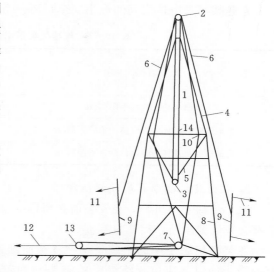

图 10-8 双吊组塔法

1—抱杆；2—朝天滑车；3—朝地滑车；4—拉线钢绳；5—承托钢绳；6—起吊钢绳；7—地滑车；8—已组塔身；9—被起吊塔材；10—腰滑车；11—调整绳；12—牵引钢绳；13—平衡滑车；14—腰环

1. 通道清理

架空线路通过的走廊应该留有通道，通道内的高大树木、房屋及其他障碍物等，在架线施工前应进行清理。应严格按设计要求进行。

2. 跨越架搭设

集电线路通常要跨越公路、铁路、通信线和电力线路等各种障碍物，为了避免导线受到损伤并不影响被跨越物的安全运行，在架线施工前，对这些交叉跨越的障碍物通常采用搭设跨越架的方法，使导地线在跨越架上安全通过。

跨越架的搭设分一般搭设（被跨越物不带电）和带电搭设两种情况。

一般搭设适用于跨域铁塔、公路、通信线路及 10kV 停电线路。搭设跨越架的材料对跨越铁路、公路、通信线路等可采用钢管、毛竹、杉木杆等，对电力线路宜采用毛竹、杉木杆搭设。

带电搭设用于 10kV 及以上的带电线路，不停电搭设跨越架是一种带电作业，因此要特别注意安全。为了降低跨越架的高度，对 35kV 线路可先短时间临时停电，降低被跨越线路的横担高度，再搭设跨越架。

跨越架对被跨越物之间的最小安全距离见表 10-2。

表 10-2　跨越架对构筑物的最小安全距离　　　　　单位：m

安全距离	铁路	公路	通信线、低压配电线
距架身水平距离	至路中心 3	至路边 0.6	至边线 0.6
距封架垂直距离	至轨顶 7	至路面 6	至上层线 1.5

跨越架与带电体之间的最小安全距离，考虑风偏之后不得小于表 10 - 3 的规定。

表 10 - 3　跨越架与带电体之间的最小安全距离

安　全　距　离	被跨越电力线电压等级/kV	
	≤10	35
架面与导线的水平距离/m	1.5	1.5
无地线时封顶杆与带电体的垂直距离/m	2.0	2.0
有地线时封顶杆与带电体的垂直距离/m	1.0	1.0

3. 人力及机械牵引展放导地线

（1）绝缘子串组装。在安装前必须详细检查线路所使用的各种金具及绝缘子，其规格应符合设计要求及产品质量标准。

各类型绝缘子串的组装是一项复杂而细致的工作，要求组装时应按照图纸施工。组装绝缘子串时，应检查绝缘子的碗头与弹簧销子之间的间隙，在安装好弹簧销子的情况下，球头不得自碗头中脱出。弹簧销子的开口端应穿出绝缘子帽的方孔外，以防止掉出。

绝缘子串、导线及避雷线上的各种金具上的螺栓、穿钉及弹簧销子除有固定的穿向外，其余穿向应统一，并应符合下列规定：

1）悬垂串上的弹簧销子一律向受电侧穿入。螺栓及穿钉顺线路方向时，一律向受电侧穿入，横线路方向时边线由内向外穿入，中线由左向右穿入。

2）耐张串上的弹簧销子、螺栓及穿钉一律由上向下穿，个别情况可由内向外、由左向右。

（2）挂绝缘子串及放线滑车。在展放导地线前，应将绝缘子串悬挂于横担挂线点上。

绝缘子串挂线夹的位置应先改挂放线滑车，随绝缘子串一起挂于横担上。放线滑车与绝缘子串的连接应可靠，在任何摆动的情况下都不能脱落。并应在滑车内放好引线绳，将两头相连接成环形，能站在地面上解开绳结，以备牵引导线或地线通过滑车。

对于严重上拔、垂直挡距过大或大转角处的放线滑车应进行验算，并制定相应的措施。

放线滑车在使用前，应进行外观检查，滚动轴承应良好，轮沿无破损，转动应灵活，部件应齐全良好。

（3）布线。展放导地线之前先布线，布线应根据每盘线的长度或重量合理地分配在各耐张段，以求接头最少，不剩或少剩余线。估算接头位置与杆塔距离适当，使之符合规范要求，同时要考虑紧线后导地线的接续管应避开不允许有接头的挡距。布线时一般应考虑以下几点：

1）布线放线系数应根据放线方法的不同而不同。采用人力拖放线时，一般平地放线系数 1.03～1.05；丘陵地段 1.05～1.06；山地 1.07～1.08；高大山岭 1.09～1.12。采用机械拖放线时，平地 1.02～1.03；丘陵 1.03～1.04；山地 1.05～1.06。

2）布线时必须避免导线和地线的连接管出线在跨越铁路、公路、通航河流、一二级通信线、特殊管道以及 35kV 以上电力线路挡内。

3）充分利用沿线交通条件，减少人抬运输距离，合理地选择线盘放置地点，以利于运输机械和施工机械的使用。

4）采用人力放线时，可将导线和地线在材料站盘成小线盘，用人力抬运到放线区段中间，以便向两头展放。机械放线时，线盘放置点应选在放线区段的一端，以便调过头向另一侧牵引放线。

5）三相导线布线的线盘长度应尽量接近并放置在同一地点。

（4）导地线展放。

1）人力展放时应注意以下事项：

a. 人力展放较长的导地线时要对准方向，中间不能形成大的弯折。

b. 人力放线时应由技工领线。放线开始时一般拖线人都集中在起始端，放线时相互间应保持适当的距离，均匀布开，以防一人跌倒影响别人。拖线人员要行走在放线方向同一直线上，放线速度要均匀，不得时快时慢或猛冲拽线。

c. 放线遇到有河沟或水塘时应用船只或绳索牵引过渡。遇悬崖陡坡应采用先放引绳作为扶绳等措施再通过。遇有跨越处应用绳索牵引通过。在有浮石的山坡地区放线，事先应清理掉浮石，以防滚石伤人。

d. 放线过程中，人不得站在盘线里面。整盘展放时，放线架要平稳牢固，线轴要水平。线盘转动时，如果线盘向一侧移动，应及时调节线轴高低，使其不向两侧移动。展放时应有可靠的刹车措施。导线头应由线轴上方引出。

e. 拖放导地线或牵引绳需要穿过杆塔上面的放线滑车时，应越过杆塔位置一段距离，停止拖放后，将线头抽回杆塔下面，与预先挂在滑车上的引绳用塔索扣相接，绑扎要牢固。用引绳拉过滑车后再继续进行拖放。在引绳接头过滑车时，拉线人员不得在垂直下方拉绳，杆塔下面不得有人逗留，以免当绳头连接断脱时，线头掉落伤人。

f. 导地线不得在坚硬的岩石上摩擦，跨越处应有隔离垫层保护措施。当导地线牵引被卡住时应用工具处理，人员不得站在线弯内侧。

g. 领线人员要辨明自己所放线的位置，不得发生混绞。穿越杆塔放线滑车时，引线应在拉线上方应用工具处理，人员不得站在线弯内侧。

h. 展放的导地线或牵引绳不得在带电线路下方穿过。遇特殊情况必须穿过时，必须在带电线路下方设置压线滑车，锚固应用地钻或坑锚，压线滑车不得使用开口式滑车，并派专人监护。

2）机械牵引放线时应注意以下事项：

a. 采用机械牵引放线，按紧线方式一般仅限于一个耐张段内牵引。牵引钢绳的展放方法和人工放线基本相同，先用人力按耐张段长度拖放一根牵引钢绳，并穿过放线滑车。

b. 牵引钢丝绳一般采用 6×37 结构的 $\phi 11 \sim 13$ 钢丝绳，破断力为 6.0t。牵引导线基本在地面平地拖动。在牵引放线时，牵引钢丝绳若为采用防捻措施，经牵引后钢丝绳会出现轻微的扭劲绞绕现象，但一般不影响使用。

c. 使用机动绞磨或手扶拖拉机直接牵引整轴盘线时，一般采用放线架展放。要求放线架呈水平稳固，两边高低要一致，以防倾倒。因导线牵引速度不快，没有冲击力，一般不需要施加大的制动力。

d. 牵引放线的速度不宜过快，一般每分钟不超过 20m 为宜。牵引绳与导线连接处每次通过滑车时，各护线人员都要严加监视，如有卡住现象应立即停止牵引，必要时可回送导线，派人登高处理。在牵引过程中，如果牵引绳或导线在地面上被障碍物卡牢，并已形成明显的折弯，应停止牵引加以处理。

e. 牵引放线跨越电力线时，应搭跨越架停电放线，不得在带电线路下方穿过。如因特殊情况难以停电又必须穿越时，该挡导线应另设置压线滑车并设专人监视，才可在地面上拖放。当施工线路紧线停电时，应先将带电导线拆除再将导线挂上，这样可缩短停电时间。若两侧地势较高的导线有可能弹跳起空时，不得拖放线，以防导线一旦起空后发生触电群伤事故。

f. 牵引放线的长度，在平地或地势平缓地带，一般允许拖放。如牵引段两端地势有高差，应根据绞磨受力大小加以控制，一般绞磨进口处的牵引绳张力不宜大于 2t。对交通不便之处，应将导线从线轴中盘成小盘，不宜采用连续牵引放线。

4. 导地线的连接

架空线路工程中，导地线与导地线的连接和导电线与金具的连接都采用压接的方法，即钳压连接法、液压连接法和爆压连接法三种。

(1) 钳压连接法。钳压连接法所使用的工具和技术比较简单，其原理是：利用机械钳压机的杠杆或液压顶升的方法将力传给钢模，把导线和钳接管一起压成间隔的凹槽状，借助管和线的局部变形获得摩擦阻力，从而把导线连接起来。

(2) 液压连接法。液压连接是采用液压机，以高压油泵为动力，以相应的钢模对大截面导线或地线进行压力连接的操作。施压前接续管及耐张线夹管为圆形，压接后呈六角形。液压连接必须按 SDJ 226—1987《送电线路导线及避雷线液压施工工艺规程》进行操作。

(3) 爆压连接法。爆压连接是在炸药爆炸压力作用下，压力施加于接续管或耐张线夹管上，使管子受到压缩而产生塑性变形，将导线或地线连接起来，从而使连接体获得足够机械强度。爆压连接必须按 SDJ 276—1990《架空电力线路爆炸压接施工工艺规程》进行。

10.3.5　紧线施工及附件安装

1. 紧线施工

紧线就是将展放在施工耐张段内杆塔放线滑轮里的导线及地线，按设计张力或弧垂把导线和地线拉紧，悬挂在杆塔上，使导地线保持一定的对地面或交叉跨越物的距离，以保证线路在任何情况下都能安全运行。紧线施工应注意以下事项：

(1) 紧线操作应在白天进行，天气应无雾、雷、雨、雪及大风。紧线段的锚固杆塔已挂线完毕。指挥人员在紧线前对施工人员要进行详细分工，交代岗位、责任、任务、联络信号以及注意事项。

(2) 紧线前应再次检查导地线是否有未消除的绑线，是否有附加物及损坏尚未处理或接头未接续等情况，应确保无影响紧线操作之处。

（3）紧线时指挥员应处于牵引设备附近，利用通信联络手段，了解锚塔、观测挡和各处情况，指挥牵引设备的停、进、退、快、慢及处理障碍等动作。

（4）如果没有特殊要求，紧线的顺序是先紧挂地线，后紧挂导线。紧挂导线的顺序是先紧挂中相，再紧挂两边相。

（5）紧线开始时先收紧余线，当导地线接近弧度要求值时，指挥员应通知牵引机械的操作人员缓缓进行牵引，以便弧垂的观测。在一个紧线段内，当采用一个观测挡观测弧垂时，应先使观测弧垂较标准值略小，然后回松比标准值略大，如此反复一两次后，再收紧使弧垂值稳定在标准值即可划印。当采用多挡观测弧垂时，应先使距离操作杆塔最远的一个观测挡达到标准值，然后回松一次使各观测挡都达到标准值方可划印。

（6）观测弧垂时，当架空线最低点已达到要求值时，应立即发出停止牵引信号。因为此时导线还会自动调节各挡张力，弧垂还会发生变动。应待架空线稳定，弧垂完全符合要求后，才能发出可以划印的信号。

（7）当导地线弧垂符合设计要求后，应立即划印，划印应使用垂球和直尺，划印力求准确。划印后，复查弧垂无误即可送回导地线并将其临时锚固，然后进行切割压接等工作。自划印点量切割的线长，其值对于导地线等于金具串长加上压接管销钉孔至管底的距离。若用楔型线夹，等于安装孔至线夹舌板顶距离减去回头长度，若为负值应自划印点向外延长，对于导线等于绝缘子串的全长加上压接管销钉孔至管底的距离减去5mm。绝缘子金具串的长度应在受力状态下测量。

（8）切割导线压接好耐张管，与绝缘子串联好，装好防振锤即可挂线。挂线前应再次检查绝缘子串是否完整、绝缘子有无损伤、各部件的朝向是否正确、弹簧销是否插牢、开口销是否开口。

（9）挂导线时，如耐张绝缘子串为单串，牵引绳可直接连接在绝缘子串前侧金具上，而把绝缘子串绑扎在牵引绳上，此时由于绝缘子串不受力，挂线时过牵引长度较大。如耐张绝缘子串为双串，牵引绳可用特制挂钩连接在挂线点侧联板上，使绝缘子串在受力状态下挂线，这样可使导线在挂线时过牵引的长度较小。

（10）挂地线时，由于地线耐张线夹一般采用楔形线夹，安装线夹时可在杆塔上安装，也可将地线松回地面安装。若在杆塔上安装时，为防止卡线器打滑而跑线，锚固时应采用前后双卡线器，用钢丝绳套并连在一起，利用双钩紧线器固定在杆塔上，增加安全保险裕度。若在地面安装时，只要将地线划印后送回地面，安装楔形线夹，然后用地线卡线器和牵引绳将地线挂在杆塔上。

（11）在挂线时，应尽量减少过牵引的长度，当连接金具靠近挂线点时，应停止牵引，然后挂线人员才可由安全位置到挂线点挂线。挂线后应缓缓放松牵引绳，并观测杆塔是否变形，变松便调整永久拉线和临时拉线。

（12）架线弧垂应在挂线后，随即在该观测挡测量，其允许偏差应符合下列规定：

1）一般情况弧垂允许偏差应符合表10-5的规定。

2）35kV线路正误差最大值，不应超过500mm。

3）跨越通航河流的大跨越挡，其弧垂允许偏差不应大于±1%，其正偏差不应超过1m。

表 10-4　弧垂允许偏差	
线路电压等级/kV	35
允许偏差/%	-2.5～+5

表 10-5　相间弧垂允许不平衡最大值	
线路电压等级/kV	35
相间弧垂允许偏差值/mm	200

（13）导线或地线各相间的弧垂应力求一致，当满足表 10-4 的弧垂允许偏差标准时，各相间弧垂的相对偏差最大值不应超过下列规定：

1）一般情况下应符合表 10-5 的规定。

2）跨越通航河流大跨越挡的相间弧垂，最大允许偏差为 500mm。

（14）对于连续上（下）山坡时的弧垂观测，当设计有特殊规定时按设计规定观测。其允许偏差值应符合上述的有关规定。

（15）架线后应测量导线对被跨越物的净空距离，导线的蠕变伸长换算到最大弧垂时，必须符合设计规定。当紧线塔两侧导地线已全部挂好，弧垂经复查合格后，方可拆除临时拉线，紧线到此即告结束。

（16）架线完毕后，铁塔各部螺栓还要全面紧固一次，并检查扭矩合格后，随即在铁塔顶部至下导线以下 2m 之间及基础以上 2m 范围内，全部单螺母螺栓逐个进行防松处理。方法是在紧靠螺母外侧螺纹上刷铅油或在相对位置上打冲两次，以防螺母松动，使用防松螺栓时不再涂油或打冲。

2. 附件安装

附件安装是只安装导线及地线的线夹金具（主要是悬垂线夹）、防护金具（防振锤、悬挂重锤）以及跳线连接。

（1）导线悬垂线夹的安装。安装前绝缘子串应是垂直状态，找出线夹位置的中心点，在导线上划印。利用紧线器把导线吊起，放线滑车。导线应缠绕铝包带衬垫，铝包带缠绕的方向与外层铝股方向一致，缠绕应紧密，并使包带两端均能露出线夹不超过 10mm，且包带端头应夹在线夹内，将缠好铝包带的导线装入线夹之中，导线划印位置应固定在线夹中间位置。线夹安装完好后，悬垂绝缘子串应垂直地平面。个别情况下，其在顺线路方向与垂直位置的倾斜角不超过 5°，且其最大偏移值不应超过 200mm。

（2）防振锤的安装。防振锤安装距离的量取方法应按设计要求进行。铝绞线及钢芯铝绞线在安装位置处应缠绕铝包带，缠绕方向应与外层铝股绕向一致，端头应压在夹板内，铝包带在线夹两端可各露出不超过 10mm。防振锤固定方向应与导地线在同一垂直平面内，其安装距离误差应不大于±30mm。固定防振锤的螺丝应拧牢，以防振动滑跑。防振锤连接两锤的钢绞线应平直，不得扭斜。

（3）跳线的安装。按使用的耐张线夹型式不同，跳线的连接大致可分为以下 3 种：

1）使用压接型耐张线夹。使用压接型耐张线夹时，杆塔两侧耐张线夹均应为可卸式线夹，线夹的跳线端是一个可以卸开的跳线连接板。这种连接方式在施工及检修中很方便。

2）使用倒装螺栓型耐张线夹。使用倒装螺栓型耐张线夹时，一般不切断导地线，跳线作为导地线的一部分连续通过。但在某些情况需要切断导地线时，可采用跳线线夹或并沟线夹等连接金具连接。

3）加挂跳线绝缘子串。加挂跳线绝缘子串广泛应用于耐张及转角杆塔上，以满足跳线间隙尺寸的要求。跳线绝缘子串的组装及与杆塔的连接方法与一般悬垂绝缘子串相似（有时加装了跳线管或重锤）。

（4）地线悬垂线夹的安装。当地线的垂直压力较小时，可用外肩将地线扛起提升，使地线脱离滑车，装入地线悬垂线夹。若地线的垂直压力较大时应采用地线提升器、双钩或钢丝绳等工具提升地线，使地线脱离滑车，装入地线悬垂线夹。

10.3.6　接地装置的施工

接地装置的施工方法比较简单，主要是根据设计规定的接地型式进行施工。应注意以下事项：

（1）接地沟开挖宽度以方便敷设接地体为原则。接地体的规格及埋设深度应不小于设计规定。

（2）埋入地下部分的接地体可根据设计要求进行防腐处理，但露出地面及地面以下300mm部分的接地体应做热镀锌防腐。

（3）挖接地沟时，如遇大石可绕道避开，沟底面应平整，并清除沟中一切可能影响接地体与土壤紧密接触的石子、杂草、树根等杂物。

（4）若不能按原设计图形开挖接地沟敷设接地体，可根据实际情况变动，但在施工记录上应绘制接地装置施工敷设简图，并应标明其相对位置和尺寸。

（5）敷设水平接地体，应满足下列规定：

1）在倾斜地形，应沿等高线开挖接地沟，防止因接地沟被雨水冲刷而造成接地体外露，或受到其他侵害。

2）水平接地体沟可向四处延展，最大长度按土壤电阻率确定，可采用长短结合布置。为减少相邻两接地体屏蔽作用，其平行距离应不小于5m。

3）接地体不宜有明显的弯曲。

（6）垂直接地极应垂直打入，并防止晃动，以保证与土壤接触良好。

（7）为减少相邻垂直接地极之间的屏蔽作用，其间距不应小于其长度的2倍。

（8）接地装置的连接应可靠，除设计规定的断开点可用螺栓连接外，其余都应采用焊接或爆压连接。连接前应清除连接部位的铁锈等附着物。

1）当采用搭接焊接时，圆钢的搭接长度为其直径的6倍，并应双面施焊；扁钢的搭接长度为其宽度的2倍，并应四面施焊。

2）扁钢与钢管、扁钢与角钢焊接时，除在其接触部位两侧进行焊接外，还应将钢带弯成弧形（或直角形）再与钢管（或角钢）焊接。

3）当圆钢采用爆压连接时，爆压管的壁厚不得小于3mm，长度不得小于以下要求：搭接时为圆钢长度为其直径的10倍，对接时为圆钢长度为其直径的20倍。

4）在焊接或爆压前，应清除连接部位铁锈等附着物。

（9）接地引下线与杆塔的连接应接触良好。当混凝土电杆下部无接地预埋孔，引下线直接从架空避雷线引下时，引下线应紧靠杆身，并应每隔一定距离与杆身固定一次。接地

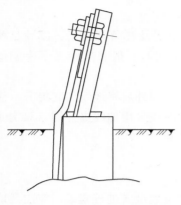

图 10 - 9　接地体与铁塔的连接

体与铁塔的连接如图 10 - 9 所示。

（10）接地沟的回填土应选取无砂石、树根及其他杂物的良好泥土，必要时应换土并整实。在回填后的沟面须设有防沉层，其高度应为 100～300mm。

（11）应防止接地体发生机械损伤或化学腐蚀，在与公路或管道交叉及其他可能使接地体遭受机械损伤之处，应用管子或角钢加以保护。

（12）不得雨后立即测量接地电阻。接地电阻数值应符合设计要求。如需改善接地电阻而增加或延长接地体时，应按设计图纸的规定进行，并在施工记录表上绘制其简图。

10.4　地埋电缆及光缆的施工

电力电缆的敷设方式很多，其中直埋敷设既简单、经济，又有利于提高电缆的载流量，被广泛采用。因此在风电场集电线路施工中，电力电缆多采用直埋敷设的方式。风电场内通信光缆一般与电力电缆同路径穿管埋设。

10.4.1　敷设前的准备工作

电缆及光缆一般是盘绕在缆盘上进行运输、保管和敷设施放的。在运输和装卸缆盘的过程中，关键问题是不要使电缆受到损伤、不要使电缆的绝缘及光缆的外皮遭到破坏。电缆、光缆运输前必须进行检查，缆盘应完好牢固，封端应严密，并牢靠地固定和保护好，如果发现问题应处理好后才能装车运输。缆盘在车上运输时，应将缆盘牢固地固定。装卸缆盘一般采用吊车进行，卸车时如果没有起重设备，不允许将缆盘直接从载重汽车上直接推下。可以用木板搭成斜坡的牢固跳板，再用绞车或绳子拉住缆盘使其慢慢滚下。

电缆、光缆及其附件运到现场后应及时对以下项目进行检查验收：

（1）按照施工设计和订货的清单检查电缆及光缆的规格、型号和数量是否相符。检查电缆、光缆及其附件的产品说明书、检验合格证、安装图纸资料是否齐全。

（2）检查缆盘及电缆、光缆是否完好无损。电缆、光缆附件应齐全、完好，其规格尺寸应符合制造厂图纸的要求。绝缘材料的防潮包装及密封应良好。

现在，风电场集电线路所用 35kV 电缆多为交联聚乙烯绝缘电缆，在冬季气温低时，交联聚乙烯绝缘电缆将变硬。这种变硬的电缆不易弯曲、敷设时，电缆的绝缘易损坏。因此冬季施工时，如果电缆存放地点在敷设前 24h 内的平均温度以及敷设现场的温度低于表 10 - 6 规定值时，应采取措施将电缆预热升温后才能敷设。

电缆预热的方法有：①提高周围空气温度法，即将电缆放在有暖气的室内，使室温提高以加热电缆；②电流加热法，使电流通过电缆来加热，加热电流不能大于电缆的额定电流。

表 10-6　电缆允许敷设最低温度

电缆类型	电缆结构	允许敷设最低温度/℃
油浸式纸绝缘电力电缆	充油电缆	-10
	其他油纸电缆	0
橡皮绝缘电力电缆	橡皮或聚氯乙烯护套	-15
	裸铅套	-20
	铅护套钢带铠装	-7
塑料绝缘电力电缆		0
控制电缆	耐寒护套	-20
	橡皮绝缘聚氯乙烯护套	-15
	聚氯乙烯绝缘聚氯乙烯护套	-10

10.4.2　电缆敷设的要求

1. 基本要求

电力电缆敷设的基本要求如下：

（1）电缆在敷设前，应根据设计要求检查电缆的型号、绝缘情况和外观是否正确、完好。采用直埋和水下敷设方式时，应在耐压试验合格后敷设。

（2）用机械敷设电缆时，应有专人指挥，使前后密切配合，行动一致，防止电缆局部受力过大。机械敷设电缆时的牵引强度不宜大于表 10-7 的数值。

表 10-7　电力电缆最大允许牵引强度　　　　　　　单位：N/mm²

牵引方式	牵引头		钢丝网套		
受力部位	铜芯	铝芯	铅套	铝套	塑料护套
允许牵引强度	70	40	10	40	7

（3）若系统使用单芯电缆，在敷设时应组成紧贴的正三角形排列，以减少损耗。每隔 1～1.5m 应用绑带扎紧，避免松散。

（4）在运输、安装或运行中，应严格防止电缆扭伤和过度弯曲，电缆的最小允许弯曲半径不应小于表 10-8 的规定。

表 10-8　电缆最小弯曲半径

电缆型式		多芯	单芯
控制电缆		10D	
橡皮绝缘电力电缆	无铅包钢铠护套	10D	
	裸铅包护套	15D	
	钢铠护套	20D	
聚氯乙烯绝缘电力电缆		10D	
交联聚乙烯绝缘电力电缆		15D	20D

续表

电　缆　型　式			多芯	单芯
油浸式绝缘电力电缆	统包		30D	
	铅包	有铠装	15D	20D
		无铠装	20D	
自容式充油（铅包）电缆				20D

注：表中 D 为电缆外径。

（5）在有比较严重的化学或电化学腐蚀区域里，直埋的电缆除应采用具有黄麻外被层的铠装电缆或塑料电缆外，还应加防腐措施。

（6）敷设电缆时，应留出足够的备用长度（一般为 1‰～1.5‰），以备补偿因温度因素引起的变形。在易于发生位移的地区，直埋备用段应不少于 1.5‰～2‰。保护管的出（入）口处也应留有 3～5m 的备用段，以备检修时使用。

（7）电缆接头的布置应符合下列要求：①并列敷设时，接头应前后错开；②明敷电缆的接头应用托板托起，并用耐弧隔板与其他电缆隔开，以缩小由接头故障引起的事故范围；③托板及隔板应伸出电缆接头两侧各 0.6m 以上；④直埋电缆接头外应加装保护壳，位于冻土层的保护壳内，应充填沥青，以防进入保护壳的水因冻结而损坏电缆接头。

（8）电缆敷设时，不宜交叉；电缆应排列整齐，加以固定；并及时装设标志牌。标志牌应装设在电缆三头的两端，标志牌上应注明电缆线路的编号或电缆型号、电压、起讫地点及接头制作日期等内容。

（9）电缆穿入管子时，出入口应封闭，管口应密封。这对防火、防水以及防止小动物进入而引起电气短路事故是极为重要的。

（10）从地下引至地上的电缆，应在地面以上 2m 内加装保护管。

（11）电缆敷设时，应从盘的上端引出，并严格避免电缆在支架上摩擦拖拉。电缆上不应有未消除的机械损伤，如铠装压扁、电缆绞拧、护层折裂等。

2. 直埋技术标准

风电场内电缆敷设多用直埋敷设的方式，直埋电缆的敷设除应遵循敷缆的上述基本要求外，还应符合下列直埋技术标准：

（1）在具有机械损伤、化学腐蚀、杂散电流腐蚀、振动、热、虫害等的电缆段上应采取相应的保护措施。如铺沙、筑槽、穿管、防腐、毒土处理等，或选用适当型号的电缆。

（2）电缆的埋设深度（电缆上表面与地面距离）不应小于 700mm；穿越农田时不应小于 1000mm。只有在出入建筑物、与地下设施交叉或绕过地下设施时才允许浅埋，但浅埋时应加装保护设施。北方寒冷地区，电缆应埋设在冻土层以下，上下各铺 100mm 的细沙。

（3）多并敷设的电缆，中间接头与临近电缆的净距不应小于 250mm，两条电缆的中间接头应前后错开 2m，中间接头周围应加装防护措施。

（4）电缆之间，电缆与其他管道、道路、建筑物等之间平行与交叉时的最小距离应符合表 10-9 的规定。严禁将电缆平行敷设于管道的上面或下面。

表 10-9 直埋电缆与各设施间的净距 单位：m

电缆直埋敷设时的配置情况		平行	交叉
控制电缆之间		—	0.5①
电力电缆之间或与控制电缆之间	10kV 及以下电缆	0.1	0.5①
	10kV 以上电缆	0.25②	0.5①
不同部门使用的电缆		0.5②	0.5①
电缆与地下管沟	热力管沟	2③	0.5①
	油管或易燃气管道	1	0.5①
	其他管道	0.5	0.5①
电缆与建筑物基础		0.6③	—
电缆与公路边		1.0③	0.5
电缆与排水沟		1.0③	0.5
电缆与树木的主干		0.7	—
电缆与 1kV 以下架空线电杆		1.0③	—
电缆与 1kV 以上架空线电杆		4.0③	—

注：当电缆穿管或者其他管道有保温层等防护措施时，表中净距应从管壁或防护措施的外壁算起。
① 用隔板分隔或电缆穿管时可为 0.25。
② 用隔板分隔或电缆穿管时可为 0.1。
③ 特殊情况可酌减且最多减少一半。

（5）电缆与铁路、公路、城市街道、厂区道路等交叉时，应敷设在坚固的隧道或保护管内。保护管的两端应伸出路基两侧各 1000mm 以上，伸出排水沟 500mm 以上，伸出城市街道的测量路面。

（6）电缆在斜坡地段敷设时，应注意电缆的最大允许敷设位差。在斜坡的开始及顶点处应将电缆固定；坡面较长时，坡度在 30°以下，间隔 15m 固定一点；坡度在 30°以上，间隔 10m 固定一点。

（7）各种电缆及光缆同敷设于一沟时，电缆与电缆间及电缆与光缆间的外皮净距不应小于 250mm，光缆之间可紧靠敷设。电缆沟底的宽度应符合设计要求。

（8）直埋电缆应具有铠装和防腐层。电缆沟底应平整，上面铺 100mm 厚细沙层或筛过的软土。电缆长度应比沟槽长 1%～2% 做波浪状敷设。电缆敷设后上面覆盖 100mm 厚的细沙或软土，然后盖上保护板或砖，其宽度应超过电缆两侧各 50mm。

（9）直埋电缆从地面引出时，应从地面下 0.2m 至地上 2m 加装钢管或角钢保护，以防止机械损伤。确无机械损伤处敷设的铠装电缆可不加防护。

（10）电缆与铁路、公路交叉或穿墙敷设时也应穿管。电缆保护管的内径不应小于电缆外径的 1.5 倍，预留管的直径不应小于 100mm。

（11）直埋电缆应在线路的拐角处、中间接头处、直线敷设的每 50～100m 处装设标志桩，并在电缆线路图上标明。

10.4.3　光缆敷设的一般要求

风电场集电线路地埋光缆敷设一般与直埋电缆同沟敷设,光缆敷设时还应注意以下几点:

(1) 光缆采用穿管敷设方式。光缆应穿管敷设在壕沟里,沿光缆全长的上、下紧邻侧铺以不少于 100mm 厚的软土和砂层。按防腐、防水、耐压、耐弯曲的要求,一般地埋光缆保护管选用波纹护套管,管径为 25mm,管材壁厚应能满足敷设现场的受力条件。沿光缆覆盖宽度不小于光缆两侧各 50mm 的保护板或保护砖块。

(2) 光缆埋设深度一般不小于 0.7m;当穿越公路或穿越风机施工场地时需穿 $\phi40$ 镀锌保护钢管;光缆与直埋电缆走同一条沟时,埋深宜与电缆埋深相同,但光缆护管外皮与电力缆外皮间距至少为 0.25m。

(3) 在城郊与空旷地带的光缆线路,应沿直线段每隔约 50～100m 或转弯处、引进建筑物处以及中间接头部位设置明显的方位标志或标桩。

(4) 在回填土时,应注意去掉杂物,并且每填 200～300mm 即夯实一次,最后在地面上推 100～200mm 的高土层,以备松土沉落。

(5) 光缆护管的两端应做好密封,防止进水。

(6) 地埋无金属光缆与各建筑设施间的净距要求见表 10-10。

表 10-10　地埋无金属光缆与各建筑设施间的净距

序号	建 筑 设 施 类 型		最小净距/m	
			平行时	交叉跨越时
1	市话管道边线		0.75	0.25
2	非同沟的直埋通信电缆		0.5	0.5
3	给水管	管径小于 30cm	0.5	0.5
		管径为 30～50cm	1.0	0.5
		管径大于 50cm	1.5	0.5
4	高压石油、天然气管		10.0	0.5
5	热力、下水管		1.0	0.5
6	煤气管	压力小于 $3×10^5$ Pa	1.0	0.5
		压力为 $3×10^5$～$8×10^5$ Pa	2.0	0.5
7	排水沟		0.8	0.5
8	房屋建筑红线(或基础)		1.0	
9	市内及村镇大树、果树、穿越路旁行树		0.75	
10	市内大树		2.0	
11	水井、坟墓		3.0	
12	粪坑、积肥池、沼气池、氨水池等		3.0	

10.4.4　敷设施工

电缆及光缆的敷设可按下列步骤进行施工。

1. 放样画线

根据设计图纸和复测记录决定拟敷设电缆线路的走向，然后进行画线。可用石灰粉和细长绳子在路面上标明电缆沟的位置及宽度。电缆沟宽度应根据敷设电缆及光缆的条数及缆间距而定，应满足设计要求。也可用引路标杆或竹标在地面上标明电缆沟的位置。

画线时应尽量保持电缆沟为直线，拐弯处的曲率半径不得小于电缆的最小弯曲半径。山坡上的电缆沟应挖出蛇形曲线状，曲线的振幅为 1.5m，这样可以减小坡度和最高点的受力强度。

2. 挖沟

根据放样画线的位置开挖电缆沟，不得出现波浪状，以免路径的偏移。电缆沟应垂直开挖，不可上窄下宽或掏空挖掘，挖出的泥土、碎石等分别放置在距电缆沟边 300mm 以上的两侧，这样既可以避免石块等硬物滑进沟内使电缆及光缆受到机械损伤，又留出人工敷缆时的通道。

在不太坚固的建筑物旁挖掘电缆沟时，应事先做好加固措施。在土质松软带施工时，应在沟壁上加装护土板以防电缆沟坍塌；在经常有人行走处挖电缆沟时，应在上面设置临时跳板，以免影响交通；在市区街道和农村要道处开挖电缆沟时，应设置栏凳和警告标志。

由于电缆的埋设深度规定为不小于 700mm，则电缆沟的深度在考虑垫沙和电缆直径后应不小于 850mm。如果电缆路径上有平整地面的计划，则应使电缆的埋设深度在平整地面之后仍能达到标准深度。

3. 敷设过路管

当电缆线路需要穿越公路、铁路或风力发电机组平台时，应事先将过路管全部敷设完毕，以便于电缆敷设的顺利进行。

过路管的敷设有两种方法。一种是开挖敷设，另一种是顶管敷设。前者适用于道路很宽或地下管线复杂而顶管困难时使用，为了不中断交通，应按路宽分半施工，必要时应在夜间车少时施工。顶管法是在铁路或公路两侧各掘一个作业坑，用液压动力顶管机将钢管从一侧顶至另一侧。这种方法不仅不影响路面交通，而且还节省因恢复路面所需的材料和工时费用。

4. 敷缆

敷设电缆之前，应对挖好的电缆沟认真地检查其深度、宽度和拐角处的弯曲半径是否合格，所需的细沙、盖板或砖是否分放在电缆沟两侧，过道保护管是否埋设好，管口是否已胀成喇叭口状，管内是否已穿好铁线或麻绳，管内有无其他杂物。当电缆沟验收合格后，方可在沟底铺上 100mm 厚的沙层，并开始敷缆。

采用人工敷缆法时，电缆长、人员多，因此对动作的协调性要求较高。为了提高工作效率，应设专人指挥（2～3 人，其中 1 人为指挥长），专人领线，专人看盘。在线路的拐角处，穿越铁路、公路及其他障碍点处，要派有经验的电缆工看守，以便及时发现和处理敷缆过程中出现的问题。敷缆前，指挥长应向全体施工人员交代清楚"停""走"的信号和口笛声响的规定。线路上每间隔 50m 左右应安排助理指挥一名，以保证信号传达的及时和准确。

施放电缆时，应先将电缆盘用支架支撑起来，电缆盘的下边缘与地面距离不应小于100mm。放缆过程中，看盘人员在电缆盘的两侧协助推盘放线和负责刹住转动。电缆从盘上松下，由专人领线拖拽沿电缆沟边向前行走时，电缆应从盘的上端引出，以防停止牵引的瞬间，由于电缆盘转动的惯性而不能立即刹住，造成电缆碰地而弯曲半径太小或擦伤电缆外护层。为了不让电缆过度弯曲，每间隔 1.5～2m 设一人扛电缆行走。扛电缆的所有人员应站在电缆的同侧，拐角处应站在外侧，当电缆穿越管道或其他障碍物时，应用手慢慢传递或在对面用绳索牵引。电缆盘上的电缆放完以后，将全部电缆放在沟沿上。然后听从口令，从一端开始依次放入沟内。最后检查所敷电缆是否受伤并将其摆直。

采用机械敷缆时，可以节省人力。具体做法是：先沿沟底放好滚轮，每间隔 2～2.5m 放一只，将电缆松下并放在滚轮上，然后由机械（卷扬机、绞磨等）牵引电缆，牵引端应用钢丝网套套紧。敷缆时，牵引速度不得超过 8m/min，并应在线路中有人配合拖缆，同时监察电缆有无脱离滚轮、拖地等异常现象，以免造成电缆的损伤。

5. 覆盖与回填

电缆在沟内摆放整齐以后，上面应覆以 100mm 厚的细沙或软土层，然后盖上保护盖板或砖。保护盖板内应有钢筋，厚度不小于 30mm，以确保能抵抗一定的机械外力。板的长度为 300～400mm，宽度以伸出电缆两侧 50mm 为准（单根电缆一般为 150mm 宽）。当采用机制砖作为保护盖板时，应选用不含石灰石或矽酸盐等成分（塑料电缆线路除外）的砖，以免遇水分解出碳酸钙腐蚀电缆铅皮。回填土时，应注意去除大石块和其他杂物，并且每回填 200～300mm 夯实一次，最后在地面上堆高 100～200mm，以防松土沉落形成深沟。

在电缆中间接头附近（一般为两侧各 3m），考虑到电缆连接时的移动等因素可暂不回填，待接续完毕，安装接头保护槽后再同接头坑一并回填。

6. 埋设标桩及绘制竣工图

电缆沟回填完毕以后，即可在规定的地点埋设标桩。标桩应采用 150 号钢筋混凝土预制而成，其结构尺寸为 600mm×150mm×150mm，埋设深度为 450mm。

电缆竣工图应在设计图纸的基础上进行绘制，凡与原设计方案不符的部分均应按实际敷设情况在竣工图中予以更正。竣工图中还应注明各中间接头的详细位置与坐标及其编号。

10.4.5　电缆终端头及中间接头的安装

电缆的两端与其他电气设备连接时，需要有一个能满足一定绝缘与密封要求的连接装置，该装置称为电缆终端头。电缆终端头按使用的不同，又可分为户内终端头和户外终端头。一般地，户外终端头有比较完善的密封、防水，以适应周围环境和气候的变化。将若干条电缆连接起来以构成更长电缆线路的装置称为中间接头。

根据制作工艺的特点，电缆的终端头及中间接头主要可分为冷缩电缆头和热缩电缆头。电缆头的冷缩工艺是最新的制作工艺。新型冷缩电缆附件主绝缘部分采用和电缆绝缘（XLPE）紧密配合方式，利用橡胶的高弹性使界面长期保持一定压力，确保界面无论何时都紧密无间，绝缘性能稳定。如今，风电场 35kV 集电线路电缆多为三芯交联电缆，电缆头制作多采用冷缩工艺，下面也将详细介绍 35kV 三芯交联电缆冷缩头的制作工艺。

1. 35kV 三芯交联电缆冷缩终端头制作工艺

（1）剥切外护套。按图 10-10 和表 10-11 所示尺寸 $A+B+25\text{mm}$ 剥除外护套，清洁切口处 50mm 内的电缆外护套；尺寸 A 可根据现场实际尺寸及安装方式确定。

（2）剥切铠装层。

（3）剥切内衬层及填充物。

（4）绕包防水胶带。

（5）固定铜屏蔽带。

（6）安装钢带地线。

（7）绕包 PVC 胶带。

（8）防水处理。

（9）安装分支手套。

（10）固定接地线。

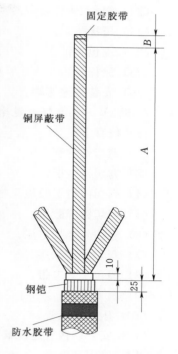

图 10-10　35kV 三芯交联电缆
冷缩终端头剥切图
（单位：mm）

表 10-11　35kV 三芯交联电缆冷缩终端头选型尺寸参考表

型　号	导体截面/mm²	绝缘外径/mm	尺寸 A/mm	尺寸 B/mm
I	50～185	26.7～45.7	1800	端子孔深+5
II	240～400	38.9～58.9	1800	端子孔深+5

注：电缆绝缘外径为选型的最终决定因素，导体截面为参考。

（11）安装冷缩管。

（12）校验尺寸。

（13）剥切冷缩管。

（14）剥切铜屏蔽层。

（15）剥切外半导电层。

（16）清洁绝缘层表面。

（17）绕包防水胶带。

（18）剥切主绝缘层。

（19）确定安装基准。

（20）安装铜带地线。

（21）防水处理。

（22）绕包 PVC 胶带。

（23）压接端子。

（24）绕包胶带。

（25）涂抹硅脂。

（26）安装冷缩终端。

2. 35kV 三芯交联电缆冷缩中间头制作工艺

（1）校直电缆。

（2）剥切外护套。

（3）剥切铠装层。

（4）剥切内衬层及填充物。

（5）剥切铜屏蔽层。

（6）剥切外半导电层。

（7）剥切主绝缘层。

（8）绕包半导电带。

（9）套入管材。

（10）压接连接管。

（11）安装连接管适配器。

（12）确定基准点。

（13）清洁绝缘层表面。

（14）涂抹混合剂。

（15）安装冷缩中间头。

（16）安装屏蔽铜网。

（17）绕包胶带。

（18）绑扎电缆。

（19）绕包防水带。

（20）安装铠装接点编织线。

（21）绕包胶带。

（22）绕包防水带。

（23）绕包装甲带。

第11章 风电场无功补偿

11.1 现状及电网要求

11.1.1 风电场无功补偿现状

在电力系统中，无功电源同有功电源一样，是保证电力系统电能质量、降低网络损耗以及安全运行不可缺少的部分。

一般来说，电网中各电源点（火力发电厂、水力发电站、核电站等）的发电机组均有励磁系统，根据电网需要具有调节无功功率的能力；在输电网络各节点上还可通过配置电抗器、电容器来补充无功功率；在供电电网中，电能质量对系统的经济运行及节能有较大的影响，大家都遵循"谁干扰，谁污染，谁治理"这一原则，所以无功补偿在供电网中更具有重要地位。

当前，在风力发电和光伏发电大量并入电网的情况下，由于风电机组是一种利用旋转磁场来产生电能的异步发电机，虽然风电机组的变频器可以产生无功功率，但它不具备强有力的励磁系统，只能保证风电机组的功率因数控制在−0.95～0.95，并且也只具有短时的低电压穿越能力，对电网无功调节能力很差。在风电场中，保证向电网提供快速动态无功补偿、有效地滤除谐波，从而有效地提高电网电压暂态稳定性、抑制母线电压闪变、补偿不平衡负荷并提高功率因数是非常重要的。因此，作为提高和改善电能质量的重要手段之一，风电场无功补偿在风电场电气系统中占据着十分重要的位置。

风电场中一般有风电机组、机组单元升压变压器、35kV（10 kV）集电线路、升压站、220 kV（110 kV）输电线、主变压器、35kV（10 kV）母线等设备，这些设备中除风电机组具有无功补偿功能，不需要配置无功补偿设备外，其他大多数都需要进行无功补偿调节。另外，大中型风电场具有机组单元升压变压器台数多、35kV（10 kV）集电线路回路多、公里数长，而且主变压器容量大等特点，因此，所需无功补偿的容量比较大。

目前我国无功补偿装置受电力电子元件制造能力水平的限制，大多数生产厂商只能生产 35kV 电压等级的设备；另外考虑到风电场箱式变压器台数多、集电线路长的特点，在35kV（10 kV）电压等级设置无功补偿装置最有效。综合上述情况，在风电场集电线路的汇集处，即升压站的 35kV（10 kV）母线上设置无功补偿装置最合适。

11.1.2 电网要求

风力发电作为清洁能源在我国得到迅速发展，随着大批风电场建成投入电网运营，电网对无功补偿的需求以及对电能质量的要求逐步显现出来。尤其在我国北部地区，如东北、西北、华北等地区，风资源非常丰富，陆地大型风电场多数都建设在那里，大量并网的风电机组对电网产生了不同程度的冲击。

2011年2—4月期间，西北电网、华北电网均出现过几次由于某个风电场发生事故从而引起整个电网中大批风电机组脱网，致使电网主频发生降低的危险状况。

针对以上大面积风电脱网事故，国家电网公司于同年7月6日颁布《风电并网运行反事故措施要点》，针对风电场工程中出现的问题提出了明确规定，对风电稳定持续发展起到了非常重要的作用。其中规定：风电场应综合考虑各种运行工况下的稳态、暂态、动态过程，配置足够的动态无功补偿容量，且动态调节的响应时间不大于30ms。风电场应确保场内无功补偿装置的动态部分自动调节，确保电容器、电抗器支路在紧急情况下能快速正确地投切。

目前，随着我国无功补偿装置技术的进步及电网对风电场无功补偿装置要求的提升，SVG装置逐渐应用于全国风电场工程中。为了保证向电网提供快速动态无功补偿，满足电网对风电场输送电能的电能质量要求，在工程设计中就要考虑无功补偿装置的配置。经科学的计算分析后，选择具体的无功补偿方案和实施方法，然后在工程建设中实施。主要包括：

（1）无功补偿装置的选择，如TCR、SVG、TCR＋FC、SVG＋FC等方式。

（2）无功补偿容量的选择。需要依据风电场的风电机组容量和台数、风电机组是双馈式或直驱式、集电线路、箱变数量等数据，经计算求出所需无功补偿容量。在工程设计初步阶段，可按主变压器容量来估算无功补偿的容量，一般按主变容量的15%～30%确定。

（3）动态调节范围。电网要求动态无功补偿装置在容量规定的容性无功功率到感性无功功率之间连续可调。

（4）动态无功补偿装置控制系统的控制策略。按照工程实际需求，选择按控制母线电压作为控制策略还是按控制功率因数作为控制策略。

（5）消除谐波的方法。一般可以利用SVG装置检测谐波，根据测量的谐波次数、幅值大小，由SVG发出等值反向谐波冲平整个风电场输电系统中所产生的谐波，这也是SVG设备的一个优势。但是，利用SVG发出反向谐波来消除电网中的谐波虽然理论上可行，但是治理谐波的效果不容易认证。因此，也有一些电网公司要求，采用SVG＋FC的方式，即设置电容器（FC）回路除与SVG配合容量外，同时也组成了3次、5次、7次谐波的滤出通道。一般情况下，谐波中以3次、5次、7次谐波为主，其他谐波量微乎其微。这种方式的好处在于滤出通道由硬件组成，消除谐波的作用明显。

11.2 风电场无功补偿装置及补偿方式

11.2.1 无功补偿装置

1. 电力系统中无功补偿装置种类

（1）发电机励磁系统。

（2）同步调相机。

（3）串/并联电容器。

（4）并联电抗器。

（5）快速动态无功补偿装置。

其中（3）、（4）和（5）与风电场相关。

2. 无功补偿装置的发展

无功补偿的需求和电力系统的发展同步。早期大量使用同步调相机作为动态无功补偿装置，使用机械投切的并联电容、电感则是第一代的静态无功补偿装置，一般响应速度以秒计，无法跟踪负荷无功电流的快速变化。随着电力电子技术的发展，晶闸管取代了机械开关，诞生了第二代无功补偿装置，主要以晶闸管投切电容器（TSC）、晶闸管控制电抗器（TCR）和磁控电抗器（MCR）为代表。这类装置大大提高了无功调节的响应速度，但仍属于阻抗型装置，其补偿功能受系统参数影响，而 TCR/MCR 本身就是谐波源，容易产生谐波放大等问题。

SVG 属于第三代动态无功补偿技术。基于电压源型逆变器的补偿装置实现了无功补偿功能的飞跃。它不再采用大容量的电容器、电感器，而是通过大功率电力电子器件的高频开关实现无功能量的变换。

随着科技水平的不断发展，新的电力电子元器件的不断推出，国内无功补偿装置的制造能力持续提高，大容量、高电压等级的快速动态无功补偿装置必将逐步在风电场工程得到推广和应用。

11.2.2　无功补偿方式

1. 成组投切电容器方式

在早期建设的风电场升压站中，由于当时大家对风电的了解有限，一般只认为在风电场安装一定容量的电容器，控制母线电压不超过 $\pm 5\% U_n$ 以及功率因数控制在 0.95～1 之间即可。而且，电网对风电场无功补偿也没有提出非常具体的要求，同时，大家又把侧重点放在如何降低工程造价上。因此，早期建设的风电场工程大多采用了成组投切电容器的无功补偿方式。这种无功补偿方式的优点只有一个，就是降低了工程造价，但它的缺点实在是比较多，如响应速度慢，在秒级以上；由于调节级差大而不能连续平滑调节，调节精度差，易超补或欠补，导致风电场发出的电能的电能质量不能满足电网要求。另外，当频繁投切电容器组时会产生合闸涌流，切除时存在操作过电压，这给风电场安全运行带来隐患。

2. 调压式无功补偿方式

随着风电场工程建设的不断发展，以前用于工况企业的调压式无功补偿方式应用到了风电场工程中。装置采用电容器固定接入，通过专用变压器调压分接开关挡位来调节电容器两端的电压从而改变电容器的补偿容量。根据 $Q=2\pi fCU^2$ 的原理，电容器不变，端电压从 $100\% U_e$ 降到 $60\% U_e$ 时，其输出容量就可以在 $(100\%\sim 36\%)Q_n$ 下进行调节。此方式较成组投切电容器的方式要好得多，但受变压器调压分接开关调节时间的影响响应速度虽然比成组投切电容器快但也在秒级，且受调压分接开关挡次的影响，调节不够平滑，精度差。

3. 动态无功补偿方式（静止式无功补偿 SVC）

静止式无功补偿方式主要分以下 3 类：

（1）晶闸管控制电抗器（Thyristor Controlled Reactor，TCR），可控电抗器加电容器，也称相控电源。响应时间快，约为 10～12ms。晶闸管控制系统须布置在室内，由于闸阀部分发热量大，需采用热管自冷（需在室内加装大容量空调）或采用水冷系统冷却。会增大占地面积和建设成本。

（2）磁控电抗器（Magnetically Controlled Reactor，MCR），其线圈中部抽头接晶闸管，晶闸管控制电抗器，通过磁通变化改变电抗器容量，响应时间约为 100ms。因无 3 次谐波，故谐波水平较 TCR 低约 50%。此方式损耗大一些，且噪声大一些。这种方式的优点是：比成组投切固定式电容器组以及调压式无功补偿方式性能优越，并且成本相对比较低。但需要指出的是这个种方式最大缺点是：响应时间约为 100ms，不能满足电网的要求。因此，目前在国内风电场中 MCR 已经基本上被改造更换了，由 SVG 取而代之。

（3）使用 STATCOM 新一代的静止无功发生器（普遍称为 SVG）。该类无功补偿装置在稳定母线电压、提高功率因数的同时解决了无功倒送的问题，且响应速度快，在毫秒级，调节精度高，谐波量少或无谐波。其中，STATCOM 加上有源滤波装置相结合的装置称为 SVG。

目前国内风电场工程普遍采用 SVG 进行无功补偿。

4. 风电场各种动态无功补偿方式优缺点

随着风电工程建设规模的不断壮大以及国产无功补偿装置新产品的不断推出。了解各种无功补偿装置的特点和基本性能，对做好设计工作是有益处的。

目前，风电场接入电网设计中，电网明确要求采用动态无功补偿方式。在实际工程设计中采用的动态无功补偿装置（组合）的形式主要有以下 3 种。

（1）TCR+FC（固定电容器，Fixed Capacitor）。

1）工作原理。接线图如图 11-1 所示。

2）主要特点。具有快速抑制电压波动，平滑的控制无功负荷在允许波动的范围、稳定负荷，动态调节注入电网的无功值以提高电压质量。容量范围宽，响应速度快（响应时间 10～40ms），电网中使用广泛。

3）主要弱点。由于可控硅管和电抗器处于同一电压之下，电压高、功率大（需要配置严格的对可控硅管进行冷却的设备）、占地面积大（需要专用房间布置）；另外，虽然在固定电容器回路配置了 3 次、5 次、7 次等谐波的滤波通道，但由于 TCR 连续调整出力时，产生的波形多为锯齿波是一个大的谐波源。

（2）MCR+FC。

1）工作原理。接线图如图 11-2 所示。

2）主要特点。快速抑制电压波动，平滑的控制无功负荷在允许波动的范围、稳定负荷，动态调节注入电网的无功值以提高电压质量。容量范围宽，响应速度较快（响应时间 100ms）。磁控电抗器采用变压器加工工艺，寿命可达 20 年，占地面积少。晶闸管元件的功率和工作电压仅为电抗器额定功率和电压的 0.5% 左右，不需要专门的冷却水，成

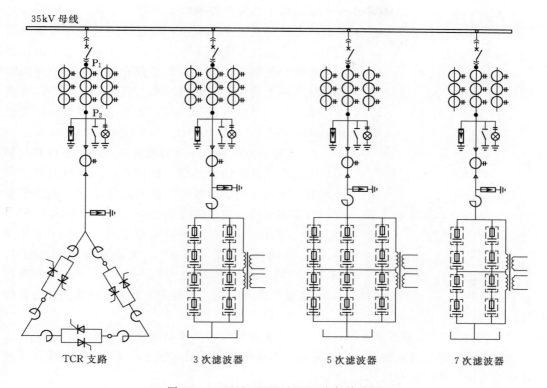

图 11-1　SVC（TCR＋FC）电气接线图

本低。整套装置无故障时间长，维护简单，满足无人值班要求。

3）主要弱点。由于采用磁控阀或新型磁控器，调节精度稍差，尤其是采用磁控阀的装置功耗大、噪声大、交直流磁路并联叠加、有漏磁通。但目前国内产品有些厂家研制出新型磁控电抗器（磁中并联漏磁自屏蔽式可控电抗器），克服了交直流磁路并联叠加以及漏磁需要专门设置磁屏蔽层等弱点。

（3）SVG。

SVG（静止式无功发生器，Static Var Generator）一般代指 STATCOM。（静止同步补偿器，Static Synchronous Compensator）。

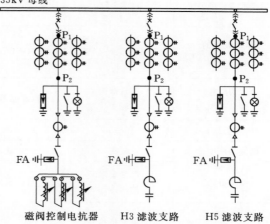

图 11-2　SVC（MCR＋FC）电气接线图

1）工作原理。STATCOM 的接线图如图 11-3 所示。

图 11-3 中，逆变器的直流侧采用储能电容器，为 STATCOM 提供直流电压支撑，

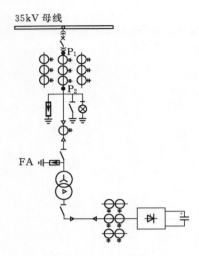

35kV 母线

FA

图 11-3 SVG (STATCOM)
电气接线图

逆变器由多个桥支路（串联或并联）组成，主要功能是将直流电压转变为交流电压，通过连接变压器连接到电网上，逆变器的交流电压的大小、频率和相角可由控制器发出指令控制驱动脉冲关断或打开逆变器中的可关断元件（高压大功率晶闸管等）来实现控制。其中，连接变压器可起到限制电流的作用，防止故障时产生过大电流损坏逆变器。

2）主要特点。具有快速抑制电压波动，平滑的控制无功负荷在允许波动的范围、稳定负荷，动态调节注入电网的无功值（功率因数）以提高电压质量。调节精度高、响应速度快（响应时间 10ms）。STATCOM 与 SVC（TCR、MCR）相比，当系统电压降低时，STATCOM 输出无功的能力比 SVC 强；当系统电压升高时，STATCOM 吸收无功的能力比 SVC 弱。因此 STAT-COM 装置更有利于电网的稳定，是非常理想的无功补偿装置。

3）主要弱点。满足容量范围有限，由于采用高压大功率晶闸管成本高。

静止式无功补偿方式的对比。针对风电工程中经常采用的静止式动态无功补偿方式进行主要技术指标和性能对比见表 11-1。

表 11-1 静止式动态无功补偿方式的对比

技术指标项目	TCR＋FC	MCR＋FC	STATCOM	SVG（STATCOM ＋有源滤波）
组成装置的主要部件	TCR＋FC＋MSC	MCR＋FC＋MSC	逆变器＋直流电容器＋连接变压器＋MSC（含 PWM）	逆变器＋直流电容器＋连接变压器＋MSC（含 PWM）
无功补偿容量范围	容量范围较大	容量范围较大	容量范围受限（指国产设备）	容量范围受限（指国产设备）
响应速度/ms	10～30	100	10～30	10～30
谐波的产生量	较高	低	较低	较低
冷却方式	严格要求的水冷却	自冷或风冷	严格要求的水冷却	严格要求的水冷却
同容量设备价格水平	基准价格	1/3～1/2 倍基准价格	2～2.5 倍基准价格	2～2.5 倍基准价格
占地面积	专用房间面积大	小	专用房间面积较小	专用房间面积较小
噪声	较小	较大	较小	较小
维护量程度	定期维护	维护量少	定期维护	定期维护

根据表 11-1 可得出以下结论：

a. 采用 SVG（STATCOM）技术是实现柔性电网的需要，在风电场工程中采用 SVG（STATCOM）动态无功补偿装置是非常理想的，能较好地满足电网的需求。随着科技的发展和制造业水平的不断提高，SVG 将成为主流。

b. 在基本满足电网需求的情况下，风电场采用 SVC（MCR＋FC）动态无功补偿装置可降低工程成本，减少设备维护量，也是一种很好的选择。

c. 目前 SVC（TCR＋FC）动态无功补偿装置在风电场中得到使用，在采用该方式时，同时采取必要的谐波治理措施为好。

11.3　静止式无功发生器

11.3.1　SVG 的工作原理

SVG（STATCOM）技术是当今无功补偿领域最新技术应用的代表。其特点为功能强、占地面积小、安装方便。随着电力电子元件制造水平的不断提高，STATCOM 的电压等级也会越来越高。国内无功补偿装置生产厂商常用 SVG 来代表由静止无功发生器为核心的动态无功补偿装置，在国际上还是称为（STATCOM）。

SVG 是将电压源型逆变器（Voltage Sourced Converter，VSC）经过电抗器或者变压器并联在电网上，通过调节逆变器交流侧输出电压的幅值和相位迅速吸收或者发出无功功率，实现快速动态调节的目的。其作用是提高电网稳定性、增加输电能力、消除无功冲击、滤除谐波和平衡三相电压。

基于 VSC 的结构，SVG 实现了无功补偿方式质的飞跃，不需采用大容量的电容、电感器件，而是通过可关断大功率电力电子器件（IGBT）将直流侧电压转换成与电网同频率的输出电压，实现无功能量的交换，补偿基波无功。此外，在考虑谐波补偿时，STATCOM 相当于一个可控的谐波源，可根据系统状况进行主动式跟踪补偿。

图 11-4 所示为 SVG 原理图，将系统看作一个电压源 U_s，SVG 可以看作一个可控电压源 U_c，变压器可以等效成一个连接电抗器 X，补偿电流为 I_{cs}。

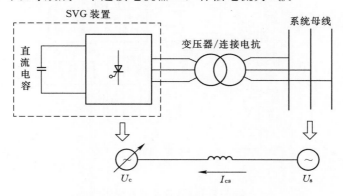

图 11-4　SVG 工作原理示意图

SVG 装置的三种运行模式见表 11-2。

表 11-2 SVG 装置的三种运行模式

运行模式	波形和相量图	说 明
空载运行模式		$U_I = U_s$，$I_L = 0$，SVG 不吸发无功
容性运行模式		$U_I > U_s$，I_L 为超前的电流，其幅值可以通过调节 U_I 来连续控制，从而连续调节 SVG 发出的无功
感性运行模式		$U_I < U_s$，I_L 为滞后的电流。此时 SVG 吸收的无功可以连续控制

SVG 装置构成如图 11-5 所示。

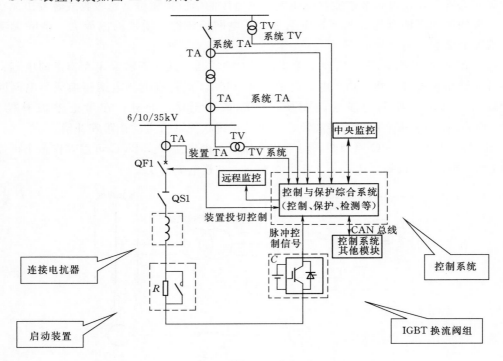

图 11-5 SVG 装置构成图

（1）连接电抗器（或连接变压器），其作用是实现电气隔离，增加系统可靠性，抑制逆变器连接到电网时的电流突变，实现电缆平波作用，必要时将电网电压变到适合逆变器工作的电压。

（2）启动装置（启动柜），其作用是缓冲启动电路，减小并网冲击。

（3）IGBT 换流阀组（功率柜），它是 SVG 核心部分，用于实现功率的实时变换。实现模块化设计后，功率单元的结构和性能可达到完全一致。

（4）控制系统，其作用是实时采集电网电压、电流信号，瞬时无功功率计算和谐波分析，控制系统采用模块化设计。

11.3.2 SVG 分类

1. 按安装类别分类

SVG 按安装类别分为户内式和户外箱式。对于风电场来说，35kV 电压等级更多地应用于风电场升压站的低压侧，也是无功补偿设备接入的额定电压。其核心部件 IGBT 功率单元需要布置在户内。因此，SVG 制造厂家推出了两种解决方案。

（1）户内式。由建设方提供房屋及适宜设备工作的环境，设备厂家只负责提供指导安装及调试工作。无功补偿设备用房的设计、施工不在厂家负责范围之内。其优点为可靠性高，缺点是建设周期较长，占地面积大。

（2）户外箱式。厂家负责将所有户内设备集成到一个集装箱内，集装箱为无功补偿装置特殊制作，可以使用货车公路运输。通风、照明、设备散热、防火等设施均由厂家设计安装，用户只需要制作一个安装集装箱设备的基础即可。其优点是建设周期短，集成度高，缺点是耐久性较差。

2. 按形式分类

SVG 按形式分为直挂式和降压式，如图 11-6 所示。顾名思义，两种无功补偿形式的区别在于是否有降压变压器。不难看出，两种接线形式上有一些差别。直挂式需要连接电抗器，抑制逆变器连接到电网时的电流突变。由于功率单元固有条件限制（IGBT 额定电流所限），通常降压式 SVG 装置单套补偿容量不应大于 15Mvar。目前市场上只有少数厂家能提供降压式单套容量在 12Mvar 以上的型式实验报告，在设备选型时需要注意。

与降压式相比，直挂式的优势有以下方面：

（1）整体设备损耗低，由于缺少了变压器，同补偿容量下价格和损耗优于降压式。

（2）减少了对无功补偿装置降压变的日常维护。

（3）无需考虑变压器防火距离要求，占地面积降低。

（4）因取消变压器，二次设计时只需要配置线路保护即可。

3. 按冷却方式分类

水冷和风冷是风电场无功补偿装置中最常见的两种冷却方式。相比风冷，水冷更适用于多风沙、高海拔、高凝露、高盐雾腐蚀性的恶劣环境。因无功布置装置的风冷系统为风管散热，风电场多风沙地区对其散热和维护周期影响较大。风冷和水冷方式对比结果见表 11-3。

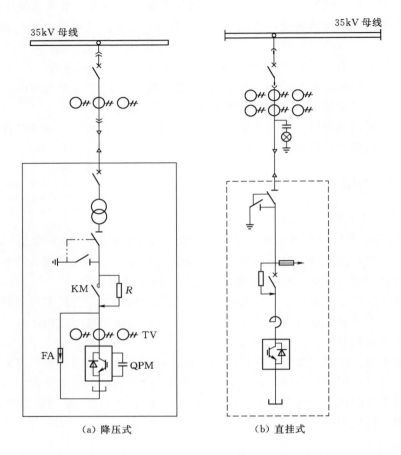

图 11-6 SVG 直挂式和降压式构成图

表 11-3 风冷方式与水冷方式对比

风 冷 方 式	水 冷 方 式
运行场所需要安装大容量空调用于散热，成本高	一次性成本投入与空调密闭的风冷散热方式类似，或者稍低
空调非常耗电，长期运行成本高	散热效率高，长期运行成本低
风冷 SVG 噪声极大	户内运行噪声明显降低

综上所述，SVG 的优势有以下方面：

（1）SVG 的响应速度优势决定了它在解决风电场低电压穿越方面问题也起到很大的作用。

（2）SVG 具备有源滤波器的功能，几乎不产生谐波电流，与 FC 配合能很好地滤除电网的谐波电流。

（3）SVG 输出特性是硬特性。无论电网电压高低，调节范围都是 $\pm 100\%$，可以短时（60s）过载 20% 运行，能较好抑制瞬间的无功冲击。

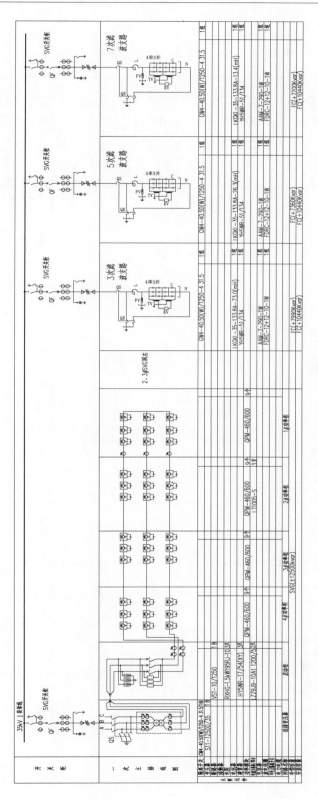

图 11-7 SVG 电气接线图

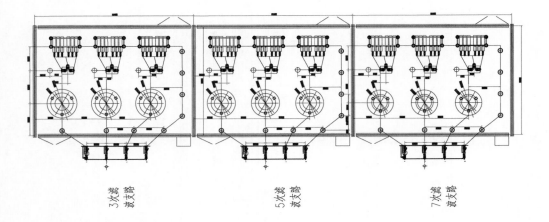

3次滤波支路

5次滤波支路

7次滤波支路

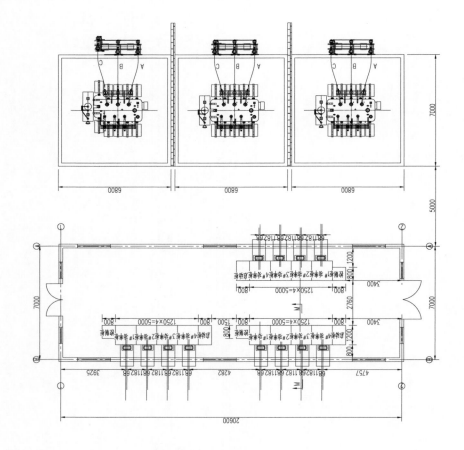

图 11 - 8　无功补偿设备平面布置图

（4）SVG 可以单独使用，不用考虑串并联谐振问题，系统配置更灵活。

11.3.3　应用案例

案例：河北省某风电场工程装机容量 150MW，无功补偿装置配置方案（按电力科学研究院电能质量分析报告相关要求，进行电气主接线、SVG 接线布置，直挂式＋FC 或降压式＋FC 方案的设计、实施）。

1. 案例介绍

SXD 风电场安装 100 台单机容量为 1500kW 的风力发电机组。风电场内新建一座 220kV 升压站，主变 1×150MVA，220kV 出线 1 回。该风电场工程 220kV 侧采用变压器—线路组接线，1 回送出。升压站 35kV 侧为单母线接线形式，风电机组—箱式变电站共分 9 组，组成 9 回集电线路接入 220kV 升压站的 35kV 母线。

风电场采用一机一变的单元接线方式，每台 1500kW 风力发电机组接 1 台 1600kVA 升压变，将机端 0.69kV 电压升至 35kV，通过 9 回 35kV 集电线路将风电机组电能汇集至场内升压站 35kV 侧，最终升至 220kV 送出。

风电场的接入系统报告、接入系统评审意见以及电能质量评估报告是风电场工程设计、建设无功补偿的重要依据。根据该风电场《电能质量评估报告》的要求，风电场 35kV 侧配置不低于 60Mvar（容性）和 15Mvar（感性）的动态可连续调节的无功补偿装置，无功补偿装置的调节速度应在 30ms 内完成。经计算，本风电场风电机组通过升压站接入电网后注入变电站 220kV 侧的各次谐波电流分量中，3 次、5 次、7 次谐波电流分量超标，与限值的比值分别为 253.01％、230.81％和 122.28％。

2. 解决方案

由于风电场升压站 3 次、5 次、7 次谐波超标，设计过程中将风电场 35kV 母线上设置 3 套 12.5Mvar 的 SVG 以及 3 套 7.5Mvar 的电容器支路，解决了谐波超标问题。

SVG 电气接线图如图 11-7 所示，无功补偿设备平面布置图如图 11-8 所示。

11.4　无功补偿装置的控制与保护

11.4.1　控制

根据风电场的特点及《国家电网公司对风电场接入电网技术规定》，风电场对其无功补偿装置有以下具体需求：

（1）补偿风电系统无功功率，高压侧功率因数能够达到 0.98 左右。

（2）补偿装置的无功输出具有动态平滑调节无功能力，调节速度快，满足风电系统启动、停机、风速变化时的无功补偿能力。

（3）补偿装置具有电能质量的调节能力，能够抑制电压波动和闪变。

（4）补偿装置具有风电场电压的稳态调节支撑能力，能够保证风电场在额定电压偏差下的正常运行。

（5）补偿装置具有风电场电压的暂态调节支撑能力，能够满足风电场的低压维持能力。

为满足电网需求，风电场一般需要集中加装无功补偿装置，一类是 SVC，目前应用最多的是晶闸管控制电抗器的 TCR 型可调式电容器组和磁阀式可控电抗器的 MCR 型可调式电容器组；一类是采用自换相变流技术的 SVG。

本节主要选取目前在风电项目中应用较多的 TCR 型 SVC、MCR 型 SVC 以及 SVG 三种不同类型的无功补偿装置，对其控制原理进行简要介绍。

1. TCR 型无功补偿装置

TCR 型 SVC 装置由晶闸管投切电抗器（TCR）和固定电容器组（FC）两大部分组成。

TCR 支路由两个反并联的晶闸管与电抗器相串联，其三相大多接成三角形，被控的相控电抗器一般分裂为两个，分别接于晶闸管阀组两侧，以减小流过晶闸管阀组的短路电流；并联电容器组一般由多个 FC 支路组成，FC 支路由电容器、电抗器和电阻器等组成。

SVC 对无功的连续调节能力是通过动态回路 TCR 支路来完成的。通过控制晶闸管的导通角和导通时间控制流过电抗器电流的大小和相位，实现感性无功的连续可调。利用 TCR 回路吸收的感性无功功率对无功功率进行动态补偿，使得电容器组中多余的无功功率得到平衡，确保补偿点的电压接近维持不变。图 11 - 9 为 TCR＋FC 型 SVC 的接线及运行原理图。图中 FC 支路的 C 为固定值，所以容性无功功率 $Q_C = Q_{C1} + Q_{C2}$ 为固定值，通过调整晶闸管的导通角控制感性无功功率 Q_L 容量大小，使得 SVC 总的无功输出 $Q_C - Q_L$ 可变（总体为容性），达到风电场消耗的无功功率 Q_F 与 $Q_C - Q_L$ 的动态平衡，使与系统相关的无功功率 $Q_S = Q_F + Q_L - Q_C$ 近似等于常数，实现系统电压的基本稳定。

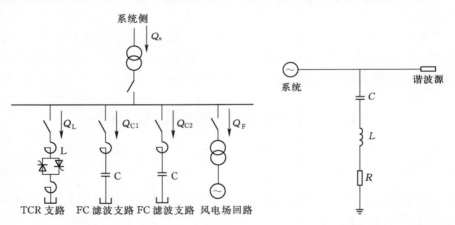

图 11 - 9　TCR＋FC 型 SVC 的接线及运行原理图　　图 11 - 10　无源滤波原理图

SVC 的并联电容器组在提供基础容性无功的基础上还有消除谐波的功能，FC 支路的滤波方式属于无源滤波，由电力电容器、电抗器和电阻器等经适当组合而成进行滤波，如图 11 - 10 所示。

其对某一频率的谐波呈低阻抗，与电网阻抗形成分流的关系，使大部分该频率的谐波流入滤波器。其滤波特性是由系统和滤波器的阻抗比所决定的，因而只能消除特定的几次谐波，而对某些次谐波会产生放大作用。由于风电场运行时会产生多次谐波电流，SVC

需结合工程实际进行谐波抑制，从而需要配置多路不同频次的 FC 支路。

2. MCR 型无功补偿装置

MCR 型动态无功补偿装置是由 MCR 本体和各个电容器组来实现无功的实时调节，其中 MCR 提供可调的感性无功，而电容器组提供固定容量的容性无功。MCR 本体与 1～3 组电容器共同并联在主变的低压侧，电容器与 MCR 基本等容量。MCR 既可控制容量输出，也可控制投切，而电容器的容量是固定投切的，是不可调的。各组电容固定投入容性无功，相对系统的感性无功产生一定剩余的容性无功，而这部分剩余的无功则由 MCR 来动态补偿。主控制器根据系统电压、电流算出实时无功，并根据"小范围无功调节角度，大范围无功投切电容"的原则来实现对系统无功的补偿。MCR 工作原理图如图 11 - 11 所示。

MCR 由一个四柱铁芯和绕组组成，中间两个铁芯柱为工作铁芯，N_k 为控制绕组，N 为工作绕组。由于可控硅接于控制绕组上，其电压很低，以 N_k 的匝数为 N 的 1％计，晶闸管 VD_1 和 VD_2 上的电压仅为工作电压的 1％，约为系统额定电压的 1％，从而大大提高了运行可靠性。当工作绕组两端接上交流电压时，控制绕组上就会感应出相应的电压，在电压波形的正半周 VD_1 导通，在电压波形的负半周 VD_2 导通，通过控制 VD_1、VD_2 的导通角即可控制直流励磁。导通角越小，i_{k1} 和 i_{k2} 越大，铁芯饱和度越高，电抗器的感抗越小。因此，只要控制 VD_1 和 VD_2 的导通角大小就可以平滑地调节 MCR 的容量。而且 MCR 具有自耦励磁功能，省

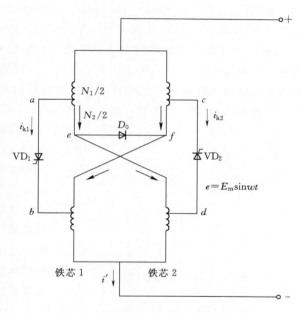

图 11 - 11 MCR 工作原理图

去了单独的直流控制源。MCR 的另一特点是小截面铁芯处于极限饱和状态，而其他铁芯则处于不饱和状态，降低了有功损耗和谐波含量。

3. SVG 型无功补偿装置

SVG 是基于大功率换流器，以电压型逆变器为核心，直流侧采用直流电容为储能元件以提供电压支撑。在运行时相当于一个电压的相位和幅值均可调的三相交流电源。通过调节逆变器交流侧输出的电压幅值和相位，或者直接控制其交流侧电流的幅值和相位，迅速吸收或者发出所需要的无功功率，实现快速动态调节无功的目的。

装置应根据接入电网的不同运行方式和补偿负荷类型不同，具备恒无功控制、电压偏差补偿控制、无功功率补偿控制、功率因数补偿控制、谐波补偿控制（可选）、不平衡补偿控制（可选）、瞬时电流跟踪补偿控制（可选）等运行模式的选择。主要运行模式要求见表 11 - 4。

表 11-4　主　要　运　行　模　式

方式	名　称	说　明
1	恒无功控制	此运行模式下，装置应具备在控制范围内人工设置任意无功功率输出的功能，功率值设置精度不小于 0.1Mvar，装置能保持长期稳定输出
2	电压偏差补偿控制	此运行模式下，装置应能在控制范围内，根据可设置的电网目标点电压限值和控制策略，实时监测跟踪电网目标点电压变化，输出相应无功电流
3	无功功率补偿控制	此运行模式下，装置应能在控制范围内，根据可设置的电网目标点无功功率限值和控制策略，实时监测跟踪电网目标点无功功率变化，输出相应无功电流
4	功率因数补偿控制	此运行模式下，装置应能在控制范围内，根据可设置的电网目标点功率因数限值和控制策略，实时监测跟踪电网目标点功率因数变化，输出相应无功电流

　　据统计，对 SVG 而言，目前常见的是恒无功功率控制方法。SVG 连接到系统中，通过控制 SVG 输出电流的幅值与相位来决定从 SVG 输出的无功（Q_{SVG}）的性质与大小，使 SVG 输出的无功与系统负荷无功相抵消，只要 Q_s（系）＝Q_L（负载）－Q_{SVG}＝恒定值（或 0），功率因数就能保持恒定，电压几乎不波动。关键要精确计算出负载中的瞬时无功电流，采集的进线电流及母线电压经运算后得出要补偿的无功功率，计算机发出触发脉冲，光纤传输至脉冲放大单元，经放大后触发 IGBT，获得所补偿的无功电流。

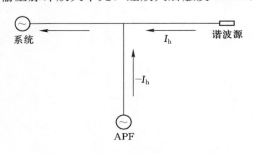

图 11-12　有源滤波原理图

　　有源滤波器的基本原理如图 11-12 所示，谐波源产生谐波电流 I_h，有源滤波装置表现为流控电流源，它的作用是产生和谐波源谐波电流有相同幅值而相位相反的补偿电流－I_h，来达到消除谐波的目的。与无源滤波装置相比，有源滤波器是一种主动型的补偿装置，具有自适应功能，可自动跟踪补偿变化着的谐波，能补偿各次谐波，具有较好的动态性能。SVG 在实现补偿无功的基础上，是通过控制 SVG 输出电流的幅值与相位，同时实现有源滤波（APF）的功能，能较好地满足风电场谐波治理要求。

11.4.2　无功补偿装置的保护

　　根据无功补偿装置的接线形式，不同类型的无功补偿装置包含的组件见表 11-5。

表 11-5　不同类型的无功补偿装置包含的组件

技术指标项目	TCR＋FC	MCR＋FC	SVG
组成装置的主要部件	TCR＋FC＋MSC	MCR＋FC＋ MSC	逆变器＋直流电容器＋连接变压器＋ MSC（含 PWM）

　　本节主要针对无功补偿装置中常用的电容器组、电抗器、连接变压器及 SVG，简要叙述其保护配置。

1. 电容器组

根据 GB 50227—2008《并联电容器装置设计规范》相关规定，结合运行实践，电容器组的保护分为内部保护和外部保护。内部保护作为单台电容器内部串、并联元件的保护，在电容器内部故障时切断电源，防止电容器爆破甚至引起火灾事故。外部保护用以切断电容器回路中的短路故障，并作为内部保护的后备保护。

单台电容器内部故障保护方式（内熔丝、外熔断器和继电保护）应在满足并联电容器组安全运行的条件下，根据各地的实践经验配置。

并联电容器组（内熔丝、外熔断器和无熔丝）均应设置不平衡保护。不平衡保护应满足可靠性和灵敏度要求，保护方式可根据电容器组接线方式选取以下几种：

（1）单星形电容器组，可采用开口三角电压保护。

（2）单星形电容器组，串联段数为两段及以上时，可采用相电压差动保护。

（3）单星形电容器组，每相接成四个桥臂时，可采用桥式差电流保护。

（4）双星形电容器组，可采用中性点不平衡电流保护。

并联电容器装置应设置速断、过流保护，保护动作于跳闸；应装设母线过电压保护、母线失压保护，保护带时限动作于跳闸；油浸式串联电抗器容量为 0.18MVA 及以上时，宜装设瓦斯保护；电容器组电容器外壳直接接地时，宜装设电容器组接地保护；集合式电容器应装设压力释放和温控保护，分别动作于跳闸和信号；低压并联电容器装置宜有短路保护、过电流保护、过压保护和失压保护，并宜装设谐波超值保护。

2. 电抗器

电抗器主要应用于无功补偿装置滤波支路，一般采用干式电抗器。

根据国家相关规范规定，对于并联电抗器油温度升高和冷却系统故障，应装设动作于信号或带时限动作于跳闸的保护装置。

接于并联电抗器中性点的接地电抗器，应装设瓦斯保护。当产生大量瓦斯时，保护动作于跳闸，当产生轻微瓦斯或油面下降时，保护应动作于信号。对于三相不对称等原因引起的接地电抗器过负荷，宜装设过负荷保护，保护带时限动作于信号。

66kV 及以下干式并联电抗器应装设电流速断保护作为电抗器绕组及引线相间短路的主保护；过电流保护作为相间短路的后备保护；零序过电压保护作为单相接地保护，动作于信号。

3. 连接变压器

无功补偿装置多采用降压式，此时会采用连接变压器，同时，连接变压器可起到限制电流的作用，防止故障时产生过大电流损坏逆变器。

根据国家相关规范规定，无功补偿装置连接变压器的下列故障及异常运行状态，应装设相应的保护装置：

（1）绕组及其引出线的相间短路和中性点直接接地。

（2）绕组的匝间短路。

（3）外部相间短路引起的过电流。

（4）过负荷。

（5）过励磁。

（6）中性点非有效接地侧的单相接地故障。

（7）油面降低。

（8）变压器油温、绕组温度过高及油箱压力过高和冷却系统故障。

0.4MVA 及以上车间内油浸式变压器和 0.8MVA 及以上油浸式变压器均应装设瓦斯保护。当壳内故障产生轻瓦斯或油面下降时，应瞬间动作于信号；当壳内故障产生大量瓦斯时，应瞬时动作于断开变压器各侧断路器。

对于电压在 10kV 及以下，容量在 10MVA 及以下的变压器内部、套管及引出线的短路故障，应装设电流速断保护作为主保护；对于电压在 10kV 及以上、容量在 10MVA 及以上的变压器，采用纵差保护作为主保护，并瞬时动作于断开变压器各侧断路器。

对外部相间短路引起的变压器过电流，变压器应装设相应的短路后备保护，保护带延时跳开相应的断路器。相间短路后备保护宜选用过电流保护、复合电压启动的过电流保护或负荷电流保护。

应配置相间短路后备保护，该保护宜考虑能反应电流互感器与断路器之间的故障。

对变压器油温、绕组温度及油箱内压力升高超过允许值和冷却系统故障，应装设动作于跳闸或信号的装置。

4. SVG

SVG 至少应具备以下保护和告警功能：

（1）装置级的保护。包括过电压保护、过电流保护、人工急停保护和冷却系统异常保护。

（2）换流链的保护。包括直流侧过电压与欠电压保护、直流电压不平衡保护、换流器过电流保护、换流器过电压保护、驱动板故障保护、链节过温保护、通信故障保护以及链节自动旁路保护。

（3）控制系统保护。包括控制电源失电保护、通信故障保护、控制器故障保护。

11.4.3　无功补偿装置与风电场电压无功自动控制系统（AVC）的配合

风电场电压无功自动控制系统（AVC 系统）通过调度自动化系统采集各节点遥测、遥信等实时数据进行在线分析和计算，以各节点电压、关口功率因数为约束条件，进行在线电压无功优化控制，实现主变分接开关调节次数最少、电容器投切最合理、发电机无功出力最优、电压合格率最高和输电网损率最小的综合优化目标，最终形成控制指令，通过调度自动化系统自动执行，实现电压无功优化自动闭环控制。这就要求无功补偿装置具备安全可靠的通信接口，能够实现与 AVC 子站通信，并满足 AVC 控制要求。

无功补偿装置接入 AVC 子站进行自动控制的要求为装置应有外部通信接口，能够接收风场 AVC 子站的无功和电压控制指令，接收周期不大于 10s。

装置在接收 AVC 子站的指令模式下，AVC 子站向装置同时下发电压上、下限值和无功指令值，装置应能够实现无功和电压的协调控制，控制要求如下：

（1）当采集母线的实时电压在下发的电压上下限范围之内时，装置按照接收的无功指令进行无功功率调节。

（2）当采集母线的实时电压在下发的电压上下限范围之外时，装置自主调节设备无功功率，把电压控制在上下限值范围内。

（3）装置可以监视的并接收电压上下限设定值的母线电压包括高压侧（220kV/110kV）母线或低压侧（35kV）的母线，根据需要选择其一。

（4）装置应能实时计算当前情况下的可增、可减无功（或者无功上下限），并将实时可增减无功发到 AVC 子站，发送周期不大于 10s。

（5）装置应能实时判定装置的投运状态，并能将投运状态发送到 AVC 子站。

（6）装置应能实时判定装置的控制闭锁状态，当不能继续调节时，能向 AVC 子站发送闭锁信号。

（7）装置通信接口应优先采用网络 TCP/IP 通信方式，104 规约。至少具备 232/485 串口方式、CDT 或 Modbus 规约。

（8）装置设备应具备与风场控制中心机房的 AVC 子站服务器进行数据通信的通信介质和条件。

AVC 子站与装置的通信数据表见表 11-6、表 11-7。

表 11-6 AVC 子站发送设定值

序号	名　称		备注
1	遥调	电压上限值	浮点数
2		电压下限值	浮点数
3		无功设定值	浮点数

表 11-7 装置发送遥测遥信数据

序号	名　称		备注
1	遥测	可增加动态无功	浮点数
2		可减少动态无功	浮点数
3	遥信	投运信息	0 未投运，1 投运
4		闭锁信息	0 未闭锁，1 闭锁

附　　录

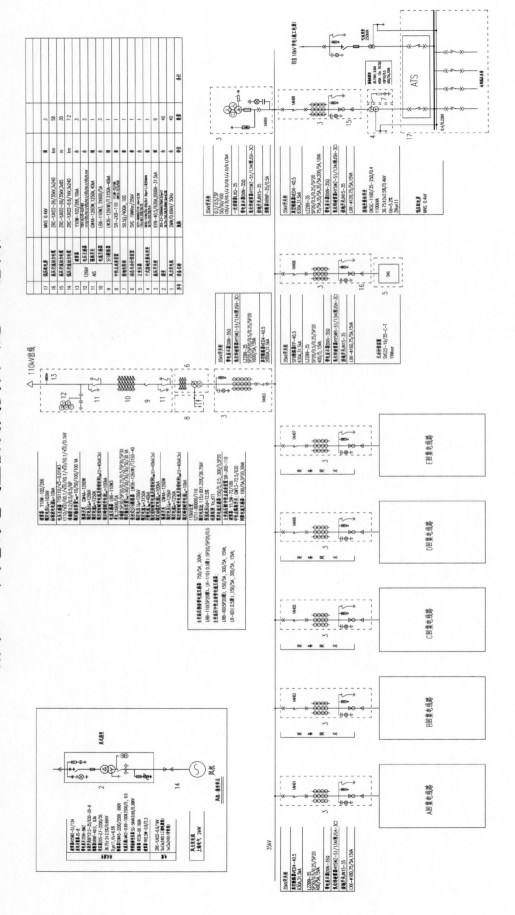

附录一　风电场电气主接线图实例（之一：总图）

附录二 风电场电气主接线图实例（之二：110kV 部分）

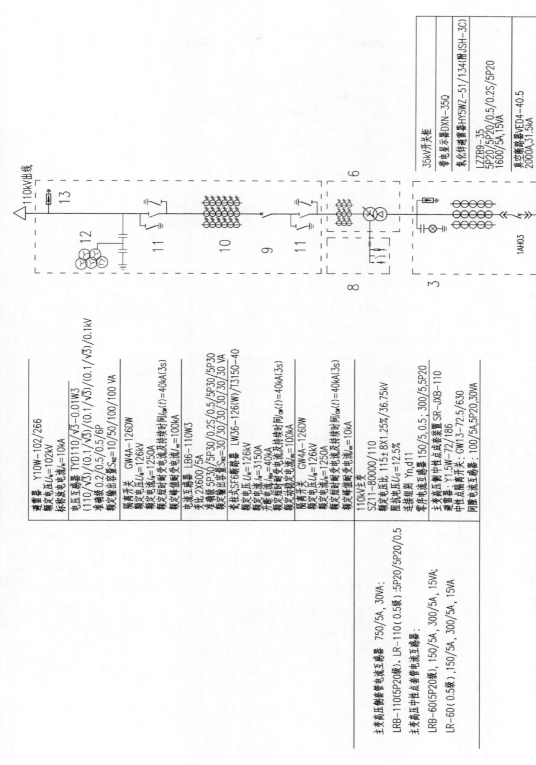

附录三 风电场电气主接线图实例（之三：35kV 部分）

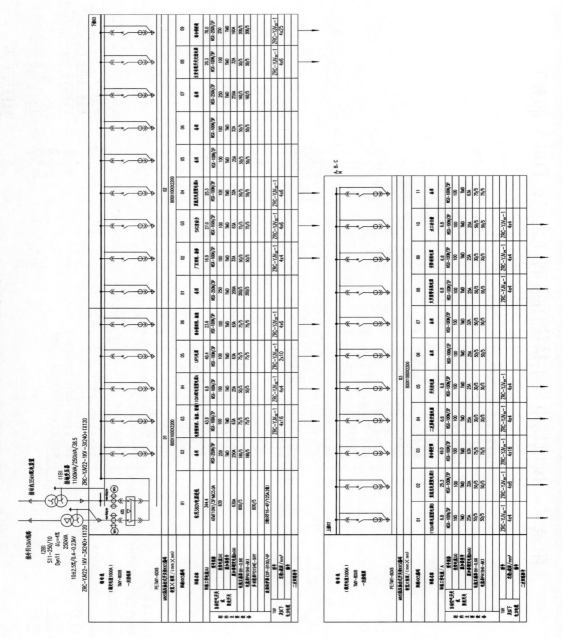

附录四 风电场短路电流计算实例

母阴导线主穿墙套管
C B A

铜母线
额定电流（2000A）

开关柜编号	1AH01	1AH02	1AH03	1AH04	1AH05	1AH06	1AH07	1AH08	1AH09
开关尺寸（W×D×H）	1400X2800X2600	1400X2800X2600	1400X3120X2600	1400X2800X2600	1400X2800X2600	1400X2800X2600	1400X2800X2600	1400X2800X2600	1400X2800X2600
回路名称	1#风机进线	2#风机进线	并网出线柜	接地变柜	3#风机进线	4#风机进线	5#风机进线	无功补偿柜	站用变柜
主 真空断路器VED4-40.5 2000/31.5kA	1	1	1		1	1	1	1	1
真空断路器VED4-40.5 630/31.5kA									
SF6断路器FP-40.5 630/31.5kA									
要 电流互感器LZZB9-35 1600/5 15VA 5P20/5P20/0.5/0.2S/5P20	3	3	3		3	3	3	3	
电流互感器LZZB9-35 400/5 15VA 5P20/0.5/0.2S/5P20									
电流互感器LZZB9-35 5P20/0.5/0.2S/5P20 10VA 75/5A,35/5A,35/5A,200/5A				3			3		3
零 电压互感器JDZX9-35 0.1/√3/0.1/√3/0.1/3 35/√3/0.1/√3/0.1/√3/0.1/3			1	1	1	1	1	1	1
泵 高压熔断器RN5WZ-51/134熔断(SH~3C)				3					
高压熔断器RN5WR-51/134熔断(SH~3C)	1	1	1	1	1	1	1	1	1
氧化锌避雷器HJK-8180, 75/5A,5VA	1	1	1		1	1	1	1	
氧化锌避雷器HJK-8160, 75/5A,5VA									
氧化锌避雷器HJK-8120, 75/5A,5VA			1						1
带电显示器DXN-350	1	1	1	3	1	1	1	1	1
熔断器XRNP-35/0.5A				1					
接地开关JXQ-35	1	1	1		1	1	1	1	1
一次消谐器JU N15-35									
用电设备容量	15MVA	14MVA	80MVA		18MVA	16MVA	16MVA		1100kVA
计算电流/A	246A	231A	1320A		297A	246A	246A		18.15kVA

说明：

1. 35kV智能型全套其他附件开关配置.

2. 开关柜出线予式, 以图中标示为准, 出线套管导线与时间段套管处连接闭合, 若布导电流≥2000A;

3. 设备开断电流≥31.5kA, 动稳定电流≥80kA, 热稳定电流≥31.5kA, 额定耐受时间≥4s.

附录五 直流系统接线图

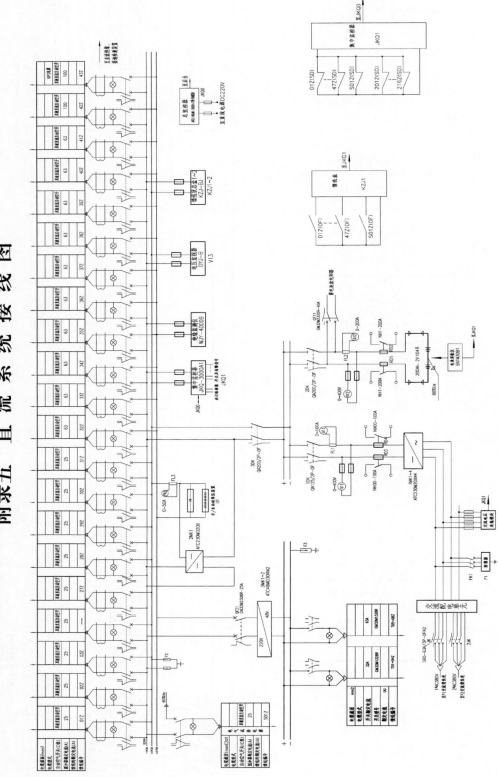

附录六　短路电流计算结果及主要设备选择表

设备校验表

断路器及隔离开关

序号	安装地点	工作电压 U_g /kV	工作电流 I_g /A	计算值 短路电流周期分量 I'' /kA	计算值 短路电流冲击值 i_{ch} /kA	最高工作电压 U_{max} /kV	保证值 额定电压 U_e /kV	保证值 额定电流 I_e /kA	保证值 额定开断电流 I_d /kA	保证值 额定关合电流 i_{gf} /kA	保证值 额定短时耐受电流 $i_{gt}(4s)$ /kA
1	出线110kV断路器	110	419.9	7.32	18.66	126	110	3150	40	100	40
2	出线110kV隔离开关	110	419.9	7.32	18.66	126	110	1250	40	100	40
3	主变低压侧35kV断路器	35	1319.7	11.58	29.52	37	35	2000	31.5	80	31.5

电流电压互感器

序号	安装地点	工作电压 U_g /kV	工作电流 I_g /A	计算值 短路电流周期分量 I /kA	计算值 短路电流冲击值 i_{ch} /kA	最高工作电压 U_{max} /kV	保证值 额定电压 U_e /kV	保证值 额定变比	保证值 热稳定电流 $i_{dt}(3s)$ /kA	保证值 动稳定电流 i_{gf} /kA
1	110kV线路TA	110	419.9	7.32	18.66	126	110	2×600 2×600/5	40	100
2	主变低压侧35kV TA	35	1319.7	11.58	29.52	37	35	1600 1600/5	31.5	80
3	110kV线路TV	110				126	110			
4	35kV母线TV	35				37	35			

短路电流计算结果表

短路点编号	短路点位置	短路点平均电压 U_p/kV	分支线名称	短路电流周期分量起始有效值 I''/kA	短路电流周期分量∞秒有效值 $I_∞$/kA	短路电流冲击值 i_{ch}/kA	短路全电流最大有效值 I_{ch}/kA
d1	110kV母线三相短路	115.5	110kV系统	6.24	6.24	15.91	9.42
			发电子系统	1.08	1.08	2.75	1.63
			总计	7.32	7.32	18.66	11.05
d2	35kV母线三相短路	37	35kV系统	6.59	6.59	16.80	9.95
			发电子系统	4.99	4.99	12.72	7.53
			总计	11.58	11.58	29.52	17.48

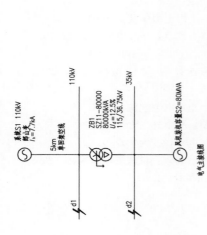

电气主接线图

系统S1 110kV
博山变
$I_x=17.7$kA
5km 单回架空线
ZB1
SZ11-80000
80000kVA
$U_d=12.5\%$
115/36.75kV
35kV
风电机组 $S_2=80$MVA

系统等值序网络图

C1'
1 / 0.0652
2 / 0.0153
110kV
d1
3 / 0.1536
35kV
d2
4 / 0.3124
C2'

电力电缆

35kV铝芯电力电缆按短路热稳定校验，电缆截面应不小于82.69mm²。

本工程选用35kV铝芯电缆最小截面为95mm²，满足短路热稳定校验。

参 考 文 献

[1] 孙丽华. 电力工程基础 [M]. 北京：机械工业出版社，2006.

[2] 王承熙，张源. 风力发电 [M]. 北京：中国电力出版社，2002.

[3] 胡宏彬. 风电场工程 [M]. 北京：机械工业出版社，2014.

[4] 黄玲玲. 大型海上风电场电气接线方案优化研究 [J]. 电网技术，2008 (8)：77-81.

[5] 姚李孝. 发电厂电气部分 [M]. 北京：中国水利水电出版社，2011.

[6] 杨校生. 风力发电技术与风电场工程 [M]. 北京：化学工业出版社，2012.

[7] 孟海燕. 风电场电气设计要点综述 [J]. 华北电力技术，2014 (3)：64-66.

[8] 朱永强. 风电场电气工程 [M]. 北京：机械工业出版社，2012.

[9] GB/T 19963—2011 风电场接入电力系统技术规定 [S]. 北京：中国标准出版社，2011.

[10] 马永翔. 发电厂变电所电气部分 [M]. 北京：北京大学出版社，2010.

[11] 于永源，杨绮雯. 电力系统分析 [M]. 2版. 北京：中国电力出版社，2004.

[12] 朱永强. 风电场电气系统 [M]. 北京：机械工业出版社，2010.

[13] 马宏忠. 电机状态监测与故障诊断 [M]. 北京：机械工业出版社，2008.

[14] 李晓涛. 并网型风电场的短路电流计算及低电压穿越能力分析 [D]. 北京：华北电力大学，2011.

[15] 陈亮. 浅析风电场短路电流计算 [J]. 电器工业，2012 (7).

[16] 宫靖远. 风电场工程技术设计手册 [M]. 北京：机械工业出版社，2007.

[17] 宋永端. 风力发电系统与控制技术 [M]. 北京：电子工业出版社，2012.

[18] 国家电网公司. 风电场电气系统典型设计 [M]. 北京：中国电力出版社，2011.

[19] 金金元. 风电场用交联电缆导体若干性能的控制分析 [J]. 电气制造，2012 (12).

[20] 马宏革. 风电设备基础 [M]. 北京：化学工业出版社，2013.

[21] 鞠平. 电力工程 [M]. 北京：机械工业出版社，2009.

[22] 马宏忠. 电机学 [M]. 北京：高等教育出版社，2009.

[23] 石巍，王秋红. 风电场接地设计探讨 [J]. 电力勘测设计，2010 (4)：70-72.

[24] 于艳波. 电力二次系统安全防护在风电场群远程集中监控系统的成功应用 [C]. 电力行业信息化年会优秀论文集，2013.

[25] 文玉玲，晁勤，吐尔逊依布拉. 风电场的继电保护 [J]. 可再生能源，2009，27 (1)：93-96.

[26] 李正然，叶杨，张晓梅，等. 大风坝风电场电气设计综述 [J]. 云南电力技术，2009，37 (6)：53-55.

[27] 陈宁. 大型海上风电场集电系统优化研究 [D]. 上海：上海电力学院，2011.

[28] 史晨星. 风电场集电系统及无功补偿设计方法优化 [D]. 北京：华北电力大学，2013.

[29] 周沈杰. 风电场集电线路导线选型分析 [J]. 上海电力，2008 (6) 503-506.

[30] 黄玲玲，符杨，郭晓明. 海上风电场集电系统可靠性评估 [J]. 电网技术，2010，34 (7)：169-174.

[31] 陈宁. 大型海上风电场集电系统优化研究 [D]. 上海：上海电力学院，2011.

[32] 潘柏崇. 大型海上风电场集电系统优化研究 [D]. 广州：华南理工大学，2009.

[33] 尧俊平. 风力发电有功功率控制策略研究 [D]. 成都：电子科技大学，2012.

[34] 李建林，许洪华. 风力发电中的电力电子变流技术 [M]. 北京：机械工业出版社，2008.

[35] 张小青. 风电机组防雷与接地 [M]. 北京：中国电力出版社，2009.

[36] 许昌，钟淋涓. 风电场规划与设计［M］. 北京：中国水利水电出版社，2014.

[37] 朱永强，迟永宁. 风电场无功补偿与电压控制［M］. 北京：电子工业出版社，2012.

[38] 王维庆. 某风电场集电线路继电保护的研究［D］. 新疆：新疆大学，2013.

[39] 马小平，苏宏升，马小军. 基于短路容量法的并网风电场短路电流分析［J］. 科学技术与工程，2013，13（1）：170 - 174.

[40] 张建民，谢书鸿. 海上风电场电力传输与海底电缆的选择［J］. 电气制造，2011，11：31 - 35.

[41] 邹长春，黄荣晖，刘燕. 风电集电升压设备的主要设计问题［J］. 变压器，2010，47（10）：5 - 8.

[42] 国家电网公司. 风电场电气系统典型设计［M］. 北京：中国电力出版社，2011.

[43] 张彦昌，石巍，袁晨，等. 风电场电缆选型研究［J］. 中国电业（技术版），2014（10）：105 - 108.

[44] 石一辉，张毅威，闵勇，等. 并网运行风电场有功功率控制研究综述［J］. 中国电力，2010，63，（6）：10 - 15.

[45] 佘慎思，曾旭. 风电场有功功率控制综述［J］. 装备机械，2013（3）：2 - 8.

[46] 邹见效，袁炀，黄其平，等. 风电场有功功率控制降功率优化算法［J］. 电子科技大学学报，2011，40（6）：882 - 886.

[47] 杨建军. 大型海上风电场开发对电气设计的挑战［C］. 2010 年度电气学术交流会议论文集，2010.

[48] 黄玲玲，曹家麟，符杨，等. 海上风电场电气系统现状分析［J］. 电力系统保护与控制，2014，42（10）：147 - 154.

[49] 谭任深. 海上风电场集电系统的优化设计［D］. 广州：华南理工大学，2013.

[50] 林鹤云，郭玉敬，孙蓓蓓，等. 海上风电的若干关键技术综述［J］. 东南大学学报（自然科学版），2011，41（4）：882 - 888.

[51] 马宏忠，时维俊，韩敬东，等. 计及转子变换器控制策略的双馈风力发电机转子绕组故障诊断［J］. 中国电机工程学报，2013，33（18）：119 - 125.

[52] 马宏忠，陈涛涛，时维俊，等. 风力发电机电刷滑环系统三维温度场分析与计算［J］. 中国电机工程学报，2013，33（33）：98 - 105.

[53] Bai Yongxiang，Hou Youhua，Fang Dazhong，et al. A Remote Real - Time On - line Monitoring and Control System for Large - Scale Wind Farms［J］. IEEE Trans. Electrical and Control Engineering（ICECE），2010：3220 - 3223.

[54] Mitra P，Venayagamoorthy G K. Intelligent Coordinated Control of a Wind Farm and Distributed Smart parks［C］. IEEE Trans. Industry Applications Society Annual Meeting（IAS），2010：1 - 8.

[55] Baccino F，Conte F，Grillo S，et al. An Optimal Model - Based Control Technique to Improve Wind Farm Participation to Frequency Regulation［J］. IEEE Trans. Sustainable Energy，IEEE Transactions on，2015：6（8）：993 - 1003.

[56] Banham - Hall D D，Smith C A，Taylor G A，et al. Active Power Control from Large Offshore Wind Farms［C］. IEEE Transactions. Universities Power Engineering Conference（UPEC），2012：1 - 5.

[57] Liyan Qu，Wei Qiao. Constant Power Control of DFIG Wind Turbines with Super capacitor Energy Storage［J］. IEEE Transactions on Industry Applications，2011，47（1）：359 - 367.

[58] Yun - Hyun Kim，Soo - Hong Kim，Chang - Jin Lim，et al. Control Strategy of Energy Storage System for Power Stability in a Wind Farm［C］. IEEE Transactions. Power Electronics and ECCE Asia（ICPE & ECCE），2011 IEEE 8th International Conference，2011：2970 - 2973.

[59] Tian J，Su C，Soltani M，et al. Active Power Dispatch Method for a Wind Farm Central Controller Considering Wake Effect［C］. IEEE Transactions. Industrial Electronics Society，IECON 2014 - 40th Annual Conference of the IEEE，2014：5450 - 5456.

［60］ Jianxiao Zou，Junping Yao，Qingze Zou，et al. A Multi－objective Optimization Approach to Active Power Control of Wind Farms ［C］. IEEE Transations. American Control Conference（ACC），2012. 4381－4386.

［61］ Xiao Yunqi，Lv Yuegang，He Guanju，et al. Wind Farm Power Optimum Dispatching Strategy for Variable－speed Wind Turbine Based on Rotating Energy Storage ［C］. IET Transations. Renewable Power Generation Conference（RPG 2013），2nd IET，2013：1－5.

［62］ Li Cong，Liu Xingjie，Mei Huawei. Active Power Control Strategy for Wind Farm Based on Wind Turbine Dynamic Classified ［C］. IEEE Trans. Power System Technology（POWERCON），2012 IEEE International Conference，2012：1－5.

［63］ Meegahapola L，Littler. T，Fox B，et al. Voltage and Power Quality Improvement Strategy for a DFIG Wind Farm during Variable Wind Conditions ［J］. IEEE Transations. Modern Electric Power Systems（MEPS），2010 Proceedings of the International Symposium，2010：1－6.

［64］ Shu. J，Zhang B H，Bo Z Q. A Wind Farm Coordinated Controller for Power Optimization ［C］. IEEE Transations. Power and Energy Society General Meeting，2011 IEEE，2011：1－8.

［65］ 李季中. 电线电缆常用数据速查手册 ［M］. 北京：中国电力出版社，2009.

编 委 会 办 公 室

主　任　胡昌支　陈东明

副主任　王春学　李　莉

成　员　殷海军　丁　琪　高丽霄　王　梅
　　　　邹　昱　张秀娟　汤何美子　王　惠

本书编辑出版人员名单

封面设计　卢　博　李　菲

版式设计　黄云燕

责任排版　吴建军　郭会东　孙　静　丁英玲　聂彦环

责任校对　张　莉　梁晓静　张伟娜　黄　梅　曹　敏
　　　　　吴翠翠　杨文佳

责任印制　刘志明　崔志强　帅　丹　孙长福　王　凌